大学计算机基础教育规划教材

Web标准网页设计与ASP

唐四薪　主编

清华大学出版社
北京

内 容 简 介

本书全面介绍了 Web 标准网页设计与 ASP 动态网页技术,采用"原理+实例+综合案例"的编排方式,在叙述有关原理时安排了大量的相关实例,使读者能迅速理解有关原理的用途。本书共分为 10 章,内容包括网页与网站的基础知识,HTML、CSS、JavaScript 等前端网页开发技术,Fireworks 美工设计和 ASP 网站后台程序设计。全书遵循 Web 标准,面向工程实际,强调原理性与实用性。

本书可作为高等院校各专业"网页设计与制作"课程的教材,也可作为网页设计、网站制作的培训类教材,还可供网页设计和开发人员参考使用。

图书在版编目(CIP)数据

Web 标准网页设计与 ASP/唐四薪主编. —北京:清华大学出版社,2011.9
(大学计算机基础教育规划教材)
ISBN 978-7-302-25812-4

Ⅰ. ①W… Ⅱ. ①唐… Ⅲ. ①网页制作工具-程序设计-高等学校-教材
Ⅳ. ①TP393.092

中国版本图书馆 CIP 数据核字(2011)第 113557 号

责任编辑: 张　民　战晓雷
责任校对: 白　蕾
责任印制: 何　芊

出版发行: 清华大学出版社　　　　　　　　　**地　　址:** 北京清华大学学研大厦 A 座
　　　　　　http://www.tup.com.cn　　　　**邮　　编:** 100084
社　总　机: 010-62770175　　　　　　　　**邮　　购:** 010-62786544
投稿与读者服务: 010-62795954,jsjjc@tup.tsinghua.edu.cn
质 量 反 馈: 010-62772015,zhiliang@tup.tsinghua.edu.cn
印 装 者: 三河市春园印刷有限公司
经　　销: 全国新华书店
开　　本: 185×260　　　**印　张:** 28　　　**字　数:** 661 千字
版　　次: 2011 年 9 月第 1 版　　　　　　　**印　次:** 2011 年 9 月第 1 次印刷
印　　数: 1~4000
定　　价: 39.50 元

产品编号:040111-01

序

进入 21 世纪,社会信息化不断向纵深发展,各行各业的信息化进程不断加速。我国的高等教育也进入了一个新的历史发展时期,尤其是高校的计算机基础教育,正在步入更加科学,更加合理,更加符合 21 世纪高校人才培养目标的新阶段。

为了进一步推动高校计算机基础教育的发展,教育部高等学校计算机科学与技术教学指导委员会近期发布了《关于进一步加强高等学校计算机基础教学的意见暨计算机基础课程教学基本要求》(以下简称《教学基本要求》)。《教学基本要求》针对计算机基础教学的现状与发展,提出了计算机基础教学改革的指导思想;按照分类、分层次组织教学的思路,《教学基本要求》提出了计算机基础课程教学内容的知识结构与课程设置。《教学基本要求》认为,计算机基础教学的典型核心课程包括大学计算机基础、计算机程序设计基础、计算机硬件技术基础(微机原理与接口、单片机原理与应用)、数据库技术及应用、多媒体技术及应用、计算机网络技术及应用。《教学基本要求》中介绍了上述六门核心课程的主要内容,这为今后的课程建设及教材编写提供了重要的依据。在下一步计算机课程规划工作中,建议各校采用"1+X"的方案,即"大学计算机基础"+ 若干必修或选修课程。

教材是实现教学要求的重要保证。为了更好地促进高校计算机基础教育的改革,我们组织了国内部分高校教师进行了深入的讨论和研究,根据《教学基本要求》中的相关课程教学基本要求组织编写了这套"大学计算机基础教育规划教材"。

本套教材的特点如下:

(1) 体系完整,内容先进,符合大学非计算机专业学生的特点,注重应用,强调实践。

(2) 教材的作者来自全国各个高校,都是教育部高等学校计算机基础课程教学指导委员会推荐的专家、教授和教学骨干。

(3) 注重立体化教材的建设,除主教材外,还配有多媒体电子教案、习题与实验指导,以及教学网站和教学资源库等。

(4) 注重案例教材和实验教材的建设,适应教师指导下的学生自主学习的教学模式。

(5) 及时更新版本,力图反映计算机技术的新发展。

本套教材将随着高校计算机基础教育的发展不断调整,希望各位专家、教师和读者不吝提出宝贵的意见和建议,我们将根据大家的意见不断改进本套教材的组织、编写工作,为我国的计算机基础教育的教材建设和人才培养做出更大的贡献。

"大学计算机基础教育规划教材"丛书主编

教育部高等学校计算机基础课程教学指导委员会副主任委员

冯博琴

前　言

Web 标准网页设计与 ASP

　　网页设计技术经过 10 多年的发展,已经发生了很大的变化,其中最重要的变化莫过于"Web 标准"这一理念被越来越广泛地接受。目前网页设计工程领域招聘网页设计人员时最常见的要求就是要懂 DIV+CSS,并能够手工编写代码制作网页。这些要求代表了网页设计技术的发展趋势。

　　本书系统地介绍了遵循 Web 标准的网页设计方法,Web 标准给网页设计带来的变化不仅反映在大量使用 CSS 进行布局,更重要的是使整个网页设计的过程也发生了重大的改变。正如在本书第 6 章中的设计案例将看到的,在还没有考虑网页外观之前就已经将网页的 HTML 代码写出来了,这对于表格布局的网页是不可想象的。通过这种方式实现了"结构"和"表现"相分离,就是 Web 标准最大的原则和优势,使得设计师在最初考虑网页内容时不需要考虑网页的外观。

　　作为教材,本书在编排时必须考虑高校的教学需要,由于 Web 标准仅仅涉及网页的前端开发技术,主要是 XHTML 和 CSS,但很多专业在开设网页设计类课程时,授课的内容大多会包括静态网页和动态网页技术两方面,因此本书还包括了 JavaScript 和 ASP 的内容,ASP 作为动态网页的经典技术,具有简单易学、实验环境容易配置等优点。并且通过学习 ASP 能为将来学习其他动态网页技术打下良好的基础。本书在第 8 章中有关 ASP 程序设计的案例在静态网页设计部分仍然遵循 Web 标准,采用 DIV+CSS 布局。而 JavaScript 作为 Web 前端开发技术已越来越受到追求用户体验的互联网企业的重视,本书较系统地介绍了 JavaScript 技术并附有大量用于理解原理的实例。

　　网页设计这门课程的特点是入门比较简单,但知识结构庞杂,想要成为一名有用的网页设计师是需要较长时间的理论学习和大量的实践操作及项目实训的。学习网页设计有两点是最重要的,一是务必要重视对原理的掌握,二是在理解原理的基础上一定要多练习、多实践,通过练习和实践总能发现很多实际的问题。本书在编写过程中注重"原理"和"实用",这表现在所有的实例都是按照其涉及的原理分类,而不是按照应用的领域分类,将这些实例编排在原理讲解之后,就能使读者迅速理解原理的用途,同时加深了对原理的理解,可以对实例举一反三。

　　在测试网页时,一定要使用不同的浏览器进行测试,建议读者至少应在计算机上安装 IE 6 和 Firefox 两种浏览器,这不仅因为制作出各种浏览器兼容的网页是网页设计的一项基本要求,更重要的是通过分析不同浏览器的显示效果可以对网页设计的各种原理有更深入的理解。

　　本书的内容包含了 Web 开发技术的各个方面,如果要将整本书的内容讲授完毕,大约需要 90 学时的课时。如果只有 50 学时左右的理论课课时,可主要讲授本书前 4 章的内容,后面的内容以学生自学为主,考虑到"因材施教"的目的,本书的部分内容(在节名后注有"＊"号)主要供学有余力的学生自学。

　　本书为教师提供了教学用多媒体课件、实例源文件和习题参考答案,可登录本书配套网络教学平台(http：//ec.hynu.cn)免费下载,也可和作者联系(tangsix@163.com)。

　　本书由唐四薪担任主编,编写了第 3～9 章和第 10 章的部分内容;唐琼、何青、谭晓兰担任副主编,编写了第 1、2 章。此处还有张劳模、邹飞、康江林、徐雨明、刘艳波、陈溪辉、戴小新、黄大足、尹军、唐亮、邹赛和魏书堤编写了第 10 章的部分内容。

　　本书是作者多年从事网页设计工作及近年来从事网页设计教学的经验总结,在编写过程中,我的学生眭艳凤、郭亚男、吴雨桃、黄亚运、赵丹、陈小勤等提出了很多有创意的问题和建议,为本书的编写提供了帮助,在此向他们及所有关心本书编写工作的人士表示感谢。

　　由于本人水平和教学经验有限,书中错误和不妥之处在所难免,欢迎广大读者和同行批评指正。

编者

2011 年 5 月

目　录

第1章

网页设计概述

Internet 是由遍布全世界的各种网络组成的一个松散结合的因特网,接入 Internet 的计算机可以相互交换信息,从而实现资源共享或通信联络。Internet 可提供很多种服务,如 WWW、E-mail、FTP、即时通信等,就如同一个大游乐场,可提供过山车、碰碰船、旋转木马等各种娱乐活动。

Internet 实现信息资源共享的主要途径,便是 WWW 服务。WWW(World Wide Web)的含义是全球信息网,简称为 Web 或"万维网"。它使得计算机能够在 Internet 上通过 HTTP 协议传输基于超文本(Hypertext)的信息,WWW 是无数个网站连接而成的页面式的网络信息系统,通过浏览器(Browser)提供一种友好的信息查询界面(即网页)供用户浏览查询。即使是一个对计算机知之甚少的人也可以输入网址或点击链接,在 Internet 上获取各种多媒体信息。因此总的来看,WWW 具有三个统一:

- 统一的信息组织方式:HTML(超文本置标语言)。
- 统一的资源访问方式:HTTP(超文本传送协议)。
- 统一的资源定位方式:URL(统一资源定位地址,即网址)。

WWW 之所以能流行起来,在于它有以下几个特点:首先 WWW 是图形化和易于导航的。通过超文本它可以在一页上显示图形和文本,还可以将图形、音频、视频信息集成于一体。同时,WWW 是非常易于导航的,只需要通过超链接就可以在各页面、各站点之间进行浏览了。其次,WWW 与平台无关,无论是 Windows 平台、UNIX 平台还是 Macintosh 平台,都可以访问 WWW 上的任何信息。

由此可见,网页和网站是 WWW 信息系统的基本元素,为了使 WWW 能为用户提供更友好、更富有吸引力的信息资源,网页必须精心设计,由此网页设计成为一门非常具有实用性的综合技术,它包含美工设计、布局设计和代码设计等。

1.1　网页设计的两个基本问题

网页设计是艺术与技术的结合。从艺术的角度看,网页设计的本质是一种平面设计,就像出黑板报、设计书的封面等平面设计一样,对于平面设计我们要考虑两个基本问题,那就是布局和配色。

1.1.1　网页布局概述

对于一般的平面设计来说,布局就是将有限的视觉元素进行有机的排列组合,将理性思维个性化地表现出来。网页设计和其他形式的平面设计相比,有相似之处,它也要考虑网页的版式设计问题,如采用何种形式的版式布局。与一般平面设计不同的是,在将网页效果图绘制出来以后,还需要用技术手段(代码)实现效果图中的布局,将网页效果图转化成真实的网页。

1. 常见的几种网页版式布局

(1) T 型布局

T 型布局是指页面顶部为横条网站标志和广告条,下方左半部分为导航栏,右半部分为显示内容的布局。因为导航部分背景较深,整体效果类似英文字母 T,所以称之为 T 型布局。T 型布局根据导航栏在左边还是在右边,又分为左 T 型布局(如图 1-1 所示)和右 T 型布局。T 型布局是网页设计中使用最广泛的一种布局方式。其优点是页面结构清晰,主次分明,是初学者最容易学习的布局方法;缺点是规矩呆板,如果把握不好,在细节和色彩搭配上不注意,容易让人看了之后感到乏味。

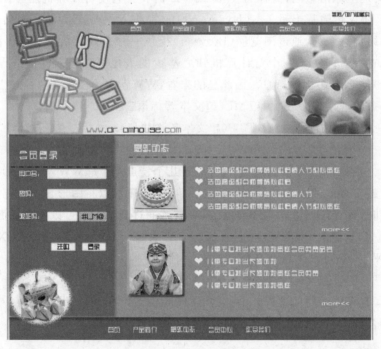

图 1-1　左 T 型布局

(2) "口"型布局

"口"型布局是页面上方有一个广告条,下方有一个色块,左边是主菜单,右边是友情链接等内容,中间是主要内容,如图 1-2 所示。其优点是充分利用了版面,信息量大;缺点是页面拥挤,不够灵活。

图 1-2 "口"型布局

（3）分栏布局

分栏布局具有简洁明快的艺术效果，适合于艺术类、收藏类、展示类网站。这种布局往往采用简单的图像和线条代替拥挤的文字，给浏览者以强烈的视觉冲击，使其感觉进入了一幅完整的画面，而不是一个分门别类的超市。它的一级页面和二级页面的链接都按行水平排列在页面的中部，网站标志非常醒目。分栏布局通常分为两栏或三栏，其中某一栏为主栏，主栏又可以再分为两栏或多栏。图 1-3 是一个分两栏布局的网页。

（4）POP 布局

POP 布局就像一张宣传海报，以一张精美图片作为页面的设计中心，在适当位置放置主菜单，常用于时尚类站点，如图 1-4 所示。这种布局方式不讲究上下和左右的对称，但要求平衡有韵律，能达到动感的效果。其优点是漂亮吸引人；缺点是图像占的比例过大。

在实际的网页版式布局中，我们可以参考上述几种常见的版式布局，但又不必过于拘泥于某种版式。

在网页中最大的最吸引人注意的一幅图片称为网页的 Banner，大多数网页的 Banner 都放置在网页的顶部（如图 1-2 所示）或网页导航条下方（如图 1-3 所示）。将 Banner 放置在顶部显得中规中矩，适合政府机构类网站，而放置在导航条下方则显得灵活生动，适合各种类型的网站，需要注意的是，对于 Banner 位于导航条下方的网页，导航条上方一般只在左侧放置 Logo 图标，右侧的区域应该留空白或放置几个小图标，而不能再在右侧放置大幅的图片，否则会让人感觉有两个 Banner 而显得拥挤凌乱。

图 1-3　分栏布局

图 1-4　POP 布局

2. 网页版式设计的基本原则

在设计网页版式时，我们应注意遵循以下几条基本原则：

- 网页中的文字应采用合理的字体大小和字形。

- 确保在所有的页面中导航条位于相同的位置。
- 确保页头和页尾部分在所有的页面中都相同。
- 不要使网页太长，特别是首页。
- 确保浏览器在满屏显示时网页不出现水平滚动条。
- 要在网页中适当留出空白，当浏览一个没有空白的页面时，用户会感到页面很拥挤，而造成心理的紧张。空白在网页设计中非常重要，它能够使网页看起来简洁、明快，阅读舒畅，是网页设计中不可缺少的元素。

总的来说，网页版式设计应从整体上考虑，达到整个页面和谐统一的效果，使得网页上的内容主次分明，中心突出。内容的排列疏密有度，错落有致，并且图文并茂，相得益彰。

3. 网页大小的考虑

网页设计者应考虑的一个问题是网页应在不同分辨率的屏幕上都能有良好的表现。目前我国大部分用户计算机的屏幕分辨率是 1024×768 或 800×600，因为要减去浏览器右侧垂直滚动条的宽度，适合这两者的网页宽度分别是 990 像素或 780 像素。目前显示器的屏幕分辨率正在变得越来越大，因此制作适合 1024×768 分辨率的网页更加合理些。

4. 网页布局的实现方式

在将网页的版式及页面效果图设计出来后，就可用以下方式实现网页的布局。

（1）表格布局。将网页元素装填入表格内实现布局；表格相当于网页的骨架，因此表格布局的步骤是先画表格，再往表格的各个单元格中填内容，这些内容可以是文字或图片等一切网页元素。

（2）DIV＋CSS 布局。这种布局形式不需要额外的表格做网页的骨架，它是利用网页中每个元素自身具有的"盒子"来布局的，通过对元素的盒子进行不同的排列和嵌套，使这些盒子在网页上以合适的方式排列就实现了网页的布局。在网页布局的过程中，产生了 Web 标准的讨论。Web 标准倡导使用 DIV＋CSS 来布局。

（3）框架布局。将浏览器窗口分割成几部分，每部分放一个不同的网页，这是很古老的一种布局方式，现在用得较少。

网页设计从技术角度看，就是要运用各种语言和工具解决网页布局和美观的问题，所以网页设计中很多技术都仅仅是为了使网页看起来更美观。常常会为了网页中一些细节效果的改善，而花费大量的工作量，这体现了网页设计师追求完美的精神。

1.1.2　网页色彩的搭配

网页不只是传递信息的媒介，同时也是网络上的艺术品。如何让浏览者以轻松惬意的心态吸收网页传递的信息，是一个值得设计师思考的问题。任何网页创意使用的视觉元素总的归纳起来不外乎三种：文字、图像、色彩。三者选用搭配得适当，编排组合得合理，将对网页的美化起到直接的作用。

网页的色彩是树立网页形象的关键要素之一。对于一个网页设计作品，浏览者首先看到的不是图像或文字,而是色彩,在看到色彩的一瞬间,浏览者对网页的整体印象就确定下来了,因此说色彩决定印象。一个成功的网页作品,其色彩搭配给人的感觉是自然、洒脱的,看起来只是很随意的几种颜色搭配在一起,其实是经过了设计师的深思熟虑和巧妙构思的。

1. 色彩的基本知识

在任何设计中,色彩对视觉的刺激起到第一信息传达的作用。因此,对色彩的基础知识有良好的掌控,在网页设计中才能做到游刃有余。为了使对网页配色分析更易于理解,我们先来了解色彩的 RGB 模式和 HSB 模式。

1) RGB 模式

RGB 表示红色、绿色和蓝色。又称为三原色光,英文为 R(Red)、G(Green)、B(Blue),在计算机中,RGB 的所谓"多少"就是指亮度,并使用整数来表示。

所谓原色,就是不能用其他色混合而成的色彩,而用原色却可以混合出其他色彩。

原色有两种,一种是色光方面的,即光的三原色,指红、绿、蓝,还有一种是色素方面的,即色素三原色,它是指红、黄、蓝。这两种三原色都可以通过混合产生各种不同的颜色,因此都可以称为原色。对于计算机来说,三原色总是指红、绿、蓝。而在美术学中,三原色是指红、黄、蓝。

由于通过红色、绿色、蓝色的多少可以形成各种颜色,所以在计算机中用 RGB 的数值可以表示任意一种颜色。下面举几个 RGB 表示颜色的例子:

① 只要绿色和蓝色光的分量为 0,就表示红色,所以 rgb(255,0,0)(十六进制表示为 ♯ff0000)和 rgb(173,0,0)(十六进制表示为 ♯ac0000)都表示红色,只是后面一种红色要暗一些。

② 由于红色和绿色混合可产生黄色,所以 rgb(255,255,0)(十六进制表示为 ♯ffff00)表示纯黄色,而 rgb(160,160,0)表示暗黄色,可以看成是黄色中掺了一些黑色。rgb(255,111,0)表示红色光的分量比绿色光要强,也可看成黄色中掺了一些红色,所以是一种橙色。

③ 如果三种颜色的分量相等,则表示无彩色,所以 rgb(255,255,255)(十六进制表示为 ♯ffffff)表示白色,而 rgb(160,160,160)表示灰白色,rgb(60,60,60)表示灰黑色,rgb(0,0,0)表示纯黑色。

2) HSB 模式

HSB 是指颜色分为色相、饱和度、明度三个要素。英文为 H(Hue)、S(Saturation)、B(Brightness)。饱和度高的色彩较艳丽;饱和度低的色彩就接近灰色。明度高色彩明亮,明度低色彩暗淡,明度最高得到纯白,最低得到纯黑。一般浅色的饱和度较低,明度较高,而深色的饱和度高而明度低。

(1) 色相(Hue)

色相是指色彩的相貌,也称色调。基本色相为:红、橙、黄、绿、蓝、紫 6 色。在各色中间加插一两个中间色,按光谱顺序为:红、橙红、黄橙、黄、黄绿、绿、绿蓝、蓝绿、蓝、蓝紫、紫、红紫,形成 12 个基本色相。

要理解色相的数值表示方法，就离不开色相环的概念。图 1-5 是计算机系统中采用的色相环。色相的数值其实是代表这种颜色在色相环上的弧度数。

我们规定红色在色相环上的度数为 0°，所以用色相值 H＝0 表示红色。从这个色相环上可看出，橙色在色相环上的度数为 30°，所以用色相值 H＝30 表示橙色。类似地，可看出黄色的色相值为 60，绿色的色相值为 120。色相环度数可以从 0°到 360°，所以色相值的取值范围可以是 0～360。

但是在计算机中是用 8 位二进制数表示色相值的，8 位二进制数的取值范围只能是 0～255，这样为了能用 8 位二进制数表示色相值，还要把原来的色相值乘以 2/3。即色相值的取值范围只能是 0～240。那么橙色的色相值为 30×2/3＝20，黄色的色相值就为 40，其他颜色在计算机中的色相值也依此类推。

在色相环中，各种颜色实际上是渐变的，如图 1-6 所示。两者距离小于 30°的颜色称为同类色，距离在 30°～60°之间的颜色称为类似色。与某种颜色距离在 180°的颜色称为该颜色的对比色，即它们正好位于色相环的两端；在对比色左右两边的颜色称为该颜色的补色。若在色环上三种颜色之间的距离相等，均为 120°，这样的三种颜色称为组色。使用组色搭配会对浏览者造成紧张的情绪。一般在商业网站中，不采用组色的搭配。

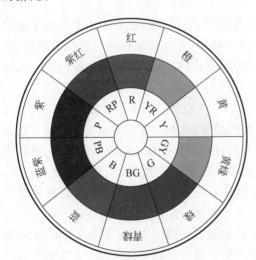

图 1-5　计算机颜色模式的色相环

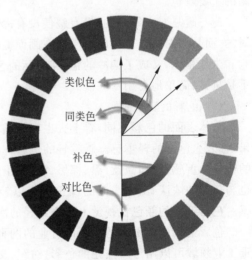

图 1-6　同类色、类似色、对比色和补色

（2）明度（Brightness）

明度是色彩的第二属性。是指色彩的明暗程度，也叫亮度，体现颜色的深浅。是全部色彩都具有的属性，明度越大，色彩越亮。明度越低，颜色越暗。

（3）饱和度（Saturation）

饱和度也叫纯度；是指色彩的鲜艳程度。原色最纯，颜色的混合越多则纯度逐渐减低。如某一鲜亮的颜色，加入了白色、黑色或灰色，使得它的纯度低，颜色趋于柔和、沉稳。无彩色由于没有颜色，所以饱和度为 0，它们只能通过明度相区别。

2. 色彩的特质

色彩的特质指的是色彩和色彩组合所能引发的特定情绪反应。我们依靠光来分辨颜色，再利用颜色和无数种色彩的组合来表达思想和情绪。色彩具有以下几种特质：

（1）色彩的艳素感

色彩是艳丽还是素雅，首先取决于亮度，其次是饱和度。亮度高、饱和度高，色彩就艳丽，反之，色彩素雅。

（2）色彩的冷暖感

红、橙、黄等色都给人以温暖感，称为暖色，而蓝、绿、青等色给人以凉爽感，称为冷色。暖色的色彩饱和度越高，其暖的特性越明显；冷色的色彩亮度越高，冷的感觉越甚。

在制作网站时，如果公司希望展现给客户的是一个温暖、温馨的形象，那么可以考虑选择暖色制作公司的网站。例如，一家以经营沙发、家具为主的公司（http://www.ory.cn），在制作网站时，选择了温馨的暖色，客户浏览网站的时候感到了一种深切的温暖，给人一种家的感觉。

如果公司希望给客户一种沉稳、专业的印象，那么可以选择使用冷色系作为网站的主要颜色。例如，IBM公司的网站（http://www.ibm.com）选择使用冷色系的蓝色作为网站的主要颜色。

冷与暖是对立统一的，没有暖便没有冷，没有冷便无所谓暖，色彩中的冷暖并不是绝对的，而是相对的。色彩的冷暖是在画面上比较出来的，有时黄颜色对于青是暖色的，而它和朱红相比，又成了偏冷的色，在实际的色彩搭配中，一定要灵活运用冷暖变化规律，而不是机械、简单地套用一些模式。

（3）色彩的轻重感

物体表面的色彩不同，看上去也有轻重不同的感觉，这种与实际重量不相符的视觉效果，称之为色彩的轻重感。感觉轻的色彩称为轻感色，如白、浅绿、浅蓝、浅黄色等；感觉重的色彩称重感色，如藏蓝、黑、棕黑、深红、土黄色等。色彩的轻重感既与色彩的色相有关，也与色彩的浓淡有关，浅淡的颜色给人以轻快飘逸之感，浓重的颜色给人以沉重稳妥之感。色相不同的颜色在视觉上由重到轻的次序为：红、橙、蓝、绿、黄、白。

色彩给人的轻重感觉在不同行业的网页设计中有着不同的表现。例如，工业、钢铁等重工业领域可以用重一点儿的色彩；纺织、文化等科学教育领域可以用轻一点儿的色彩。

色彩的轻重感主要取决于明度上的对比，明度高的亮色感觉轻，明度低的暗色感觉重。另外，物体表面的质感效果对轻重感也有较大影响。

在网站设计中，应注意色彩轻重感带来的心理效应，如网站上灰下艳、上白下黑、上素下艳，就有一种稳重沉静之感；相反上黑下白、上艳下素，则会使人感到轻盈、失重、不安的感觉。

（4）色彩的前进感和后退感

红、橙、黄等暖色有向前冲的特性，在画面上使人感觉距离近，蓝、绿、青等冷色有向后退的倾向，在画面上使人感觉距离远。在网页配色时，合理利用色彩的进退特性可有效地在平面的画面上造就纵深感。

（5）色彩的膨胀感和收缩感

首先,光波长的暖色具有膨胀感;光波短的冷色具有一种收缩感,就比较清晰。例如,红色刺激强烈,脉冲波动大,自然有一种膨胀感。而绿色脉冲弱,波动小,自然有收缩感。所以我们平时注视红、橙、黄等颜色时,时间一长就感到边缘模糊不清,有眩晕感;当我们看青色、绿色时感到冷静、舒适、清晰,眼睛特别适应。

其次,色彩的膨胀与收缩感,不仅与波长有关,而且与明度有关。同样粗细的黑白条纹,感觉上白条纹要比黑条纹粗;同样大小的方块,黄方块看上去要比蓝方块大些。设计一个网页的字体,在白底上的黑字需大些,看上去醒目,过小了就太单薄,看不清。如果是在黑底上的白字,那么白字就要比刚才那种黑字小些,或笔画细些,这样显得清晰可辨,如果与前面那种黑字同样大,笔画同样粗,则含混不清。

3. 色彩的心理感觉

自然界每种色彩带给我们的心理感觉是不同的,只是我们平时可能没有太在意这些。下面分析各种常见颜色给人带来的心理感觉。

（1）红色

红色是一种激奋的色彩,刺激效果强,它能带给人冲动、愤怒、热情、活力的感觉。在众多颜色里,红色是最鲜明生动、最热烈的颜色。因此红色也是代表热情的情感之色。鲜明红色极容易吸引人们的目光。

红色在不同的明度、纯度的状态（粉红、鲜红、深红）下,给人表达的情感是不一样的。例如,深红色比较容易制造深邃、幽怨的故事气氛,传达的是稳重、成熟、高贵、消极的心理感受。粉红色鲜嫩而充满诱惑,传达着柔情、娇媚、温柔、甜蜜、纯真、诱惑的心理感受,多用于女性主题,如化妆品、服装等。

在网页颜色的应用几率中,根据网页主题内容的需求,纯粹使用红色为主色调的网站相对较少,多用于辅助色、点睛色,达到陪衬、醒目的效果,通常都配以其他颜色调和。

（2）绿色

绿色在黄色和蓝色（冷暖）之间,属于较中庸的颜色,这样使得绿色的性格最为平和、安稳、大度、宽容。是一种柔顺、恬静、满足、优美、受欢迎之色。也是网页中使用最为广泛的颜色之一,它和金黄、淡白搭配,可以产生优雅、舒适的气氛。

绿色与人类息息相关,是永恒的欣欣向荣的自然之色,代表了生命与希望,也充满了青春活力,绿色象征着和平与安全、发展与生机、舒适与安宁、松弛与休息,有缓解眼部疲劳的作用。

绿色本身具有一定的与自然、健康相关的感觉,所以也经常用于与自然、健康相关的站点。绿色还经常用于一些公司的公关站点或教育站点。

绿色能使我们的心情变得格外明朗。黄绿色代表清新、平静、安逸、和平、柔和、春天、青春、升级的心理感受。

（3）橙色

橙色具有轻快、欢欣、收获、温馨、时尚的效果,是快乐、喜悦、能量的色彩。

在整个色谱里,橙色具有兴奋度,是最耀眼的色彩。给人以华贵而温暖,兴奋而热烈的感觉,也是令人振奋的颜色。具有健康、富有活力、勇敢自由等象征意义,能给人庄严、尊贵、神秘等感觉。橙色在空气中的穿透力仅次于红色,也是容易造成视觉疲劳的颜色。

在网页颜色里,橙色适用于视觉要求较高的时尚网站,属于注目、芳香的颜色,也常被用于味觉较高的食品网站,是容易引起食欲的颜色。

(4) 黄色

黄色具有快乐、希望、智慧和轻快的个性,它的明度最高。

黄色是阳光的色彩,具有活泼与轻快的特点,给人十分年轻的感觉。象征光明、希望、高贵、愉快。浅黄色表示柔弱,灰黄色表示病态。黄色和其他颜色配合很活泼,有温暖感,具有快乐、希望、智慧和轻快的个性,有希望与功名等象征意义。黄色也代表着土地,象征着权力,并且还具有神秘的宗教色彩。

纯黄色的性格冷漠、高傲、敏感,具有扩张和不安宁的视觉印象。浅黄色系明朗、愉快、希望、发展,它的雅致、清爽属性,较适合用于女性及化妆品类网站。中黄色有崇高、尊贵、辉煌、注意、扩张的心理感受。深黄色给人高贵、温和、内敛、稳重的心理感受。

(5) 蓝色

蓝色是冷色调最典型的代表色,是网站设计中运用得最多的颜色,也是许多人钟爱的颜色。蓝色是最具凉爽、清新、专业的色彩。它和白色混合,能体现柔顺、淡雅、浪漫的气氛,让人联想到天空。

蓝色是色彩中比较沉静的颜色。象征着永恒与深邃、高远与博大、壮阔与浩渺,是令人心境畅快的颜色。蓝色表达着深远、永恒、沉静、无限、理智、诚实、寒冷的多种感觉。蓝色会给人很强烈的安稳感,同时蓝色还能够表现出和平、淡雅、洁净、可靠等特性。

蓝色的朴实、稳重、内向性格,衬托那些性格活跃,具有较强扩张力的色彩,运用对比手法,同时也活跃页面。另一方面又有消极、冷淡、保守等意味。蓝色与红、黄等色运用得当,能构成和谐的对比调和关系。

(6) 紫色

紫色是一种在自然界中比较少见的颜色。象征着女性化,代表着高贵和奢华、优雅与魅力,也象征着神秘与庄重、神圣和浪漫。另一方面又有孤独等意味。紫色在西方宗教世界中是一种代表尊贵的颜色,大主教身穿的教袍便采用了紫色。

紫色的明度在有彩色的色度中是最低的。紫色的低明度给人一种沉闷、神秘的感觉。在紫色中红的成分较多时,显得华丽和谐。紫色中加入少量的黑,有沉重、伤感、恐怖、庄严的感觉。紫色中加入白,变得优雅、娇气,并充满女性的魅力。

紫色通常用于以女性为对象或以艺术作品介绍为主的站点,但很多大公司的站点中也喜欢使用包含神秘色彩的紫色,但都很少做大面积使用。

不同色调的紫色可以营造非常浓郁的女性化气息,在白色的背景色和灰色的突出颜色的衬托下,紫色可以显示出更大的魅力。

(7) 灰色

灰色是一种中立色,具有中庸、平凡、温和、谦让、中立和高雅的心理感受。在灰色中掺入少许彩色,也被称为高级灰,灰色是经久不衰、最经看的颜色。它可以和任何一种颜色进行搭配,因此是网页中用得最多的一种颜色。

灰色介于黑色和白色之间,是中性色、中等明度、无色彩、极低色彩的颜色。灰色能够吸收其他色彩的活力,削弱色彩的对立面,而制造出融合的作用。

任何色彩加入灰色都能显得含蓄而柔和。但是灰色在给人高品位、含蓄、精致、雅致、耐人寻味的同时,也容易给人颓废、苍凉、消极、沮丧、沉闷的感受,如果搭配不好页面容易显得灰暗、脏。

从色彩学上来说,灰色调又泛指所有含灰色度的复色,而复色又是三种以上颜色的调和色。色彩可以有红灰、黄灰、蓝灰等上万种彩色灰,这都是灰色调,而并不单指纯正的灰色。

(8) 黑色

黑色是暗色,是纯度、色相、明度最低的非彩色。象征着力量,具有深沉、神秘、寂静、悲哀和压抑的感受。黑色能和许多色彩构成良好的对比调和关系,运用范围很广。因此黑色是最有力的搭配色。

(9) 白色

白色是表达到最完美平衡的颜色;白色经常会同上帝、天使联系起来。白色给人以洁白、明快、纯真、清洁的感受。但白色也可能带来虚弱、孤立的负面联想。

需要注意的是,色彩的细微变化有时能给人带来完全不一样的感觉。例如,含灰色的绿会使人联想到淡雾中的森林,天蓝会令人心境畅快,淡红会给人一种向上的感觉。每种色彩在饱和度、透明度上略微变化就会产生不同的感觉。以绿色为例,黄绿色有青春、旺盛的视觉意境,而蓝绿色则显得幽宁、阴深。

在网页选色时,除了考虑色彩的上述特性和心理感觉之外,还应注意的问题是:由于国家和种族的不同,地理位置和文化修养的差异,不同的人群对色彩的偏好也有很大差异。例如,一般生活在草原上的人喜欢红色,生活在都市中的人喜欢淡雅的颜色,生活在沙漠中的人喜欢绿色等,在设计时应考虑主要对象群的背景和构成。

4. 色彩的四种角色

在戏剧和电影中,角色分为主角和配角。在网页设计中不同的色彩也有不同的作用。根据色彩所起的作用不同,可将色彩分为主色调、辅色调、点睛色和背景色。

(1) 主色调

主色调是指页面色彩的主要色调、总趋势,其他配色不能超过该主要色调的视觉影响。

在舞台上,主角站在聚光灯下,配角们退后一步来衬托他。网页配色上的主角也是一样,其配色要比配角更清楚、更强烈,让人一看就知道是主角,从而使视线固定下来。画面结构的整体统一,也可以稳定观众的情绪。将主角从背景色中分离出来,达到突出而鲜明的效果,从而能很好地表达主题。

(2) 辅色调

仅次于主色调的视觉面积的辅助色,是烘托主色调、支持主色调、起到融合主色调效果的辅助色调。

（3）点睛色

在小范围内点上强烈的颜色来突出主题效果，使页面更加鲜明生动，对整个页面起到画龙点睛的作用。

（4）背景色

舞台的中心是主角，但是决定整体印象的却是背景。因此背景色起到衬托环抱整体的色调，协调、支配整体的作用。在决定网页配色时，如果背景色十分素雅，那么整体也会变得素雅；背景色如果明亮，那么整体也会给人明亮的印象。

我们在设计网页时，一定要首先确定页面的主色调，再根据主色调找出与之相配的各种颜色作为其他颜色角色，在配色过程中，要做到主色突出、背景色较为宁静，辅色调与主色调对比感觉协调的效果。

需要注意的是，色彩的四种角色理论并不是说网页中一定要具有四种颜色分别充当这四种角色。网页中使用的颜色数和色彩的角色理论是没有关联的。例如，有时网页中的辅色调和背景色可能采用同一种色，或者网页中的辅色调有几种，还可以是点睛色由几种颜色组成，这都使得网页的颜色数并不局限于四种。

5．色彩的对比和调和

在日常生活中能看到"万绿丛中一点红"这样强烈对比的颜色，也能看到同类或邻近的颜色，如晴朗的天空与蔚蓝的大海。网页页面中总是由具有某种内在联系的各种色彩，组成一个完整统一的整体，形成画面色彩总的趋向，通过不同颜色的组合产生对比或调和的效果就是形式美的变化与统一规律。

色彩的对比和调和理论是深入理解色彩搭配方法的前提。通过色彩的对比可以使页面更加鲜明生动，而通过色彩的调和使页面中的颜色有一种稳定协调的感觉。

（1）色彩的对比

两种以上的色彩，以空间或时间关系相比较，能比较出明显的差别，并产生比较作用，被称为色彩对比。色彩的对比规律大致有以下几点：

① 色相对比：因色相之间的差别形成的对比。当主色相确定后，必须考虑其他色彩与主色相是什么关系，要表现什么内容及效果等，这样才能增强其表现力。

② 明度对比：因明度之间的差别形成的对比（柠檬黄明度高，蓝紫色的明度低，橙色和绿色属中明度，红色与蓝色属中低明度）。

③ 纯度对比：一种颜色与另一种更鲜艳的颜色相比时，会感觉不太鲜明，但与不鲜艳的颜色相比时，则显得鲜明，这种色彩的对比便称为纯度对比。

④ 补色对比：将红与绿、黄与紫、蓝与橙等具有补色关系的色彩彼此并置，使色彩感觉更为鲜明，即产生红的更红、绿的更绿的感觉。纯度增加，称为补色对比（视觉的残像现象明显）。

⑤ 冷暖对比：由于色彩感觉的冷暖差别而形成的色彩对比，称为冷暖对比。（红、橙、黄使人感觉温暖；蓝、蓝绿、蓝紫使人感觉寒冷；绿与紫介与其间），另外，色彩的冷暖对比还受明度与纯度的影响，白光反射高而感觉冷，黑色吸收率高而感觉暖。

（2）色彩的调和

两种或两种以上的色彩合理搭配，产生统一和谐的效果，称为色彩调和。色彩调和是求得视觉统一、达到人们心理平衡的重要手段。调和就是统一，下面介绍的四种方法能够达到调和页面色彩的目的。

① 同类色的调和。

相同色相、不同明度和纯度的色彩调和。使之产生秩序的渐进，在明度、纯度的变化上，弥补同种色相的单调感。

同类色给人的感觉是相当协调的。它们通常在同一个色相里，通过明度的黑白灰或者纯度的不同来稍微加以区别，产生了极其微妙的韵律美。为了不至于让整个页面呈现过于单调平淡，有些页面则是加入极其小的其他颜色做点缀。

例如，以黄色为主色调的页面，采用同类色调和，就使用了淡黄、柠檬黄、中黄，通过明度、纯度的微妙变化产生缓和的节奏美感。因此，同类色被称为最稳妥的色彩搭配方法。

② 类似色的调和。

在色环中，色相越靠近越调和。这主要是靠类似色之间的共同色来产生作用的。类似色的调和以色相接近的某类色彩，如红与橙、蓝与紫等的调和，称为类似色的调和。类似色相较于同类色色彩之间的可搭配度要大些，颜色丰富、富于变化。

③ 对比色的调和。

对比色的调和以色相相对或色性相对的某类色彩，如红与绿、黄与紫、蓝与橙的调和。对比色调和主要有以下方法：

- 提高或降低对比色的纯度；
- 在对比色之间插入分割色（金、银、黑、白、灰等）；
- 采用双方面积大小不等的处理方法，以达到对比中的和谐；
- 对比色之间加入相近的类似色，也可起到调和的作用。

6. 网页中色彩的搭配

（1）色彩搭配的总体原则

色彩总的应用原则应该是"总体协调，局部对比"，也就是，主页的整体色彩效果应该是和谐的，只有局部的、小范围的地方可以有一些强烈的色彩对比。

相对而言，纯色属于不好搭配的颜色，因此一般都不将几种完全不同的纯色搭配在一起，而是采用一种比较纯的色和其他几种比较中庸（如灰色或各种间色）的颜色搭配在一起。并且在色彩对比中，两种对比色的面积大小不能相当，通常是一种颜色做点缀，而另一种颜色大范围使用。

（2）色彩搭配的最简单原则

如果不能够深入理解色彩的对比和调和理论，也有一些最简单的原则供初学者使用，这些原则可以保证色彩搭配出的效果不会差，但也不会搭配出特别好的效果。

① 用一种色彩。这里是指先选定一种色彩，然后调整透明度或者饱和度，通俗地说就是将色彩变淡或者加深，产生新的色彩，用于网页。这样的页面看起来色彩统一，有层次感。

② 用两种色彩。先选定一种色彩,然后选择它的对比色。但要注意这两种颜色面积不能相当,应以一种为主,另一种做点缀,或在它们之间插入分割色。这样整个页面色彩显得丰富但不花哨。

③ 用一个色系。简单地说就是用一个感觉的色彩,例如淡蓝、淡黄、淡绿或者土黄、土灰、土蓝,因为这些色彩中都掺入一些共同的颜色,可以起到调和的作用。

④ 边框和背景的颜色应相似,且边框的颜色较深,背景的颜色较浅。

(3)网页配色的忌讳

① 不要将所有颜色都用到,尽量控制在三种色彩以内。

② 一般不要用两种或多种纯色,大部分网站的颜色都不是纯色。

③ 背景色和文字颜色的对比尽量要大,而且不要用花纹繁复的图案作背景,以便突出主要文字内容。

对于初学者来说,在用色上切忌将所有的颜色都用到,尽量控制在三种色彩以内,并且这些色彩的搭配应协调。而且一般不要用多种纯色,灰色适合与任何颜色搭配。

1.2　网页与网站

1.2.1　什么是网页

从表面上看,网页是通过浏览器看到的一幅幅画面。一个功能多样的网站就是由一幅幅多彩的网页组成的。要想浏览网页,计算机中必须安装有浏览器软件(如 Windows XP 集成的 Internet Explorer,简称 IE),图 1-7 所示的就是 IE 浏览器打开的网页。在 IE 浏览器中,选择"查看"→"源文件"命令,就会打开一个纯文本文件,如图 1-7 所示。这个文本文件中的内容叫做 HTML 源代码,浏览器就是把 HTML 代码转变成五颜六色画面(即用户看到的网页)的工具。

图 1-7　IE 浏览器中的网页及查看网页的源代码

网页是通过 HTML(HyperText Markup Language,超文本标记语言)书写的一种纯文本文件。用户通过浏览器所看到的包含了文字、图像、链接、动画和声音等多媒体信息的每一个网页,其实质是浏览器对 HTML 代码进行了解释,并引用相应的图像、动画等资源文件,才生成了多姿多彩的网页。可以看出,网页的本质是纯文本文件,但一个网页并不是由一个单独的文件组成,网页显示的图片、动画等文件都是单独存放的,以方便多个网页引用同一个图片等文件。这和 Word 等格式的文件有明显区别。

1.2.2　网页设计语言——HTML 简介

HTML 作为一种语言,具有语言的一般特征,所谓语言是一种符号系统,具有自己的词汇(符号)和语法(规则)。

所谓标记,就是作记号。和我们写文章时通常用大体字标记文章的标题,用换行空两格标记一个段落一样,HTML 是用一对<h1>标记把文字括起来表明这些字是标题,用一对<p>标记把一段字括起来表明这是一个段落。

所谓超文本,就是相比普通文本有超越的地方,如超文本可以通过超链接转到指定的某一页,而普通文本只能一页页翻,超文本还具有图像、视频、声音等元素,这些都是普通文本无法具有的。

超文本标记语言 HTML 是一种建立超文本/超媒体文档的语言,它用标签标记文档中的文本及图像等各种元素,指示浏览器如何显示这些元素。HTML 的发展历程如图 1-8 所示,它是 SGML(标准通用标记语言)在 WWW 中的应用。

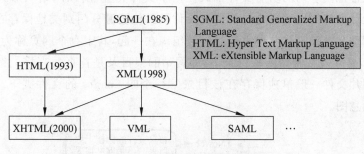

图 1-8　标记语言的发展过程

HTML 语言与编程语言有明显不同,首先它不是一种计算机编程语言,而是一种描述文档结构的语言,或者说排版语言;其次 HTML 是弱语法语言,随便怎么写都可以,浏览器会尽力去理解执行,不理解的按原样显示,而编程语言是严格语法的语言,写错一点点计算机就不执行,报告错误;再次 HTML 语言不像大多数编程语言一样需要编译成指令后执行,而是每次由浏览器解释执行。

1.2.3　网页和网站的开发工具介绍

网页的本质是纯文本文件,因此可以用任何文本编辑器制作网页,但这样必须完全手工书写 HTML 代码。通常我们借助于专业的网页开发工具制作网页,它们具有"所见即所得"(what you see is what you get)的特点,可以不用手工书写代码,通过图形化操作界面就能插入各种网页元素,如图像、链接等,而且能在设计视图中实时看到网页的大致浏览器效果。目前流行的专业网页开发工具主要有:

Adobe 公司的 Dreamweaver CS5,Dreamweaver(本书简称 DW)的中文含义是"织梦者",DW 具有操作简洁、容易上手的优点,目前是最流行的网页制作软件。

Microsoft 的 Expression Web 3,它是微软开发的新一代网页制作软件,对 Web 标准的内建支持,使其能帮助开发者建立跨浏览器兼容性的网站。

虽然这些软件具有所见即所得的网页制作能力,可以让不懂 HTML 语言的用户也能制作出网页。但如果想灵活制作精美专业一些的网页,很多时候还是需要在代码视图中手工修改代码,因此学习网页的代码对网页制作水平的提高是很重要的。

DW 等软件同时具有很好的代码提示和代码标注功能,使得手工修改代码也很容易,并且还能报告代码错误,所以就算是手工编写代码,也推荐使用这些软件。

DW 和 Expression Web 同时具有强大的站点管理功能,因此它们还是网站开发工具,网页制作和网站管理的功能被集成于一体。

1.2.4　网站的含义和特点

1. 网站的含义

网站就是由许多网页及其他资源文件(如图片)组成的一个集合,网页是构成网站的基本元素。通常把网站内的所有文件都放在一个文件夹里,所以网站从形式上看就是一个文件夹。设计良好的网站通常是将网页文件及其他资源分门别类地保存在相应的文件夹中以方便管理和维护。这些网页通过链接组织在一起,其中有个网页称为首页,常命名为 index.htm,必须放在网站的根目录下,即网站的根目录是首页的直接上级目录。网页中所需要的图片文件一般单独保存在该目录下一个叫 images 的文件夹下。图 1-9 是一个网站目录示意图。

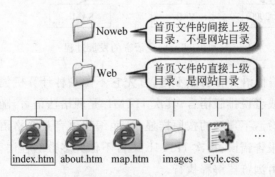

图 1-9　网站目录示意图

因此,制作网站的第一步是在硬盘上新建一个文件夹,作为网站根目录。网站制作完成后把这个目录上传到服务器就可以了。

2. 在 DW 中定义站点

在 DW 中,"站点"一词既表示 Web 站点,又表示属于该 Web 站点的文件的本地存储位置。在开始建立 Web 站点之前,我们需要建立站点文档在本地的存储位置,即硬盘文件夹。DW 站点可组织与 Web 站点相关的所有文档。跟踪和维护链接、管理文件、共享文件以及将站点文件传输到 Web 服务器上。

要制作一个能够被访问者浏览的网站,首先需要在本机上制作网站,然后上传到远程服务器上去。放置在本地磁盘上的网站被称为本地站点,传输到远程 Web 服务器中的网站被称为远程站点。DW 提供了对本地站点和远程站点强大的管理功能。

因而应用 DW 不仅可以创建单独的网页,还可以创建完整的网站。使用 DW 建设网站时,必须告诉 DW 要新建的网站保存在哪个硬盘目录下,即把我们刚才建立的目录定义为站点。因此在 DW 下新建站点是用 DW 开发网站的第一步,下面讲述新建站点如何操作。

(1)在 DW 中选择"站点"菜单中的"新建站点",就会弹出新建站点对话框。这个对话框有"基本"和"高级"两个选项卡,"基本"选项卡可分步骤完成一个站点的建立,"高级"选项卡则用来直接设置站点的各个属性。在此"基本"选项卡中输入站点的名称(可任取一个站点名,如 hynu),对于静态站点,HTTP 地址不需要设置,如图 1-10 所示。

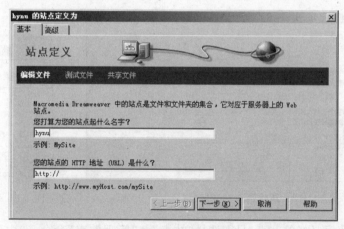

图 1-10　新建站点对话框(一)

(2)单击"下一步"按钮,在弹出的图 1-11 所示的对话框中选择"否",此对话框用于

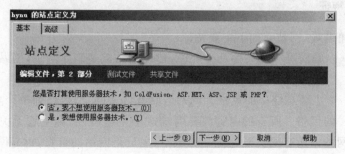

图 1-11　新建站点对话框(二)

设置站点文件类型。如果要制作动态网页,则应选择"是",此时将出现一个选择具体动态网页技术的下拉列表框,可选择合适的动态网页文件类型。

(3) 单击"下一步"按钮,弹出图 1-12 所示对话框,因为通常我们是在本地机器上做好网站,再传到网上的服务器去,所以选择"编辑我的计算机上的本地副本,完成后再上传到服务器(推荐)"这一默认选项,然后在"您将把文件存储在计算机上的什么位置?"下,选择网站根目录对应的文件夹。

把刚才新建的那个文件夹作为站点文件夹就可以了,这样 DW 就会把新建的文件默认都保存在站点目录中,并且站点目录内文件之间的链接会使用相对链接的形式。

提示:对网站目录和网页文件命名应避免使用中文,尤其对于动态网页或将网页上传到服务器后,使用中文很容易出问题。此处的站点文件夹"DEMO"就不是中文。

(4) 单击"下一步"按钮,在"您如何连接到远程服务器?"下拉列表中选择"无"。

(5) 单击"下一步"按钮,弹出站点信息总结的对话框,单击"完成"按钮就完成了一个本地站点的定义。

(6) 定义好本地站点之后,DW 窗口右侧的"文件"面板(如图 1-13 所示)就会显示刚才定义的站点的目录结构,可以在此面板中右击,在站点目录内新建文件或子文件夹,这与在资源管理器中为站点文件夹新建文件或子文件夹的效果一样。

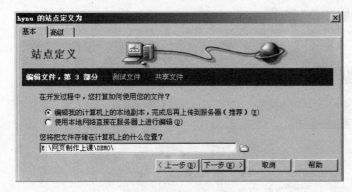

图 1-12　新建站点对话框(三)

图 1-13　"文件"面板

如果要修改定义好的站点,只需选择"站点"→"管理站点"命令,选中要修改的站点,单击"编辑"按钮,就可在站点定义对话框中对原来的设置进行修改了。

3. 网站的特征

从用户的角度看,网站有如下主要特征:

(1) 拥有众多的网页。从某种意义上说,建设网站就是制作网页,网站主页是最重要的网页。

(2) 拥有一个主题与统一的风格。网站虽然有许多网页,但作为一个整体,它必须有一个主题和统一的风格。所有的内容都要围绕这个主题展开,和主题无关的内容不应出现在网站上。网站内所有网页要有统一的风格,主页是网站的首页,也是网站最为重要的网页,所以主页的风格往往就决定了整个网站的风格。

（3）有便捷的导航系统。导航是网站非常重要的组成部分，也是衡量网站是否优秀的一个重要标准。设计良好的网站都具有便捷的导航，可以帮助用户以最快的速度找到自己需要的网页。导航系统常用的实现方法有导航条、路径导航、链接导航等。

（4）分层的栏目组织。将网站的内容分成若干个大栏目，每个大栏目的内容都放置在网站内的一个子目录下，还可将大栏目再分成若干小栏目，也可将小栏目分成若干个更小的栏目，分门别类放在相应的子目录下，这就是网站采用的最简单的层次型组织结构，结构清晰的网站可大大方便对网站的维护和修改。

1.3　Web 服务器和浏览器

在学习网页制作之前，有必要了解"浏览器"和"服务器"的概念。网站的浏览者坐在计算机前浏览各种网站上的内容，实际上就是从远程的计算机中读取了一些内容，然后在本地的计算机中显示出来的过程。提供内容信息的计算机称为"服务器"，访问者使用"浏览器"程序，就可以通过网络取得"服务器"上的文件以及其他信息，因此我们浏览的网页是保存在服务器上的。服务器可以同时供许多不同的人（浏览器）访问。

1.3.1　Web 服务器的作用

访问网页具体的过程是，当用户的计算机连入互联网后，通过在浏览器中输入网址发出访问某个站点的请求，然后这个站点的服务器就把用户请求的网页文件传送到用户的浏览器上，即将文件下载到用户计算机中，浏览器再显示出文件内容，这个过程如图 1-14 所示。

对于静态网页（不含有服务器端代码，不需要 Web 服务器解释执行的网页）来说，Web 服务器只是在服务器的硬盘中找到该网页并传输给用户计算机，起到的只是查找和传输文件的作用。因此在测试静态网页时可不安装 Web 服务器，因为制作网页时网页还保存在本地计算机中，可以手工找到该网页所在的目录，双击网页文件就能用浏览器打开它。

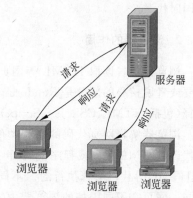

图 1-14　服务器与浏览器之间的关系

而运行动态网页则一定要安装 Web 服务器软件，因为动态网页要经过 Web 服务器解释执行后生成 HTML 代码才能被浏览器解释。

1.3.2　浏览器的种类和作用

1. 浏览器的种类

浏览器是供用户浏览网页的软件。目前常见的浏览器有 IE 6、IE 7、IE 8、Firefox 3、Google Chrome 2、Safari 4、Opera 10 等。图 1-15 所示是各种浏览器的徽标。

IE   Firefox   Opera 10   Safari 4   Google Chrome 2

图 1-15 常见的各种浏览器

其中 Firefox 是网页设计领域推荐的标准浏览器,它对 Web 标准和 CSS 的支持很好,同时对开发者调试网页代码也有很好的支持,在"工具"菜单下的"错误控制台"中能提示网页中出错的 JavaScript 脚本位置和错误类型。

IE 6 虽然对 Web 标准的支持不太好,但仍然是国内使用最广泛的浏览器。因此为了保证网页在大多数用户的 IE 6 浏览器中有正确的效果,同时测试网页是否能被其他浏览器兼容,最好同时安装 IE 6 和 Firefox 3 两种浏览器。

Safari 4 主要是用在苹果计算机(包括 iPad、iPhone)上的浏览器,目前 Safari 也有 Windows 版本,该浏览器在解释 JavaScript 脚本时的速度很快,号称世界上最快的浏览器,但显示的网页效果有时和 IE 浏览器差别较大。

Opera 10 是一种小巧的浏览器,在手持设备的操作系统上用得较多。

目前 IE 浏览器所占的用户份额正在逐渐减小,而使用 Google Chrome、Firefox 和 Opera 等浏览器的用户正在增多。随着 Web 标准的推广,网页在各种浏览器中的显示效果将趋于一致。这必然促使各种浏览器的竞争日趋激烈,浏览器市场将进入群雄争霸的战国时代。

2. 浏览器的作用

浏览器负责读取 HTML 等网页代码并进行解释以生成用户看到的网页。浏览器最重要或者说核心的部分是 Rendering Engine,习惯称之为浏览器内核,负责对网页语法的解释(包括 HTML、CSS、JavaScript)并显示网页。

浏览器解释网页代码的过程类似于程序编译器编译程序源代码的过程,都是通过执行代码(HTML 代码或程序代码)再生成界面(网页或应用程序界面),不同的是浏览器是对 HTML 等代码解释执行的。不同的浏览器内核对网页代码的解释并不完全相同,因此同一网页在不同内核的浏览器中的显示效果就有可能不同。国内很多的浏览器(如傲游 Maxthon 和腾讯 TT)是借用了 IE 的内核,不能算是一种独立的浏览器。

1.4 域名与主机的关系

域名本来是为了方便记忆 IP 地址的,那时一个域名对应一个 IP。但现在多个域名可对应一个 IP 地址(一台主机),即在一台主机上可架设多个网站,这些网站的存放方式称为"虚拟主机"方式,通过在 Web 服务器上设置"主机头"区别这些网站。

因此域名的作用有两个,一是将域名发送给 DNS 服务器解析得到 Web 服务器的 IP 地址以进行连接,二是将域名信息发送给 Web 服务器,通过域名与 Web 服务器上设置的"主机头"进行匹配确认客户端请求的是哪个网站,如图 1-16 所示。若客户端没有发送域名信息给 Web 服务器,例如直接输入 IP,则 Web 服务器将打开默认网站。

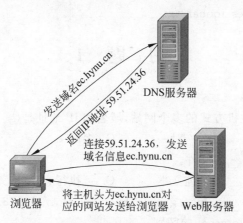

图 1-16　浏览器输入网址访问网站的过程

1.5　URL 的含义和结构

为了使人们能访问 Internet 上任意一个网页(或其他文件),每个文件都要有一个唯一的地址(标识),这样才能根据地址找到对应的文件,就好像在平常寄信时只有写明收信人的地址和姓名才能使邮局找到收信人一样。URL(Universal Resource Locator,统一资源定位地址)是 Internet 上任何资源的标准地址,每个网站上的每个网页(或其他文件)在 Internet 上都有一个唯一的 URL 地址,通过网页的 URL,浏览器就能定位到目标网页或资源文件。

URL 的一般格式为:协议名://主机名[:端口号][/目录路径/文件名][♯锚点名],图 1-17 所示是一个 URL 的示例。

URL 协议名后必须接":// ",其他各项之间用"/"隔开,例如图 1-17 中的 URL 表示信息被放在一台被称为 www 的服务器上,hynu.cn 是一个已被注册的域名,cn 表示中国,主机名,域名合称为主机头。web/201009/是服务器网站目录下的目录路

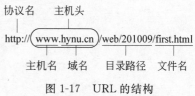

图 1-17　URL 的结构

径,而 first.html 是位于上述目录下的文件名,因此该 URL 能够让我们访问到这个文件。

在网页 URL 中,常见的协议有如下三种:

(1) http:超文本传送协议,用于传送网页。例如:

http://bbs.runsky.com:8080/bbs/forumdisplay.php♯fid

(2) ftp:文件传输协议,用于传送文件。例如:

① ftp://219.216.128.15/

② ftp://001.seaweb.cn/web

(3) file:访问本机或其他主机上共享文件的协议。如果是本机,则主机头可以省略,

但斜杠不能省略。例如：

① file://ftp. linkwan. com/pub/files/foobar. txt

② file：/// pub/files/foobar. txt

习　题　1

1.1　作业题

1. 对于采用虚拟主机方式的多个网站，域名和 IP 地址是(　　)的关系。

　　A. 一对多　　　　　　B. 一对一　　　　　C. 多对一　　　　　　D. 多对多

2. 网页的本质是(　　)文件。

　　A. 图像　　　　　　　B. 纯文本　　　　　C. 可执行程序　　　D. 图像和文本的压缩

3. 请解释 http://www. moe. gov. cn/business/moe/115078. html 的含义。

4. 简述 WWW 和 Internet 的区别。

5. 简述 URL 的含义和作用。

6. 简述网站的本质和特点。

1.2　上机实践题

1. 使用 DW 新建一个名称为 wgzx 的网站目录，该网站目录对应硬盘上的 D:\wgzx 文件夹。

2. 在计算机上安装 Firefox 浏览器，并分别使用 IE 浏览器和 Firefox 浏览器查看网页的源代码。

第2章

(X)HTML和Web标准

2.1 认识 HTML 文档

2.1.1 使用记事本编辑一个 HTML 文件

HTML 文件本质是一个纯文本文件，只是它的扩展名为 htm 或 html。任何纯文本编辑软件都能创建、编辑 HTML 文件。我们可以打开最简单的文本编辑软件——记事本，在记事本中输入如图 2-1 所示的代码。

输入完成后，选择"保存"命令，注意先在"保存类型"中选择"所有文件"，再输入文件名为"2-1. html"。单击"保存"按钮，这样就新建了一个后缀名为 html 的网页文件，可以看到其文件图标为浏览器图标，双击该文件则会用浏览器显示如图 2-2 所示的网页。

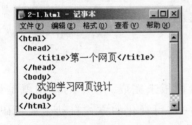

图 2-1　用记事本创建一个 HTML 文件　　　图 2-2　2-1. html 在 IE 浏览器中的显示效果

2-1. html 是最简单的 HTML 文档。可以看出，最简单的 HTML 文档包括 4 个标记，各标记的含义如下：

① <html>…</html>：告诉浏览器 HTML 文档开始和结束的位置，HTML 文档包括 head 部分和 body 部分。HTML 文档中所有的内容都应该在这两个标记之间，一个 HTML 文档总是以<html>开始，以</html>结束。

② <head>…</head>：HTML 文档的头部标记，头部主要提供文档的描述信息，head 部分的所有内容都不会显示在浏览器窗口中，在其中可以放置页面的标题<title>以及页面的类型、使用的字符集、链接的其他脚本或样式文件等内容。

③ <title>…</title>：定义页面的标题，将显示在浏览器的标题栏中。

④ <body>…</body>：用来指明文档的主体区域，主体包含 Web 浏览器页面显示的具体内容，因此网页所要显示的内容都应放在这个标记内。

提示：HTML 标记之间可以相互嵌套，如＜head＞＜title＞…＜/title＞＜/head＞，但绝不可以相互交错，如＜head＞＜title＞…＜/head＞＜/title＞就是绝对错误的。

2.1.2 认识 Dreamweaver CS3

DW 为网页制作提供了简洁友好的开发环境，Dreamweaver CS3 的界面和 Dreamweaver 8 很相似，主要是增加了 Spry 组件功能，下面通过图 2-3 来认识 DW 的界面。

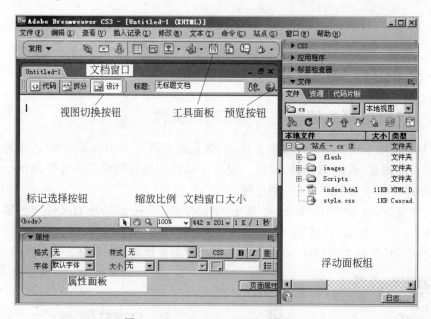

图 2-3　Dreaweaver CS3 的工作界面

DW 的编辑环境非常灵活，大部分操作可以通过面板来完成。DW 的作用就是帮助用户以所见即所得的方式编写 HTML 代码，即通过一些可视化的方式自动生成代码，减少用户手工编写代码的工作量。DW 的设计视图蕴含了面向对象操作的思想，它把所有的网页元素都看成是对象，在 DW 中制作网页的过程就是插入网页元素（对象），再设置网页元素属性的过程。

在 DW 中还可以单击视图切换按钮切换到"代码"视图手工编写代码，"代码"视图拥有的代码提示功能在很大程度上方便了设计师手工编写代码。

需要注意的是，由于网页本质是 HTML 源代码，在 DW 设计视图中的可视化操作本质上仍然是在编写代码，因此可以在"设计"视图中完成的工作一定也可以在"代码"视图中通过编写代码完成，且有些操作必须通过编写代码实现，不一定能在"设计"视图中完成，因此说编写代码方式是万能的，我们要重视对 HTML 代码的学习。

2.1.3 使用 DW 新建 HTML 文件

打开 DW，选择"文件"→"新建"命令（快捷键为 Ctrl＋N），在新建文档对话框中选择

"基本页"→HTML,单击"创建"按钮就会出现网页的设计视图。在设计视图中输入一些内容,然后保存文件(选择"文件"→"保存"命令,快捷键为 Ctrl＋S),输入网页的文件名,就新建了一个 HTML 文件,最后可以按 F12 键在浏览器中预览,也可以在保存的文件夹中找到该文件双击运行。

　　注意:网页在 DW 设计视图中的效果和浏览器中显示的效果并不完全相同,所以测试网页时应使用浏览器预览最终效果。

2.2　标记和元素

2.2.1　标记的概念和结构

　　标记(Tags)是 HTML 文档中一些有特定意义的符号,这些符号指明内容的含义或结构。HTML 标记由一对尖括号＜＞和标记名组成。标记分为"起始标记"和"结束标记"两种,二者的标记名称是相同的,只是结束标记多了一个斜杠"/"。如图 2-4 所示,＜b＞为起始标记,＜/b＞为结束标记,其中"b"是标记名称,它是英文"bold"(粗体)的缩写。标记名是大小写不敏感的。例如,＜b＞…＜/b＞和＜B＞…＜/B＞的效果都是一样的,但是 XHTML 标准规定,标记名必须是小写字母,因此我们应注意使用小写字母书写。

　　大多数标记都是成对出现的,称为配对标记。有少数标记只有起始标记,这样的标记称为单标记,如换行标记＜br/＞,其中 br 是标记名,它是英文"break row"(换行)的缩写。XHTML 规定单标记也必须封闭,因此在单标记名后应以斜杠结束。

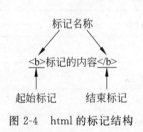

图 2-4　html 的标记结构

图 2-5　带有属性的 HTML 标记结构

2.2.2　标记带有属性时的结构

　　实际上,标记一般还可以带有若干属性(Attribute),属性用来对元素的特征进行具体描述。属性只能放在起始标记中,属性和属性之间用空格隔开,属性包括属性名和属性值(Value),它们之间用"＝"分开,如图 2-5 所示。

　　例 2-1　讨论下列 HTML 标记的写法错在什么地方。(答案略)

①　＜img "birthday. jpg"/＞

②　＜i＞Congratulations!＜i＞

③　＜a href＝"file. html"＞linked text＜/a href＝"file. html"＞

④ <p>This is a new paragraph<\p>

⑤ <li>The list item</li>

2.2.3　HTML 标记的分类

为方便记忆 HTML 标记,可将标记按出现的情况分为以下几种:

(1) 单标记:单标记也称为自封闭标记,常见的单标记有
、<hr/>、<img/>、<input/>、<meta/>、<link/>等。

(2) 配对标记:除了单标记之外的其他标记都是配对标记,配对标记由"起始标记"和"结束标记"两部分构成,必须成对出现。HTML 中大多数标记都是配对标记。

(3) 成组标记:有许多标记必须成组出现,否则就没有意义。例如,表格标记<table>,表单标记<form>,列表标记<ul>、<ol>、<dl>和框架标记<frameset>等都必须与其包含的标记成组出现。

2.2.4　常见的 HTML 标记和属性

HTML 4.01 定义的标记总共有 96 个,但是常用的 HTML 标记只有下面列出的 40 多个,这些标记及其含义必须熟记下来。为了更好地记忆,表 2-1 对标记按用途进行了分类。

表 2-1　HTML 标记的分类

类　别	标记名称
文档结构	html,head,body
头部标记	title,meta,link,style,script,base
文本结构标记	p,h1~h6,pre,marquee,br,hr
字体标记	font,b,i,u,strong,em
列表标记	ul,ol,li,dl,dt,dd
超链接标记	a,map,area
图像及媒体元素标记	img,embed,object
表格标记	table,tr,td,th,tbody
表单标记	form,input,textarea,select,option,fieldset,legend,label
框架标记	frameset,frame,iframe
容器标记	div,span

HTML 语言还为标记定义了许多属性,有些属性是可以用在任何标记中的,称为公共属性;而有些属性是某些标记独有的,称为特有属性。表 2-2 列出了 HTML 的公共属性和一些最常见的特有属性。

表 2-2　HTML 语言中一些最常见的属性

公共属性	含　义	特有属性	含　义
style	为元素引入行内 CSS 样式	align	定义元素的水平对齐方式
class	为元素定义一个类名	src	定义元素引用的文件的 URL
id	为元素定义一个唯一的 id 名	href	定义超链接所指向的文件的 URL
name	为元素定义一个名字	target	链接的目标文件的打开方式
title	定义鼠标悬停时的提示文字	border	设置元素的边框宽度

2.2.5　元素的概念

HTML 文档是由各种 HTML 元素组成的。网页中文字、图像、链接等所有的内容都是以元素 Elements 的形式定义在 HTML 代码中的，因此元素是构成 HTML 文档的基本部件。元素是用标记来表现的，一般起始标记表示元素的开始，结束标记表示元素的结束。把 HTML 标记(如＜p＞…＜/p＞)和标记之间的内容组合称为元素。

HTML 元素可分为"有内容的元素"和"空元素"两种。"有内容的元素"是由起始标记、结束标记和两者之间的内容组成，其中元素内容既可以是文字内容，也可以是其他元素。如图 2-4 所示，起始标记＜b＞和结束标记＜/b＞定义元素的开始和结束，它的元素内容是文字"标记中的内容"；而起始标记＜html＞与结束标记＜/html＞组成的元素，它的元素内容是另外两个元素 head 元素和 body 元素。"空元素"则只有起始标记而没有结束标记和元素内容。例如＜br/＞元素就是空元素，可见"空元素"对应单标记。

标记相同而标记中的内容不同应视为不同的元素，同一网页中标记和标记的内容都相同的元素如果出现两次也应视为两个不同的元素，因为浏览器在解释 HTML 中每个元素时都会为它自动分配一个内部 id，不存在两个元素的 id 也相同的情况。

例 2-2　在如下代码中，body 标记内共有多少个元素？

```
<body>
<a href="box.html"><img src="cup.gif" border="0" align="left"/></a>
<p>图片的说明内容</p><hr/>
<p>图片的说明内容</p>
</body>
```

答：5 个。即 1 个 a 元素、1 个 img 元素、2 个 p 元素和 1 个 hr 元素。

2.2.6　行内元素和块级元素

HTML 元素还可以按另一种方式分为"行内元素"和"块级元素"。下面是一段 HTML 代码，读者暂时不需要知道每个标记的具体含义，只要注意标记中的内容在浏览器中是怎样排列的。

```
<body>
  <a href="#">web 主页</a><h2>web 标准</h2><a href="#">web 主页</a>
  <img src="images/arrow.gif" width="16" height="16"/><b>结构</b>
  <font>表现</font><span>行为</span>
  <p>结构标准语言 XHTML</p><ul><li>表现标准语言 CSS</li></ul>
  <div>行为标准语言 JavaScript</div>
</body>
```

代码的显示效果如图 2-6 所示。可以看到 h2、p、div 这些元素中的内容会占满一整行，而 a、img、span 这些元素在一行内从左到右排列，它们占据的宽度是刚好能容纳元素中内容的最小宽度。根据元素是否会占据一整行，可以把 HTML 元素分为行内元素和块级元素。

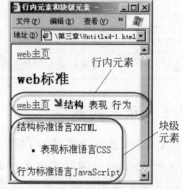

图 2-6　行内元素和块级元素的显示效果

行内(Inline)元素是指元素与元素之间从左到右并排排列，只有当浏览器窗口容纳不下才会转到下一行，块级(Block)元素是指每个元素占据浏览器一整行位置，块级元素与块级元素之间自动换行，从上到下排列。块级元素内部可包含行内元素或块级元素，行内元素内部可包含行内元素，但不得包含块级元素。另外，块级元素<p>元素内部也不能包含其他的块级元素。

2.3　Web 标准

网页设计技术经过十几年的发展，已经发生了很多重要变化，其中最重要的变化莫过于"Web 标准"这一理念被广泛接受。

2.3.1　Web 标准的含义

W3C(World Wide Web Consortium，万维网联盟)认为网页由结构(structure)、表现(presentation)和行为(behavior)组成，并且这三者应该分离。于是 W3C 分别制定了网页在结构、表现和行为方面的标准语言，这一系列的标准统称为 Web 标准(Web standards)，因此 Web 标准是关于网页的标准。要理解 Web 标准，就务必要明确内容、结构、表现和行为这几个概念。

用一部书稿来打比喻，书稿的内容就是文字、标点等各种字符，可能还有插图。书稿的结构就是指各级标题、段落、列表等部分，如果不将书稿的内容用标题、段落等结构来标明，那么这些内容将乱作一团，无法阅读。而表现则是指对书稿如何排版，如每个组成部分用什么字体、多大字号、什么字体颜色及背景颜色等，这些统称为书稿的表现。图 2-7 是内容、结构和表现的概念示意图。

从图中可以看到，对内容定义结构是把内容划分成标题、段落、列表等部分，而表现则是对内容的外观进行装饰，使其更美观或者更容易引起浏览者注意。在图中我们定义了

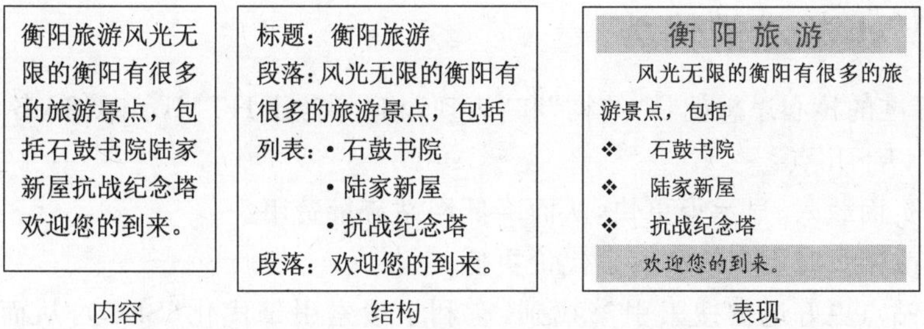

衡阳旅游风光无
限的衡阳有很多
的旅游景点，包
括石鼓书院陆家
新屋抗战纪念塔
欢迎您的到来。
标题：衡阳旅游
段落：风光无限的衡阳有
很多的旅游景点，包括
列表：• 石鼓书院
• 陆家新屋
• 抗战纪念塔
段落：欢迎您的到来。
衡阳旅游
风光无限的衡阳有很多的旅
游景点，包括
❖ 石鼓书院
❖ 陆家新屋
❖ 抗战纪念塔
欢迎您的到来。
内容
结构
表现

图 2-7 内容、结构和表现的概念示意图

标题的字体、大小、文字颜色和背景颜色，还定义了列表的项目图标，所有这些用来改变内容外观的东西，我们称之为“表现”。

对于一个网页，同样可以将内容分为若干组成部分，如各级标题、正文段落、各种列表结构等。这就构成了一个网页的“结构”。每种组成部分的字号、字体颜色、背景等属性就构成了它的“表现”。

网页和传统媒体的不同点在于，它是可以随时变化的，而且可以和浏览者互动，因此如何变化以及如何交互，就称为它的“行为”。例如，使用 JavaScript 可以响应鼠标的点击和移动，可以判断表单的提交，使我们能和网页进行交互操作。可以认为，网页就是由这四层信息构成的一个共同体，这四层的作用如图 2-8 所示。

行为层
表现层
结构层
内容层
内容如何对事件作出响应
内容如何显示
内容的语义
内容

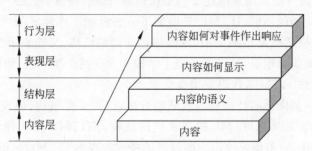

图 2-8 网页的组成

在 Web 标准中，结构标准语言是指 XML 和 XHTML，表现标准语言是指 CSS(Cascading Style Sheets，层叠样式表)，行为标准语言指 DOM 和 ECMAScript，而 JavaScript 是行为标准语言的具体实现，它们之间的相互联系如图 2-9 所示。但是实际上 XHTML 语言也有很弱的描述表现的能力，而 CSS 也有一定的响应行为的能力(如 hover 伪类)，JavaScript 是专门为网页添加行为的。所以这三种语言对应的功能总体来看如图 2-10 所示。

XHTML
添加样式
CSS
控制结构
事件
控制样式
JavaScript

图 2-9 三种语言的相互联系

XHTML
CSS
JavaScript
结构
表现
行为

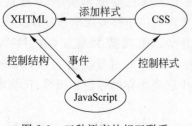

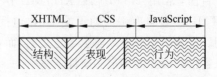

图 2-10 三种语言对应的功能

2.3.2　Web 标准的优势

　　Web 标准的核心思想就是"结构"和"表现"相分离,让 HTML 和 CSS 各司其职,这样做的好处有以下几点:

　　(1) 使页面载入、显示得更快,从而降低网站流量费用。

　　(2) 修改网页时更有效率而且代价更低。

　　(3) 使站点更好地被搜索引擎找到,有利于搜索引擎优化(SEO),从而增加网站访问量。

　　(4) 使站点对浏览者和浏览器更具亲和力,表现在网页能被盲人或手持设备有效地访问。

　　大体来看,Web 标准是从 2004 年开始在我国逐渐风靡起来的,在这之前由于 IE 5.5 以下版本浏览器对 CSS 的支持很不好,人们只能更多地使用 HTML,想尽办法使 HTML 同时承担着"结构"和"表现"的双重任务。随着 Windows XP 的普及,它内置的 IE 6 对 CSS 支持的显著改善,使我国设计师开始重视 CSS,并逐渐遵循 Web 标准来设计网页了。

2.4　HTML 与 XHTML

　　HTML 语言最开始是用来描述文档结构的,如标题、段落、列表等标记。后来因为人们还想用它控制文档的外观,HTML 又增加了一些控制字体样式的标记和对齐、背景色等外观属性,这样做的结果是 HTML 既能描述文档的结构,又能表示文档的外观。但是它描述文档表现的能力很弱,这样还造成了结构和表现混杂在一起,如果要修改页面的外观,就必须重新制作 HTML,代码重用性低。

　　于是人们意识到网页的结构和表现必须分离,网页应由结构、表现和行为三者组成。用 HTML 的"严谨"版本 XHTML 描述文档的结构,XHTML 是一种为了适应 XML 而重新改造的 HTML,它不建议使用一些过时的描述表现的 HTML 标记和属性,对代码的书写要求也更加严谨。HTML 与 XHTML 可以认为是一种语言的不同阶段,因此它们也经常被写作(X)HTML。W3C 推荐用 CSS 专门控制文档的表现,因此 XHTML 和 CSS 就是结构和外观的关系,由 XHTML 确定网页的结构,而通过 CSS 来决定页面的表现形式。

2.4.1　文档类型的含义和选择

　　由于网页源文件存在不同的规范和版本,为了使浏览器能够兼容多种规范,在 XHTML 中,必须使用文档类型(DOCTYPE)指令来声明使用哪种规范解释该文档。

　　目前,常用 HTML 或 XHTML 作为文档类型。而规范又规定,在 HTML 和 XHTML 中各自有不同的子类型,如包括严格类型(Strict)和过渡类型(Transitional)的区别。过滤类型兼容以前版本定义的,而在新版本中已经废弃的标记和属性;严格类型则不兼容已经废弃的标记和属性。

　　建议读者使用 DW 默认的 XHTML 1.0 Transitional(XHTML 1.0 过渡类型),这样

既可以按照 XHTML 的标准书写符合 Web 标准的网页代码,同时在一些特殊情况下还可以使用传统的做法。

例如,使用 DW 默认方式新建的网页文档在代码的第一行都会有如下代码:

```
<!DOCTYPE html PUBLIC "-//W3C//DTD XHTML 1.0 Transitional//EN" "http://www.w3.org/TR/xhtml1/DTD/xhtml1-transitional.dtd">
```

这就是关于"文档类型"的声明,它告诉浏览器使用 XHTML 1.0 过渡规范来解释这个文档中的代码。其中 DTD 是文档类型定义(Document Type Definition)的缩写。

对于 XHTML 文档的声明,有 Transitional、Strict 和 Frameset 三种子类型,Transitional 是过渡类型的 XHTML,表明兼容原来的 HTML 标记和属性;Strict 是严格型的应用方式,在这种形式下,不能使用 HTML 中任何样式表现的标记(如<font>)和属性(如 bgcolor);Frameset 则是针对框架网页的应用方式,使用了框架的网页应用这种类型。

注意:DOCTYPE 是用于定义文档类型的指令,但并不是一个标记,因此不需要封闭。

在 DW 中新建文档时还可以选择使用其他文档类型,DW 的新建文档对话框如图 2-11 所示,它的右下方有一个"文档类型"下拉选择框。

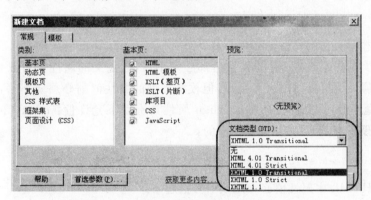

图 2-11　在 DW 中新建文档时选择文档类型

2.4.2　XHTML 与 HTML 的重要区别

尽管目前浏览器都兼容 HTML,但是为了使网页能够符合 Web 标准,读者应该尽量使用 XHTML 规范来编写代码,XHTML 代码和 HTML 代码有如下几个重要区别。

(1) XHTML 文档必须在文档的第一行有一个文档类型的声明(DOCTYPE)。

HTML 文档可以不写文档类型的声明,但 XHTML 一定要有文档类型声明。

(2) XHTML 文档可以定义命名空间。

在 XHTML 文档中,<html>标记通常带有 xmlns 属性,例如:

```
<html xmlns="http://www.w3.org/1999/xhtml">
```

xmlns 属性称为 XML 命名空间(XML NameSpace),由于 XML 可以自定义标记,它需要命名空间来唯一标识 XML 文档中的元素和实体的含义,通过特定 URL 关联命名空间文档,解决命名冲突,而 XHTML 可看成一种特殊的 XML,通过将 xmlns 修改为自定义命名空间文档的 URL,就可以自定义 XHTML 文档中的标记,例如自定义一个 ＜author＞标记。但在一般情况下没必要修改命名空间,而且在 XHTML 规范中 xmlns 属性也是可省略的,浏览器会关联到默认的命名空间。

(3) XHTML 文档里必须具有 html、head、body、title 这些基本元素。

对于 HTML 文档,即使代码里没有 html、head、body、title 这些基本元素仍然是正确的,但 XHTML 要求一定要有这些基本元素,否则就不正确。

(4) 在 XHTML 语言规范的基础上,对标记的书写还有一些额外的要求:

① 在 XHTML 中标记名必须小写。

HTML 中标记名既可大写又可小写,如＜BODY＞＜P＞这是一个段落＜/P＞＜/BODY＞。但在 XHTML 中则必须写成：＜body＞＜p＞这是一个段落＜/p＞＜/body＞。

② 在 XHTML 中属性名必须小写。

例如：

```
<img src="banner.jpg" width="760" height="140"/>
```

③ 具有枚举类型的属性值必须小写。

XHTML 并没有要求所有的属性值都必须小写,自定义的属性值可以大写,例如类名或 id 名的属性值可以使用大写字母,但枚举类型的属性值则必须要小写,枚举类型的值是指来自允许值列表中的值;例如,align 属性具有以下允许值：center、left 和 right。因此,下面的写法是符合 XHTML 标准的:

```
<div align="center" id="PageFooter">…</div>
```

④ 在 XHTML 中属性值必须用双引号括起来。

HTML 中,属性可以不使用引号,如＜img src＝banner. jpg width＝760＞;而在 XHTML 中必须严格写成：＜img src＝"banner.jpg" width＝"760"/＞。

⑤ 在 XHTML 中所有标记包括单标记都必须封闭。

• 这是指双标记必须要有结束标记,如＜p＞这是一个段落＜/p＞。

• 单标记也一定要用斜杠"/"封闭,如＜br/＞、＜hr/＞、＜img src＝"zp.jpg"/＞。

⑥ 在 XHTML 中属性值必须使用完整形式。

在 HTML 中,有些表单中元素的属性由于只有一个可选的属性值,通常就把这个属性值省略掉了,如＜input checked＞;而在 XHTML 中,属性值在任何情况下都不能省略,如＜input checked＝"checked"/＞。

提示：本书接下来的章节中使用的 HTML 都是符合 XHTML 规范的 HTML,但限于篇幅省略了文档类型声明(DOCTYPE),在很多地方还省略了与具体内容无关的代码。

习 题 2

2.1 作业题

1. HTML 语言的注释符是( )。

    A. / * ⋯ * /　　　　B. //　　　　C. '　　　　D. <!-⋯-->

2. 下列 HTML 语句的写法符合 XHTML 规范的是( )。

    A.

    B. <img src="photo.jpg"/>

    C. <IMG src="photo.jpg"></IMG>

    D. <img src=photo.jpg></img>

3. 下列( )不是 XHTML 规范的要求。

    A. 标记名必须小写　　　　　　B. 属性名必须小写

    C. 属性值必须小写　　　　　　D. 属性值不能省略

4. 下列( )不是 XHTML 的 DTD。

    A. Loose　　　　　　　　　　B. Transitional

    C. Strict　　　　　　　　　　D. Frameset

5. Web 标准是关于( )的标准。

    A. 网络　　　　B. 网页　　　　C. 文档类型　　　D. XHTML

6. HTML 中的元素可分为块级(block)元素和行内(inline)元素,下列( )元素是块级元素。

    A. <p>　　　　B. <b>　　　　C. <a>　　　　D. <span>

7. 网页的主体内容应该放到_____标记对中。

8. 网页源代码中的 DOCTYPE 是_____意思,xmlns 是_____意思。

9. 写出元素和标记的区别。

10. 说出行内元素与块级元素的含义和区别。

11. 简述 Web 标准的含义。

2.2 上机实践题

1. 用"记事本"编写一个用粗体显示"欢迎您光临!"的 HTML 源文件,并将其保存后用浏览器打开预览。

2. 上网浏览一些网页并查看它们的源代码,看这些网页的编码规范是否符合 XHTML 标准。

第3章

HTML 标记

网页中的各种元素都是通过 HTML 标记引入的,只有熟练掌握了各种标记及其属性的用法才能灵活地制作网页,根据标记的用途将它们分类记忆是学习 HTML 标记行之有效的方法。本章将按照标记的功能对标记分类进行详细讲解。

3.1 文本格式标记

在网页中,文字和图像是最基本的两种网页元素,文字和图像在网页中可以起到传递信息、导航和交互等作用。在网页中添加文字和图像并不难,更重要的问题是如何编排这些内容以及控制它们的显示方式,让文字和图像看上去编排有序,整齐美观。从本节到3.5 节将介绍文本和图像标记及其属性,读者可以掌握如何在网页中合理地使用文字和图像,如何根据需要选择不同的显示效果。

3.1.1 文本排版

网页中控制文本的显示需要用到文本格式标记,网页中添加文本的方法有以下几种:

1. 直接写文本

这是最简单也是用得最多的方法,很多时候文本并不需要放在文本标记中,完全可直接放在其他标记中,如<div>文本</div>、<td>文本</td>、<body>文本</body>、<li>文本</li>。

2. 用段落标记<p>…</p>格式化文本

各段落文本将换行显示,段落与段落之间有一行的间距。
例如:

<p>第一段</p><p>第二段</p><p>第三段</p>

3. 用标题标记<hn>…</hn>格式化文本

标题标记是具有语义的标记,它指明标记内的内容是一个标题。标题标记可以用来定义第 n 号标题,其中 n=1～6,n 的值越大,字越小,所以<h1>是最大的标题标记,而

<h6>是最小的标题标记。标题标记中的文本将以粗体显示,实际上可看成是特殊的段落标记。

标题标记和段落标记有一个常用属性 align,可以设置该标记元素的内容在元素占据的一行空间内的对齐方式(左对齐 left、右对齐 right 或居中对齐 center),例如下面代码的显示效果如图 3-1 所示。

```
<body>
    <h1 align="center">1 号标题</h1>
    <p>第一段</p>
    <h3>3 号标题</h3>
    <p>第二段</p>
    <h5 align="right">5 号标题</h5>
    <p align="right">第三段</p>
</body>
```

4. 用预格式化标记<pre>…</pre>格式化文本

pre 是 preformated 的缩写,<pre>标记与<p>标记基本相同,唯一区别是该标记中的文本内容将按原来代码中的格式显示,保留所有空格、换行和定位符。

在 DW 的设计视图中如果直接输入文本,就是"直接写文本"方式,文本不会被任何标记环绕,此时可以在图 3-2 所示的文本属性面板中,在"格式"下拉列表中选择将文本转变为其他格式。

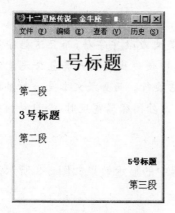

图 3-1　标题标记和段落标记

图 3-2　文本格式属性下拉列表

5. 跑马灯标记<marquee>…</marquee>

<marquee>是一个有趣的标记,它能使其中的文本(或其他内容)在浏览器屏幕上滚动。其中 behavior="alternate"设置滚动方式为来回滚动,设置为 scroll 表示循环滚动,设置为 slide 表示滚动到目的地就停止。direction 属性用于控制滚动的方向,可以上下滚动或左右滚动。loop 设置滚动的次数,loop 为 0 表示不断滚动。scrollamount 属性设置滚动的速度,scrolldelay 属性设置滚动的延时。

例如下面的代码能使标记中的内容从下到上循环滚动，并且当鼠标停留（onmouseover事件）在文本上时，＜marquee＞中的文本会停止滚动，当鼠标移开（onmouseout事件）时，文本又会继续滚动。

```
<marquee direction="up" behavior="scroll" scrollamount="10" scrolldelay="4"
loop="0" align="middle" onmouseover=this.stop() onmouseout=this.start()
height="120">
  我们将半杯热水和半杯冷水倒在一起,我们得到的总是一杯温水,而从来没有人见
到一杯热水会自动分解为一半热水和一半冷水。
</marquee>
```

3.1.2　文本的换行和空格

1. 文本换行标记＜br/＞

在 HTML 代码中，如果需要代码中的文本在浏览器中换行，就必须用＜br/＞标记告诉浏览器这里要进行换行操作。例如：

```
春天<br/>来临,又到了播种耕种的季节
```

2. 强制不换行标记＜nobr＞…＜/nobr＞

这个标记只在一些特殊情况下使用，如希望一个姓名无论在任何情况下都不换行。例如：

```
<nobr>Bill Gates</nobr>
```

提示：在 HTML 代码中，如果文本是一长串英文或数字字符，而且这些字符中间没有任何空格（当然这种情况很罕见），那么这些文本即使超出网页或其包含元素定义的宽度也不会自动换行，只有使用＜br/＞标记才能使它换行。而如果文本是一长串汉字或英文单词（字符之间有空格），那么当文本宽度即将超出外围容器宽度时，会自动换行。

3. 文本中的空格

下面这段代码包含各种文本标记，它在浏览器中的显示效果如图 3-3 所示。注意观察代码中的空格和换行符是否在浏览器中显示。

```
<body> 金牛  的  诱惑    <!--直接写文本-->
<h3>  国王有一个  美丽  的女儿叫欧罗巴</h3>    <!--标题标记内文本-->
<p>  一天清晨,欧罗巴像往常一样和同伴们来到海边的草地上嬉戏。

正当  她们  快乐的采摘鲜花、<br/>编织花环的时候,</p>    <!--段落标记-->
<p> 一群  膘肥体壮  的牛来到了片草地上,</p>
<pre>  欧罗巴一眼就看见牛群中那一只高贵华丽的金牛。

这时候金牛变成了一个俊逸如天神的男子</pre>    <!--预格式化标记内的文本-->
</body>
```

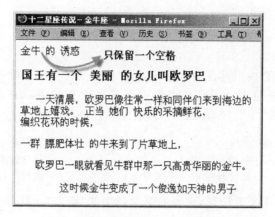

图 3-3　各种文本标记

从图中可以看出：①换行标记＜br/＞会使文本产生换行，但行与行之间不会有空行，而两个段落标记＜p＞之间会有一行（大约 18 像素）的空隙。②文本中的很多空格和回车符都会被浏览器忽略，但＜pre＞标记例外，该标记内的文本将完全按原来的格式显示。

总结：对于 HTML 代码来说，在一个标记（＜pre＞标记除外）内，字符前的空格浏览器将全部忽略，字符与字符间的空格浏览器将只保留一个空格显示，回车符也视为一个空格。块级元素与其他元素之间忽略所有空格。如果要输入多个空格或需要在内容之前输入空格可在源代码中插入 ＆nbsp;（表示一个半角空格）。一个行内元素可视为一个字符。

提示：＜!--……--＞为 HTML 语言的注释符，注释不会显示在页面上。

4. 水平线标记＜hr/＞

这是一个很简单的标记，用来在网页中插入一条水平线。例如：

```
<hr size="3" width="85%" noshade="noshade" align="center" color="red"/>
```

其中，size 属性设置水平线的高度（粗细），noshade 设置水平线是否有阴影效果，默认是有阴影效果的。

3.1.3　文本中的字符实体

在 HTML 代码中的某些符号（如空格、大于号）是不会显示在浏览器中的，如果希望浏览器显示这些字符就必须在源代码中输入它们对应的字符实体。字符实体可分为3 类。

1. 转义字符

由于大于号和小于号被用于声明标记，因此如果在 HTML 代码中出现"＜"或"＞"就不会被认为是普通的小于号或大于号了。如果要显示"x＞y"这样一个数学公式，需要用"＆lt;"代表符号"＜"，用"＆gt;"代表符号"＞"。在 DW 的设计视图中输入"＜"，会自动在代码视图中插入"<"。

2. 特殊字符

一些符号是无法直接用键盘输入的,也需要使用这种方法来输入,例如版权符号"©"需要使用"©"来输入。还有几个特殊字符也比较常用,如"±"代表符号"±","÷"代表"÷","‰"代表"‰"。例如:

```
<p>x &gt;y &divide;2</p>            <!--浏览器中显示"x>y ÷ 2"-->
<p>y &lt;|&plusmn;x|</p>           <!--浏览器中显示"y <|±x|"-->
<p align="center">版权所有 &copy;数学系</p>   <!--版权所有©数学系-->
```

这些特殊符号并不需要记忆,选择 DW 菜单中的"插入"→HTML→特殊字符命令就可以方便地在网页中插入这些符号。

3. 空格符

字符与字符之间的空格,浏览器中显示的网页只会保留一个。如果要在网页某处插入多个空格,可以通过输入代表空格的字符实体" "来实现。一个" "代表一个半角的空格,如果要输入多个空格,可交替输入" "和" "(空格)。

4. 在 DW 设计视图中插入 HTML 文本元素的一些常用快捷键

(1) 按 Enter 键将插入<p> </p>(硬回车)。
(2) 按 Shift+Enter 键将插入
(软回车)。
(3) 按 Ctrl+Shift+Space 键插入空格符" "。

3.2　文本修饰标记

通过文本格式标记(字体标记)可以让浏览器按某种格式显示文本,若要对文本中某些文字的表现形式进行设置,如改变颜色,显示为粗体、斜体、添加下划线等,可以使用字体标记将需要设置的文字环绕起来。这些被修饰的文字不会换行。因此,字体标记都属于行内元素,而上节介绍的文本格式标记属于块级元素。

1. <font>标记

改变文字的字体、字号或颜色,这些改变是通过它的三个属性 face、size 和 color 的设置实现的。它的格式为:

```
<font face="fontname" size="n" color="#rrggbb">…</font>
```

其中,face 属性定义文字的字体,fontname 为能获得的字体名称;size 属性定义文字的大小,n 为正整数,n 值越大则字越大;color 属性定义文字的颜色。

2. 加粗、倾斜和下划线标记

加粗、倾斜和下划线标记用来给文本增添这些特殊效果。主要有以下几个:

- <b>…</b>　　　　　　　　　　<!--加粗文字-->
- <i>…</i>　　　　　　　　　　　<!--倾斜文字-->
- <u>…</u>　　　　　　　　　　　<!--给文字加下划线-->
- <em>…</em>　　　　　　　　　<!--强调标记,通常会使文字倾斜-->
- <strong>…</strong>　　　　　<!--加粗文字-->

需要指出的是,<em>和<strong>的作用虽然也能使文本倾斜或加粗,但它们是具有语义的标记,对搜索引擎更友好,所以现在推荐使用它们替代<i>和<b>。使用加粗、倾斜与下划线标记(<b>、<i>、<u>)的组合,可对文字进一步修饰。例如:

```
<b><font color="red" size="5">此处以红色五号字粗体显示</font></b>
```

3. 上标(sup)和下标(sub)标记

这两个标记主要用来书写数学公式或分子式。例如:

```
H<sub>2</sub>O                        <!--浏览器中显示"H₂O"-->
X<sup>2</sup>                         <!--浏览器中显示"X²"-->
```

由于字体标记属于对文本外观进行修饰的标记,是由于当时 CSS 语言尚未完善时 HTML 定义的表现的范畴,随着 CSS 的完善,这些表现功能应该由 CSS 完成,例如 <b>、<i>、<u>这些标记的作用都可以由 CSS 属性来实现,而且 CSS 能够控制的字体外观比 HTML 要细致、精确得多,所以描述文字表现的字体标记逐步过时了。

3.3　列表标记

为了合理地组织文本或其他对象,网页中常常要用到列表。在 HTML 中可以使用的列表标记有无序列表<ul>、有序列表<ol>和定义列表<dl>三种。每个列表都包含若干个列表项,用<li>标记表示。

1. 无序列表

无序列表(Unordered List)以标记<ul>开始,以标记</ul>结束。在每一个<li>标记处另起一行,并在列表文本前显示加重符号,全部列表会缩排。与 Word 中的"项目符号"很相似。无序列表及其显示效果如图 3-4 所示。

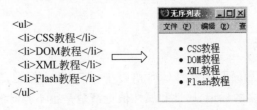

图 3-4　无序列表及其显示效果

2. 有序列表

有序列表(Ordered List)以标记<ol>开始,以标记</ol>结束。在每一个<li>标记处另起一行,并在列表文本前显示数字序号。与 Word 中的"编号"很相似。有序列表及其显示效果如图 3-5 所示。

3. 定义列表

定义列表(Defined List)以定义列表项标记<dl>定义。定义列表项<dl>中包含一个列表标题和一系列列表内容,其中<dt>标记中为列表标题,<dd>标记中则为列表内容。列表自动换行和缩排。定义列表及其显示效果如图 3-6 所示。

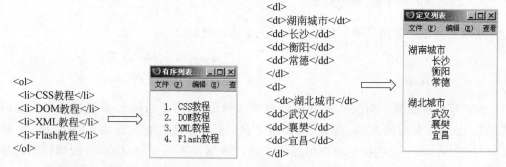

图 3-5　有序列表及其显示效果　　　　图 3-6　定义列表及其显示效果

列表标记之间还可以进行嵌套,即在一个列表的列表项里又插入另一个列表,这样就形成了二级列表结构。随着 DIV+CSS 布局方式的推广,列表的地位变得重要起来,配合 CSS 使用,列表可以演变成样式繁多的导航、菜单、标题等。

3.4　利用 DW 代码视图提高效率

DW 提供了方便的代码编写功能。前面曾谈到,页面在浏览器中的最终显示效果完全是由 HTML 代码决定的,DW 只是帮助用户方便地插入或者生成必要的代码。在实际工作中,还是会经常遇到通过可视化的方式生成的代码并不能满足需要的情况,这时就需要设计师对代码进行手工调整,这个工作可以在 DW 的代码视图中完成。

在代码视图中,DW 提供了很多方便的功能,可以帮助用户更高效地完成代码的输入和编辑操作。

3.4.1　代码提示

在 HTML 语言和后面要介绍的 CSS 语言中,都有很多标记、属性和属性值,都是英文单词,设计者要把繁多的标记、属性和属性值记清楚是很不容易的,而且一旦编写错误,就无法得到正确的效果了。为此,DW 提供了方便的代码提示功能,可减少设计者的记忆量,并加快代码的输入速度。

在 DW 的"代码"视图中,如果希望在代码中的某个位置增加一个 HTML 标记,只需把光标移动到目标位置,输入左尖括号,就会弹出标记提示下拉框,如图 3-7 所示。这时可以选取所需的标记,然后按 Enter 键即可完成对该标记的输入,有效避免了拼写错误。

如果要为标记增加一个属性,这时只需在标记名或其属性后按下"空格"键,就会出现下拉框,列出了该标记具有的所有属性和方法,如图 3-8 所示,这时就可以选取所需的属性了。实际上,通过查看下拉框列出的全部属性,还可以帮助我们学习这个标记具有哪些属性。

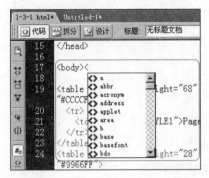

图 3-7 输入"<"后弹出标记提示

图 3-8 输入空格后弹出属性提示

如果列出的属性特别多,那么可以继续输入所需属性的第一个字母,这时属性提示框中的内容会发生变化,仅列出以这个字母开头的属性,就大大缩小了选择范围。

在选择了某个属性后,按 Enter 键,DW 代码提示功能就会自动输入(=""),并会弹出备选的属性值,如图 3-9 所示,这时就可以选取属性值了。如果要修改属性值,只需把属性值连同引号都删掉,然后再输入一个引号,就会再次弹出属性值提示框了。

读者如果习惯了使用代码提示功能后,会发现即使完全手工书写代码,速度也是非常快的。

3.4.2 拆分视图和代码快速定位

在文档窗口中有 3 种视图,其中"拆分"视图就是把整个窗口分为上下两部分,上面显示代码视图,下面显示设计视图。

当页面很复杂、代码很长时,如果想快速找到某个网页元素对应的代码,也是很容易的。只需用光标单击设计视图中的某个网页元素,那么代码视图中的光标也会自动转到这个元素对应的代码处。

如果要选中这个元素的整个代码,可以使用文档窗口左下角的"标记按钮",单击标记按钮后,就会把设计视图中的该元素和代码视图中的该元素对应的代码都选中。而且,从标记按钮中,还能看出元素之间的嵌套关系。例如在图 3-10 中,当把光标停留在 i 元素中的内容时,左下角的标记按钮依次为"<body><h2><i>",表示 i 元素是嵌套在 h2 元素中的,而 h2 元素又是嵌套在 body 元素中的。设计师可方便地单击相应的标记按钮选中各个元素对应的代码范围和在设计视图中的位置。

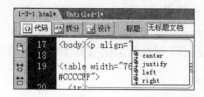
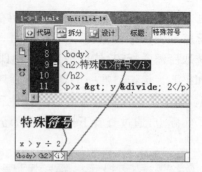

图 3-9　选中属性后弹出属性值提示　　　图 3-10　使用标记按钮定位元素在代码
　　　　　　　　　　　　　　　　　　　　　　　　视图和设计视图中的位置

3.4.3　DW 中的常用快捷键

表 3-1 列出了 Dreamweaver 的一些常用快捷键，实际上这些快捷键是很多软件通用的快捷键，在其他很多应用软件（如 Word、Fireworks）中也经常使用。

表 3-1　**Dreamweaver 的常用快捷键**

快捷键	功 能	快捷键	功 能	快捷键	功 能	快捷键	功 能
Ctrl＋Z	撤销操作	F12	预览网页	Ctrl＋C	复制	Ctrl＋X	剪切
Ctrl＋S	保存文档	Ctrl＋A	全选	Ctrl＋V	粘贴	Ctrl＋N	新建文档

1. Ctrl＋Z

在制作网页过程中，为了调试网页，经常会把网页修改得很乱，此时如果想回退到原来的状态，只需按 Ctrl＋Z 组合键进行撤销操作，连续按则能撤销多步操作。因此 Ctrl＋Z 组合键可能是网页制作中使用最多的快捷键。需要注意的是，即使将文档保存过，但没有将文档的窗口关闭就仍然能按 Ctrl＋Z 组合键进行撤销。

2. Ctrl＋S

由于调试网页时经常需要预览网页，而预览之前必须先保存网页，因此 Ctrl＋S 组合键也是用得很频繁的快捷键，它的作用是保存网页，调试过程中通常是按了 Ctrl＋S 组合键后马上按 F12 键预览。

3. Ctrl＋A、Ctrl＋C、Ctrl＋V、Ctrl＋X

这几个快捷键是文本编辑中最常用的快捷键，在制作网页过程中经常需要使用。例如，在网上找到一个完整的 HTML 源代码，想在 DW 中调试。那么最快捷的方式就是先在网上复制这段代码，然后在 DW 中按 Ctrl＋N 组合键新建网页，切换到代码视图，按 Ctrl＋A 组合键全选代码视图中的代码，按 Ctrl＋V 组合键粘贴就能将网上的代码替换掉 DW 中原来的代码。

3.5　图像标记

网页中图像对浏览者的吸引力远远大于文本,选择最恰当的图像,能够牢牢吸引浏览者的视线。图像直接表现主题,并且凭借图像的意境使浏览者产生共鸣。缺少图像,只有色彩和文字的设计,给人的印象是没有主题空虚的画面,浏览者将很难了解该网页的主要内容。

3.5.1　网页中支持的图像格式

网页中可以插入的图像文件格式有 JPG、GIF 和 PNG 格式。它们都是压缩形式的图像格式,体积较位图格式(BMP)的图像小,适合于网络传输。下面介绍这三种格式图像文件的优缺点。

1. GIF 格式

GIF 格式(Graphics Interchange Format,图形交换格式)的图片在颜色数很少的情况下,产生的文件极小。它的特点如下:

① GIF 格式支持背景透明。GIF 图片如果背景色设置为透明,它将与浏览器背景相融合,生成非矩形的图片。

② GIF 格式支持动画。在 Flash 动画出现之前,GIF 动画可以说是网页中唯一的动画形式。GIF 格式可以将许多单帧的图像组合起来,然后轮流播放每一帧而成为动画。

③ GIF 格式支持图形渐进。渐进是指图片渐渐显示在屏幕上,在浏览器下载完整张图片以前,浏览者就可以看到该图像,所以网页中首选的图像格式为 GIF。

④ GIF 格式是一种无损压缩格式。无损压缩是不损失图片细节而压缩图片的有效方法,由于 GIF 格式采用无损压缩,GIF 在存储非连续色调的图像或具有大面积单一色彩的图像方面比较出色,所以它更适合于线条、图标和图纸。

⑤ GIF 格式的缺点同样相当明显。GIF 格式只支持 256 种颜色,这对于摄影图片显然是不够的,会使照片的颜色失真很大。

2. JPG 格式

JPG(Joint Photograhic Experts Group,联合图像专家组,也称 JPEG)格式最主要的优点是能支持上百万种颜色,从而可以用来表现真彩色的照片。此外,由于 JPG 图片使用更有效的有损压缩算法,从而使文件长度更小,下载时间更短。有损压缩会放弃图像中的某些细节,以减少文件长度。JPG 的压缩比相当高,而且图像质量从浏览角度来讲损失不大,这样就大大方便了网络传输和磁盘存储。JPG 较 GIF 更适合于照片,因为在照片中损失一些细节不像对艺术线条那么明显。另外,JPG 对照片的压缩比例更大,而最后的质量也更好。

JPG 的缺点是它不如 GIF 图像那么灵活,JPG 格式的图像不支持背景透明、图形渐进,更不支持动画。

3. PNG 格式

PNG(Portable Network Graphics,可携式网络图像)格式是一种新一代的图像格式,设计目的是用来取代 GIF 和 JPG 格式的图像。它还是 Fireworks 默认的文件格式,并且被大部分图像处理软件支持。它的优点如下:

① 兼有 GIF 和 JPG 的色彩模式。PNG 格式能存储 256 色的图像,还能存储 24 位真彩图像,甚至最高能存储至 48 位超强色彩图像。具体存储多少位颜色可以在软件(如 Fireworks)中导出 PNG 格式时设置。

② 支持 Alpha 透明。GIF 格式只支持透明或不透明两种效果,没有层次;而 PNG 格式支持 Alpha 透明,即半透明效果,透明度有 0～255 级可供调节。IE 7 和 Firefox 都支持 PNG 格式的半透明效果,而 IE6 只支持 PNG 格式,但不支持它的半透明效果。

4. 网页图像格式的选择

由于 GIF 格式只有 256 种色彩,所以图片中颜色不多的话就适合于保存为 GIF 格式,GIF 通常适合于卡通、徽标、小图标、包含透明区域的图形以及动画。反之,如果是颜色比较多的图片,就适合保存为 JPG 格式,例如照片、使用纹理的图像、具有渐变颜色的图像和任何需要 256 种以上颜色的图像。而如果希望图像在网页中以半透明的效果显示,可以考虑 PNG 格式。

注意:网页中不能插入 BMP(位图)格式的图片文件。

3.5.2　网页中插入图像的两种方法

网页中插入图像有两种方法,一是插入<img>标记,二是将图像作为背景嵌入到网页中,由于 CSS 的背景属性的功能很强大,现在更推荐将所有的图像都作为背景嵌入。如果图像是通过<img>元素插入的,则可以在浏览器上通过按住鼠标左键拖动选中图片,选中后图片呈现反选状态。还可以将它拖动到地址栏里,那么浏览器将单独打开这幅图片。而如果是作为背景嵌入,则无法选中图片。这是分辨图片是用何种方式插入的一种办法。

<img>是一个行内元素,插入<img>元素不会导致任何换行。表 3-2 是<img>标记的常见属性。

表 3-2　img 标记的常见属性

img 的属性	含　义
src	图片文件的 URL 地址
alt	当图片无法显示时显示的替代文字
title	鼠标停留在图片上时显示的说明文字
align	图片的对齐方式,共有 9 种取值
width、height	图片在网页中的宽和高

其中,alt 属性是当图片无法显示时显示的替换文字,我们应该尽量设置此属性使搜索引擎能知道这幅图片的含义,这样对搜索引擎或不能显示图像的阅读器更友好。而且当未设置 title 属性时,IE 浏览器会把 alt 属性当作 title 属性用,即鼠标停留在图片时显示 alt 属性中的文字,但其他浏览器不会这样。

3.5.3　在单元格中插入图片的方法

对于表格布局的网页,所有的元素都是放置在单元格中的,图像也不例外,要在单元格中插入图像,且单元格的边框和图像之间没有间隙。那么必须将该单元格的宽和高设置为图片的宽和高,且表格中其他单元格的大小也必须固定,然后确保<td>与</td>之间只有<img>标记,没有空格和换行符,否则单元格会被空格撑开。如:

```
<td width="768" height="132"><img src="images/info.gif"/></td><!--</td>不能
换行-->
```

3.5.4　<img>插入图像的对齐方式

<img>标记的对齐方式仍然通过 align 属性实现,但其取值多达 9 种,如果要实现图文混排(即文本围绕图片排列)效果,可使用“左对齐”或“右对齐”,如<img src="images/info. gif" width="158" height="41" align="left"/>,要实现文本和图片顶部对齐可使用“文本上方”。但通常是将图片放在表格的单元格中,通过表格定位来实现文本和图像的混排。

3.6　超链接标记

超链接是组成网站的基本元素,通过超链接将多个网页组成一个网站,并将 Internet 上的各个网站联系在一起。浏览者通过超链接选择阅读路径。

超链接是通过 URL(统一资源定位器)来定位目标信息的。URL 包括 4 部分:网络协议、域名或 IP 地址、路径和文件名。

3.6.1　绝对 URL 和相对 URL

我们已经知道 URL 是统一资源定位器的意思,URL 可分为绝对 URL 和相对 URL。URL 地址主要用来表示链接文件和调用图片的地址,例如:

```
<a href="http://www.hynu.cn/index.htm">学院首页</a>          <!--链接文件-->
<img src=" http://www.hynu.cn/images/bg.jpg"/>          <!--调用图片-->
```

1. 绝对 URL(绝对路径)

绝对 URL 是采用完整的 URL 来规定文件在 Internet 上的精确地点,包括完整的协议类型、计算机域名或 IP 地址、包含路径信息的文档名。书写格式为:协议://计算机域名或 IP 地址[/文档路径][/文档名]。

例如：

```
http://www.hynu.cn/download/download.gif
```

2. 相对 URL（相对路径）

相对 URL 是相对于当前页的地点来规定文件的地点。应尽量使用相对 URL 创建链接，使用相对路径创建的链接可根据目标文件与当前文件的目录关系，分为四种情况：

（1）链接到同一目录内的其他网页文件。

如果要链接到同一目录内的其他文件，则直接写目标文件名即可：

```
<a href="目标文件名.htm">链接文本</a>
```

（2）链接到下一级目录中的网页文件。

如果要链接到下一级目录中的文件，则先输入子目录名和斜杠(/)，再输入目标文件名：

```
<a href="子目录名/目标文件名.htm">链接文本</a>
```

（3）链接到上一级目录中的网页文件。

如果要链接到上一级目录中的文件，则要在目标文件名前添加"../"，因为".."表示上级目录，"."表示本级目录：

```
<a href="../目标文件名.htm">链接文本</a>
```

（4）链接到上一级目录中其他子目录中的网页文件。

这个时候可先退回到上一级目录，再进入目标文件所在的目录，格式为：

```
<a href="../子目录名/目标文件名.htm">链接文本</a>
```

3. 相对 URL 使用举例

下面举个例子说明相对路径的使用方法。网站的文件目录结构如图 3-11 所示。

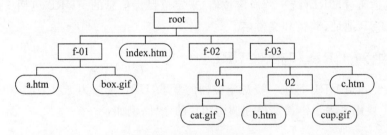

图 3-11　文件系统结构图

图中的矩形表示文件夹，圆角矩形表示文件。

（1）如果 f-01 目录下的 a.htm 需要显示同目录下的 box.gif 图片，因为在当前目录下可以直接找到 box.gif 文件，所以直接写文件名即可。

（2）如果根文件夹下的 index.htm 需要显示 f-01 目录下的 box.gif 图片，则应先进入 f-01 目录，再找到 box.gif 文件，因此相对路径是 f-01/box.gif。

（3）如果 f-03 文件夹中的 02 文件夹下的 b.htm 需要显示 01 文件夹下的 cat.gif 图片，则应从 02 文件夹退一级到 f-03 文件夹，再进入 01 文件夹，再找到 cat.gif，所以应写成"../01/cat.gif"。

（4）如果 f-03 文件夹中的 02 文件夹下的 b.htm 需要显示 f-01 目录下的 box.gif 图片，应该写成"../../f-01/box.gif"。

如果 f-01 文件夹下的 a.htm 需要显示 f-03 文件夹中的 02 文件夹下的 cup.gif 图片，应该写成"../f-03/02/cup.gif"。

可以看出相对路径方式比较简便，不需输入一长串完整的 URL；另外相对路径还有一个非常重要的特点是：可以毫无顾忌地修改 Web 网站在服务器硬盘中的存放位置或它的域名。

提示：如果在 DW 中制作网页时看到代码中 URL 为 file 协议的格式，例如：file:///E|/网页制作上课/DEMO/bg.png，说明网页中引用的资源是本机上的，出现这种情况的原因是引用的文件没在网站目录内，或根本没创建网站目录，或网页文件尚未保存到网站目录内。当网页上传到服务器后，由于该资源在服务器上的存放路径和本机上的路径一般不会相同，就会出现找不到文件的情况，应避免这种情况出现。

3.6.2　超链接的源对象

超链接的源对象是指可以设置链接的网页对象，主要有文本、图像或文本图像的混合体，它们对应<a>标记的内容，另外还有热区链接。在 DW 中，这些网页对象的属性面板中都有"链接"设置项，可以很方便地为它们建立链接。

1. 用文本做超链接

在 DW 中，可以先输入文本，然后用鼠标选中文本，在属性面板的"链接"框中输入链接的地址并按 Enter 键；也可以单击"常用"工具栏中的"超级链接"按钮，在对话框中输入"文本"和链接地址；还可以在代码视图中直接写代码。无论用何种方式做，生成的代码类似于下面这种形式：

```
<a href="index.htm" target="_blank">首页</a>
```

2. 用图像做超链接

首先需要插入一幅图片，然后选中图片，在"链接"文本框中设置图像链接的地址。生成的代码如下：

```
<a href="index.htm"><img src="images/info.gif" title="返回首页"/></a>
```

3. 文本图像混合做链接

由于 a 元素是一个行内元素，所以它的内容可以是任何行内元素和文本的混合体。因此可将图片和文本都作为 a 元素的内容，这样无论是点击图片还是文本都会触发同一个链接。该方法在商品展示的网站上较常用，制作文本图像链接需要在代码视图中手工

修改代码,代码如下:

```
<a href="brand1.htm"><img src="green.gif"/><br/>格新空调 1 型</a>
```

4. 热区链接

用图像做超链接只能让整张图片指向一个链接,那么能否在一张图片上创建多个超链接呢? 这时就需要热区链接。所谓热区链接就是在图片上划出若干个区域,让每个区域分别链接到不同的网页。比如一张湖南省地图,单击不同的地市会链接到不同的网页,这就是通过热区链接实现的。

制作热区链接首先要插入一张图片,然后选中图片,在展开的图像"属性"面板上有"地图"选项,它的下方有三个小按钮分别是绘制矩形、圆形、多边形热区的工具,如图 3-12 所示。可以使用它们在图像上拖动绘制热区,也可以使用箭头按钮调整热区的位置。

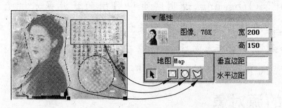

图 3-12 图像属性面板中的地图工具

绘制了热区后,可看到在 HTML 代码中增加了<map>标记,表示在图像上定义了一幅地图。地图就是热区的集合,每个热区用<area>单标记定义,因此<map>和<area>是成组出现的标记对。定义热区后生成的代码如下:

```
<img src="images/xf.jpg" alt="说明文字" border="0" usemap="#Map"/>
<map name="Map" id="Map">
<area shape="rect" coords="51,131,188,183" href="title.htm" alt="说明文字"/>
<area shape="rect" coords="313,129,450,180" href="#h3"/></map>
```

其中,<img>标记会增加 usemap 属性,与它上面定义的地图(热区)建立关联。

<area>标记的 shape 属性定义了热区的形状,coords 属性定义了热区的坐标点,href 属性定义了热区链接的文件;alt 属性可设置鼠标移动到热区上时显示的提示文字。

提示:当鼠标单击超链接或热区链接的瞬间,该元素周围会出现一个虚线框,如果想去掉虚线框,可以在<a>标记或<area>标记中加入事件:onfocus="this. blur()"。

3.6.3 超链接的种类

在网页中的超链接有很多种类,如文件链接、电子邮件链接、锚链接等,这些不同类的超链接区别在于其 href 属性的取值不同。因此可以根据 href 属性的取值来划分超链接的类型。

1. 链接到其他网页或文件

因为超链接本身就是为了把 Internet 上各种网页或文件链接在一起,所以链接到文

件的链接是最重要的一类超链接,它可分为以下几种:

- 内部链接<a href="../index.htm">返回首页</a>
- 外部链接<a href="http://www.163.com">网易网站 </a>
- 下载链接<a href="software/wybook.rar">点击下载</a><!--如果浏览器不能打开该后缀名的文件,则会弹出文件下载的对话框-->

2. 电子邮件链接

如果在链接的 url 地址前面有"mailto:"就表示是电子邮件链接,点击电子邮件链接后,浏览器会自动打开默认的电子邮件客户端程序(如 Outlook)。

```
<a href="mailto:xiaoli@ 163.com">xiaoli@ 163.com</a>
```

由于我国用户大多不喜欢使用客户端程序发送邮件,所以也可以不建立电子邮件链接,直接把 E-mail 作为文本写在网页上,这样还可以防止垃圾邮件的侵扰。

3. 锚链接

当网页内容很长,需要进行页内跳转链接时,就需要定义锚点和锚点链接,锚点可使用 name 属性或 id 属性定义。锚链接需要和锚点配合使用,点击锚链接会跳转到指定的锚点处。

```
<a id="ch4"></a>              <!--定义锚点,锚点名为 ch4-->
<a href="#ch4">…</a>         <!--链接到锚点 ch4 处,实现网页内跳转-->
```

也可用锚链接链接到其他网页某个锚点处,例如:

```
<a href= "intro.htm#ch4">…</a>     <!--链接到 intro.htm 网页的锚点 ch4 处-->
```

注意:定义锚点时锚点名前面不要加#号,链接到锚点时锚点名前要加#号。

4. 空链接和脚本链接

还有一些有特殊用途的链接,例如测试网页时用的空链接和脚本链接等。

```
<a href="#">…</a>                        <!--空链接,网页会返回页面顶端-->……
<a href="JavaScript:self.close();">关闭窗口</a>        <!--脚本链接-->
```

3.6.4　超链接目标的打开方式

超链接标记<a>具有 target 属性,用于设置链接目标的打开方式。在 DW 中在"目标"下拉列表框中可设置 target 的属性的取值,如图 3-13 所示。其常用的取值有四种:

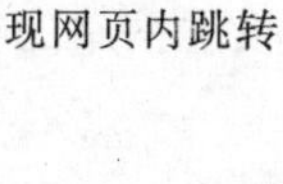

(1) _self:在原来的窗口或框架打开链接的网页,这是 target 属性的默认值,因此也可以不写。

图 3-13　"目标"下拉框

(2) _blank:在一个新窗口打开所链接的网页,这个很有用,可防止打开新网页后把

原来的网页覆盖掉,例如:

```
<a href="http://www.rongshu.com" target="_blank">榕树下</a>
```

(3) _parent:将链接的文件载入到父框架打开,如果包含的链接不是嵌套框架,则所链接的文档将载入到整个浏览器窗口。

(4) _top:在整个浏览器窗口载入所链接的文档,因而会删除所有框架。

在这四种取值中,_parent、_top仅仅在网页被嵌入到其他网页中有效,如框架中的网页,所以它们用得很少。用得最多的还是通过 target 属性使网页在新窗口中打开,如 target＝"_blank ",要注意不要漏写取值名称前的下划线"_"。

3.6.5　超链接制作的原则

1. 可以使用相对链接尽量不要使用绝对链接

相对链接的好处在前面已经详细介绍过,原则上,同一网站内文件之间的链接都应使用相对链接方式,只有在链接到其他网站的资源时才使用绝对链接。例如,和首页在同一级目录下的其他网页要链接到首页,有如下三种方法:

(1) <a href=".">首页</a> <!--链接到本级目录,则自动打开本级目录的主页-->

(2) <a href="index.html">首页</a> <!--链接到首页文件名-->

(3) <a href="http://www.hynu.cn">首页</a> <!--链接到网站名-->

通常应该尽量采用前两种方法,而不要采用第三种方法。但第一种方式需要在 Web 服务器上设置网站的首页为 index. html 后才能正确链接,这给在文件夹中预览网页带来了不便。

2. 链接目标尽可能简单

假如我们要链接到其他网站的主页,则有如下两种写法:

(1) <a href="http://www.hynu.cn">首页</a>

(2) <a href="http://www.hynu.cn/index.html">首页</a>

第一种写法比第二种写法要好,因为第一种写法不仅简单,还可以防止以后该网站将首页改名(如将 index. html 改成 index. jsp)造成链接不上的问题。

3. 超链接的综合运用实例

下面这段代码包含了各种类型的超链接,请认真总结它们的用法。

```
<html><body>
<p><a href="dance.html">红舞鞋</a></p>
<p><a href="#xrh">雪绒花</a></p>
<p><a href=mailto:xiali@163.net title="欢迎给我来信"><img src="mail.gif"/></a></p>
<p>好站推荐:<a href="http://www.baidu.com" target="_blank">百度</a></p>
<p><a id="xrh"></a>雪绒花的介绍……</p>
<p align="right"><a href="JavaScript:self.close();">关闭窗口</a></p>
</body></html>
```

3.6.6　DW 中超链接属性面板的使用

　　DW 中建立链接的选项框如图 3-14 所示,文字、链接、图像和热区的属性面板中都有"链接"这一项。其中,"链接"对应标记的 href 属性,"目标"对应 target 属性。利用超链接属性面板可快速地建立超链接,首先选中要建立超链接的文字或图片,然后在"链接"选项框中输入要链接的 url 地址。

　　其中在链接地址栏输入 URL 有三种方法:一是直接在文本框输入 url;二是点击"文件夹"图标浏览找到要链接的文件;三是按住拖放定位图标(🕸)不放将其拖动到锚点处或文件面板中要链接的文件上,如图 3-15 所示。使用以上任何一种方式使"链接"框中出现了内容后,"目标"下拉列表框将变为可用,可选择超链接的打开方式。

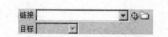

图 3-14　DW 中的建立链接选项框　　　　图 3-15　使用拖动链接定位图标方式建立链接

3.7　Flash 及媒体元素的插入

　　Flash 是网络上传输的矢量动画,利用 DW 可以很方便地在网页中插入 Flash 文件,从而使网页上展现出丰富多彩的动画效果,而网页中插入视频的方法和插入 Flash 的方法差不多,也是通过插件或 ActiveX 方式插入的。

3.7.1　插入 Flash 的方法

1. 使用 DW 在网页中插入 Flash 的两种方法

　　(1)选择"插入"→"媒体"→Flash 命令,再在属性面板中调节插件的宽和高,在代码视图中可看到插入 Flash 元素是通过同时插入<object>标记和<embed>标记实现的,以确保在所有浏览器中都获得应有的效果。

　　(2)选择"插入"→"媒体"→"插件"命令,此方法在代码中仅插入了<embed>标记。如果不需要设置特别的参数(如 wmode="transparent"),那么在 IE 和 Firefox 中也能看到效果,而代码更简洁,所以推荐用这种方式。

2. 在图像上放置透明 Flash

　　有些 Flash 动画的背景是透明的,在百度上搜索"透明 Flash"可以找到很多透明的 Flash 动画。可以将这种透明背景的 Flash 动画放在一幅图片上,使图片看起来和 Flash 融为一体也有动画效果了。方法是先将一张需要放置透明 Flash 的图片作为单元格(或 div 等其他元素)的背景,然后在此单元格内插入一个透明 Flash 文件,这样这个 Flash 文件就覆盖在了图片的上方。然后调整此 Flash 插件的大小与图片大小相一致。再选中该

Flash 插件,单击属性面板里的"参数"按钮,在图 3-16 所示的"参数"对话框中新建一个参数 wmode,值设置为 transparent。生成的代码包括一个<param>标记和一个在<object>标记中的 wmode 属性,其中<param name="wmode" value="transparent"/>使 Flash 在 IE 中透明,wmode="transparent"使 Flash 在 Firefox 中透明。

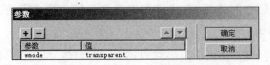

图 3-16 设置 Flash 文件透明方式显示

3.7.2 插入视频或音频文件

1. 插入 avi、mpg 或 wmv 格式视频

视频文件的格式主要有 avi、wmv、mpg、rm、rmvb 等,如果要插入 avi、mpg 或 wmv 等 Windows 媒体播放器能播放的格式文件,可以直接使用插件方式插入。方法是在 DW 中选择"插入"→"媒体"→"插件"命令,然后在插件的属性面板中设置视频文件的宽和高,如图 3-17 所示。注意高度的设置值最好比视频的高度多 40 像素,因为这个高度包含了播放控制条的高度。这样在网页中就可以播放视频了。

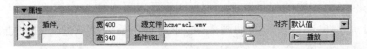

图 3-17 插件属性面板

切换到代码视图,可看到生成的源代码如下:

```
<embed src="acl.wmv" width="400" height="340"></embed>
```

如果不希望在打开网页后视频自动播放,可添加属性"autostart="false""。

2. 插入 RealPlayer 格式视频

要在网页中插入 rm、rmvb 等 Realplayer 格式的视频也可使用<embed>标记来插入,但必须将网页上传到服务器上才能播放。为了在本机上就能播放,可以使用 ActiveX 方式插入。方法是选择"插入"→"媒体"→ActiveX 命令,这样就在网页中插入了一个 ActiveX 控件,然后再设置它的宽和高,对于 RealPlayer 格式的视频,要在属性面板中将 ClassID 设置为"RealPlayer/…",如图 3-18 所示。

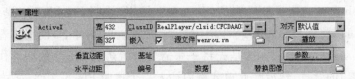

图 3-18 ActiveX 属性面板

然后再在代码视图中,在<object>标记中设置参数<param>,主要是指定视频文件的 URL 和关联播放组件。源代码如下:

```
< object classid="clsid:CFCDAA03-8BE4-11cf-B84B-0020AFBBCCFA" width="452"
height="320">
    <param name="console" value="clip1"/>              <!--用来关联播放组件-->
    <param name="autostart" value="true"/>
    <param name="src" value="wenrou.rm"/>              <!--指定文件的 URL-->
    <param name="controls" value="imagewindow"/>
</object>
```

3. 插入音频文件

插入音频文件同样可用插件方式或 ActiveX 方式实现,下面是插件方式插入的代码:

```
<embed src="wenrou.mp3" width="31" height="26" autostart="false"></embed>
```

如果希望将音频文件设置为背景音乐,即不显示播放器的界面,可加一条隐藏 (hidden)属性和循环播放(loop)属性,代码如下:

```
<embed src="back.mp3" hidden="true" autostart="true" loop="true"></embed>
```

3.8 表格标记

表格在网页中的应用非常广泛,使用表格最明显的好处就是能以行列对齐的形式来显示文本和其他信息,在用表格布局的网页中,表格更多地用来固定文本或图像在网页中的显示位置。使用表格布局时,开始的工作便是绘制表格,将整个页面用表格划分成若干区域,然后再在各个区域中填充具体的页面内容。

通过表格布局的网页,网页中所有元素都放置在表格的单元格中,因此网页代码里表格标记(<table>、<tr>、<td>)出现得非常多。

3.8.1 表格标记及其属性

网页中的表格由<table>标记定义,一个表格被分成许多行<tr>,每行又被分成许多个单元格<td>,因此<table>、<tr>、<td>是表格中三个最基本的标记,必须同时出现才有意义。表格中的单元格能容纳网页中的任何元素,如图像、文本、列表、表单、表格等。

1. <table>标记的属性

下面是一个最简单的表格代码,它的显示效果如图 3-19 所示。

```
<table border="1">
    <tr>
        <td>CELL 1</td>
        <td>CELL 2</td>
    </tr>
```

CELL 1	CELL 2
CELL 3	CELL 4

图 3-19　最简单的表格

```
    <tr>
        <td>CELL 3</td>
        <td>CELL 4</td>
    </tr>
</table>
```

从表格的显示效果可以看出，代码中两个＜tr＞标记定义了两行，而每个＜tr＞标记中又有两个＜td＞标记，表示每一行中有两个单元格，因此显示为两行两列的表格。要注意在表格中行比列大，总是一行＜tr＞中包含若干个单元格＜td＞。

在这个表格＜table＞标记中还设置了边框宽度(border="1")，它表示表格的边框宽度是1像素宽。下面我们将边框宽度调整为10像素，即＜table border="10"＞，这时显示效果如图3-20所示。

此时虽然表格的边框宽度变成了10像素，但表格中每个单元格的边框宽度仍然是1像素，从这里可看出设置表格边框宽度不会影响单元格的边框宽度。

但有一个例外，如果将表格的边框宽度设置为0，即＜table border="0"＞(由于border属性的默认值就是0，因此也可以将border属性删除不设置)。则显示效果如图3-21所示。可看到将表格的边框宽度设置为0后，单元格的边框宽度也随着变为了0。

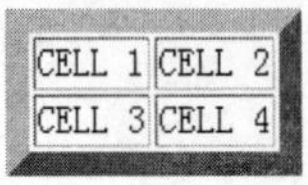

图3-20　border="10"时的表格　　　　　图3-21　border="0"时

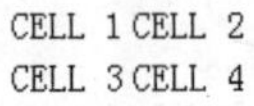

由此可得出结论：设置表格边框为0时，会使单元格边框也变为0；而设置表格边框为其他数值时，单元格边框宽度保持不变，始终为1。

接下来在图3-20(border="10")表格的基础上，设置bordercolor属性改变边框颜色为红色，即＜table border="10" bordercolor="♯FF0000"＞，此时可发现表格边框的立体感已经消失。对于IE来说，设置表格边框颜色还会使单元格边框颜色随着改变(图3-22(a))，而Firefox等浏览器却不会，单元格边框仍然是黑色和灰色相交的立体感边框(图3-22(b))。

实际上，IE还可以通过设置单元格＜td＞标记的bordercolor属性单独改变某个单元格的边框颜色，但Firefox不支持＜td＞标记的bordercolor属性，因此在Firefox中，单元格的边框颜色是无法改变的。

然后我们对表格设置填充(cellpadding)和间距(cellspacing)属性。这是两个很重要的属性，cellpadding表示单元格中的内容到单元格边框之间的距离，默认值为0；而cellspacing表示相邻单元格之间的距离，默认值为1。例如将表格填充设置为12，即＜table border="10" cellpadding="12"＞，则显示效果如图3-23所示。

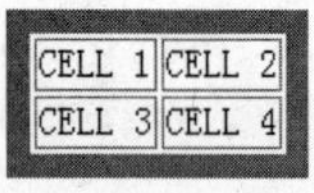

(a) IE中的表格效果　　　(b) Firefox中的表格效果

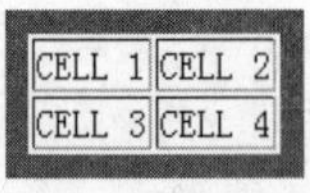

图3-22　用bordercolor设置表格边框颜色

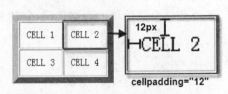

图3-23 cellpadding属性

把表格填充设置为 12,间距设置为 15,即＜table border＝"10" cellpadding＝"12" cellspacing＝"15"＞,则显示效果如图 3-24 所示。图 3-24 还总结了 cellpadding、cellspacing 和 border 属性的含义。

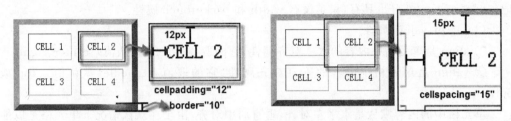

图 3-24   cellpadding 属性、border 属性和 cellspacing 属性

此外,表格＜table＞标记还具有宽(width)和高(height)、水平对齐(align)、背景颜色(bgcolor)等属性,表 3-3 列出了表格标记的常见属性。

表 3-3   ＜table＞标记的属性

＜table＞标记的属性	含　义
border	表格边框的宽度,默认值为 0
bordercolor	表格边框的颜色,若不设置,将显示立体边框效果,IE 中设置该属性将同时调整单元格边框的颜色
bordercolordark bordercolorlight	设置边框阴暗部分和明亮部分颜色,仅 IE 支持
bgcolor	表格的背景色
background	表格的背景图像
cellspacing	表格的间距,默认值为 1
cellpadding	表格的填充,默认值为 0
width,height	表格的宽和高,可以使用像素或百分比作单位
align	表格的对齐属性,可以让表格左右或居中对齐
rules	只显示表格的行边框或列边框

其中,rules 是＜table＞标记的一个不常用的属性,它可实现只显示表格的行边框或列边框,取值为 rows 时只显示行边框,取值为 cols 时只显示列边框,取值为 none 时隐藏所有单元格的边框,但在 IE 和 Firefox 中效果不同。下面代码演示了 rules 属性的用法。

```
<table rules="rows" border="1" cellpadding="12" cellspacing="5">…</table>
```

2. 行标记＜tr＞、单元格标记＜td＞、表头标记＜th＞的属性

表头标记＜th＞相当于一个特殊的单元格＜td＞标记,只不过＜th＞中的字体会以粗体居中的方式显示。可以将表格第一行(第一个＜tr＞)中的＜td＞换成＜th＞,表示

表格的表头。

对于单元格标记<td>、<th>来说,它们具有一些共同的属性,包括 width、height、align、valign、nowrap(不换行)、bordercolor、bgcolor 和 background。这些属性对于行标记<tr>来说,大部分也具有,只是没有 width 和 background 属性。

(1) align、valign 属性

① align 是单元格中内容的水平对齐属性,它的取值有 left(默认值)、center、right。

② valign 是单元格中内容的垂直对齐属性,它的取值有 middle(默认值)、top 或 bottom。

单元格中的内容默认是水平左对齐,垂直居中对齐,由于在默认情况下单元格是以能容纳内容的最小宽度和高度定义大小的,所以必须设置单元格的宽和高使其大于最小宽高值时才能看到对齐的效果。例如下面的代码显示效果如图 3-25 所示。

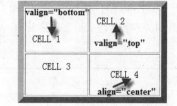

图 3-25　align 属性和 valign 属性

```
<table width="256" border="10" cellpadding="12">
  <tr valign="bottom" height="48">
    <td width="82">CELL 1</td>
    <td width="96" valign="top">CELL 2</td>
  </tr>
  <tr align="center" height="44">
    <td valign="top">CELL 3</td>
    <td>CELL 4</td>
  </tr>
</table>
```

(2) bgcolor 属性

bgcolor 属性是<table>、<tr>、<td>都具有的属性,用来对表格或单元格设置背景色。在实际应用中,常将所有单元格的背景色设置为一种颜色,将表格的背景色设置为另一种颜色。此时如果间距(cellspacing)不为 0 的话,则表格的背景色会环绕单元格,使间距看起来像边框一样。例如下面的代码显示效果如图 3-26 所示。

```
< table border="1" cellpadding="12" cellspacing="5" bordercolor="#333333"
bgcolor="#CCCCCC">
  <tr>
    <td bgcolor="#FFFFFF">CELL 1</td>
    <td bgcolor="#FFFFFF">CELL 2</td>
  </tr>
  <tr>
    <td bgcolor="#FFFFFF">CELL 3</td>
    <td bgcolor="#FFFFFF">CELL 4</td>
  </tr>
</table>
```

如果在此基础上将表格的边框宽度设置为 0,则显示效果如图 3-27 所示,可看出此时间距像边框一样了,而这个由间距形成的"边框"颜色实际上是表格的背景色。

CELL 1	CELL 2
CELL 3	CELL 4

图 3-26　设置表格背景色为灰色、单元格
　　　　　背景色为白色的效果

CELL 1	CELL 2
CELL 3	CELL 4

图 3-27　在图 3-26 的基础上将
　　　　　表格边框宽度设置为 0

在上述代码中,可看到所有的单元格都设置了一条相同的属性(bgcolor＝"＃FFFFFF"),如果表格中的单元格非常多,这条属性就要重复很多遍,造成代码冗余。实际上,可以对<tr>标记设置背景色来代替对<td>设置背景色。即:

```
<tr bgcolor="#FFFFFF"><td>CELL 1</td><td>CELL 2</td></tr>
<tr bgcolor="#FFFFFF"><td>CELL 3</td><td>CELL 4</td></tr>
```

这样就减少了一些重复的 bgcolor 属性代码,更好的办法是使用<tbody>标记,在所有<tr>标记的外面嵌套一个<tbody>标记,再设置<tbody>的背景色为白色即可,例如:

```
< table cellpadding="12" cellspacing="5" bordercolor="# 333333" bgcolor="#CCCCCC">
    <tbody bgcolor="#FFFFFF">
      <tr><td>CELL 1</td><td>CELL 2</td></tr>
      <tr><td>CELL 3</td><td>CELL 4</td></tr>
    </tbody>
</table>
```

提示:<tbody>标记是表格体标记,它包含表格中所有的行或单元格。因此,如果所有单元格的某个属性都相同,可以将该属性写在<tbody>标记中,例如上述代码中的(bgcolor＝"＃FFFFFF"),这样就避免了代码冗余。

为表格添加<tbody>标记的另一个好处是:如果表格中的内容很多,例如放置了整张网页的布局表格或有几万行数据的数据表格,浏览器默认是要将整个表格的内容全部下载完之后再显示表格的,但添加了<tbody>标记后,浏览器就会分行显示,即下载一行显示一行,这样可明显加快大型表格的显示速度。

(3) 单元格的合并属性(colspan、rowspan)

有时可能希望合并某些单元格制作出图 3-28 所示的

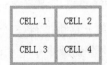

图 3-28　单元格合并后的效果

表格,这时就需要用到单元格的合并属性,单元格的合并属性是< td >标记特有的两个属性,分别是跨多列属性(colspan)和跨多行属性(rowspan),它们用于合并列或合并行。例如:

```
<td colspan="2">星期一</td>
```

表示该单元格是由 2 列(两个并排的单元格)合并而成,它将使该行<tr>标记中减少一个<td>标记。

```
<td rowspan="3">课程表</td>
```

表示该单元格由 3 行(3 个上下排列的单元格)合并而成,它将使该行下的两行,两个 <tr>标记中分别减少一个<td>标记。

实际上,colspan 和 rowspan 属性也可以在一个单元格<td>标记中同时出现,如:

```
<td colspan="3" rowspan="3"> </td>    <!--合并了三行三列的 9 个单元格-->
```

提示:设置了单元格合并属性后,再对单元格的宽或高进行精确设置会发现不容易了,因此在用表格布局时不推荐使用单元格合并属性,使用表格嵌套更合适些。

3. <caption>标记及其属性

<caption>标记用来为表格添加标题,这个标题固然可以用普通的文本实现,但是使用<caption>标记可以更好地描述这个表格的含义。

```
<table cellpadding="12" cellspacing="5" bgcolor="#CCCCCC">
    <caption>产品目录表</caption>    <!--<caption>必须位于<table>标记内-->
    <tr><td>…</td></tr>
</table>
```

在默认情况下标题位于表格的上方,可以通过 align 和 valign 属性设置其位置。valign 可选值为 top 或 bottom,表示标题在表格的上方或下方。

表格的常用标记和属性就是上面这些,其中<table>、<tr>、<td>是表格三个必备的标记,在任何表格中都必须具有。而<th>、<tbody>和<caption>是表格的可选标记。

3.8.2　在 DW 中操作表格的方法

1. 在 DW 中选中表格的方法

对表格进行操作之前必须先选中表格,有时几层表格嵌套在一起,使用以下方法仍然可以方便地选中表格或单元格。

① 选择整个表格:将鼠标指针移到表格左上角或右下角时,光标右下角会出现表格形状,此时单击就可以选中整个表格,或者在表格区域内单击一下鼠标,再选择状态栏中的<table>标签按钮。

② 选择一行或一列单元格:将鼠标指针置于一行的左边框上,或置于一列的顶端边框上,当选定箭头(↓)出现时单击,选择一行也可单击状态栏中的<tr>标签按钮。

③ 选择连续的几个单元格:在一个单元格中单击并拖动鼠标横向或纵向移至另一单元格。

④ 选择不连续的几个单元格:按住 Ctrl 键,单击欲选定的单元格、行或列。

⑤ 选择单元格中的网页元素:直接单击单元格中的网页元素。

提示:按住 Ctrl 键后鼠标在表格上滑动 DW 会高亮显示表格结构。

2. 向表格中插入行或列的方法

当光标位于表格内时,右击并在弹出的快捷菜单中选择"表格"→"插入行(或插入列)"命令,可在表格的当前行的上方插入一行,或在当前列的左边插入一列,若要在表格的最右边插入一列或最下方插入一行,可选择"表格"→"插入行或列…"命令,在所选列之后或所选行之下插入列或行。插入行也可以在代码视图中复制一行的代码"<tr>…</tr>"再粘贴几次就插入了几行,而插入列则在代码视图中不方便进行。

3. 设置单元格中内容居中对齐的方法

在默认情况下,表格会单独占据网页中的一行,左对齐排列。表格具有水平对齐属性 align,可以设置 align="center"让表格水平居中对齐,位于一行的中央。而单元格<td>则具有水平对齐 align 和垂直对齐 valign 属性,它们的作用是使单元格中的内容相对于单元格水平居中或垂直居中,在默认情况下,单元格中的内容是垂直居中,但水平左对齐的。

如果在单元格中有一段无格式的文字,代码如下:

```
<td>版权所有 &copy;数学系</td>
```

(1) 要使这段文字在单元格中居中对齐,那么有两种方法可以做到,一是在设计视图中选中这些文字,然后使用文本自身的对齐属性来居中对齐。即单击图 3-29 中①处的按钮。

此时,可发现文本已经居中,切换到代码视图,代码已修改为:

```
<td><div align="center">版权所有 &copy;数学系</div></td>
```

可看到使用这种方法对齐 DW 会自动为文本添加一个 div 标记,再使用 div 标记的 align 属性使文本对齐,这是因为这段文本没有格式标记环绕,要使它们居中只能添加一个标记,如果这段文本被格式标记环绕,例如 p 标记,那么就会直接在 p 标记中添加 align="center"属性了。

(2) 由于这段文本位于单元格中,第二种使文本居中的办法就是利用单元格的居中对齐属性,即单击图 3-29 中②处的按钮,可发现文本也能居中对齐,切换到代码视图查看代码:

```
<td align="center">版权所有 &copy;数学系</td>
```

图 3-29　单元格中文本对齐的两种方法

可看到第二种方法不会增加一个标记,所以推荐使用这种方法对齐单元格中的文本。

(3) 假设在单元格中有一个表格,这在网页排版中很常见,通常是把栏目框的表格插入到用来分栏的布局单元格中。如果希望表格在单元格中水平居中排列,那么有两种方法:一种是设置表格水平居中对齐<table align="center">,第二种方法是设置外面单元格中内容水平居中对齐<td align="center">,这样位于单元格中的表格就会居中排列。

这两种方法设置的栏目框(表格)居中对齐在 Firefox 中显示效果是一样的,但是在 IE 浏览器中,显示效果如图 3-30 所示,可发现第一种方法设置表格居中后,表格中的内容仍然是左对齐。而第二种方法却使表格中的内容也居中对齐了。

(a) 设置表格居中<table align="center">　　(b)设置外面单元格内容居中<td align="center">

图 3-30　设置表格居中的两种方法在 IE 中的效果

这是因为在 IE 浏览器中,子 td 元素会继承父 td 元素的 align 属性值,如果要使第二种方法栏目框中的内容左对齐,则必须再设置栏目框中所有的单元格<td align="left">,显然这样麻烦一些。

另外,对于栏目框的第二行单元格来说,可以设置它的垂直对齐方式为顶端对齐<td valign="top">,这样栏目框中内容就会从顶端开始显示了。

3.8.3　制作固定宽度的表格

如果不定义表格中每个单元格的宽度,当向单元格中插入网页元素时,表格往往会变形。这样无法利用表格精确定位网页中的元素,网页中会有很多不必要的空隙,使网页显得不紧凑也不美观,因此要利用固定宽度的表格和单元格精确地包含住其中的内容。制作固定宽度的表格通常有以下两种方法:

(1) 定义所有列的宽度,但不定义整个表格的宽度。例如:

```
<table border="0" cellspacing="0" cellpadding="0">
  <tr>
    <td width="200"> </td>
    <td width="360"> </td>
    <td width="200"> </td>
  </tr>
</table>
```

整个表格的实际宽度为：所有列的宽度和＋边框宽度和＋间距和＋填充和。这时候，只要单元格内的内容不超过单元格的宽度，表格不会变形。

（2）定义整个表格的宽，如 500 像素、98％等，再留一列的宽度不定义，未定义的这一列的宽度为整个表格的宽度－已定义列的宽度和－边框宽度和－间距和－填充和，同样在插入内容时也不会变形。

```
<table width="760" border="0" cellspacing="0" cellpadding="0">
  <tr>
    <td width="200"> </td>
    <td> </td>
    <td width="200"> </td>
  </tr>
</table>
```

由于网页的总宽度、每列的宽度都要固定，所以制作固定宽度的表格是用表格进行网页布局的基础。而网页布局时一般是不需要指定布局表格高度的，因为随着单元格中内容的增加，布局表格的高度也会自适应地增加。

因此制作固定高度的表格相对来说用得较少，只有在单元格中插入图像时，为了保证单元格和图像之间没有间隙，需要把单元格的宽和高设置为图像的宽和高，填充、间距和边框值都设为 0，并保证单元格标记内除图像元素外，没有其他空格或换行符。

提示：在用表格布局时不推荐使用鼠标拖动表格边框的方式来调整其大小，这样会在表格标记内自动插入 width 和 height 属性。如果所有单元格的宽已固定，又定义了表格的宽度后，所有单元格的宽度都会按比例发生改变，导致用表格布局的网页里的内容排列混乱。

3.8.4　用普通表格与布局表格分别进行网页布局

1-3-1 版式布局是一种最常用的网页版面布局方式，是学习其他复杂版面布局的基础，它可以通过画四个表格实现，如图 3-31 所示。下面我们分别用普通表格和布局模式下的表格来实现这种布局。

图 3-31　1-3-1 版面布局

1. 用普通表格进行 1-3-1 版式布局

用普通表格布局的制作步骤如下：

（1）单击"常用"工具栏中的"表格"按钮，插入一个一行一列的表格，该表格用于放置Page Header，将表格宽度设置为768像素，边框、单元格边距和单元格间距都设置为0，其他地方保持默认，如图3-32所示。

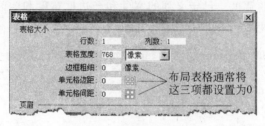

图3-32　"表格"对话框

实际上也可以不在这里设置表格参数，等插入表格之后，再选中该表格，在它的属性面板里进行设置。但该表格对话框具有记忆功能，以后每次插入表格时都会默认显示前一次设置的值。因为我们后面还要插入几个宽相同，边框、边距、间距都为0的表格，所以还是在这里设置简便些。

（2）以同样的方式再插入一个一行一列的表格，该表格用于放导航条（Nav bar）。

（3）接着再插入一个一行三列的表格，该表格用于放网页内容的主体，将左边单元格和右边单元格的宽度均设置为200像素，中间一列不设置宽度。然后在属性面板中将三个单元格的"垂直"对齐方式均改为顶端对齐，切换到代码视图可看到三个单元格的＜td＞标记中均添加了一个属性 valign＝"top"。接下来可以为左右两栏的单元格设置背景颜色。

（4）最后再插入一个一行一列的表格，用于放置Page Footer部分。

2．关于"布局"模式

为了方便设计者使用表格进行网页布局，DW提供了"布局"模式，如图3-33所示。在"布局"模式下进行表格布局更加方便一些。

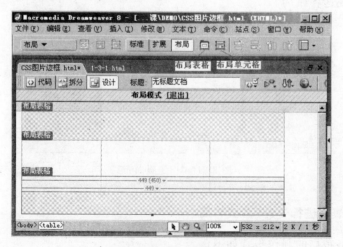

图3-33　DW的"布局"模式

在"布局"模式中,是通过布局表格和布局单元格来对网页进行布局的。设计者可以首先绘制多个布局表格对网页进行分块,然后在一个布局表格中绘制多个布局单元格对网页进行分栏。

如果布局表格中没有绘制布局单元格,那么这个布局表格就是一个一行一列的表格,它只有一个单元格;而在布局表格中绘制了布局单元格后,就会将这个布局表格拆分成多行和多列。设计者还可以将一个布局表格嵌套在一个已有的布局表格中,这个时候内侧的布局表格位置会自动固定在插入处。

在布局模式下绘制的布局表格是特殊设置了的普通表格,布局表格将 border、cellpadding、cellspacing 三个属性都设置为了 0,因此我们看不到它的边框,布局单元格将 valign 属性设置为 top,因此往布局单元格中插入的内容都是从单元格顶端开始排列的。

3. 用布局表格进行 1-3-1 版式布局

下面我们用布局表格实现上述 1-3-1 版式布局的全过程。其制作步骤如下:

(1) 保证当前处于"设计"视图(在"代码"视图中布局模式无法使用)。单击工具栏左边的"常用"按钮,在下拉菜单中选择"布局",这时会切换到"布局"工具栏,如图 3-34 所示,然后再单击"布局"模式按钮,此时布局会高亮显示。

图 3-34 "布局"模式工具栏

(2) 绘制布局表格。在布局工具栏上单击"布局表格"按钮,此时光标会变成加号(＋)形状。在页面上按住鼠标左键拖动光标,就会出现灰色背景绿色边框的布局表格。我们从上到下绘制四个布局表格,分别用来放置 Page Header、Nav bar、Container 和 Page Footer,如图 3-31 所示,注意布局表格有吸附能力,只要在上一个表格的附近绘制就会自动和上一个表格的边框对齐。

(3) 绘制布局单元格。在需要分栏的 Container 表格中,单击"绘制布局单元格"按钮绘制三个从左到右的布局单元格,布局单元格也具有吸附功能,可以使三个单元格的边框和表格的边框重合。绘制了布局单元格的区域会变成了白色,这样就把 Container 表格分割成了一行三列的三个单元格,这三个单元格都添加了 valign＝"top"属性。

(4) 这样就完成了 1-3-1 版式的布局,可退出布局模式看到绘制的布局表格和普通表格布局的效果一样,接下来可对左右两栏设置背景色,再在其中添加栏目框等。

3.8.5 特殊效果表格的制作

1. 制作 1 像素(细线)边框的表格

一般来说,1 像素边框的表格在网页中显得更美观。特别是用表格作栏目框时,1 像素边框的栏目框是大部分网站的选择,因此,制作 1 像素边框的表格已成为网页设计的一项基本要求。

但是把表格的边框(border)定义为 1 像素时(border＝"1"),其实际宽度是 2 像素。这样的表格边框显得很粗,极不美观。要制作 1 像素的细线边框可用如下任意一种方法实现。

（1）用间距作边框。原理是通过把表格的背景色和单元格的背景色调整成不同的颜色，使间距看起来像一个边框一样，再将表格的边框设为 0，间距设为 1，即实现 1 像素"边框"表格。代码如下：

```
<table border="0" cellspacing="1" bgcolor="#FF0000">
    <tr> <td bgcolor="#FFFFFF">1像素边框表格</td></tr>
</table>
```

（2）用 CSS 属性 border-collapse 作 1 像素边框的表格。先把表格的边框（border）设为 1，间距（cellspacing）设为 0，此时表格的边框和单元格的边框紧挨在一起，所以边框的宽度为 1+1=2 像素。这是因为表格的 CSS 属性 border-collapse 的默认值是 separate，即表格边框和单元格边框不重叠。当我们把 border-collapse 属性值设为 collapse（重叠）时，表格边框和单元格边框将发生重叠，因此边框的宽度为 1 像素。代码如下：

```
<table border="1" cellspacing="0" bordercolor="#FF0000" style="border-collapse:
collapse">…</table>
```

2．制作双线边框表格

将表格的边框颜色（bordercolor）属性设置为某种颜色后，表格的暗边框和亮边框会变为同一种颜色（在 IE 中单元格边框的颜色也会跟着改变），边框的立体感消失。此时只要间距（cellspacing）不设为 0，表格的边框和单元格的边框就不会重合，如果设置表格的边框宽度为 1 像素，则显示为双细线边框表格。下面是用双细线边框表格制作的栏目框，效果如图 3-35 所示。

```
<table width="180" border="1" cellpadding="6"
cellspacing="3" bordercolor="#000000" bgcolor="
#FFFFFF">
  <tr>
    <td bgcolor="#CCCCCC">标题</td>
  </tr>
  <tr>
    <td height="128" valign="top" bordercolor="#ffffff">内容</td>
  </tr>
</table>
```

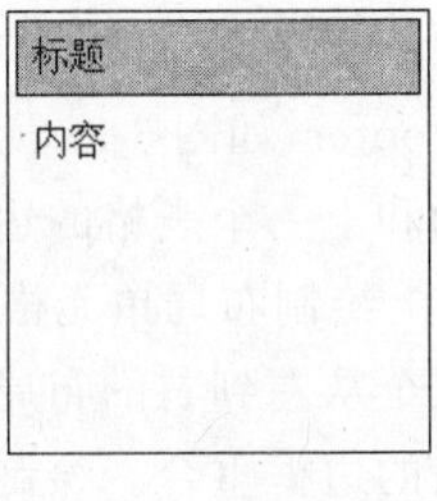

图 3-35　IE 中双线边框栏目框

由于 Firefox 无法改变单元格边框的颜色，因此这种双线边框栏目框只能在 IE 中看到效果。

3．用单元格制作水平线或占位表格

如果需要水平或竖直的线段，可以使用表格的行或列来制作。例如，在表格中需要一条黑色的水平线段，则可以这样制作：先把某一行的行高设为 1；再把该行的背景色设为黑色；最后在"代码"视图中去掉此行单元格中的" "占位符空格。因为" "是 DW 在插入表格时自动往每个单元格中添加的一个字符，如果不去掉，IE 默认一个字

符占据 12 像素的高度。这样就制作了一条 1 像素粗的水平黑线。代码如下：

```html
<table width="200" border="0" cellpadding="0" cellspacing="0">
  <tr><td height="1" bgcolor="# 000000"></td>          <!--单元格中的" "已去掉-->
  </tr>
</table>
```

如果要制作 1 像素粗的竖直黑线，可在上述代码中将表格的宽修改为 1 像素，单元格的高修改为竖直黑线的长度即可。

在默认情况下，网页中两个相邻的表格上下会紧挨在一起，这时可以在这两个表格中插入一个占位表格使它们之间有一些间隙，例如把占位表格的高度设置为 7 像素，边框、填充、间距设为 0，并去掉单元格中的" "，则在两个表格间插入了一个 7 像素高的占位表格，这样就避免了表格紧挨的情况出现，因为我们通常都不希望两个栏目框上下紧挨在一起。当然，通过对表格设置 CSS 属性 margin 能更容易地实现留空隙。

4. 用表格制作圆角栏目框

上网时经常可以看到漂亮的圆角栏目框，下面我们来制作一个固定宽度的圆角栏目框。由于表格只能是一个矩形，所以制作圆角的原理是在圆角部分插入圆角图片。制作步骤如下：

（1）准备两张圆角图片，分别是上圆角和下圆角的图像。

（2）插入一个三行一列的表格，把表格的填充、间距和边框设为 0，宽设置成 190 像素（圆角图片的宽），高不设置。

（3）分别设置表格内三个单元格的高。第一个单元格高设置为 38 像素（上圆角图片的高）；第二个单元格高为 100 像素；第三个单元格高为 17 像素（下圆角图片的高）。在第 1、3 个单元格内分别插入上圆角和下圆角的图片。

（4）把第二个单元格内容的水平对齐方式设置为居中（align="center"），单元格的背景颜色设置为圆角图片边框的颜色（bgcolor="#E78BB2"）。

（5）这时在第二个单元格内再插入一个一行一列的表格，把该表格的间距和边框设为 0，填充设为 8 像素（让栏目框中的内容和边框之间有一些间隔），宽设为 186 像素，高设为 100 像素。背景颜色设置为比边框浅的颜色（bgcolor="#FAE4E6"）。

说明：第（5）步也可以不插入表格，而是把第二个单元格拆分成 3 列，把三列对应的三个单元格的宽分别设置为 2 像素、186 像素和 2 像素，并在代码视图中把这三个单元格中的" "去掉，然后把 1、3 列的背景色设置为圆角边框的颜色，第 2 列的背景色设为圆角背景的颜色，并用 CSS 属性设置它的填充为 8 像素（style="padding:8px"）。最终效果如图 3-36 所示。

图 3-36　用表格制作的圆角栏目框

3.8.6 表格布局综合案例——制作太阳能网站

本节介绍用表格布局的方法制作某太阳能公司网站,由于太阳能热水器是一种绿色环保产品,因此该公司网页以绿色为主色调,采用深绿色和黄绿色搭配的同类色配色方案设计,整体效果如图 3-37 所示,网页的布局表格结构如图 3-38 所示。

图 3-37 太阳能公司网站首页整体效果

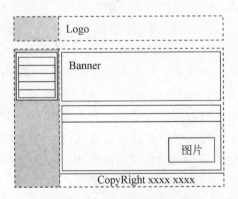

图 3-38 网页表格布局的结构图

可以看出,该网页头部采用一个一行两列的表格,主体部分也是一个一行两列表格以便将它分成两栏,这样的话左侧栏和右侧栏中的内容不会相互产生影响。制作步骤如下:

1. 制作网页的头部

(1) 插入一个一行两列的表格,将宽设为 852,高设为 104,并将表格边框、单元格边距(填充)、单元格间距均设置为 0(说明,本网页中的所有表格都是用作布局表格,布局表格通常都要将表格边框、填充、间距设为 0,以下的表格如无特殊说明也需这样设置)。

(2) 将左边单元格宽设为 161,背景色设为♯99cc00。

(3) 在右边单元格插入一张图片 images/logo.jpg。

(4) 可看到图片位于右边单元格的最左边,为了使图片向右边移一些,在该单元格左边插入一个单元格,方法是在该单元格中按右键,选择"表格"→"插入行或列"→"插入列"→"当前列之前"命令,设置宽为 64,此时图片向右移动了 64 个像素,可看到此单元格起到了一个占位的作用。

2. 制作网页的主体部分

(1) 在网页头部表格下插入一个一行两列的表格,将宽设为 852,这样就将网页主体部分分为左右两栏。将两个单元格都设置为垂直顶端对齐(valign＝"top")(布局单元格通常都应有此设置,使得其中的内容能从顶端开始往下排列)。

(2) 制作左侧栏部分,将左侧单元格宽设为 161,高设为 617(网页制作完成后可将该高度属性去掉),背景色设为♯99cc00。在左侧栏中插入一个一行一列的表格,作为导航栏的背景,宽设置为 100%,高设置为 181,将其单元格的背景色设为深绿色(♯00801b)。

(3) 在该表格中插入一个六行一列的表格用于放置导航按钮,将宽设为 143(和导航图片等宽),将表格设为居中对齐。

(4) 在该表格的每个单元格中分别插入一个导航图片(dh1.jpg-dh6.jpg,本实例中所有图片均位于 images 文件夹下),并分别将这些图片先链接到"♯"(空链接)。

(5) 制作右侧栏中的 Banner。在网页主体表格的右侧单元格中插入一个一行一列的表格,设置表格宽为 688,高为 181。将表格的背景图像设置为 images/ba1.jpg(注意,此处一定要将图片作为表格的背景放入,而不能插入图片,否则无法在其上面再叠放 Flash)。

(6) 制作"公司简介"栏目。首先插入一个三行一列的表格,将宽设置为 90%,将表格设置为居中对齐。

(7) 设置第一个单元格高为 41,设置背景图像为 images/bj.jpg,背景图像默认会平铺满单元格,再在该单元格中插入一幅图像 images/ggd.jpg,可看到图像和背景图像很好地融合在了一起,如图 3-39 所示。

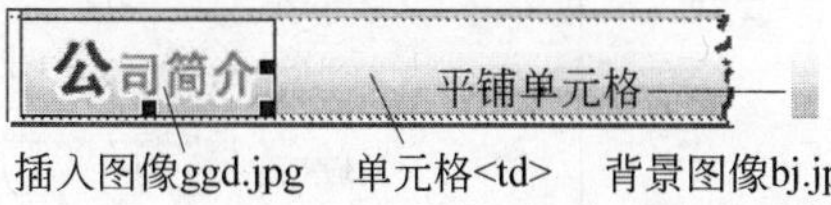

(8) 设置第二个单元格高为 21,起占位的作用。

(9) 在第三个单元格中插入一段公司简介的文本。

图 3-39　在单元格中同时使用图像和背景图像

(10) 在文本中间插入一幅客服的图像 images/in.jpg,为了使该图像能够被文字环绕,设置该图像的对齐方式为右对齐(align＝"right")。

3. 完善网页及插入 Flash

(1) 现在网页主体已基本呈现,下面进行一些微调。可看到此时公司简介栏目表格与 banner 表格紧挨在一起,不美观。我们在两者之间插入一个占位表格(方法是将光标移动到公司简介栏目表格的左边),设置该表格宽为100％,高为16。

(2)制作网页底部版权部分。在公司简介表格下插入一条水平线,方法是将工具栏切换到HTML,单击"水平线",再在属性面板中设置其宽为90％,高为1,居中对齐,无阴影。再切换到代码视图,对<hr/>标记设置属性(color＝"gray")以改变水平线的颜色。再在下面插入一段版权文本,设置该文本为居中对齐。

(3)插入Flash。在放置网页banner的单元格中插入一幅Flash(images/ba.swf),选择"插入"→"媒体"→Flash命令。在属性面板中设置Flash宽为400,高为100。再选中该Flash,单击"参数"按钮,将参数wmode的值设置为transparent,使Flash能透明显示。

(4)调整该Flash在banner上的位置,方法是选中放置banner图片的表格,设置该表格的填充为28,这样Flash与单元格左边会有28像素的距离。

(5)用CSS设置网页主体的右边框线,方法是在网页主体表格的右侧单元格<td>标记中加入属性style＝" border-right：♯daeda3 1px solid"。

(6)为了改变网页中所有字体的大小、颜色、行高,必须用CSS设置文本样式,在网页头部区域加入<style>td{font-size：9pt;line-height：18pt;color：♯333;}</style>即可。

提示：如果要在当前表格上方插入一个表格,可将光标移动到该表格左侧再插入表格,如果要在当前表格下方插入一个表格,可将光标移动到该表格右侧再插入表格。

3.9   表单标记

相信大家上网时一定填写过类似于图3-40所示的用户注册表单,通过表单Web服务器可以收集浏览者填写的信息。它是网站实现互动功能的重要组成部分。例如在网上申请一个电子信箱,就必须按要求填写完成网站提供的表单页面,其主要内容是姓名、年龄、联系方式等个人信息。又例如要在百度上搜索资料,也要在表单中填写搜索条件发送给服务器。

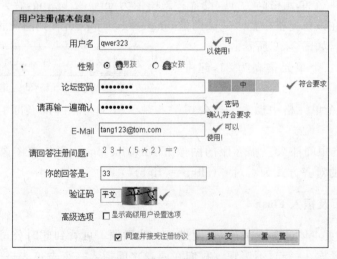

图3-40   某网站论坛的注册页

由于表单不具有排版的能力，除非是很简单的表单可以用换行符布局表单元素，一般表单的排版最终还是要由表格组织起来，这样排列起来更加美观。因此在 HTML 代码中，表单标记和表格标记通常是如影随形的。

表单一般由两部分组成，一是描述表单元素的 HTML 源代码，二是服务器端用来处理用户所填信息的程序，或者是客户端脚本(本章暂不讨论)。在 HTML 代码中，我们可以定义表单，并且使表单与 ASP 等服务器端的表单处理程序配合。

表单信息处理的过程为：当单击表单中的提交按钮时，输入在表单中的信息就会上传到服务器中，然后由服务器中的有关应用程序进行处理，处理后或者将用户提交的信息储存在服务器端的数据库中，或者将有关的信息返回到客户端浏览器。

3.9.1 表单标记

<form>标记用来创建一个表单，也即定义表单的开始和结束位置，这一标记有几方面的作用。首先，限定表单的范围，其他的表单域对象都要插入到表单之中。单击提交按钮时，提交的也是表单范围内的内容。其次，携带表单的相关信息，例如，处理表单的脚本程序的位置(action)、提交表单的方法(method)等。这些信息对于浏览者是不可见的，但对于处理表单却起着决定性的作用。

1. DW 表单控件面板

表单 form 标记中包含的表单域标记通常有<input>、<select>和<textarea>等，图 3-41 展示了 DW 表单控件面板中各个表单元素和标记的对应关系。

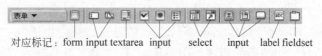

图 3-41 表单控件和表单标记的对应关系

2. <form>标记的属性面板

在表单控件面板中单击表单(form)后，就会在网页中插入一个表单<form>标记，此时在属性面板中会显示<form>标记的属性设置，如图 3-42 所示。

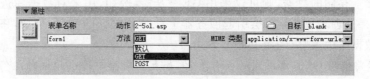

图 3-42 <form>标记的属性面板

(1) 在表单的"属性"面板中，"表单名称"对应 name 属性，可设置一个唯一名称以标识该表单，如<form name="form1">。

(2) "动作"对应表单的 action 属性，action 属性用来设置接收和处理表单内容的脚本程序文件的位置 URL。例如<form action=" admin/result. asp">，表示当用户提交表单后,网站将转到 admin/result.asp 文件并执行该文件的代码,以处理接收的表单数据,再返回执行结果(生成的静态页)给浏览器。

可以在"动作"文本框中输入完整的 URL。如果不设置 action 属性,即 action＝""时,表单所在网页的 URL 将作为默认值被启用,这种情况常见于将表单代码和处理表单的程序写在同一个动态网页里,否则将没有接收和处理表单内容的程序。

(3)"方法"对应表单的 method 属性,定义浏览器将表单数据传递到服务器端处理程序的方式。取值只能是 GET 或 POST(默认值是 GET)。

① 使用 GET 方式时,Web 浏览器将各表单字段元素及其数据按照 URL 参数格式的形式,附在 form 标记的 action 属性所指定的 URL 地址后面一起发送给 Web 服务器。例如,一个使用 GET 方式的 form 表单提交时,在浏览器地址栏中生成的 URL 地址具有类似下面的形式:

```
http://www.hynu.cn/admin/result.asp?name=alice&password=1234
```

可见 GET 方式所生成的 URL 格式为:每个表单字段元素名与取值之间用等号(＝)分隔,形成一个参数;各个参数之间用 & 分隔;而 action 属性所指定的 URL 与这些参数之间用问号(?)分隔。如果表单字段取值中包含中文或其他特殊字符,则使用 GET 方式会自动对它们作 URL 编码处理。例如"百度"就是使用 GET 方式提交表单信息的,在百度中输入"web 标准"单击"百度一下"按钮,可以看到地址栏中的 URL 变为:

```
http://www.baidu.com/s?wd=web%B1%EA%D7%BC
```

其中 s 是处理表单的程序,wd 是百度文本框的 name 属性值,而 web%B1%EA%D7%BC 是我们在文本框中输入的"web 标准"的 URL 编码形式,即文本框的 value 值,可见 GET 方式总是 URL 问号后接"name＝value"信息对。其中由于"标准"两字是中文字符,GET 方式自动对它作编码处理,"%B1%EA%D7%BC"就是"标准"的 GB 2312 编码,这是由于该网页采用了 GB 2312 编码方式。如果是 Google,则会对中文字符采用 UTF-8 编码,因为国外网站一般采用 UTF-8 编码。

② 使用 POST 方式,浏览器将把各表单字段元素及其数据作为 HTTP 消息的实体内容发送给 Web 服务器,而不是作为 URL 地址的参数传递。因此,使用 POST 方式传送的数据量可以比 GET 方式大得多。根据 HTML 标准,如果处理表单的服务器程序不会改变服务器上存储的数据,则可以采用 GET 方式,例如,用来对数据库进行查询的表单。反之,如果处理表单的结果会引起服务器上存储的数据的变化,例如,将用户的注册信息存储到数据库中,则应采用 POST 方式。

提示:不要使用 GET 方式发送长表单(例如表单中有文件上传域时)。因为 URL 的长度被限制在 8192 个字符以内,如果发送的数据量太大,数据将被截断,从而导致失败的处理结果。另外,在发送机密用户名和口令、信用卡号或其他机密信息时,也不要使用 GET 方式。如果这样做了,则浏览者输入的口令将作为 URL 显示在地址栏上,而且还将保存在 Web 浏览器的历史记录文件和 Web 服务器的日志文件中。因此,使用 POST 方式比较保险,查看网页的源代码可发现大部分网页中表单都喜欢用 POST 方式。

(4)"MIME 类型"对应 enctype 属性,可以指定表单数据在发送到服务器之前应该如何编码。默认设置 application/x-www-form-urlencode 通常与 POST 方法协同使用。如果要创建文件上传域,需设置为 multipart/form-data 类型。

(5)"目标"对应 target 属性,它指定当单击表单的提交按钮时,action 属性所指定的动态网页以何种方式打开。其取值有 4 种,作用和 a 标记的 target 属性相同。

3.9.2　<input>标记

<input>标记是用来收集用户输入信息的标记,它是一个单标记,<input>标记一般至少应具有两个属性,其一是 type 属性,它用来决定这个<input>标记的含义。其二是 name 属性,用来定义该表单元素的名称,如果没有该属性,则服务器将无法获取表单元素提交的数据。<input>标记的 type 属性总共有 10 种取值,各种取值的含义如表 3-4 所示。

表 3-4　<input>标记的 type 属性的取值含义

type 属性值	含　义	type 属性值	含　义	type 属性值	含　义
text	文本域	file	文件域	submit	提交按钮
password	密码域	hidden	隐藏域	reset	重置按钮
radio	单选钮			button	普通按钮
checkbox	复选框			image	图像按钮

1. 文本域

文本域<input type="text"/>用于在表单上创建单行文本输入区域,例如:

姓名:<input type="text" name="username" size=20/>

每个单行文本区域都可以具有如下几个典型的属性:
- size 指定文本输入区域的宽度,以字符个数为度量单位。
- value 指定浏览器在第一次显示表单或单击重置按钮后,显示在文本域中的文本内容,如果不指定,那么用户输入的文本内容会作为 value 属性的值。
- maxlength 指定用户能够输入的最多字符个数。
- readonly 属性存在时,文本输入区域可以获得焦点,但用户不能改变文本输入区域的值。
- disabled 属性存在时,文本输入区域不能获得焦点,访问者也不能改变文本区域的值。并且,提交表单时,浏览器不会将文本域的名称和值发送给服务器。

如果用户没有在单行文本域中输入数据,那么在表单提交时,浏览器也会把这个单行文本域的名称(由 name 属性值决定)作为一个参数名传递给服务器,只是这是一个无值的参数,形如"username="。

有时我们可以让文本输入框更友好,如利用 value 属性让文本框初始时显示提示文字,当鼠标单击文本框时触发 onfocus 事件,编写 JavaScript 代码清空文本框,方便用户输入。它的代码如下,效果如图 3-43 所示。

```
搜索：<input type="text" name="seach" size=20 onfocus="this.value=''" value="
请输入关键字"/>
```

2. 密码域

密码域和文本域基本相同，只是用户输入的字符以圆点来显示，这样旁边的人看不到。但表单发送数据时仍然是把用户输入的真实字符作为 value 值以不加密的形式传送给服务器。下面是一个密码域的例子，显示效果如图 3-44 所示。

```
密码：<input name="pw" type="password" size="15"/>
```

图 3-43 设置了 value 值的文本框在表单载入时(左)和点击后(右)

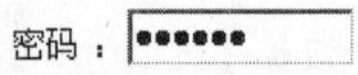

图 3-44 密码域

3. 单选按钮

<input type="radio"/>用于在表单上添加一个单选按钮，但单选按钮需要成组使用才有意义。只要将若干个单选按钮的 name 属性设置为相同，它们就形成了一组单选按钮。浏览器只允许一组单选按钮中的一个被选中。当用户单击“提交”按钮后，在一个单选按钮组中，只有被选中的那个单选按钮的名称和值（即 name/value 对）才会被表单发送给服务器。

因此同组的每个单选按钮的 value 属性值必须各不相同，这样才能实现选择不同的选项，就能发送同一名称不同选择值的效果。下面是一组单选按钮的代码，显示效果如图 3-45 所示。

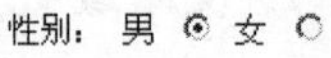

图 3-45 单选按钮

```
性别：男<input type="radio" name="sex" value="1" checked="checked"/>
    女<input type="radio" name="sex" value="2"/>
```

其中，checked 属性设定初始时单选按钮哪项处于选定状态，不设定表示都不选中。

从上例可以看出，选择类表单标记（单选框、复选框或下拉列表框等）和输入类表单标记（文本域、密码域、多行文本域等）的重要区别是：选择类标记需要事先设定每个元素的 value 属性值，而输入类标记的 value 属性值一般是用户输入的，可以不设定。

4. 复选框

<input type="checkbox"/>用于在表单上添加一个复选框。复选框可以让用户选择一项或多项内容，复选框的一个常见属性是 checked，该属性用来设置复选框初始状态时是否被选中。复选框的 value 属性只有在复选框被选中时，才有效。如果表单提交时，某个复选框是未被选中的，那么复选框的 name 和 value 属性值都不会传递给服务器，就像没有这个复选框一样。只有某个复选框被选中，它的名称（name 属性值）和值（value 属性值）才会传递给服务器。下面的代码是一个复选框的例子，显示效果如图 3-46 所示。

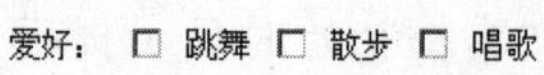

图 3-46 复选框

```
爱好：<input name="fav1" type="checkbox" value="1"/>跳舞
      <input name="fav2" type="checkbox" value="2"/>散步
      <input name="fav3" type="checkbox" value="3"/>唱歌
```

5. 文件域

<input type="file"/>是表单的文件上传域，用于浏览器通过 form 表单向 Web 服务器上传文件。使用<input type="file"/>元素，浏览器会自动生成一个文本输入框和一个

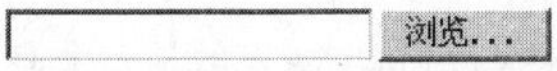

图 3-47 文件域在表单中的外观

"浏览…"按钮，供用户选择上传到服务器的文件，如图 3-47 所示。

用户可以直接在文本输入框中输入本地的文件路径名，也可以使用"浏览…"按钮打开一个文件对话框选择文件。要上传文件的表单<form>标记的 enctype 属性必须设置为 multipart/form-data，并且 method 属性必须是 post。

6. 隐藏域

<input type="hidden"/>用于在表单上添加一个隐藏的表单字段元素，浏览器不会显示这个表单字段元素，但当提交表单时，浏览器会将这个隐藏域元素的 name 属性和 value 属性值组成的信息对发送给服务器。使用隐藏域，可以预设某些要传递的信息。

例如，假设网站的用户注册过程由两个步骤完成，每个步骤对应一个表单网页文件，用户在第一步的表单中输入了自己的姓名，接着进入第二步的网页中，在这个网页文件中填写爱好和特长等信息。在第二个网页提交时，要将第一个网页中收集到的用户名称也传送给服务器，就需要在第二个网页的表单中加入一个隐藏域，让它的 value 值等于第一个网页中收集到的用户名。

3.9.3 ＜select＞和＜option＞标记

＜select＞标记表示下拉列表框或列表框，是一个标记的含义由其 size 属性决定的元素，如果该标记没有设置 size 属性，那么表示为下拉列表框。如果设置了 size 属性，则变成了列表框，列表的行数由 size 属性值决定。如果再设置了 multiple 属性，则表示列表框允许多选。下拉列表框中的每一项由＜option＞标记定义，还可使用＜optgroup＞标记添加一个不可选中的选项，用于给选项进行分组。例如下面代码的显示效果如图 3-48 所示。

图 3-48 下拉列表框（左）和列表框（右）

```
所在地：<select name="addr">    <!--添加属性 size="5"则为图 3-48(右)所示列表框-->
       <option value="1">湖南</option>
       <option value="2">广东</option>
       <option value="3">江苏</option>
       <option value="4">四川</option></select>
```

提交后这个选项的 value 值将与 select 标记的 name 值一起作为 name/value 信息对传送给 WWW 服务器,如果 option 标记中没有 value 属性,那么浏览器将把选项的显示文本作为 name/value 信息对的 value 部分发送给服务器。

3.9.4　多行文本域标记＜textarea＞

＜textarea＞是多行文本域标记,用于让浏览者输入多行文本,如发表评论或留言、跟帖。例如:

```
<textarea name="comments" cols="40" rows="4" wrap="virtual">表示是一个有 4 行,每
行可容纳 40 个字符,换行方式为虚拟换行的多行文本域。</textarea>
```

① ＜textarea＞是一个双标记,它没有 value 属性,它将标记中的内容作为默认值显示在多行文本域中,提交表单时将多行文本域中的内容作为 value 值提交。

② wrap 属性指多行文本的换行方式,它的取值有以下三种:默认值是文本自动换行,对应虚拟方式。

- 关(off):不让文本换行。当用户输入的内容超过文本区域的右边界时,文本将向左侧滚动,不会换行。用户必须按 Return 键才能将插入点移动到文本区域的下一行。
- 虚拟(virtual):表示在文本区域中设置自动换行。当用户输入的内容超过文本区域的右边界时,文本换行到下一行。当提交数据进行处理时,自动换行并不应用到数据中。数据作为一个数据字符串进行提交。虚拟(virtual)方式是 wrap 属性的默认值。
- 实体(physical):文本在文本域中也会自动换行,但是当提交数据进行处理时,将把这些自动换行符作为＜br/＞标记添加到数据中。

3.9.5　表单中的按钮

我们已经知道,在表单中可以用＜input＞标记创建按钮,只要设置它的 type 属性为 submit 就创建了一个提交按钮;设置 type 属性为 image 就创建了一个图像按钮,它们都可以用来提交表单;设置 type 属性为 reset 则是一个重置按钮,设置 type 属性为 button 就是一个普通按钮,它需要配合 Javascript 脚本使其具有相应的功能,如表 3-5 所示。

表 3-5　用 input 标记创建按钮时的 type 属性类型设置

type 属性类型	功能	作　用
＜input type＝"submit"/＞	提交按钮	提交表单信息
＜input type＝"image"/＞	图像按钮	用图像做的提交按钮,也是提交表单信息
＜input type＝"reset"/＞	重置按钮	将表单中的用户输入全部清空
＜input type＝"button"/＞	普通按钮	需要配合 JavaScript 脚本使其具有相应的功能

但是，＜input type＝"submit"/＞标记创建的按钮默认效果是没有图片的，而图像按

图 3-49　普通提交按钮、图像按钮与 button
标记创建的提交按钮比较

钮虽然有图像但是不能添加文字。实际上，在 HTML 中有个＜button＞标记，它可以创建既带有图片又有文字的按钮。效果如图 3-49 所示。

使用＜button＞标记创建按钮时的代码如下：

```
<button type="submit"><img src="check.png" align="absmiddle"/>登录</button>
```

当然，还有一种思路是用 a 标记来模拟按钮，但那样就需要 CSS 和 JavaScript 的配合。通过 CSS 使 a 元素具有边框，再添加 JavaScript 脚本使其具有提交表单的功能。

3.9.6　表单数据的传递过程

1. 表单的三要素

一个最简单的表单必须具有以下三部分内容：一是＜form＞标记，没有它表单中的数据不知道提交到哪里去，也不能确定表单的范围；二是至少要有一个输入域（如 input 文本域或选择框等），这样才能收集到用户的信息，否则没有信息提交给服务器；三是提交按钮，没有它表单中的信息无法提交。

2. 表单向服务器提交的信息内容

大家可以查看百度首页表单的源代码，这可以算是一个最简单的表单了，它的源代码如下，可以看到它具有上述的表单三要素，因此是一个完整的表单。

```
<form name=f action=s>
<input type=text name=wd id=kw size=42 maxlength=100>
   <input type=submit value=百度一下 id=sb>……
</form>
```

当单击表单的提交按钮后，表单将向服务器发送表单中填写的信息，发送形式是各个表单元素的"name＝value & name＝value & name＝value…"。下面以图 3-50 中的表单为例来分析表单向服务器提交的内容是什么（输入的密码是 123）。

其中图 3-50 对应的 HTML 代码如下：

图 3-50　一个输入了数据的表单

```
<form action="login.asp" method="post">
  <p>用户名：<input name="user" id="xm" type="text" size="15"/></p>
  <p>密码：<input name="pw" type="password" size="15"/></p>
  <p>性别：男 <input type="radio" name="sex" value="1"/>
     女 <input type="radio" name="sex" value="2"/></p>
<p>爱好：<input name="fav1" type="checkbox" value="1"/>跳舞
        <input name="fav2" type="checkbox" value="2"/>散步
```

```
          <input name="fav3" type="checkbox" value="3"/>唱歌 </p>
      <p>所在地:<select name="addr">
        <option value="1">长沙</option>
        <option value="2">湘潭</option>
        <option value="3">衡阳</option>
      </select></p>
      <p>个性签名:<br/><textarea name="sign"></textarea></p>
      <p><input type="submit" name="Submit" value="提交"/></p>
   </form>
```

分析:表单向服务器提交的内容总是 name/value 信息对,对于文本类输入框来说,一般无需定义 value 属性,value 的值是你向文本框中输入的字符。如果事先定义 value 属性,那么打开网页它就会显示在文本框中。对于选择框(单选钮、复选框和列表菜单)来说,value 的值必须事先设定,只有某个选项被选中后它的 value 值才会生效。因此上例提交的数据是:

user=tang&pw=123&sex=1&fav2=2&fav3=3&addr=3&sign=wo&Submit=提交

说明:

① 如果表单只有一个提交按钮,可去掉它的 name 属性(如 name="Submit"),防止提交按钮的 name/value 属性对也一起发送给服务器,因为这些是多余的。

② <form>标记的 name 属性通常是为 JavaScript 调用该 form 元素提供方便的,没有其他用途。如果没有 JavaScript 调用该 form 则可省略它的 name 属性。

3.9.7　表单的辅助标记

1.＜label＞标记

<label>标记用来为控件定义一个标签,它通过 for 属性绑定控件。如果表单控件的 id 属性值和 label 标记的 for 属性值相同,那么 label 标记就会和表单控件关联起来。通过在 dw 中插入表单控件时选择"使用 for 属性附加标签标记"可快捷地插入 label 标记。例如:

```
<input type="radio" name="sex" value="radiobutton" id="male"/>
    <label for="male">男</label><br/>
<input type="radio" name="sex" value="radiobutton" id="female"/>
    <label for="female">女</label>
```

添加了带有 for 属性的<label>标记后,你会发现单击标签时就相当于单击了表单控件。

2. 字段集标记＜fieldset＞、＜legend＞

<fieldset>是字段集标记,它必须包含一个<legend>标记,表示是字段集的标题。如果表单中的控件较多,可以将逻辑上是一组的控件放在一个字段集内,显得有条理些。

3.10　框架标记 *

框架的作用是把浏览器的显示空间分割为几部分,每个部分可以独立显示不同的网页。框架网页需要使用框架集标记<frameset>和框架标记<frame/>,它们是成组出现的。

3.10.1　框架的作用

框架以前也用于网页的排版,现在用得比较少了,但网站的后台管理系统常使用左右分割的框架版式。如图 3-51 所示,该后台管理系统的左、右部分各是一个网页,它们是独立显示的,例如拉动左侧的滚动条,不会影响右侧的显示效果。通过一个框架集网页使多个网页显示在一个浏览器窗口中。

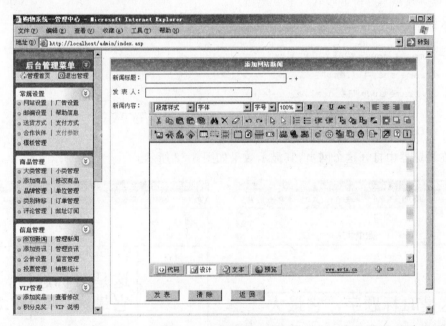

图 3-51　使用框架的网页

3.10.2　<frameset>标记

窗口框架的分割有两种方式,一种是水平分割,另一种是垂直分割,在<frameset>标记中通过 cols 属性和 rows 属性来控制窗口的分割方式。框架标记的形式如下:

<frameset cols[或 rows]="各个框架的大小或比例" border="像素值" bordercolor="颜色值" frameborder="yes|no" framespacing="像素值">…</frameset>

如果要去掉框架的边框,可设置 frameborder="no",framespacing 指框架和框架之间的距离,bordercolor 属性 IE 浏览器不支持。

1. 用 cols 属性将窗口分为左右部分

cols 属性可以将一个框架集分割为若干列，每列就是一个框架，其语法结构为：

```
<frameset cols="n1,n2,…,*">
```

"n1,n2,…"表示每个子窗口的宽度，单位可以是像素或百分比。星号"*"表示分配给前面所有的窗口后剩下的宽度。

例如：＜frameset cols＝"30％,40％,*"＞,那么"*"就代表 30％的宽度。

2. 用 rows 属性将窗口分为上下部分

rows 属性使用方法和 cols 属性一样，只是将窗口分割成几行。例如：

```
<frameset rows="30%,40%,*">
```

下面举一个简单的实例，代码如下：

```
<frameset rows="20%,30%,*">
  <frame src="13.htm"/>
    <frame src="14.htm"/>
      <frame src="15.htm"/>
</frameset>
```

在浏览器中打开这个网页，其显示效果如图 3-52 所示。

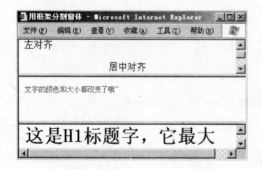

图 3-52　窗体的水平分割

图 3-53　窗体的水平和垂直分割

3. 框架的嵌套

通过框架的嵌套可实现对子窗口的分割，例如有时需要先将窗口水平分割，再将某个子窗口进行垂直分割，如图 3-53 所示。可用下面的代码实现。

```
<html>
<head>
<title>用框架分割窗体</title>
</head>
<frameset rows="30%,*">
```

```
<frame src="2-8.html"/>
  <frameset cols="30%,*">
    <frame src="2-9.html"/>
    <frame src="2-2hn.html"/>
  </frameset>
</frameset>
</html>
```

需要注意的是<frameset>标记和<body>标记是同级的,因此,不要将<frameset>标记写在<body>标记中,否则<frameset>标记将无法正常工作。

3.10.3　<frame/>标记

<frame/>标记是一个单标记,它的格式和常用属性如下:

<frame src="url" name="框架名" border="像素值" bordercolor="颜色值" frameborder= "yes|no" marginwidth="像素值" marginheight="像素值" scrolling="yes|no|auto" noresize="noresize"/>

其中scrolling指定框架窗口是否允许出现滚动条,noresize指定是否允许调整框架的大小。

1. 用 src 属性指定要显示的网页

框架的作用是显示网页,这是通过src属性来进行设置的。这个src属性和<img/>中的src属性作用相似,都接文件的URL。例如:

<frame src="demo/2-8.html"/>

2. 用 name 属性指定框架的名称

可以用name属性为框架指定名称,这样做的用途是,当其他框架中的链接要在指定的框架中打开时,可以设置其他框架中超链接的target属性值等于这个框架的name值。例如图 3-51 中,左边窗口中的链接都要求在右边窗口打开。那么可设置右边窗口的name值为main,而左边窗口中所有链接的target属性值为main。

例如定义右边窗口name属性为main:<frame name="main"/>

左边窗口中的链接目标是main:<a href="add.htm" target="main">添加新闻</a>

这样 add.htm 会在框架名为 main 的窗口(右边窗口)中打开。

3.10.4　嵌入式框架标记<iframe>

框架标记只能对网页进行左右或上下分割,如果要让网页中间的某个矩形区域显示其他网页,则需要用到嵌入式框架标记,通过<iframe>可以很方便地在一个网页中显示另一个网页的内容,图 3-54 所示网页中的天气预报就是通过 iframe 调用了另一个网页的内容。

下面是嵌入式框架的属性举例:

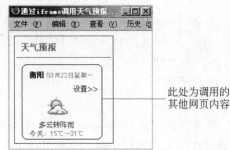

```
<iframe src="url" width="x" height="x"
scrolling="[option]" frameborder="x"
name="main"></iframe>
```

<iframe>标记中各个属性的含义如下:

(1) src:文件的 URL 路径。

(2) width、height:iframe 框架的宽和高。

图 3-54　通过 iframe 调用天气预报网页

(3) scrolling:当 src 指定的网页在区域中显示不完时,是否出现滚动条选项,如果设置为 no,则不出现滚动条;如为 auto,则自动出现滚动条;如为 yes,则显示。

(4) frameborder:iframe 边框的宽度,为了让框架与邻近内容相融合,常设置为 0。

(5) name:框架的名字,用来进行识别。例如:

```
<iframe src="http://www.baidu.com" width="250" height="200" scrolling="auto"
frameborder="0" name="main"></iframe>
```

嵌入式框架常用于将其他网页的内容导入到自己网页的某个区域,如把天气预报网站的天气导入到自己做的网页的某个区域显示。但某些木马或病毒程序利用 iframe 的这一特点,通过修改网站的网页源代码,在网页尾部添加 iframe 代码,导入其他带病毒的恶意网站的网页,并将 iframe 框架的宽和高都设置为 0,使 iframe 框架看不到。这样用户打开某网站网页的同时,就不知不觉打开了恶意网站的网页,从而感染病毒,这就是所谓的 iframe 挂木马的原理。不过可留意浏览器的状态栏看打开网页时是否提示正在打开某个可疑网站的网址而发现网页被挂木马。

3.11　容器标记*

div 和 span 是不含有任何语义的标记,用来在其中放置任何网页元素,就像一个容器一样,当把文字放入后,文字的格式外观都不会发生任何改变,这样有利于内容和表现分离。应用容器标记的主要作用是通过引入 CSS 属性对容器内的内容进行设置。div 和 span 的唯一区别是 div 是块级元素,span 是行内元素,如图 3-55 所示。

图 3-55　div 元素和 span 元素的区别(利用 CSS 为每个元素添加了背景和边框属性)

可以看出 div 元素作为块级元素会占满整个一行,两个元素间上下排列;而 span 元素的宽度不会自动伸展,以能包含它的内容的最小宽度为准,两个元素之间从左到右依次排列。

需要注意的是 div 并不是层,以前说的层是指通过 CSS 设置成了绝对定位属性的 div 元素,但实际上也可以对其他任何标记的元素设置成绝对定位,此时其他元素也成了"层"。因此层并不对应于任何 HTML 标记,所以 Dreamweaver CS3 去掉了层这一概念,将这些设置成了绝对定位的元素统称为 AP(Absolute Position)元素。

3.12　头部标记 *

我们已经知道,网页由 head 和 body 两部分构成,在网页的 head 部分,除了 title 标记外,还有其他的几个标记,这些标记虽然不常用,但是需要有一定的了解。

1. ＜meta＞标记

meta 是元信息的意思,即描述信息的信息。meta 标记提供网页文档的描述信息等。如描述文档的编码方式、文档的摘要或关键字、文档的刷新,这些都不会显示在网页上。

＜meta＞标记可分为两类,如果它具有 name 属性,表示它的作用是提供页面描述信息,如果它具有 http-equiv 属性,其作用就变成回应给浏览器一些有用的信息,以帮助正确和精确地显示网页内容。下面是几个例子。

(1) 描述文档的编码方式,这可以防止浏览器显示乱码,其中"gb2312"表示简体中文。对于 XHTML 网页来说,这一项是必需的。因此在 DW 8 以上版本新建网页都自动有这样一句。代码如下:

```
<meta http-equiv="Content-Type" content="text/html;charset=gb2312"/>
```

(2) 描述摘要或关键字,网页的摘要、关键字是为了让搜索引擎能对网页内容的主题进行识别和分类。例如:

```
<meta name="Keywords" content="网页设计,学习"/>      <!--设置关键字-->
<meta name="Description" content="学习网页设计的网站"/>   <!--设置摘要-->
```

(3) 设置文档刷新。文档刷新可设置网页经过几秒钟后自动刷新或转到其他 URL。例如:

```
<meta http-equiv="refresh" content="30">    <!--过 30s 后自动刷新-->
<meta http-equiv="refresh" content="5;Url=index.htm">
                                   <!--过 5s 后自动转到 index.htm -->
```

2. ＜link＞标记

＜link＞标记的作用是显示本文档和其他文档之间的连接关系。一个最常见的应用就是链接外部 CSS 文件,例如:

```
<link href="css/style.css" rel="stylesheet" type="text/css"/>
                                            <!--链接了一个 css 文件-->
```

3. <style>标记

<style>标记用来在网页头部嵌入 CSS 代码。例如：

```
<style type="text/css">h1{font-size:12px;}</style>        <!--嵌入了一段 CSS 代码-->
```

4. <script>标记

<script>标记是脚本标记，它用来嵌入脚本语言（如 JavaScript）的代码，或链接一个脚本文件。它既可位于网页 head 部分，也可位于网页 body 部分。例如：

```
<script src="jquery.js" type="text/javascript"></script>
                                            <!--链接了一个外部 js 文件-->
<script type="text/javascript">function msg(){alert("Hello")}</script>
```

5. <base>标记

<base>标记用来指定网页中所有超链接的链接基准。例如：

```
<base href= "news/"/>        <!--使网页中超链接的 URL 地址前都加上这个链接基准-->
<base target= "_blank"/>     <!--使网页中的超链接都默认在新窗口打开-->
```

在 DW 中，选择"插入"→HTML→"文件头标签"命令可快速添加以上这些头部元素，例如，要插入使网页自动刷新或跳转的 meta 元素，可选择子菜单中的"刷新"命令，在弹出的"刷新"对话框中设置就可以了。

习　题　3

3.1　作业题

1. 下列标记不可能具有 align 属性的是(　　)。

　　A. <p>　　　　　　B. <h3>　　　　　　C. <img>　　　　　　D. <strong>

2. HTML 中最大的标题元素是(　　)。

　　A. <head>　　　　B. <title>　　　　　C. <h1>　　　　　　D. <h6>

3. 下列元素不能够相互嵌套使用的是(　　)。

　　A. 表格　　　　　B. 表单 form　　　　C. 列表　　　　　　D. div

4. 下述元素中(　　)都是表格中的元素。

　　A. <table><head><th>　　　　　B. <table><tr><td>

　　C. <table><body><tr>　　　　　D. <table><head><footer>

5. title 元素应该放在(　　)元素中。

　　A. <head>　　　　B. <table>　　　　　C. <body>　　　　　D. <div>

6. 下述(　　)表示 HTML 的网页链接元素。

    A. ＜a name＝"http://www.yahoo.com "＞Yahoo＜/a＞

    B. ＜a＞http://www.yahoo.com＜/a＞

    C. ＜a url＝"http://www.yahoo.com "＞Yahoo＜/a＞

    D. ＜a href＝"http://www.yahoo.com "＞Yahoo＜/a＞

7. 下述(　　)表示图像元素。

    A. ＜img＞image.gif＜/img＞   B. ＜img href＝"image.gif "/＞

    C. ＜img src＝"image.gif "/＞   D. ＜image src＝"image.gif "/＞

8. 要在新窗口打开一个链接指向的网页需用到(　　)。

    A. href＝"_blank "   B. name＝"_blank "

    C. target＝"_blank "   D. href＝"♯blank "

9. align 属性的可取值不包括(　　)。

    A. left   B. center   C. middle   D. right

10. 下述(　　)表示表单控件元素中的下拉列表元素。

    A. ＜select＞   B. ＜input type＝"list"＞

    C. ＜list＞   D. ＜input type＝"options"＞

11. 表单代码中的常见错误不包括(　　)。

    A. 没有 form 标记   B. 一个表单中有多个 form 标记

    C. form 标记嵌套   D. 一个网页中有多个 form 标记

12. colspan 是＿＿＿＿标记的属性,cellpadding 是＿＿＿＿标记的属性,target 是＿＿＿＿标记或＿＿＿＿标记的属性,＜input＞标记必须具有＿＿＿＿和＿＿＿＿属性,＜img＞标记必须具有＿＿＿＿属性,如果作为超链接,＜a＞标记必须具有＿＿＿＿属性。

13. 一个完整的 URL 地址包括哪些内容? 超链接中的绝对路径和相对路径有什么区别?

14. 如果要在一幅图像中创建多个链接,应如何实现?

15. 网页中支持的图像格式有哪些? 它们有什么特点?

16. 简述一个表单至少应由哪几部分组成。

17. 看代码画表格。表格代码如下,请画出其对应的表格。

```
<table width="366" height="128" border="1">
    <tr><td>1</td><td rowspan="2">2</td></tr>
    <tr><td>3</td></tr></table>
```

18. 下面的表单元素代码都有错误,你能指出它们分别错在哪里吗?

① ＜input name="country" value="Your country here."/＞

② ＜checkbox name="color" value="teal"/＞

③ ＜input type="password" value="pwd"/＞

④ ＜textarea name="essay" height="6" width="100">Your story.</textarea＞

⑤ ＜select name="popsicle"＞

```
<option value="orange"/><option value="grape"/><option value="cherry"/>
</select>
```

3.2　上机实践题

1. 用 DW 制作一个个人求职的网页,要求用表格布局,网页中必须包含图像、文本、列表、链接及表格等基本元素。制作完成后,把该网页的源代码在纸上抄写一遍,或者直接在纸上写代码制作该网页,再输入到 DW 代码视图中并在浏览器中进行验证。

2. 分别用普通表格和布局表格制作一个 1-3-1 式布局的网页。

3. 制作一个收集用户注册信息的表单,要求用表格布局。

第4章

CSS

CSS(Cascading Styles Sheets，层叠样式表)是用于控制网页样式并允许将样式信息与网页内容分离的一种标记性语言。HTML 和 CSS 的关系就是"内容"和"形式"的关系，由 HTML 组织网页的结构和内容，而通过 CSS 来决定页面的表现形式。CSS 和 XHTML 都是由 W3C 负责组织和制定的。

由于 HTML 的主要功能是描述网页结构的，所以控制网页外观的能力很差，如无法精确调整文字大小、行间距等，而且不能对多个网页元素进行统一的样式设置，只能一个一个元素地设置。学习 CSS 可实现对网页的外观和排版进行更灵活的控制，使网页更美观。

4.1　CSS 基础

4.1.1　CSS 的语法

CSS 样式表由一系列样式规则组成，浏览器将这些规则应用到相应的元素上，CSS 语言实际上是一种描述 HTML 元素外观（样式）的语言，下面是一条样式规则和描述一个人的特征的规则的对比。

```
h1{                                关羽{
    color: red;                        身高：185cm;
    font-size: 25px;                   体重：95kg;
}                                  }
```

一条 CSS 样式规则由选择器（Selector）和声明（Declarations）组成，如图 4-1 所示。选择器是为了选中网页中某些元素的，也就是告诉浏览器，这段样式将应用到哪组元素。

选择器用来定义 CSS 规则的作用对象，它可以是一个标记名，表示将网页中所有该标记的元素全部选中。图 4-1 中的 h1 选择器就是一个标记选择器，它将网页中所有＜h1＞标记的元素全部选中，而声明则用于定义元素样式。介于花括号{}之间的所有内容都是声明，声明又分为属性（Property）和值（value），属性是 CSS 样式

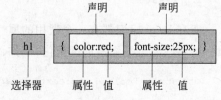

图 4-1　CSS 样式规则的组成（标记选择器）

控制的核心,对于每个 HTML 元素,CSS 都提供了丰富的样式属性,如颜色、大小、背景、盒子、定位等,表 4-1 列出了一些最常用的 CSS 属性。值指属性的值,CSS 属性值可分为数值型值和枚举型值,数值型值一般都要带单位。

表 4-1　最常用的 CSS 属性

CSS 属性	含　义	举　例
font-size	字体大小	font-size:14px;
color	字体颜色(仅能设置字体的颜色)	color:red;
line-height	行高	line-height:160%;
text-decoration	文本修饰(如增删下划线)	text-decoration:none;
text-indent	文本缩进	text-indent:2em;
background-color	背景颜色	background-color:#ffeeaa;

CSS 的属性和值之间用冒号隔开(注意 CSS 属性和值的写法与 HTML 属性的区别)。如果要设置多个属性和值,可以书写多条声明,并且每条声明之间要用分号隔开。对于属性值的书写,有以下规则:

- 如果属性的某个值不是一个单词,则值要用引号引起来,如 p{font-family: "sans serif"};
- 如果一个属性有多个值,则每个值之间要用空格隔开,如 a{padding:6px 4px 3px};
- 如果要为某个属性设置多个候选值,则每个值之间用逗号隔开,如 p{font-family: "Times New Roman",Times,serif};

图 4-1 中的示例为所有<h1>标记的元素定义了样式,文档中所有 h1 元素的文本都将是红色并且是 25 像素大小。

4.1.2　在 HTML 中引入 CSS 的方法

HTML 和 CSS 是两种作用不同的语言,它们同时对一个网页产生作用,因此必须通过一些方法,将 CSS 与 HTML 挂接在一起,才能正常工作。

在 HTML 中,引入 CSS 的方法有行内式、嵌入式、导入式和链接式 4 种。

1. 行内式

所有 html 标记都有一个通用的属性 style,行内式就是将元素的 CSS 规则作为 style 属性的属性值写在元素的标记内,例如:

```
<td style="color: red;text-decoration: underline" width="92%">
```

有时我们需要做测试或对个别元素设置 CSS 属性时,可以使用这种方式,这种方式由于 CSS 规则就在标记内,其作用对象就是该元素。所以不需要指定 CSS 的选择器,只需要书写属性和值。但它没有体现出 CSS 统一设置许多元素样式的优势。

2. 嵌入式

嵌入式将页面中各种元素的 CSS 样式设置集中写在＜style＞和＜/style＞之间，＜style＞标记是专用于引入嵌入式 CSS 的一个 html 标记，它只能放置在文档头部，即＜style＞…＜/style＞只能放置在文档的＜head＞和＜/head＞之间。例如：

```
<head>
<style type="text/css">
    h1{
        color: red;
        font-size: 25px;   }
</style>
</head>
```

对于单一的网页，这种方式很方便。但是对于一个包含很多页面的网站，如果每个页面都以嵌入式的方式设置各自的样式，不仅麻烦，冗余代码多，而且网站每个页面的风格不好统一。因此一个网站通常都是编写一个独立的 CSS 文件，使用以下两种方式之一，引入到网站的所有 HTML 文档中。

3. 链接式和导入式

当样式需要应用于很多页面时，外部样式表（外部 CSS 文件）将是理想的选择。所谓外部样式表就是将 CSS 规则写入到一个单独的文本文件中，并将该文件的后缀名命名为 css。链接式和导入式的目的都是将外部 CSS 文件引入到 HTML 文件中，其优点是可以让很多个网页共享一个 CSS 文件。

我们在学习 CSS 或制作单个网页时，为了方便可采取行内式或嵌入式方法引入 CSS，但若要制作网站则主要应采用链接式引入外部 CSS 文件，以便使网站内的所有网页风格统一。而且在使用外部样式表的情况下，可以通过改变一个外部 CSS 文件来改变整个网站所有页面的外观。

链接式和导入式最大的区别在于链接式使用 HTML 的标记引入外部 CSS 文件，而导入式则使用 CSS 的规则引入外部 CSS 文件，因此它们的语法不同。

链接式是在网页头部通过＜link＞标记引入外部 CSS 文件，格式如下：

```
<link href="style1.css" rel="stylesheet" type="text/css"/>
```

而导入式是通过 CSS 规则中的@import 指令来导入外部 CSS 文件，语法如下：

```
<style type="text/css">
    @import url("style2.css");
</style>
```

此外，这两种方式的显示效果也略有不同。使用链接式时，会在装载页面主体部分之前装载 CSS 文件，这样显示出来的网页从一开始就是带有样式效果的；而使用导入式时，要在整个页面装载完之后再装载 CSS 文件，如果页面文件比较大，则开始装载时会显示无样式的页面。从浏览者的感受来说,这是使用导入式的一个缺陷。

4.1.3　选择器的分类

选择器用于选中文档中要应用样式的那些元素,为了能够灵活地选中文档中的某类或某些元素,CSS 定义了很多种选择器。CSS 的基本选择器包括标记选择器、类选择器、ID 选择器和伪类选择器 4 种。

1. 标记选择器

标记是元素的固有特征,CSS 标记选择器用来声明哪种标记采用哪种 CSS 样式。因此,每一种 HTML 标记的名称都可以作为相应的标记选择器的名称,标记选择器形式如图 4-1 所示,它将拥有该标记的所有元素全部选中。例如:

```
<style type="text/css">
p{                                           /＊标记选择器＊/
    color: blue;
    font-size:18px;   }
</style>
    <p>选择器之标记选择器 1</p>
    <p>选择器之标记选择器 2</p>
    <p>选择器之标记选择器 3</p>
    <h3>h3 则不适用</h3>
```

以上所有三个 p 元素都会应用 p 标记选择器定义的样式,而 h3 元素则不会受到影响。

提示:本书对代码采用了简略写法,书中 CSS 代码主要采用嵌入式方式引入 HTML 文档中。因此,读者只要将代码中＜style＞…＜/style＞部分放置在文档的＜head＞和＜/head＞之间,将其他 HTML 代码放置在＜body＞和＜/body＞之间,就能还原成原始的代码。

2. 类选择器

标记选择器一旦声明,那么页面中所有该标记的元素都会产生相应的变化。例如当声明＜p＞标记为红色时,页面中所有的＜p＞元素都将显示为红色。但是如果希望其中某一些＜p＞元素不是红色,而是蓝色,就需要将这些＜p＞元素自定义为一类,用类选择器来选中它们;或者希望不同标记的元素属于同一类,应用同一样式,如某些＜p＞元素和＜h3＞元素都是蓝色,则可以将这些不同标记的元素定义为同一类,也就是说,标记选择器根据元素的固有特征(标记名)分类,好比人可以根据固有特征肤色分为黄种人、黑种人和白种人,而类选择器是人为地对元素分类,比如人又可以分为教师、医生、公务员等这些社会自定义的类别。

要应用类选择器,首先应使用 HTML 标记的一个通用属性 class 对元素定义类别,只要对不同的元素定义相同的类名,那么这些元素就会被划分为同一类,然后再根据类名定义类选择器来选中该类元素,类选择器以半角".."开头,图 4-2 是一个例子。

```
<style type="text/css">
.one{                                           /*类选择器.one*/
    color: red;                                 /*字体颜色红色*/
}
.two{                                           /*类选择器.two*/
    font-size:20px;                             /*文字大小 20 像素*/
}
</style>
    <p>选择器之标记选择器 1</p>
    <p class="one">应用第一种 class 选择器样式</p>
    <p class="two">应用第二种 class 选择器样式</p>
    <p class="one two">同时应用两种 class 选择器样式</p>
    <h3 class="two">h3 同样适用</h3>
```

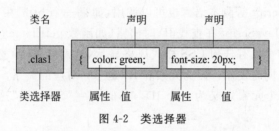

图 4-2　类选择器

以上定义了类别名的元素都会应用相应的类选择器的样式,其中第三行的 p 元素和 h3 元素被定义成了同一类,而第四行通过 class="one two"将同时应用两种类选择器的样式,得到红色 20 像素的大字体,对一个元素定义多个类别是允许的,就好像一个人可能既属于教师又属于作家一样。第一行的 p 元素因未定义类别名而不受影响,仅作为对比时的参考。

3. ID 选择器

ID 选择器的使用方法与类选择器基本相同。不同之处在于一个 ID 选择器只能应用于一个元素,而类选择器可以应用于多个元素。ID 选择器以半角"#"开头,如图 4-3 所示。

```
<style type="text/css">
    #one{
        font-weight:bold;                       /*粗体*/
    }
    #two{
        font-size:30px;                         /*字体大小*/
        color:#009900;                          /*颜色*/
    }
</style>
    <p id="one">ID 选择器 1</p>
    <p id="two">ID 选择器 2</p>
```

```
<p id="two">ID选择器 3</p>
<p id="one two">ID选择器 3</p>
```

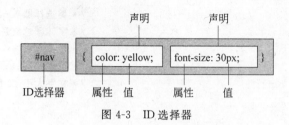

图 4-3　ID 选择器

上例中，第一行应用了＃one 的样式。而第二行和第三行将一个 ID 选择器应用到了两个元素上，显然违反了一个 ID 选择器只能应用在一个元素上的规定，但浏览器却也显示了 CSS 样式风格且没有报错。虽然如此，我们在编写 CSS 代码时，还是应该养成良好的编码习惯，一个 ID 最多只能赋予一个 HTML 元素，因为每个元素定义的 ID 不只是 CSS 可以调用，JavaScript 等脚本语言也可以调用，如果一个 html 中有两个相同 ID 属性的元素，那么将导致 JavaScript 在查找 ID 时出错(如函数 getElementById())。

第四行在浏览器中没有任何 CSS 样式风格显示，这意味着 ID 选择器不支持像类选择器那样的多个类名同时使用。因为元素和 ID 是一一对应的关系，不能为一个元素指定多个 ID，也不能将多个元素定义为一个 ID。类似 id＝"one two"这样的写法是完全错误的。

CSS 大体上是不区分大小写的语言，但对于类名和 ID 名是否区分大小写取决于标记语言是否区分大小写，如果使用 XHTML，那么类名和 ID 名是区分大小写的，如果是 HTML，则不区分大小写。另外，ID 名或类名在命名时应注意第一个字母不能为数字。

4.1.4　CSS 文本修饰

文本的美化是网页美观的一个基本要求。通过 CSS 强大的文本修饰功能，我们可以对文本样式进行更加精细的控制，其功能远比 HTML 中的<font>标记强大。

CSS 中控制文本样式的属性主要有 font-属性类和 text-属性类，再加上修改文本颜色的 color 属性和行高 line-height 属性。DW 中这些属性的设置是放在 CSS 规则定义面板的"类型"和"区块"中的。其中 text-indent 表示首行缩进，在每段开头空两格通常是用 text-indent：2em 来实现，text-decoration：none 表示去掉下划线，line-height：160％表示调整为 1.6 倍行间距。letter-spacing 用于设置字符间的水平间距。下面是一个利用 CSS 文本修饰属性对文章进行排版的例子(4-1.html)，显示效果如图 4-4 所示。

```
<style type="text/css">
    h1{
        font-size: 16px;
        text-align: center;
        letter-spacing: 0.3em;}
    p{
```

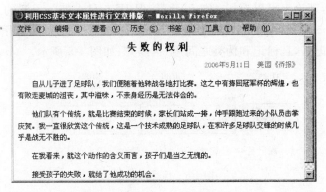

图 4-4　用 CSS 文本属性修饰文本

```
        font-size: 12px;
        line-height: 160% ;
        text-indent: 2em;}
    .source{
        color: #999999;
        text-align: right;}
</style>
    <h1>失败的权利</h1>
<p class="source">2006 年 5 月 11 日　美国《侨报》</p>
<p>自从儿子进了足球队,…,不亲身经历是无法体会的</p>
<p>他们队有个传统,…几乎是战无不胜的</p>
<p>在我看来,…孩子们是当之无愧的</p>
<p>接受孩子的失败,就给了他成功的机会</p>
```

　　由于大部分 HTML 元素的浏览器默认字体大小是 16px,显得过大;行距是单倍行距,显得过窄。因此制作网页文本时很有必要使用 CSS 文本属性对其进行调整,网页中流行的字体大小有 12px 字和 14px 字,这两种字体大小都比较美观。

　　如果要设置的字体属性过多,可以使用字体属性的缩写 font,例如"font：12px/1.6 Arial;"表示 12 像素字体大小,1.6 倍行距,但要同时定义字体和字号才有用,因此这条规则中定义的字体 Arial 是不能省略的。

4.1.5　伪类选择器及其应用

　　伪类(pseudo-class)是用来表示动态事件、状态改变或者是在文档中以其他方法不能轻易实现的情况,例如用户的鼠标悬停或单击某元素。总的来说,伪类可以对目标元素出现某种特殊的状态应用样式。这种状态可以是鼠标停留在某个元素上,或者是访问一个超链接。伪类允许设计者自由指定元素在一种状态下的外观。

1. 常见的伪类选择器

　　常用的伪类有 4 个,分别是：link(链接)、：visited(已访问的链接)、：hover(鼠标悬停状态)和：active(激活状态),其中前面两个称为链接伪类,只能应用于链接(a)元素,后两个称为动态伪类,理论上可以应用于任何元素,但 IE 6 只支持 a 元素的上述伪类。其他的一些伪类如:focus(获得焦点时的状态),因为在 IE 6 中不支持,所以用得较少。伪类选择器必须指定标记名,且标记和伪类之间用":"隔开,如图 4-5 所示。

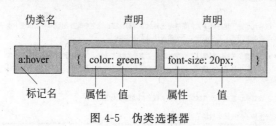

图 4-5 伪类选择器

图 4-5 中的伪类选择器作用是定义所有 a 元素在鼠标悬停(hover)状态下的样式。

2. 伪类选择器的应用——制作动态超链接

在默认情况下,网页中的超链接为统一的蓝色带下划线,被单击过的超链接则为紫色带下划线。显然这种传统的超链接样式看上去过于呆板。

在 HTML 语言中,只能用<a>标记来表示链接元素,没有设置超链接不同状态下样式的属性。但现在大多数网页中的超链接都没有下划线并具有动态效果,如当用户的鼠标滑动到超链接上时,超链接会变色或添加下划线等,以提示用户这里可以点击,这样不仅美观而且对用户更友好。

动态超链接是通过 CSS 伪类选择器实现的,因为伪类可以描述超链接在不同状态下的样式,所以我们通过定义 a 元素的各种伪类具有不同的样式,就能制作出千变万化的动态超链接效果。具体来说,a 标记有 4 种伪类,用来描述链接的 4 种状态,如表 4-2 所示。

表 4-2 超链接<a>标记的 4 个伪类

伪类	作　用
a:link	超链接的普通样式风格,即正常浏览状态时的样式
a:visited	被单击过的超链接的样式风格
a:hover	鼠标指针悬停在超链接上时的样式风格
a:active	当前激活(在鼠标单击与释放之间发生)的样式风格

通过 CSS 伪类,只要分别定义上述 4 个状态(或其中几个)的样式代码,就能实现动态超链接效果,如图 4-6 所示。代码如下:

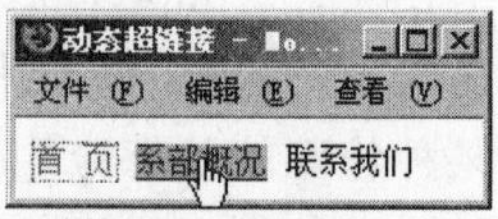

```
<style type="text/css">
a{font-size: 14px;text-decoration: none;}
                          /*设置链接的默认状态*/
a:link{color: #666;}
a:visited{color: #000;}
a:hover{color: #900;text-decoration: underline;background: #9CF;}
a:active{color: #FF3399;}
```

图 4-6 动态超链接

```
</style>
<a href="#">首页</a><a href="#">系部概况</a><a href="#">联系我们</a>
```

上例中分别定义了链接在四种不同的状态下具有不同的颜色,在鼠标悬停时还将添加下划线并改变背景颜色。需要注意的是:

① 链接伪类选择器的书写应遵循 LVHA 的顺序,即 CSS 代码中 4 个选择器出现的顺序应为 a:link→ a:visited→ a:hover→ a:active,若违反这种顺序某些样式可能就不起作用。

② 各种 a 的伪类选择器将继承 a 标记选择器定义的样式。

③ a:link 选择器只能选中具有 href 属性的 a 标记,而 a 选择器能选中所有 a 标记,包括用作锚点的 a 标记。

4.1.6　CSS 的层叠性

CSS 具有两个特性:层叠性和继承性。所谓层叠性是指多个 CSS 选择器的作用范围发生了叠加,比如页面中某些元素同时被多个选择器选中(就好像同一个案例适用于多条法律一样)。层叠性讨论的是当有多个选择器都作用于同一元素时,CSS 如何处理的问题。

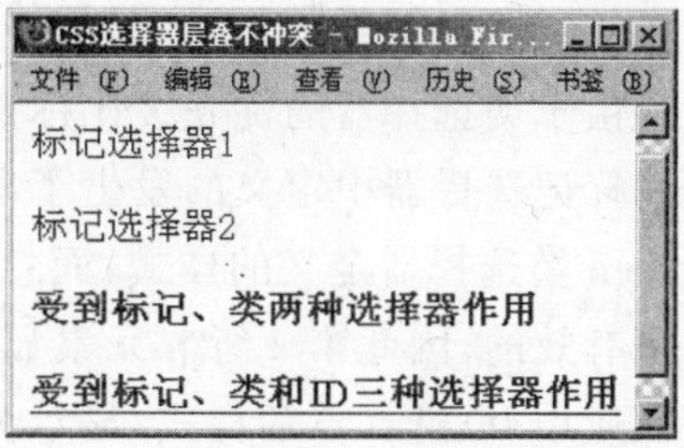

CSS 的处理原则是:

(1) 如果多个选择器定义的规则未发生冲突,则元素将应用所有选择器定义的样式。例如下面代码的显示效果如图 4-7 所示。

图 4-7　选择器层叠不冲突时的样式

```
<style type="text/css">
p{                               /*标记选择器*/
    color:blue;
    font-size:18px;}
.special{                        /*类选择器*/
    font-weight: bold;   }
# underline{                     /*ID 选择器*/
    text-decoration: underline;}  /*有下划线*/
</style>
<p>标记选择器 1</p>
<p>标记选择器 2</p>
<p class="special">受到标记、类两种选择器作用</p>
<p id="underline" class="special">受到标记、类和 ID 三种选择器作用</p>
```

在代码中,所有 p 元素都被标记选择器 p 选中,同时第 3、4 个 p 元素又被类选择器 .special 选中,第 4 个 p 元素还被 ID 选择器 underline 选中,由于这些选择器定义的规则没有发生冲突,所以被多个选择器同时选中的第 3、4 个元素将应用多个选择器定义的样式。

(2) 如果多个选择器定义的规则发生了冲突,则 CSS 按选择器的优先级让元素应用优先级高的选择器定义的样式。CSS 规定选择器的优先级从高到低依次为:

行内样式＞ID 样式＞类别样式＞标记样式

总的原则是：越特殊的样式，优先级越高。下面是一个例子。

```
<style type="text/css">
p{                                    /*标记选择器*/
    color:blue;                       /*蓝色*/
    font-style: italic;               /*斜体*/    }
.green{                               /*类选择器*/
    color:green;                      /*绿色*/    }
.purple{
    color:purple;                     /*紫色*/    }
# red{                                /*ID选择器*/
    color:red;                        /*红色*/    }
</style>
    <p>这是第1行文本</p>                          <!--蓝色,所有行都以斜体显示 -->
    <p class="green">这是第2行文本</p>             <!--绿色 -->
    <p class=" green" id="red">这是第3行文本</p>    <!--红色 -->
    <p id="red" style="color:orange;">这是第4行文本</p>   <!--黄色 -->
    <p class="purple green">这是第5行文本</p>       <!--紫色 -->
```

由于类选择器的优先级比标记选择器的优先级高，而类选择器中定义的文字颜色规则和标记选择器中定义的发生了冲突，因此被两个选择器都选中的第2行p元素将应用.green类选择器定义的样式，而忽略p选择器定义的规则，但p选择器定义的其他规则还是有效的，因此第2行p元素显示为绿色斜体的文字；同理，第3行p元素将按优先级高低应用ID选择器的样式，显示为红色斜体；第4行p元素将应用行内样式，显示为黄色斜体；第5行p元素同时应用了两个类选择器class＝"purple green"，两个选择器的优先级相同，这时会以CSS代码中后定义的选择器（.purple）为准，显示为紫色斜体。

（3）!important关键字。

!important关键字用来强制提升某条声明的重要性。如果在不同选择器中定义的声明发生冲突，而且某条声明后带有!important，则优先级规则为"!important＞行内样式＞ID样式＞类别样式＞标记样式"。对于上例，如果给.green选择器中的声明后添加!important，则第3行和第5行文本都会变为绿色。在任何浏览器中预览都是这种效果。

```
.green{                               /*类选择器*/
    color:green!important;            /*通过!important提升该样式的优先级*/
}
```

如果在同一个选择器中定义了两条相冲突的规则，那么IE 6总是以最后一条为准，不认!important，而Firefox/IE 7＋以定义了!important的为准。

```
#box{
    color:red!important;              /*Firefox/IE 7以这一条为准*/
    color:blue;                       /*IE 6总是以最后一条为准*/
    }
```

!important用法总结：在同一选择器中定义的多条样式发生了冲突，则IE 6会忽略

样式后的!important 关键字,总是以最后定义的一条样式为准;但如果是不同选择器中定义的样式发生冲突,那么所有浏览器都以!important 样式的优先级为最高。

4.1.7 CSS 的继承性

CSS 的继承性是指如果子元素定义的样式没有和父元素定义的样式发生冲突,那么子元素将继承父元素的样式风格,并可以在父元素样式的基础上再加以修改,自己定义新的样式,而子元素的样式风格不会影响父元素。例如下面代码的显示效果如图 4-8 所示。

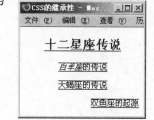

```
<style type="text/css">
body{
    text-align: center;
    font-size: 14px;
    text-decoration: underline;  }
.right{
    text-align: right;   }
p{
    text-decoration:overline;              /* 加上划线 * /}
</style>
    <h2>十二星座传说</h2>
    <p><em>白羊座</em>的传说</p>
    <p>天蝎座的传说</p>
    <p class="right">双鱼座的起源</p>
```

图 4-8   继承关系示意图

说明:

① 本例中 body 标记选择器定义的文本居中,14px 字体、带下划线等属性都被所有子元素(h2 和 p)所继承,因此前三行完全应用了 body 定义的样式,而且 p 元素还把它继承的样式传递给了子元素 em,但第 4 行的 p 元素由于通过".right"类选择器重新定义了右对齐的样式,所以将覆盖父元素 body 的居中对齐,显示为右对齐。

② 由于浏览器对 h2 标题元素预定义了默认样式,该样式覆盖了 h2 元素继承的 body 标记选择器定义的 14px 字体样式,结果显示为 h2 元素的字体大小,粗体。可见,继承的样式比元素的浏览器默认样式的优先级还要低。如果要使 h2 元素显示为 14px 大小,需要对该元素直接定义字体大小以覆盖浏览器默认样式。

CSS 的继承贯穿整个 CSS 设计的始终,每个标记都遵循着 CSS 继承的概念。可以利用这种巧妙的继承关系,大大缩减代码的编写量,并提高可读性,尤其在页面内容很多且关系复杂的情况下。例如,如果网页中大部分文字的字体大小都是 12px,我们可以对 body 或 td(若网页用表格布局)标记定义字体样式为 12 像素。这样由于其他标记都是 body 的子标记,会继承这一样式,就不需要对这么多的子标记分别定义样式了,有些特殊的地方,如果字体大小要求是 14px,我们可以再利用类选择器或 ID 选择器对它们单独定义。

HTML 中元素的继承关系可以用图 4-9 所示的文档对象模型(DOM)来描述。

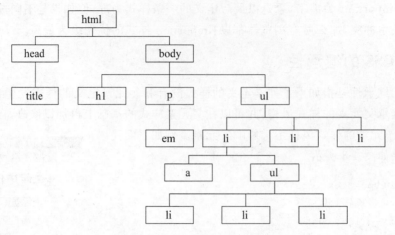

图 4-9 文档对象模型(DOM)图

注意：并不是所有的 CSS 属性都具有继承性，一般是 CSS 的文本属性具有继承性，而其他属性(如背景属性、布局属性等)则不具有继承性。

具有继承性的属性大致有 color、font-(以 font 开头的属性)、text-indent、text-align、text-decoration、line-height、letter-spacing、border-collapse 等。

无继承性的属性有 text-decoration:none，以及所有背景属性，所有盒子属性(边框、边界、填充)、布局属性(如 float)等。要注意的是，text-decoration 属性设置为 none 时不具有继承性，而设置为其他值时又具有继承性。

4.1.8 选择器的组合

每个选择器都有它的作用范围，前面介绍的基本选择器，它们的作用范围都是一个单独的集合，如标记选择器的作用范围是具有该标记的所有元素的集合，类选择器的作用范围是自定义的一类元素集合，有时我们希望对几种选择器的作用范围取交集、并集、子集以选中需要的元素，这时就要用到复合选择器了，它是通过对几种基本选择器的组合，实现更强、更方便的选择功能。

复合选择器就是两个或多个基本选择器通过不同方式组合而成的选择器。主要有交集选择器、并集选择器和后代选择器。

1. 交集选择器

交集选择器是由两个选择器直接连接构成，其结果是选中两者各自作用范围的交集。其中第一个必须是标记选择器，第二个必须是类选择器或 ID 选择器。例如：h1.clas1；p #intro。这两个选择器之间不能有空格。形式如图 4-10 所示。

交集选择器将选中同时满足前后二者定义的元素，也就是前者定义的标记类型，并且指定了后者的类别或 ID 的元素。它的作用范围如图 4-11 所示。

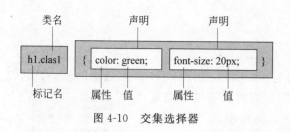

图 4-10　交集选择器

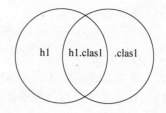

图 4-11　交集选择器的作用范围

下面的代码演示了交集选择器的作用。

```
<style type="text/css">
p{
    color: blue;   }
.special{
    color: green;   }
p.special{
    color: red;   }
</style>
<p>普通段落文本</p>                                        <!--蓝色-->
<h3>普通 h3 标题文本</h3>
<p class="special">指定了 special 类别的段落文本</p>       <!--红色-->
<h3 class="special">指定了 special 类别的 h3 标题</h3>      <!--绿色-->
```

上例中 p 标记选择器选中了第一、三行文本;.special 类选择器选中了第三、四行文本,p.special 选择器选中了第三行文本,是两者的交集,用于对段落文本中的第三行进行特殊的控制。因此第三行文本显示为红色,第一行显示为蓝色,第四行显示为绿色。第二行不受这些选择器的影响,仅作对比。

2. 并集选择器

所谓并集选择器就是对多个选择器进行集体声明,多个选择器之间用","隔开,其中每个选择器都可以是任何类型的选择器。如果某些选择器定义的样式完全相同,或者部分相同,就可以用并集选择器同时声明这些选择器完全相同或部分相同的样式。其选择范围如图 4-12 所示。

下面的代码演示了并集选择器的作用。

```
<style type="text/css">
    h1,h2,h3,p{
    font-size: 12px;
    background-color:#fcd;}
    h2.special,.special,#one{
    text-decoration: underline;   }
</style>
    <h1>示例文字 h1</h1>
    <h2 class="special">示例文字 h2</h2>
```

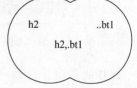

图 4-12　并集选择器示意图

```
<h3>示例文字 h3</h3>
<h4 id="one">示例文字 h4</h4>
<p class="special">示例段落 p</p>
```

代码中首先通过集体声明 h1,h2,h3,p 的样式,使 h1,h2,h3,p 选中的第一、二、三、五行的元素都变为紫色,12 像素大小,然后再对需要特殊设置的第二、四、五行添加下划线。效果如图 4-13 所示。

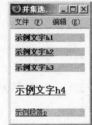

图 4-13　并集选择器示例

3. 后代选择器

在 CSS 选择器中,还可以通过嵌套的方式,对内层的元素进行控制。例如当<b>元素被包含在<a>元素中时,就可以使用后代选择器 a b{…}选中出现在 a 元素中的 b 元素。后代选择器的写法是把外层的标记写在前面,内层的标记写在后面,之间用空格隔开,下面的代码演示了后代选择器的作用。

```
<style type="text/css">
a{
    font-size: 16px;
    color: red;}
a b{
    color: mediumpurple;}
</style
<b>这是 b 标记中的文字</b><br/>
<a href="#">这是<b>a 标记中的 b<span>标记</span></b></a>
```

其中 a 元素被标记选择器 a 选中,显示为 16 像素红色字体;而 a 元素中的 b 元素被后代选择器 a b 选中,颜色被重新定义为淡紫色;第一行的 b 元素未被任何选择器选中。效果如图 4-14 所示。由此可见,后代选择器 a b{…}的选择范围如图 4-15 所示。

图 4-14　后代选择器示例

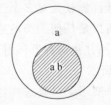

图 4-15　后代选择器的选择范围

同其他 CSS 选择器一样,后代选择器定义的样式同样也能被其子元素继承。例如在上例中,b 元素内又包含了 span 元素,那么 span 元素也将显示为淡紫色。这说明子元素(span)继承了父元素(a b)的颜色样式。

后代选择器的使用非常广泛,实际上不仅标记选择器可以用这种方式组合,类选择器和 ID 选择器也都可以进行嵌套,而且后代选择器还能够进行多层嵌套。例如:

```
.special b{color: red}                    /* 应用了类 special 的元素里面包含的<b> */
```

```
#menu li{padding:0 6px;}                    /*ID为menu的元素里面包含的<li>*/
td.top .ban1 strong{font-size:16px;}        /*多层嵌套,同样适用*/
#menu a:hover b                             /*ID为menu的元素里的a:hover伪类里包含的<b>*/
```

提示：选择器的嵌套在 CSS 的编写中可以大大减少对 class 或 ID 的定义。因为在构建 HTML 框架时通常只需给父元素定义 class 或 ID,子元素能通过后代选择器表示的则利用这种方式,而不需要再定义新的 class 或 ID。

4. 复合选择器的优先级

复合选择器的优先级比组成它的单个选择器的优先级都要高。我们知道基本选择器的优先级是"ID 选择器>类选择器>标记选择器",所以不妨设 ID 选择器的优先级权重是 100,类选择器的优先级权重是 10,标记选择器的优先级权重是 1,那么复合选择器的优先级就是组成它的各个选择器权重值的和。例如:

```
h1{color:red;}                              /*权重=1*/
p em{color:blue;}                           /*权重=2*/
.warning{color:yellow;}                     /*权重=10*/
p.note em.dark{color:gray;}                 /*权重=22*/
#main{color:black;}                         /*权重=100*/
```

当权重值一样时,会采用"层叠原则",一般后定义的会被应用。

下面是复合选择器优先级计算的一个例子。

```
<style type="text/css">
  #aa ul li{color:red  }
  .aa{color:blue  }
</style>
<div id="aa">
  <ul><li class="aa">
    CSS常见问题之<em class="aa">复合选择器</em>的优先级
    </li>
  </ul></div>
```

对于<li>标记中的内容,它同时被"#aa ul li"和".aa"两个选择器选中,由于#aa ul li 的优先级为 102,而.aa 的优先级为 10,所以 li 中的内容将应用#aa ul li 定义的规则,文字为红色,如果希望文字为蓝色,可提高.aa 的特殊性,将其改写成"#aa ul li.aa"。

另外,代码中 em 元素内的文字颜色为蓝色,因为直接作用于 em 元素的选择器只有".aa",虽然 em 也会继承"#aa ul li"选择器的样式,但是继承的样式优先级最低,会被类选择器".aa"定义的样式所覆盖。

所以综合来说,元素应用 CSS 样式的优先级如图 4-16 所示。

其中,浏览器对标记预定义的样式是指对于某些 HTML 标记,浏览器预先对其定义了默认的 CSS 样式,如果用户没重新定义样式,那么浏览器将按其定义的默认样式显示,常见的标记在标准浏览器(如 Firefox)中默认样式如下:

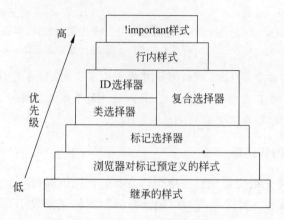

图 4-16　CSS 样式的优先级

```
body{margin: 8px;line-height: 1.12em}
h1{font-size: 2em;margin: .67em 0}
h2{font-size: 1.5em;margin: .75em 0}
h3{font-size: 1.17em;margin: .83em 0}
h4,p,blockquote,ul,fieldset,form,ol,dl,dir,menu{margin: 1.12em 0}
h5{font-size: .83em;margin: 1.5em 0}
h6{font-size: .75em;margin: 1.67em 0}
h1,h2,h3,h4,h5,h6,b,strong{font-weight: bolder}
blockquote{margin-left: 40px;margin-right: 40px}
pre{white-space: pre}
```

有些元素的预定义(默认)的样式在不同的浏览器中区别很大,例如 ul、ol 和 dd 等列表元素,IE 中的默认样式是 ul,ol,dd{margin-left:40px;}。

而 Firefox 中的默认样式定义为 ul,ol,dd{padding-left:40px;}。

因此,要清除列表的默认样式,一般可以设置:

```
ul,ol,dd{
    list-style-type:none;              /*  清除列表项目符号 */
    margin:0;                          /*  清除 IE 左缩进    */
    padding:0;                         /*  清除非 IE 左缩进   */  }
```

5. 复合选择器名称的分解

对于下面的 HTML 代码:

```
<div id="cont">
    <h3>栏目标题</h3>
    <p>栏目的内容…</p>
</div>
```

如果只想让这个 div 元素中的<h3>和<p>标记中的文字都变成红色,下面哪种写法是正确的呢?

```
① #cont h3,p{           ② #cont h3,#cont p{
     color:red;               color:red;
   }                        }
```

这实际上是一个复合选择器名称分解的问题,如果一个复合选择器名称中同时包含有逗号","和空格" "等符号,那么分解的原则是:先逗号,接着空格。所以上面的例子中第二种写法是正确的。第一种写法中的选择器将分解为"♯cont h3"和"p",所以不对。

更复杂的选择器分解也应遵循这个原则,例如:

```
#menu a.class:hover b,.special b.class{…}
```

可分解为"♯menu a.class:hover b"和".special b.class"两个选择器。

接下来找这些选择器中的空格,可发现第一个是三层的后代选择器,在该后代选择器的中间是一个定义了类名"class"的 a 标记的伪类选择器。

4.1.9　CSS 2.1 新增加的选择器简介

上面介绍的一些基本选择器和复合选择器都是 CSS 1.0 中就已具有的选择器,它们几乎被目前所有的浏览器所支持。CSS 2.1 标准在 1.0 的基础上增加了一些新的选择器,这些选择器不能被 IE 6 浏览器支持,但是其他浏览器如 IE 7、Firefox3、Safari 4 等均对它们提供支持,考虑到目前越来越多的计算机安装了 IE 7 等新型浏览器,预计 IE 6 将在一两年内被淘汰,因此我们有必要知道这些新选择器,它们能给 CSS 设计带来方便,而且对我们以后学习 jQuery 的选择器是很有帮助的。

1. 子选择器

子选择器用于选中元素的直接后代(即儿子),它的定义符号是大于号(>),例如:

```
body>p{
    color: green;  }
<body>
    <p>这一段文字是绿色</p>
    <div><p>这一段文字不是绿色</p></div>
    <p>这一段文字是绿色</p>
</body>
```

只有第一个和第三个段落的文字会变绿色,因为它们是 body 元素的直接后代,所以被选中。而第二个 p 元素是 body 的间接后代,不会被选中,如果把(body>p)改为后代选择器(body p),那么三个段落都会被选中。这就是子选择器和后代选择器的区别。后代选择器选中任何后代。

2. 相邻选择器

相邻(adjacent-sibling)选择器是另一个有趣的选择器,它的定义符号是加号(+),相

邻选择器将选中紧跟在它后面的一个兄弟元素(这两个元素具有共同的父元素)。例如:

```
h2+p{
    color: red;  }
<h2>下面哪些文字是红色的呢</h2>
<p>这一段文字是红色</p>
<p>这一段文字不是红色</p>
<h2>下面有文字是红色的吗</h2>
<div><p>这一段文字不是红色</p></div>        <!--div中的p和h2不同级,不会被选中-->
<p>这一段文字不是红色</p>                    <!--没有紧跟在h2后,不会被选中-->
<h2>下面哪些文字是红色的呢</h2>
这一段文字不是红色
<p>这一段文字是红色</p>
<p>这一段文字不是的</p>
```

第一个段落标记紧跟在h2之后,因此会被选中,在最后一个h2元素后,尽管紧接的是一段文字。但那些文字不属于任何标记,因此紧随这些文字之后的第一个p元素也会被选中。

如果希望紧跟在h2后面的任何元素都变成红色,可使用如下方法:

```
h2+ * {
color: red;  }
```

那么第二个h2后的div元素也会被选中。

3. 属性选择器

引入属性选择器后,CSS变得更加复杂、准确、功能强大。属性选择器主要有三种形式,分别是匹配属性、匹配属性和值、匹配属性和值的一部分。属性选择器的定义方式是将属性和值写在方括号([ ])内。

(1) 匹配属性

属性选择器选中具有某个指定属性的元素,例如:

```
a[name]    {color:purple;}              /*选中具有name属性的a元素*/
img[border]{border-color:gray;}         /*选中具有border属性的img元素*/
[special]  {color:red;}                 /*选中具有special属性的任何元素*/
```

这些情况下,每个元素的具体属性值并不重要,只要给定属性在元素中出现,元素便匹配该属性选择器,还可给元素自定义一个它没有的属性名,如(<h2 special="">…</h2>),那么这个h2元素会被[special]属性选择器选中,这时属性选择器就相当于类或ID选择器的作用了。

(2) 匹配属性和值

属性选择器也可根据元素具有的属性和值来匹配,例如:

```
a[href="http://www.hynu.cn"]{color:yellow;}   /*选中指向www.hynu.cn的链接*/
input[type="submit"]{background:purple;}        /*选中表单中的提交按钮*/
```

```
img[alt="Sony Logo"][class="pic"]{margin:20px;}          /*同时匹配两个属性和值*/
```

这样,用属性选择器就能很容易地选中某个特定的元素,而不用为这个特定的元素定义一个 ID 或类,再用 ID 或类选择器去匹配它了。

(3) 匹配单个属性值

如果一个属性的属性值有多个,每个属性值用空格分开,那么就可以用匹配单个属性值的属性选择器来选中它们了。它是在等号前加了一个波浪符(~)。例如:

```
[special~="wo"]{color: red;}
<h2 special="wo shi">文字是红色</h2>
```

由于对一个元素可指定多个类名,匹配单个属性值的选择器就可以选中具有某个类名的元素,这才是它的主要用途。例如:

```
h2[class~="two"]{color: red;}
<h2 class="one two three">文字是红色</h2>
```

4. 新增加的伪类选择器

在 IE 6 中,只支持 a 标记的 4 个伪类,即 a:link、a:visited、a:hover 和 a:active,其中前两个称为链接伪类,后两个是动态伪类。在 CSS 2.0 规范中,任何元素都支持动态伪类,所以像 li:hover、img:hover、div:hover 和 p:hover 这些伪类是合法的,它们都能被 IE 7 和 Firefox 等浏览器支持。

下面介绍两种新增加的伪类选择器,它们是:focus 和:first-child。

(1):focus

:focus 用于定义元素获得焦点时的样式。例如,对于一个表单来说,当光标移动到某个文本框内时(通常是单击了该文本框或使用 Tab 键切换到了这个文本框上),这个 input 元素就获得了焦点。因此,可以通过 input:focus 伪类选中它,改变它的背景色,使它突出显示,代码如下:

```
input:focus{background: yellow;}
```

对于不支持:focus 伪类的 IE 6 浏览器,要模拟这种效果,只能使用两个事件结合 JavaScript 代码来模拟,它们是 onfocus(获得焦点)和 onblur(失去焦点)事件。

(2):first-child

:first-child 伪类选择器用于匹配它的父元素的第一个子元素,也就是说这个元素是它父元素的第一个儿子,而不管它的父元素是哪个。例如:

```
p:first-child{  font-weight: bold;  }
<body>
<p>这一段文字是粗体</p>                        <!--第1行,被选中-->
<h2>下面哪些文字是粗体的呢</h2>
<p>这一段文字不是粗体</p>
<h2>下面哪些文字是粗体的呢</h2>
<div><p>这一段文字是粗体</p>                    <!--第5行,被选中-->
```

```
<p>这一段文字不是粗体</p></div>
<div>下面哪些文字是粗体的呢
这一段文字不是
<p>这一段文字是粗体</p>                    <!--第9行,被选中-->
<p>这一段文字不是的</p></div>
</body>
```

这段文字共有三行会以粗体显示。第 1 行 p 是其父元素 body 的第一个儿子,被选中;第 5 行 p 是父元素 div 的第一个儿子,被选中;第 9 行 p 也是父元素 div 的第一个儿子,也被选中,尽管它前面还有一些文字,但那不是元素。

5. 伪对象选择器

在 CSS 中伪对象选择器主要有:first-letter、:first-line、before 和:after。但 IE 6 不支持。之所以称:first-letter 和:first-line 是伪对象,是因为它们在效果上使文档中产生了一个临时的元素,这是应用"虚构标记"的一个典型实例。

（1）:first-letter

:first-letter 用于选中元素内容的首字符。例如:

```
p:first-letter{font-size:2em;float:left;}
```

它可以选中段落 p 中的第一个字母或中文字符。

（2）:first-line

:first-line 用于选中元素中的首行文本。例如:

```
p:first-line{font-weight:bold;letter-spacing:0.3em;}
```

它将选中每个段落的首行。不管其显示的区域是宽还是窄,样式都会准确地应用于首行。如果段落的首行只包含 5 个汉字,则只有这 5 个汉字变大。如果首行包含 30 个汉字,那么所有 30 个汉字都会变大。

下面是一个 p 元素的代码,如果使它同时应用上面的 p:first-letter 选择器和 p:first-line 选择器定义的样式,则效果如图 4-17 所示。

图 4-17　:first-letter 和:first-line 的应用

```
<p>春天来临,又到了播种耕种的季节,新皇后将炒熟了的麦子,发送给全国不知情的农夫。已经熟透了的麦子,无论怎样浇水、施肥,当然都无法发出芽来。</p>
```

注意:可供:first-line 使用的 CSS 属性有一些限制,它只能使用字体、文本和背景属性,不能使用盒子模型属性(如边框、背景)和布局属性。

（3）:before 和:after

:before 和:after 两个伪对象必须配合 content 属性使用才有意义。它们的作用是在指定的元素内产生一个新的行内元素,该行内元素的内容是由 content 属性里的内容决定的。例如下面代码的效果如图 4-18 所示。

```
<style>
p:before,p:after{content: "--";color:red;}</style>
<p>看这一段文字的左右</p>
<p>这一段文字左右</p>
```

可以看到通过产生内容属性，p 元素的左边和右边都添加了一个新的行内元素，它们的内容是"--"，并且设置伪元素内容的样式红色。

还可以将 :before 和 :after 伪元素转化为块级元素显示，例如将上述选择器修改为：

```
p:before,p:after{content: "--";color:red;display:block;}
```

则显示效果如图 4-19 所示。

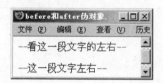
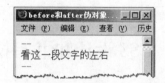

图 4-18 用 :before 和 :after 配合 content 添加伪元素   图 4-19 设置伪元素为块级元素显示的效果

利用 :after 产生的伪元素，可以用来做清除浮动的元素，即对浮动盒子的父元素设置 :after 产生一个伪元素，用这个伪元素来清除浮动，这样就不需要在浮动元素后添加一个空元素也能实现浮动盒子被父元素包含的效果。具体请参考 4.6.3 节。

6. CSS 2.1 选择器总结

下面将常用的 CSS 2.1 选择器罗列在表 4-3 中，请读者掌握它们的用法。

表 4-3 CSS 2.1 常用的选择器

选择器名称	选择器示例	作 用 范 围
通配选择符	*	所有的元素
标记选择器	div	所有 div 标记的元素
后代选择器	div *	div 标记中所有的子元素
	div span	包含在 div 标记中的 span 元素
	div .class	包含在 div 标记中类名属性为 class 的元素
并集选择器	div,span	div 元素和 span 元素
子选择器 *	div＞span	如果 span 元素是 div 元素的直接后代，则选中 span 元素
相邻选择器 *	div＋span	如果 span 元素紧跟在 div 元素后，则选中 span 元素
类选择器	.class	所有类名属性为 class 的元素
交集选择器	div.class	所有类名属性为 class 的 div 元素

续表

选择器名称	选择器示例	作 用 范 围
ID 选择器	♯itemid	ID 名为 itemid 的唯一元素
	div♯itemid	ID 名为 itemid 的唯一 div 元素
属性选择器 *	a[attr]	具有 attr 属性的 a 元素
	a[attr='x']	具有 attr 属性并且值为 x 的 a 元素
	a[attr~='x']	具有 attr 属性并且值的字符中含有'x'的 a 元素
伪类选择器	a:hover	所有在 hover 状态下的 a 元素
	a.class:hover	所有在 hover 状态下具有 class 类名的 a 元素
伪对象选择器 *	div:first-letter	选中 div 元素中的第一个字符

4.2　CSS 设计和书写技巧 *

4.2.1　CSS 样式的总体设计原则

（1）定义标记选择器最省事。它无须在元素的标记里添加 class 或 ID 属性,因此初学者最喜欢定义标记选择器或由标记选择器组成的后代选择器。但有些标记在网页文档的各部分出现的含义不同,从而样式风格往往也不相同,例如网页中普通的文字链接和导航链接的样式就不同。由于导航条内的 a 元素通常要求和文档其他地方的 a 元素样式不同,那么当然可以将导航条内的各个 a 标记都定义为同一个类,但这样导航条内的各个 a 标记都得添加一个 class 属性,class="nav"要重复写很多遍。

```
<div>
    <a class="nav" href="#">首页</a>
    <a class="nav" href="#">中心简介</a>…
    <a class="nav" href="#">技术支持</a></div>
```

实际上,可以为导航条内 a 标记的父标记(如 ul)添加一个 ID 属性(nav),然后用后代选择器(♯nav a)就可以选中导航条内的各个 a 标记了。这时 HTML 结构代码中的 id="nav"就只要写一次了,显然这样代码更简洁。

```
<div id="nav">
    <a href="#">首页</a>
    <a href="#">中心简介</a>…
    <a href="#">技术支持</a></div>
```

（2）对于几个不同的选择器,如果它们有一些共同的样式声明,就可以先用并集选择器对它们进行集体声明,然后再单独定义某些选择器的特殊样式以覆盖前面的样式。如:

```
h2,h3,h4,p,form,ul{margin:0;font-size:14px;}
h2{font-size:24px;}
```

4.2.2　DW 对 CSS 的可视化编辑支持

1. 新建和编辑 CSS 样式

DW 对 CSS 的建立和编辑有很好的支持，对 CSS 的所有操作都集中在"CSS 样式"面板中，单击"新建 CSS 规则"（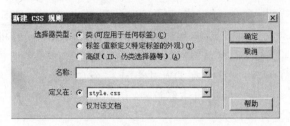），就会弹出如图 4-20 所示的对话框。

图 4-20　新建 CSS 选择器

其中，"选择器类型"中的"类"对应类选择器，"标签"对应标记选择器，"高级"对应除此之外的所有其他选择器（如 ID 选择器、伪类选择器和各种复合选择器）。确定选择器类型后，就可以在"名称"组合框中输入或选择选择器的名称（要注意符合选择器的命名规范，即类选择器必须以点开头，ID 选择器必须以♯开头），"定义在"的上一项表示将 CSS代码写在外部 CSS 文件中，并通过链接式引入该 CSS 文档；下一项"仅对该文档"表示用嵌入式引入 CSS，即 CSS 代码作为＜style＞标记的内容写在文档头部。

定义好选择器后，单击"确定"按钮，就会弹出该选择器的 CSS 属性面板，所有选择器的 CSS 属性面板都是相同的，如图 4-21 所示。

对面板中任何一项进行赋值后，都等价于往该选择器中添加一条声明，如下划线设置为"无"，就相当于在代码视图内为该选择器添加了一条"text-decoration：none；"。

设置完样式属性后，单击"应用"按钮，可以在设计视图中看到应用的样式，也可单击"确定"按钮，将关闭规则定义面板并应用样式。这时在图 4-22 所示的"CSS 样式"面板中将出现刚才新建的 CSS 选择器名称和其属性。

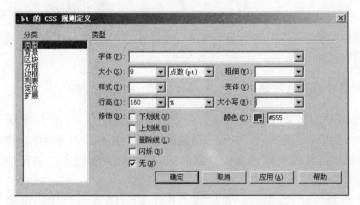

图 4-21　CSS 规则定义面板

图 4-22　CSS 样式面板

如果新建的是一个外部样式表,则会在"CSS样式"面板中出现外部样式表的文件名,单击其左侧的加号按钮,可显示该CSS文件具有的选择器。

2. 将嵌入式 CSS 转换为外部 CSS 文件

方法一:如果 HTML 文档头部已经用<style>标记添加了一段嵌入式 CSS 代码,我们可以将这段代码导出成一个 CSS 文件供多个 HTML 文档引用。方法是选择"文本"→"CSS样式"→"导出"命令,就可将该段 CSS 代码导出成一个 CSS 的文件。导出后可将此文档中的<style>标记部分删除,然后再单击"附加样式表"(🖼),将刚才导出的 CSS 文件引入,引入的方法可选择"链接"或"导入"命令,分别对应链接式 CSS 或导入式 CSS。

方法二:直接复制 CSS 代码。在 DW 中新建一个 CSS 文件,将<style>标记中的所有样式规则(不包括<style>标记和注释符)剪切到 CSS 文档中,然后再单击"附加样式表"(🖼)将这个 CSS 文件链接入。

3. DW 对 CSS 样式的代码提示功能

DW 对 CSS 同样具有很好的代码提示功能。在代码视图中编写 CSS 代码时,按Enter 键或空格键都可以触发代码提示。

编辑 CSS 代码时,在一条声明书写结束的地方按 Enter 键,就会弹出该选择器拥有的所有 CSS 属性列表供选择,如图 4-23 所示。当在属性列表框中已选定某个 CSS 属性后,又会立刻弹出属性值列表框供选择,如图 4-24 所示。如果属性值是颜色,则会弹出颜色选取框,如果属性值是 URL,则会弹出文件选择框。

图 4-23　按 Enter 键后提示属性名称

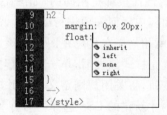

图 4-24　选择名称后提示属性值

如果要修改某个 CSS 属性的值,只需把属性值删除掉,然后在冒号后敲一个空格,就又会弹出如图 4-24 所示的属性值列表框来。

4. 在代码视图中快速新建和修改选择器

在代码视图中,如果将光标移动到某个标记的标记范围内(尖括号内),如图 4-25 所示。再单击图 4-22 中 CSS 样式面板中的"新建"按钮🔁,则在弹出的图 4-26 所示的"新建CSS 规则"面板中,会自动为光标位置的元素建立选择器名,这样可免去我们手工书写该CSS 选择器的名称的工作。

如果要修改某个 CSS 选择器的样式,则可将光标置于这个 CSS 选择器的代码范围内,再单击图 4-22 所示"CSS 样式"面板中的"编辑样式"按钮🖋,就会弹出该选择器的规则定义面板供修改。

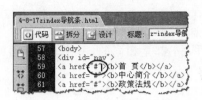

图 4-25　将光标置于标记范围内　　　图 4-26　新建选择器时会自动出现光标位置的元素

4.3　CSS 属性的值和单位 *

值是对属性的具体描述，而单位是值的基础。没有单位，浏览器将不知道一个边框是 10 厘米还是 10 像素。CSS 中较复杂的值和单位有颜色取值和长度单位。

注意：HTML 属性的值一般不要写单位，这是因为 HTML 属性的取值可用的单位只有像素或百分比。

1. 颜色的值

CSS 中定义颜色的值可使用命名颜色、RGB 颜色和十六进制颜色三种方法。

（1）命名颜色

例如：p{color：red;}

其中"red"就是命名颜色，能够被 CSS 识别的颜色名大约有 140 种。常见的颜色名如 red、yellow、blue、silver、teal、white、navy、orchid、oliver、purple、green 等。

（2）RGB 颜色

显示器的成像原理是红（Red）、绿（Green）、蓝（Blue）三色光的叠加形成各种各样的色彩。因此，通过设定 RGB 三色的值来描述颜色是最直接的方法。格式如下：

```
td{color: rgb(139,31,185);}
td{color: rgb(12%,201,50%);}
```

其值可以是 0～255 的整数，也可以是 0％～100％的百分数，但 Firefox 浏览器并不支持百分数值。

（3）十六进制颜色

十六进制颜色的使用最普遍，其原理同样是 RGB 色，不过将 RGB 颜色的数值转换成了十六进制的数字，并用更加简单的方式写出来——＃RRGGBB，如＃ffcc33。

其参数取值范围为：00～FF（对应十进制仍为 0～255），如果每个参数各自在两位上的数值相同，那么该值也可缩写成＃RGB 的方式。例如，＃ffcc33 可以缩写为＃fc3。

2. CSS 长度单位

为了正确显示网页中的元素，许多 CSS 属性都依赖于长度。所有长度都可以为正数或者负数加上一个单位来表示，而长度单位大致可分为三类：绝对单位、相对单位和百分比。

（1）绝对单位

绝对单位很简单，包括英寸（in）、厘米（cm）、毫米（mm）、点（pt）和 pica（pc）。

使用绝对单位定义的长度在任何显示器中显示的大小都是相同的，不管该显示器的分辨率或尺寸是多少。如 font-size:9pt，则该文字总是 9 点大小。

（2）相对单位

顾名思义，相对单位的长短取决于某个参照物，如屏幕的分辨率、字体高度等。

有 3 种相对长度单位，元素的字体高度（em）、字母 x 的高度（ex）和像素（px）。

① em 就是元素原来给定的字体 font-size 的值，如果元素原来给定的 font-size 值是 14px，那么 1em 就是 14px。

② ex 是以字体中小写 x 字母为基准的单位，不同的字体有不同的 x 高度，因此即使 font-size 相同而字体不同的话，1ex 的高度也会不同。

③ 像素 px 是指显示器按分辨率分割得到的小点。显示器由于分辨率或大小不同，像素点的大小是不同的，所以像素也是相对单位。

（3）百分比

百分比显得非常简单，也可看成是一个相对量。如：

```
td{font-size:12px;line-height: 160%;}      /* 设定行高为字体高度的 160% */
hr{width: 80%}                             /* 水平线宽度相对其父元素宽度为 80% */
```

4.4　浏览器的私有 CSS 属性*

各种浏览器除了支持 CSS 标准中定义的通用 CSS 属性外，有些浏览器厂商还为自己的浏览器设计了一些私有的 CSS 属性，特别是 IE 浏览器，定义了很多私有 CSS 属性。常见的 IE 支持的私有 CSS 属性如表 4-4 所示。

表 4-4　IE 浏览器支持的私有 CSS 属性

CSS 属性	功　　能	举　　例
zoom	放大或缩小 HTML 元素	img{zoom:3}
scrollbar-face-color	改变滚动条的颜色	html{scrollbar-face-color:red;}
filter	滤镜属性，可以美化网页元素	img{filter:gray}
behavior	行为属性，例如实现将网页加入收藏夹等功能	

其中，滤镜（filter）属性就是微软为增强浏览器功能而整合在 IE 中的一类功能的集合。因为它不符合 CSS 标准，所以滤镜效果只能被 IE 浏览器支持，Firefox 等其他浏览器均不支持。但其他浏览器中也有些类似滤镜的私有属性能实现和某些滤镜属性相似的效果。

1. 滤镜的语法格式

滤镜属性和其他 CSS 属性的书写方法相似，语法格式为：filter：滤镜名（若干个参数)。

IE 浏览器支持 16 种 CSS 滤镜属性值,根据滤镜是否需要参数,滤镜可分为无参滤镜和有参滤镜两类。

2. 无参滤镜举例

使用滤镜属性(filter:gray)可以使图像变成黑白的,下面的代码将 img 元素变成黑白的,当鼠标滑过时,去掉该滤镜属性,使图像恢复成彩色,并改变边框颜色。

```
<style type="text/css">
img{
    border: 1px solid #fff;  padding: 6px;
    filter: gray;                              /* 使图像变黑白 */}
a:hover img{                                   /* IE 6实现动态变色 */
    border: 1px solid #666;
    filter:;                                   /* 使图像恢复彩色 */}
</style>
<a href="#"><img src="images/works.jpg" border="0"/></a>
```

提示:gray 滤镜只能使图像变黑白,要使网页整体变黑白需要使用如下代码:

```
html{filter:progid:DXImageTransform.Microsoft.BasicImage(grayscale=1);}
```

3. 有参滤镜应用举例

Alpha 滤镜可以设置对象的不透明度,它是最常用的一个滤镜。因为很多非 IE 浏览器也支持另一个设置不透明度的属性,它是 CSS 3 中的 opacity 属性,综合利用这些设置不透明度的属性就可以在所有浏览器中实现元素透明的效果。例如:

```
div.transp{                       /* 使这个div元素呈现半透明效果 */
    opacity: 0.6;                 /* Firefox,Safari(WebKit),Opera)支持 */
    filter: "alpha(opacity=60)";  /* IE 8支持 */
    filter: alpha(opacity=60);    /* IE 6、IE 7支持 */   }
```

4.5 盒子模型及标准流下的定位

在网页的布局和页面元素的表现方面,要掌握的最重要的概念是 CSS 的盒子模型(Box Model)以及盒子在浏览器中的排列(定位),这些概念控制元素在页面上的排列和显示方式,形成 CSS 的基本布局。

设想有 4 幅镶嵌在画框中的画,如图 4-27 所示。我们可以把这 4 幅画可以看成是 4 个 img 元素,那么 img 元素中的内容就是画框中的画,画(内容)和边框之间的距离称为盒子的填充或内边距(padding),画的边框称为盒子的边框(border),画的边框周围还有一层边界(margin),用来控制元素盒子与其他元素盒子之间的距离。

图 4-27　画框示意图

4.5.1　盒子模型基础

通过对画框中的画进行抽象,就得到一个抽象的模型——盒子模型,如图 4-28 所示。盒子模型是 CSS 的基石之一,它指定元素如何显示以及(在某种程度上)如何相互交互,页面上的每个元素都被浏览器看成是一个矩形的盒子,这个盒子由元素的内容、填充、边框和边界组成。网页就是由许多个盒子通过不同的排列方式(上下排列、并列排列、嵌套)堆积而成的。

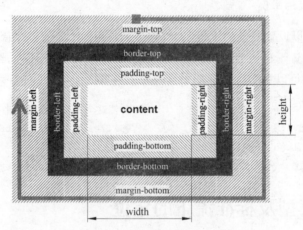

图 4-28　盒子模型及有关属性

1. 盒子模型的属性和计算

盒子的概念是非常容易理解的,但是如果要精确地利用盒子排版,有时候 1 像素都不能够差,这就需要非常精确地理解盒子的计算方法。盒子模型的填充、边框、边界宽度都可以通过相应的属性分别设置上、右、下、左四个距离的值,内容区域的宽度可通过 width 和 height 属性设置,增加填充、边框和边界不会影响内容区域的尺寸,但会增加盒子的总尺寸。

　　因此一个元素盒子的实际宽度＝左边界＋左边框＋左填充＋内容宽度＋右填充＋右边框＋右边界。例如有 div 元素的 CSS 样式定义如下：

```
div{
    background: #9cf;
    margin: 20px;
    border: 10px solid #039;
    padding: 40px;
    width: 200px;  }
```

　　则其总宽度为：20＋10＋40＋200＋40＋10＋20＝340(px)。

　　由于默认情况下绝大多数元素的盒子边界、边框和填充宽度都是 0，盒子的背景是透明的，所以在不设置 CSS 样式的情况下看不到元素的盒子。

　　通过 CSS 重新定义元素样式，我们可以分别设置盒子的 margin、padding 和 border 的宽度值，还可以设置盒子边框和背景的颜色，巧妙设置从而美化网页元素。

2. 边框 border 属性

　　盒子模型的 margin 和 padding 属性比较简单，只能设置宽度值，最多分别对上、右、下、左设置宽度值。而边框 border 则可以设置宽度、颜色和样式。border 属性主要有三个子属性，分别是 border-width(宽度)、border-color(颜色)和 border-style(样式)。在设置 border 时常常需要将这 3 个属性结合起来才能达到良好的效果。

　　这里重点讲解 border-style 属性，它可以将边框设置为实线(solid)、虚线(dashed)、点画线(dotted)、双线(double)等。效果如图 4-29 所示。

　　各种样式边框的显示效果在 IE 和 Firefox 中略有区别。对于 groove、inset、outset 和 ridge 这四种值，IE 都不支持。下面是图 4-29 对应的代码。

图 4-29　边框样式(border-style 属性)
的不同取值的效果

```
<style type="text/css">
div{
    border:6px black;
    margin:6px;
    padding:6px;  }
</style>
<div style="border-style:solid">The border-style of solid.</div>
<div style="border-style:dashed">The border-style of dashed.</div>
<div style="border-style:dotted">The border-style of dotted.</div>
<div style="border-style:double">The border-style of double.</div>
```

　　实际上，边框 border 属性有个有趣的特点，即两条交汇的边框之间是一个斜角，我们可以通过为边框设置不同的颜色，再利用这个斜角，制作出像三角形一样的效果。例如

图 4-30 中,第一个元素将四条边框设置为不同的颜色,并设置为 10 像素宽,此时可明显地看到边框交汇处的斜角;第二个元素在第一个元素基础上将元素的内容设置为空,这时由于没有内容,四条边框紧挨在一起,形成四个三角形的效果。第三个元素和第四个元素的内容也为空,第三个元素将左边框设置为白色,下边框设置为红色(当然也可设置上边框为白色,右边框为红色,效果一样)。第四个元素将左右边框设置为白色,下边框设置为红色,并且左右边框宽度是下边框的一半。

图 4-30 四个元素的边框样式

用代码实现这些效果时,还必须将元素设置为以块级元素显示等,这些在制作缺角的导航条一节中再详细讨论。

3. 填充 padding 属性

填充 padding 属性,也称为盒子的内边距。就是盒子边框到内容之间的距离,和表格的填充属性(cellpadding)比较相似。如果填充属性为 0,则盒子的边框会紧挨着内容,这样通常不美观。

当对盒子设置了背景颜色或背景图像后,那么背景会覆盖 padding 和内容组成的范围,并且默认情况下背景图像是以 padding 的左上角为基准点在盒子中平铺的。

4. 盒子模型属性缩写技巧

CSS 缩写是指将多条 CSS 属性集合写到一行中的编写方式,通过对盒子模型属性的缩写可大大减少 CSS 代码,使代码更清晰,主要的缩写方式有:

(1)盒子边界、填充或边框宽度的缩写

① 对于盒子 margin、padding 和 border-width 的宽度值,如果只写一个值,则表示它四周的宽度相等,例如 p{margin: 0px}。

如果给出了 2 个、3 个或者 4 个属性值,它们的含义将有所区别,具体含义如下:

② 如果给出 2 个属性值,前者表示上下边距的宽度,后者表示左右边框的宽度。

③ 如果给出 3 个属性值,前者表示上边距的宽度,中间的数值表示左右边框的宽度,后者表示下边距的宽度。

④ 如果给出 4 个属性值,依次表示上、右、下、左边距的宽度,即按顺时针排序。

(2)边框 border 属性的缩写

边框 border 是一个复杂的对象,它可以设置四条边的不同宽度、不同颜色以及不同样式,所以 border 对象提供的缩写形式也更为丰富。不仅可以对整个对象进行缩写,也可以对单个边进行缩写。对于整个对象的缩写形式如下:

```
border: border-width|border-style|border-color
```

例如：

```
div{border: 1px solid blue;            /*边框为1像素蓝色实线*/   }
```

代码中 div 对象将被设置成 4 个边均为 1px 宽度、实线、蓝色边框的样式。

如果要为 4 个边定义不同的样式，则可以这样缩写：

```
p{border-width:1px 2px 3px 4px;                              /*上 右 下 左*/
    border-color:white blue red;                            /*上 左右 下*/
    border-style: solid dashed;                             /*上下 左右*/
}
```

有时，还需要对某一条边的某个属性进行单独设置，例如仅希望设置右边框的颜色为红色，可以写成：

```
border-right-color:red;
```

类似地，如果希望设置上边框的宽度为 4 像素，可以写成：

```
border-top-width:4px;
```

提示：当有多条规则作用于同一个边框时，会产生冲突，后面的设置会覆盖前面的设置。

5. 盒子模型其他需注意的问题

关于盒子模型，还有以下几点需要注意：

(1) 边界 margin 值可为负，填充 padding 值不可为负。

(2) 如果盒子中没有内容（即空元素，如<div></div>），对它设置的宽度或高度为百分比单位（如 width:30%），而且没有设置 border、padding 或 margin 值，则盒子不会被显示，也不会占据空间，但是如果对空元素的盒子设置的宽或高是像素值的话，盒子会按照指定的像素值大小显示。

(3) 对于 IE 6 浏览器，如果网页头部没有定义文档类型声明（DOCTYPE），那么 IE 6 将进入怪异（quirk）模式，此时盒子的宽度 width 或高度 height 等于原来的宽度或高度再加上填充值和边框值。因此，在使用了盒子模型属性后一定要有文档类型声明。

6. 各种元素盒子模型属性的浏览器默认值

所谓浏览器的默认样式就是指不设置任何 CSS 样式的情况下浏览器对元素样式的定义，例如，对于标题元素，浏览器默认会以粗体的形式显示，我们对元素定义 CSS 样式实际上就是覆盖浏览器对元素默认的样式定义。各种元素的浏览器的默认样式如下：

① 绝大多数 html 元素的 margin、padding 和 border 属性浏览器默认值为 0。

② 有少数 html 元素的 margin 和 padding 浏览器默认值不为 0。主要有 body、h1～h6、p、ul、li、form 等，因此有时必须重新定义它们的这些属性值为 0。

③ 表单中大部分 input 元素（如文本框、按钮）的边框属性默认不为 0，有时可以对 input 元素边框值进行重新定义达到美化表单中文本框和按钮的目的。

4.5.2　盒子模型的应用

学习了盒子模型以后，我们可以为网页中的任何元素添加填充、边框和背景等效果，只要运用得当，能很方便地美化网页。下面以美化表单和制作特殊效果表格来展示盒子模型的运用技巧。

1. 美化表单

网页中的表单控件在默认情况下背景都是灰色的，文本框边框是粗线条带立体感的，不够美观。下列代码（4-2.html）通过 CSS 改变表单的边框样式、颜色和背景颜色让文本框、按钮等变得漂亮些。效果如图 4-31 所示。

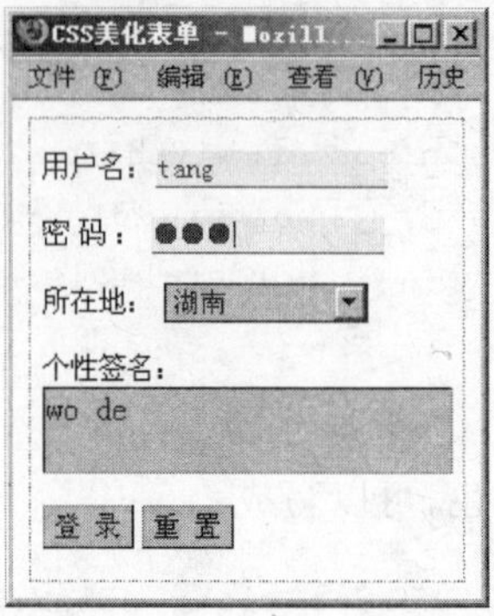

图 4-31　CSS 美化表单效果

```
<style type="text/css">
form{
    border: 1px dotted #999;              /*设置 form元素边框为点线*/
    padding: 1px 6px;
    margin: 0;                            /*清除 form元素的默认边界值*/
    font:14px Arial;}
input{
    color: #00008B;                       /*对所有 input 标记设置统一的文本颜色*/}
input.txt{                                /*文本框单独设置*/
    background-color: #fee;
    border:none;                          /*先清除文本框的边框*/
    border-bottom: 1px solid #266980;    /*设置文本框下边框的样式*/
    color: #1D5061;}
input.btn{                                /*按钮单独设置*/
    color: #00008B;
    background-color: #ADD8E6;
    border: 1px outset #00008B;
    padding: 3px 2px 1px;
}
select{                                   /*设置下拉框样式*/
    width: 100px;
    color: #00008B;
    background-color: #ADD8E6;
    border: 1px solid #00008B;
}
textarea{                                 /*设置多行文本域样式*/
    width: 200px;
    height: 40px;
    color: #00008B;
    background-color: #ADD8E6;
    border: 1px inset #00008B;  }
```

```
</style>
<form action="" method="post">
  <p>用户名：<input class="txt" type="text" name="comments" size=15/></p>
  <p>密码：<input class="txt" name="passwd" type="password" size="15"/></p>
  <p>所在地：<select name="addr">
          <option value="1">湖南</option>
          <option value="2">广东</option>
          <option value="3">江苏</option>
          <option value="4">四川</option></select></p>
    <p>个性签名：<br/><textarea name="sign" cols="20" rows="4"></textarea></p>
  <p><input class="btn" type="submit" value="登 录"/>
    <input class="btn" type="reset" value="重 置"/></p>
</form>
```

在上述代码中，使用"input.txt"选中了类名为 txt 文本框，对于支持属性选择器的浏览器来说，还可以使用 input[type="text"]来选中文本框，这样就不需要添加类名。可以看到，美化表单主要就是重新定义表单元素的边框和背景色等属性，对于 Firefox 来说还可以为表单元素定义背景图像（background-image），但 IE 不支持。

2. 制作 1 像素带虚线边框表格

通过 CSS 盒子模型的边框属性可以很容易地制作出如图 4-32 所示的 1 像素虚线边框的表格。方法是首先在把表格的 HTML 边框属性设置为 0，然后给表格 table 用 CSS 添加 1 像素的实线边框，再给第一行的单元格 td 用 CSS 添加虚线的下边框。为了让单元格的虚线和边框和表格的边框不交合，设置表格的间距（cellspacing）不为 0 即可。代码如下：

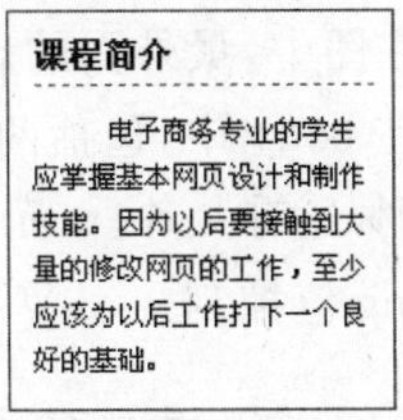

> **课程简介**
> 　　电子商务专业的学生
> 应掌握基本网页设计和制作
> 技能。因为以后要接触到大
> 量的修改网页的工作，至少
> 应该为以后工作打下一个良
> 好的基础。

图 4-32　CSS 虚线边框表格

```
<style type="text/css">
table{
    border: 1px solid #03F;  }
td.title{
    border-bottom: 1px dashed #06f;  }
</style>
<table width="168" border="0" cellpadding="3" cellspacing="8">
  <tr><td class="title">课程简介</td></tr>
  <tr><td class="test">电子商务专业……</td></tr>
</table>
```

4.5.3　盒子在标准流下的定位原则

1. 标准流的定义

CSS 中有三种基本的定位机制，即标准流（normal flow）、浮动和定位属性下的定位。

除非设置浮动属性或定位属性,否则所有盒子都是在标准流中定位。

顾名思义,标准流中元素盒子的位置由元素在 HTML 中的位置决定。也就是说行内元素的盒子在同一行中水平排列;块级元素的盒子占据一整行,从上到下一个接一个排列;盒子可以按照 HTML 元素的嵌套方式包含其子元素的盒子,盒子与盒子之间的距离由 margin 和 padding 决定。我们插入一个 html 元素也就是往浏览器中插入了一个盒子。例如,下列代码中有一些行内元素和块级元素,其中块级元素 p 还嵌套在 div 块内。下面采用 ＊ 选择器让网页中所有元素显示"盒子",效果如图 4-33 所示。

```
<html><head>
<style type="text/css">
＊{border: 2px dashed #FF0066;
    padding: 6px;
    margin: 2px;}
body{border: 3px solid blue;}
a{border: 3px dotted blue;}
</style></head>
<body>
<div>网页的 banner(块级元素)</div>
<a href="#">行内元素 1</a><a href="#">行内 2</a><a href="#">行内 3</a>
<div>这是无名块<p>这是盒子中的盒子</p></div></body></html>
```

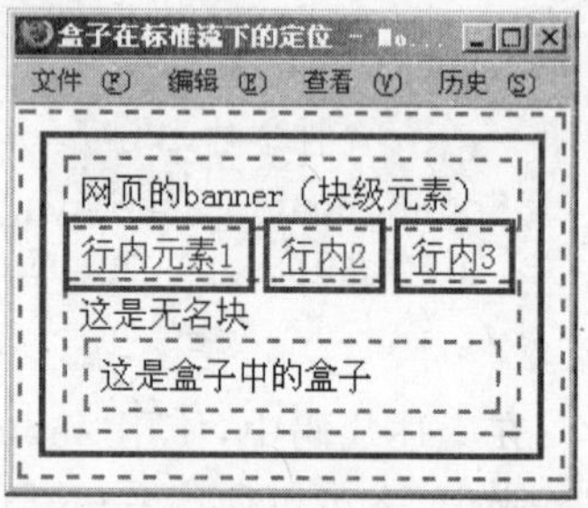

图 4-33　盒子在标准流下的定位

在图中,最外面的虚线框是 html 元素的盒子,里面的一个实线框是 body 元素的盒子。在 body 中,包括两个块级元素(div)从上到下排列,和三个行内元素(a)从左到右并列排列,还有一个 p 元素盒子嵌套在 div 盒子中,所有盒子之间的距离由 margin 和 padding 值控制。

2. 行内元素的盒子

行内元素的盒子永远只能在浏览器中得到一行高度的空间(行高由 line-height 属性决定,如果没设置该属性,则是内容的默认高度),如果给它设置上下 border、margin、padding 等值,导致其盒子的高度超过行高,那么盒子上下部分将和其他元素的盒子重叠,如图 4-33 所示。

图 4-34　增大 a 元素的高度后效果

从图 4-34 可以看出,当增加 a 元素的边框和填充值时,行内元素 a 占据的浏览器高度并没有增加,下面这个 div 块仍然在原来的位置,导致行内元素盒子的上下部分和其他元素的盒子发生重叠(在 Firefox 中它将遮盖住其他盒子,在 IE6 中它将被其他盒子所遮盖),而左右部分不会受影响。因此,不推荐对行内元素直接设置盒子属性,一般先设置行内元素以块级元素显示,再对它设置盒子属性。

3. display 属性

实际上,标准流中的元素可通过 display 属性来改
变元素是以行内元素显示还是以块级元素显示,或不显示。display 属性的常用取值
如下:

```
display: block|inline|none|list-item
```

display 设置为 block 表示为以块级元素显示,设置为 inline 表示以行内元素显示,将
display 设置为其他两项的作用如下:

(1) 隐藏元素(display:none;)。

当某个元素被设置成(display:none;)之后,浏览器会完全忽略掉这个元素,该元素
将不会被显示,也不会占据文档中的位置。像 title 元素默认就是此类型。在制作下拉菜
单、Tab 面板时就需要用 display:none 把未激活的菜单或面板隐藏起来。

提示:使用 visibility:hidden 也可以隐藏元素,但元素仍然会占据文档中原来的
位置。

(2) 列表项元素(display:list-item;)。

在 html 中只有 li 元素默认是此类型,将元素设置为列表项元素并设置它的列表样式
后元素左边将增加列表图标(如小黑点)。

修改元素的 display 属性一般有以下用途:

- 让一个 inline 元素从新行开始(display:block;)。
- 控制 inline 元素的宽度和高度(对导航条特别有用,display:block;)。
- 无须设定宽度即可为一个块级元素设定与文字同宽的背景色(display:inline;)。

4. 上下 margin 合并问题

上下 margin 合并是指当两个块级元素上下排列时,它们之间的边界(margin)将发生
合并,也就是说两个盒子边框之间的距离等于这两个盒子 margin 值的较大者。如图 4-35
所示,浏览器中两个块级元素将会由于 margin 合并按右图方式显示。

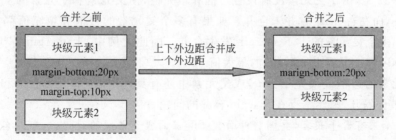

图 4-35　上下 margin 合并

元素上下 margin 合并的一个例子是由几个段落(p 元素)组成的典型文本页面,第一
个 p 元素上面的空白等于段落 p 和段落 p 之间的空白宽度。这说明了段落之间的上下
margin 发生了合并,从而使段落各处的距离相等了。

5. 父子元素空白边叠加问题

当一个元素包含在其父元素中时,若父元素的边框和填充为 0,此时父元素和子元素的 margin 挨在一起,那么父元素的上下 margin 会和子元素的上下 margin 发生合并,但是左右 margin 不会发生合并现象,如图 4-36 所示。

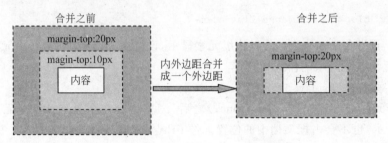

图 4-36　父子元素空白边合并

下面的代码是一个上下 margin 合并的例子,它的显示效果如图 4-37 所示。

```
<style type="text/css">
#inner{
    margin: 30px;
    height: 50px;    width: 200px;
    background-color: #99CCFF;
    border: 1px solid #FF0000;    }
#outer{
    margin: 20px;            /* 父元素只设置了边界,没设置边框和填充 */    }
body{   margin: 10px;}
</style>
<body>
    <div id="outer"><div id="inner">此处显示   id "inner" 的内容</div></div>
</body>
```

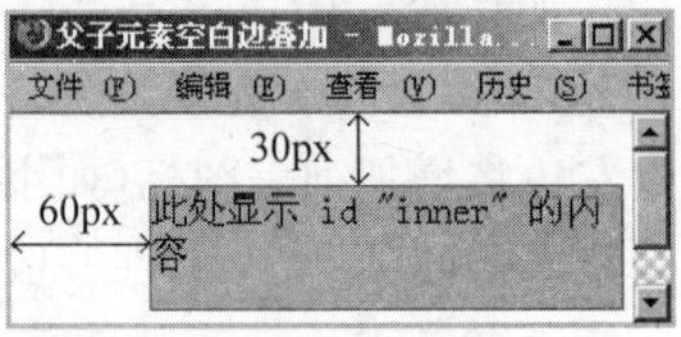

图 4-37　父子元素上下空白边叠加图

在图 4-37 中,由于父元素没有设置边框和填充值,使父元素和子元素的上下 margin 发生了合并,而左右 margin 并未合并。如果有多个父元素的边框和填充值都为 0,那么子元素会和多个父元素的上下 margin 发生合并。因此上例中,上 margin 等于 #inner、#outer、body 三个元素上 margin 的最大值 30px。

若父元素的边框或填充不为 0,或父元素中还有其他内容,那么父元素和子元素的 margin 会被分隔开,因此不存在 margin 合并的问题。

经验:如果有盒子嵌套,要调整外面盒子和里面盒子之间的距离,一般用外面盒子的 padding 来调整,不要用里面盒子的 margin,这样可以避免父子元素上下 margin 合并现象发生。

6. 左右 margin 不会合并

元素的左右 margin 等于相邻两边的 margin 之和,不会发生合并,如图 4-38 所示。

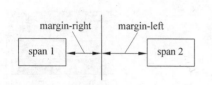

图 4-38　行内元素的左右 margin 不会合并　　图 4-39　设置父元素和子元素高度后在 IE(左)和
　　　　　　　　　　　　　　　　　　　　　　　　　Firefox(右)中的显示效果

7. 嵌套盒子在 IE 和 Firefox 中的不同显示

当一个块级元素包含在另一个块级元素中时,若对父块设置高度,但父块的高度不足以容纳子块时,IE 将使父块的高度自动伸展,达到能容纳子块的最小高度为止。而 Firefox 对父块和子块均以定义的高度为准,父块高度不会伸展,任其子块露在外面,子块高度也不会压缩。效果如图 4-39 所示,其对应的代码如下。

```
#outer #inner{
    background-color: #90baff;
    margin: 8px;    padding:10px;
    height:60px;
    font-size:24px;    font-weight:bold;
    border: 1px dashed red;  }
#outer{
    border: 1px solid #333;
    padding: 6px;
    height:50px;
    background-color: #ff9;  }
</style>
<div id="outer">
  <div id="inner">标准流中的嵌套盒子</div>
</div>
```

从这里可以看出,Firefox 对元素的高度解释严格按照我们设定的高度执行,而 IE 对元素高度的设定有点自作主张的味道,它总是使标准流中子元素的盒子包含在父元素盒子当中。从 CSS 标准规范来说,IE 这种处理方式是不符合规范的,它这种方式本应该由 min-height(最小高度)属性来承担。

提示：CSS2 规范中有 4 个相关属性即 min-height、max-height、min-width、max-width,分别用于设置最大、最小高度和宽度,IE 6 不支持这四个属性,而 IE 7、Firefox 等浏览器都能很好地支持它们。

8. 标准流下定位的应用——制作竖直导航菜单

利用盒子模型及其在标准流中的定位方式,就可以制作出无须表格的竖直菜单,原理是通过将 a 元素设置为块级元素显示,并设置它的宽度,再添加填充、边框和边距等属性实现的。当鼠标滑过时改变它的背景和文字颜色以实现动态交互。代码如下,效果如图 4-40 所示。

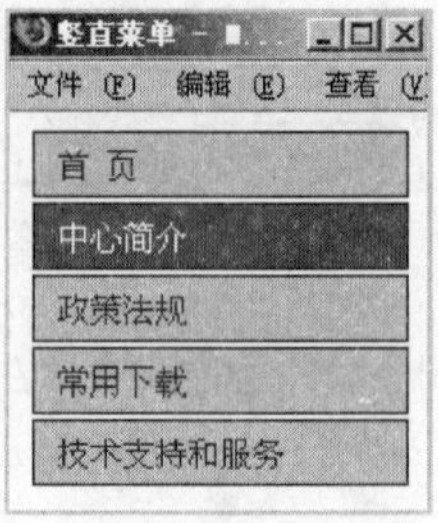

```
#nav a{
    font-size: 14px;    color: #333;
    text-decoration: none;
    background-color: #ccc;
    display: block;
    width:140px;
    padding: 6px 10px 4px;
    border: 1px solid black;
    margin: 2px;    }
#nav a:hover{
    color: White;
    background-color: #666;    }
<div id="nav">
    <a href="#">首页</a><a href="#">中心简介</a>
    <a href="#">政策法规</a><a href="#">常用下载</a>
    <a href="#">为您服务</a><a href="#">技术支持和服务</a>
</div>
```

图 4-40   竖直导航菜单

4.6   背景的控制

背景(background)是网页中常用的一种表现方法,无论是背景颜色还是背景图片,只要灵活运用都能为网页带来丰富的视觉效果。

4.6.1   CSS 的背景属性

很多 HTML 元素(如 table、td)都具有 bgcolor 和 backgroud 属性,可以用来设置背景颜色和背景图片,但形式比较单一。对背景图片的设定,只支持在 X 轴和 Y 轴都平铺的方式。因此,如果同时设置了背景颜色和背景图片,而背景图片又不透明,那么背景颜色将被背景图片完全挡住,只显示背景图片。

而 CSS 对元素的背景设置,则提供了更多的途径,如背景图片既可以平铺也可以不平铺,还可以在 X 轴平铺或在 Y 轴平铺,当背景图片不平铺时,并不会完全挡住背景颜色,因此有时可以同时设置背景颜色和背景图片达到希望的效果。

CSS 的背景属性是 backgroud 或以 backgroud 开头,表 4-5 列出了 CSS 的背景属性及其可能的取值。

background 属性是所有背景属性的缩写形式,5 种背景属性的缩写顺序为:

background: background-color ‖ background-image ‖ background-repeat ‖ background-attachment ‖ background-position

表 4-5　CSS 的背景属性及其取值

属　性	描　述	可　用　值
background	设置背景的所有控制选项,是其他所有背景属性的缩写	其他背景属性可用值的集合
background-color	设置背景颜色	命名颜色、十六进制颜色等
background-image	设置背景图片	url(URL)
background-repeat	设置背景图片的平铺方式	repeat、repeat-x、repeat-y、no-repeat
background-attachment	设置背景图片是固定还是随内容滚动	scroll、fixed
background-position	设置背景图片显示的起始位置(第一个值为水平位置,第二个值为竖直位置)	[left|center|right] [top|center|bottom] 或 [x%] [y%] 或 [x-pos] [y-pos]

例如:

```
body{background:silver url(images/bg5.jpg) repeat-x fixed 50%50%;}
```

可以省略其中一个或多个属性值,如省略,该属性将使用浏览器默认值,默认值为:

* background-color: transparent　　　　　　/* 背景颜色透明 */
* background-image: none　　　　　　　　/* 无背景图片 */
* background-repeat: repeat　　　　　　　/* 背景默认完全平铺 */
* background-attachment: scroll　　　　　/* 随内容滚动 */
* background-position: 0% 0%　　　　　　/* 从左上角开始定位 */

说明:

① background-repeat 属性值可设置为不平铺(no-repeat)、水平平铺(repeat-x)、垂直平铺(repeat-y)和完全平铺(repeat),其中 repeat-x 和 repeat-y 的效果如图 4-41 所示。

② background-position(背景定位)属性值单位中百分数和像素的意义不同,使用百分数定位时,是将背景图片的百分比位置和元素盒子的百分比位置对齐。例如:

```
<div style="width:100px;height:100px;background:url(hua.gif) no-repeat 50%33%;">
</div>
```

就表示将背景图片的水平 50% 处和 div 盒子的水平 50% 处对齐,竖直方向 33% 处和盒子的竖直方向 33% 处对齐。这样背景图片将位于盒子的水平中央(相当于设置为 center),垂直方向约 1/3 处。而如果设置为像素则表示相对于盒子的左边缘或上边缘(边框内侧)偏移指定的距离。图 4-42 对这两种属性值单位进行了对比。

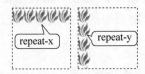
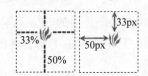

图 4-41　背景水平平铺和垂直平铺的效果　　　图 4-42　背景定位属性取值单位不同的效果

background-position 的取值还可设置为负数,当背景图像比盒子还大时,设置为负数可以让盒子不显示背景图像的左边部分或上边部分的图案。

背景的所有这些属性都可以在 DW 的 CSS 面板的"背景"选项面板中设置,它们之间的对应关系如图 4-43 所示。

4.6.2　背景的基本运用技术

1. 同时运用背景颜色和背景图片

在一些网页中,网页的背景从上到下由深颜色逐渐过渡到浅颜色,由于网页的高度通常不好估计,所以无法只用一幅背景图片来实现这种渐变背景。这时可以对 body 元素同时设置背景颜色和背景图片,在网页的上部采用类似图 4-44 这样很窄的渐变图片水平平铺作为上方的背景,再用一种和图片底部颜色相同的颜色作为网页背景色,这样就实现了很自然的渐变效果,而且无论页面有多高。

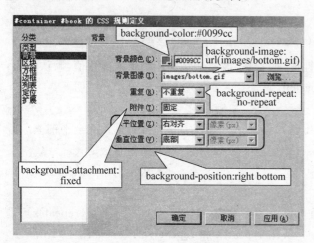

图 4-43　DW 中的背景设置面板　　　　图 4-44　制作网页背景渐变的顶部图片

制作的方法是在 CSS 中设置 body 标记的背景颜色和背景图片,并把背景图片设置为横向平铺就可以实现渐变背景了。CSS 代码如下:

```
body{background:#666 url(images/body_bg.gif) repeat-x;}
```

2. 控制背景在盒子中的位置及是否平铺

在 HTML 中,背景图像只能平铺。而在 CSS 中,背景图像能做到精确定位,允许不平铺,这时效果就像普通的 img 元素一样。例如图 4-45 网页中的茶杯图像就是用让背景图片不平铺并且定位于右下角实现的。实现的代码如下:

```
body{background: #F7F2DF url(cha.jpg) no-repeat right bottom;}
```

如果希望背景图片始终位于浏览器的右下角,不会随网页的滚动而滚动,则可以将

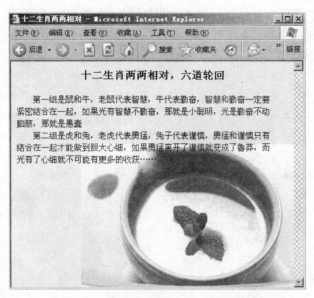

图 4-45　背景图片定位在右下角且不平铺

background-attachment 属性设置为 fixed,代码如下:

```
body{background: #f7f2df url(cha.jpg)no-repeat fixed right bottom;}
```

利用背景图像不平铺的方法还可以改变列表的项目符号。虽然使用列表元素 ul 的 CSS 属性 list-style-image:url(arrow. gif)可以将列表项前面的小黑点改变成自定义的小图片,但无法调整小图片和列表文字之间的距离。

要解决这个问题,可以将小图片设置成 li 元素的背景,不平铺,且居左,为防止文字遮住图片,将 li 元素的左 padding 设置成 20px,这样就可通过调整左 padding 的值实现精确调整列表小图片和文字之间距离的目的了,代码如下,效果如图 4-46 所示。

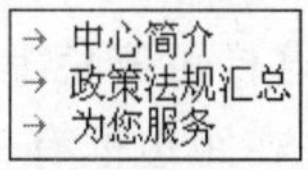

图 4-46　用图片自定义项目符号

```
ul{
    list-style-type:none;}
li{
background:url(arrow.gif) no-repeat 0px 3px;        /* 距左边 0px,距上边 3px */
padding-left:20px;   }
```

有了背景的精确定位能力,完全可以使列表项的符号出现在 li 元素中的任意位置上。

3. 多个元素背景的叠加

背景图片的叠加是很重要的 CSS 技术。当两个元素是嵌套关系时,那么里面元素盒子的背景将覆盖在外面元素盒子背景之上,利用这一点,再结合对背景图片位置的控制,可以将几个元素的背景图像巧妙地叠加起来。下面以 4 图像可变宽度圆角栏目框的制作来介绍多个元素背景叠加的技巧。

制作可变宽度的圆角栏目框需要 4 个圆角图片,当圆角框制作好之后,无论怎样改变栏目框的高度或宽度圆角框都能根据内容自动适应。

由于需要四个圆角图片做可变宽度的圆角栏目框,而一个元素的盒子只能放一张背景图片,所以必须准备四个盒子把这四张圆角图片分别作为它们的背景,考虑到栏目框内容的语义问题,这里选择 div、h3、p、span 四个元素,按照图 4-47 所示的方式设置这四个元素的背景图片摆放位置,并且都不平铺。然后再把这四个盒子以适当的方式叠放在一起,这是通过以下元素嵌套的代码实现的。

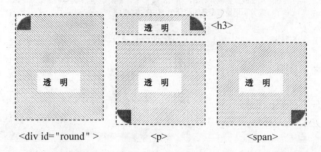

图 4-47 4 图像可变宽度圆角栏目框中 4 个元素盒子的背景设置

从图 4-45 中可以看出,要形成圆角栏目框,首先要把 span 元素放到 p 元素里面,这样它们两个的背景就叠加在一起,形成了下面的两个圆角,然后再把 h3 元素和 p 元素都放到 div 元素中去,就形成了一个圆角框的四个圆角了。因此,结构代码如下:

```
<div id="round">
    <h3>圆角栏目框的标题</h3>
    <p><span>栏目框的内容……</span></p>
</div>
```

由于几层背景的叠加,背景色只能放在最底层的盒子上,也就是对最外层的元素设置背景色,这样可避免上面元素的背景色把下面元素的背景图片覆盖掉。与此相反,为了让内容能放在距边框有一定边距的区域,必须设置 padding 值,而且 padding 值只能设置在最里层的盒子(span 和 h3)上。因为如果将 padding 设置在外层盒子(如 p)上,则内外层盒子的边缘无法对齐,就会出现如图 4-48 所示的错误。

接下来对这四个元素设置 CSS 属性,主要是将这四个圆角图片定位在相应的位置上,span 元素必须设置为块级元素显示,应用盒子属性才会有正确效果。CSS 代码如下:

```
<style type="text/css">
#round{
    font: 12px/1.6 arial;
    background: #abc276 url(images/right-top.gif) no-repeat right top;   }
#rounded h3{
    background: url(images/left-top.gif) no-repeat;
    padding: 15px 20px 0;
    color: #fff;                                      /*设置标题的文字颜色为白色*/
    margin: 0;   }
```

```
# rounded p{
  margin: 0;                                    /* 清除 p 元素的默认边界 */
  text-indent:2em;                              /* 内容部分段前空两格 */
  background: url(images/left-bottom.gif) no-repeat left bottom;  }
# rounded span{
    padding: 10px 20px 13px;
    display:block;
    background:url(images/right-bottom.gif) no-repeat right bottom;  }
</style>
```

最终效果如图 4-49 所示。但这个圆角框没有边框,要制作带有边框的可变宽度圆角框,则至少需要 4 张图片通过滑动门技术实现,具体制作方法留给读者思考。

图 4-48　错误的背景图像位置

图 4-49　最终的效果

4.6.3　滑动门技术——背景的高级运用

CSS 中有一种著名的技术叫滑动门技术(sliding doors technique),它是指一个图像在另一个图像上滑动,将它的一部分隐藏起来,因此而得名。实际上它是一种背景的高级运用技巧,主要是通过两个盒子背景的重叠和控制背景图片的定位实现的。

滑动门技术的典型应用有:①制作图像阴影;②制作自适应宽度的圆角导航条。

1. 图像阴影

阴影是一种很流行、很有吸引力的图像处理技巧,它给平淡的设计增加了深度,形成立体感。使用图像处理软件很容易给图像增添阴影。但是,可以使用 CSS 产生简单阴影效果,而不需要修改底层的图像。通过滑动门技术制作的阴影能自适应图像的大小,即不管图像是大是小都能为它添加阴影效果。这对于交友类网站很适合,因为网友上传的个人生活照片大小一般都是不一样的,而这种方法能自适应地为这些照片添加阴影。

图 4-50 展示了图像阴影的制作过程,在图 4-50 中有 6 张小图,对其进行了编号(①~⑥),在下面的制作步骤中为了叙述方便,用图①~⑥表示图 4-50 中的 6 张小图。

(1) 准备一张图①所示的 gif 图片,该图片左边和上边是白色部分,其他区域是完全透明的,将其称为"左上边图片",然后再准备一张图②所示的灰色图片做背景,灰色图片的右边和下边最好有柔边阴影效果,这两张图片都可以比待添加阴影的图像尺寸大得多。

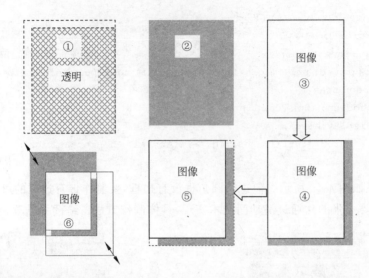

图 4-50　滑动门制作图片阴影原理图

（2）把图像③放到灰色图片上面，通过设置图像框的填充值使图像的右边和下边能留出一些，显示灰色的背景，如图④所示，灰色背景图片多余的部分就显示不下了。

（3）接着再把图①的图片插入到图像和灰色背景图片之间，使图①的图片和图像图片从左上角开始对齐。这样它的右上角和左下角就挡住阴影了。就出现了图⑤所示的阴影效果。

（4）图①的图片比图像大一些也没关系，因为图①的图片和图像是左上角对齐的，所以其超出图像盒子的右边和下边部分就显示不下了。而图②的灰色背景图片由于是从右下角开始铺，所以超出图像盒子的左边和上边部分就显示不下了。如图⑥所示，这样图像阴影就能自适应图像大小，就好像①和②两张图片分别向右下和左上两个方向滑动一样。

也可以不用图②的图片文件做灰色的背景，而是直接将 img 元素的背景设为灰色，再设置它的背景图片为图①的图片，由于背景图片会位于背景颜色上方，这样就出现了没有柔边的阴影效果。代码如下，效果如图 4-51 所示。

```
img{
    background-color: #CCC;              /*灰色背景作为阴影*/
    padding:0 6px 6px 0;                 /*使右边和下边留出一部分显示灰色背景*/
    background-image: url(top-left.gif); /*背景图像为左上边图片*/
}
<img src="works.jpg"/>
```

当然最好先给图片添加边框和填充，使图片出现像框效果，再对它添加阴影效果，这样更美观。由于阴影必须在 img 图像的边框外出现，所以在 img 元素的盒子外必须再套一个盒子。这里选择将 img 元素放入到一个 div 元素中。代码如下，效果如图 4-52 所示。

图 4-51　利用 img 的背景色和左上边图片制作阴影效果　　　图 4-52　添加了边框后的阴影效果

```
.shadow img{
    background-color: #FFF;              /*图像填充区的背景为白色*/
    padding: 6px;
    border: 1px solid #333;              /*图像边框为灰色*/   }
.shadow{
    background: #ccc url(top-left.gif);   /*左上边图像将叠放在灰色背景之上*/
    float: left;                         /*浮动使 div 宽度不会自动伸展*/
    padding:0 6px 6px 0;   }
<div class= "shadow"><img src= "works.jpg"/></div>
```

　　由于是用背景色做的阴影,所以没有阴影渐渐变淡的柔边效果,为了实现柔边效果,就不能用背景色做阴影,而还是采用图 4-50②中一张右边和下边是柔边阴影的图像做阴影。这样 img 图像下面就必须有两张图片重叠,最底层放阴影图片(图 4-50②),上面一层放左上边图片(图 4-50①)。因为每个元素只能设置一张背景图片,而为了放两张背景图片,就必须有两个盒子。因此必须在 img 元素外套两层 div。

　　另外,我们知道 png 格式的图片支持 Alpha 透明(即半透明)效果,因此可以将左上边图片(图 4-50①)和灰色背景图像交界处的地方做成半透明的白色,保存为 png 格式后引入,这样阴影就能很自然地从白色过渡到灰色,IE 7 和 Firefox 中均能看到这种阴影过渡的 Alpha 透明效果,但 IE 6 由于不支持 png 的 Alpha 透明(但能显示 png 格式的图片),所以看不到柔边效果。实现的代码如下,效果如图 4-53 所示。

```
.shadow img{
    background-color: White;
    padding: 6px;
    border: 1px solid #333;   }
.shadow div{
    background-image: url(top-left.png);
    padding:0 6px 6px 0;                 /*留出两张背景图片的显示位置*/}
.shadow{
    background: url(images/bottom-right.gif) right bottom;
    float: left;   }
```

图 4-53　通过图像实现了柔边的阴影效果

```
<div class="shadow"><div><img src="works.jpg"/></div></div>
```

这样就实现了图像柔边阴影效果，由于左上边图片和 img 图像是左上角对齐，所以如果左上边图片比 img 图像大，即超过了 div 盒子的大小，那么多出的右下部分将显示不下。同样，阴影背景图像与 img 图像从右下角开始对齐，如果背景图像比盒子大，那么背景图像的左上部分也会自动被裁去。所以，我们可以把这两张图片都做大些，就能自适应地为任何大小的图片添加阴影效果。

2. 自适应宽度圆角导航条

现在很多网站都使用了圆角形式的导航条，这种导航条两端是圆角，而且还可以带有背景图案，如果导航条中的每一个导航项是等宽的，那么制作起来很简单，用一张圆角图片作为导航条中所有 a 元素的 background-image 就可以了。

但是有些导航条中的每个导航项并不是等宽的，如图 4-54 所示，这时能否仍用一张圆角图片做所有导航项的背景呢？答案是肯定的，使用滑动门技术就能实现：当导航项中的文字增多时，圆角图片就能够自动伸展（当然这并不是通过对图片进行拉伸实现的，那样会使圆角发生变形）。它的原理是用一张很宽的圆角图片给所有导航项做背景。

图 4-54　自适应宽度的圆角导航条

由于导航项的宽度不固定，而圆角总要位于导航项的两端，这就需要两个元素的盒子分别放圆角图片的左右部分，而且它们之间要发生重叠，所以选择在 a 标记中嵌入 b 标记，这样就得到两个嵌套的盒子。

（1）首先写结构代码。

```
<div id="nav">
    <a href="#"><b>首页</b></a>
    <a href="#"><b>中心简介</b></a>
    <a href="#"><b>常用下载</b></a>
    <a href="#"><b>为您服务</b></a>
    <a href="#"><b>技术支持和服务</b></a>
</div>
```

（2）分析：a 元素的盒子放圆角图片的左边部分，这可以通过设置盒子宽度比圆角图片窄，让圆角图片作为背景从左边开始平铺盒子，那么圆角图片的右边部分盒子就容纳不下了，效果如图 4-55①所示。

b 元素盒子放圆角图片的右边一部分，由于盒子宽度小于圆角图片宽，让圆角图片作为背景从右边开始平铺盒子，那么圆角图片的左边就容纳不下了。效果如图 4-55②所示。

再把 b 元素插入到 a 元素中，这时 a 元素的盒子为了容纳 b 的盒子会被撑大，如图 4-55③所示。这样里面盒子的背景就位于外面盒子背景的上方，通过设置 a 元素的左

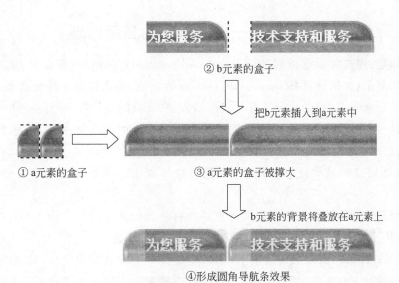

②b元素的盒子

把b元素插入到a元素中

①a元素的盒子　　　③a元素的盒子被撑大

b元素的背景将叠放在a元素上

④形成圆角导航条效果

图 4-55　滑动门圆角导航条示意图

填充值使 b 的盒子不会挡住 a 盒子左边的圆角,而 b 盒子右边的圆角(上方为不透明白色背景)则挡住了 a 盒子右边的背景,这样左右两边的圆角就都出现了,如图 4-55④所示。同时,改变文字的多少,能使导航条自动伸展,而圆角部分位于 padding 区域,不会影响圆角。

(3) 根据以上分析设置外面盒子 a 元素的 CSS 样式:

```
#nav a{
    font-size: 14px;     color: white;
    text-decoration: none;         /*以上三条为设置文字的一般样式*/
    height: 32px;
    line-height: 32px;             /*设置盒子高度与行高相等,实现文字垂直居中*/
    padding-left: 24px;            /*设置左填充为 24px,防止里面的内容挡住左圆角*/
    display: block;
    float: left;                   /*使导航项水平排列*/
    background: url(round.gif);    /*背景图像默认从左边开始铺*/}
```

(4) 再写里面盒子 b 元素的 CSS 样式代码:

```
#nav a b{
    background: url(round.gif) right top;   /*使用同一张背景图像但从右边开始铺*/
    display: block;
    padding-right: 24px;                    /*防止里面的文字内容挡住右圆角*/}
```

(5) 最后给导航条添加简单的交互效果。

```
#nav a:hover{
    color: silver;                          /*改变文字颜色*/   }
```

4.6.4　背景图案的翻转——控制背景的显示区域

我们知道,通过背景定位属性(background-position)可以使背景图片从盒子的任意位置上开始显示,如果设置 background-position 为负值,那么将有一部分背景移出盒子,而不会显示在盒子上;如果盒子没有背景那么大,那么只能显示背景图的一部分。

利用这些特点,可以将多个背景图像放置在一个大的图片文件里,让每个元素的盒子只显示这张大背景图的一部分,例如制作导航条时,在默认状态下显示背景图的上半部分,鼠标滑过时显示背景图的下半部分,这样就用一张图片实现了导航条背景的翻转。

把多个背景图像放在一个图像文件里好处有两点:

① 减少了文件的数量,便于网站的维护管理。

② 鼠标指针移动到某个导航项上,如果要更换一个背景图像文件,那么有可能要替换的图像还没有下载下来,就会出现一下停顿,浏览者会不知发生了什么,而如果使用同一个文件,就不会出现这个问题了。

例如对于自适应宽度圆角导航条来说,我们可以把导航条鼠标离开和滑过两种状态时的背景做在同一个图像文件里,如图 4-56 所示,实现在鼠标滑过时背景图案的翻转,即当鼠标滑过时,让它显示图片的下半部分,默认时则显示图片的上半部分。

在上节的自适应宽度圆角导航条的 CSS 代码中添加如下代码。

```
a:hover{
    background-position:0 -32px;        /*让背景图片从左边开始铺,向上偏移 32px*/
}
a:hover b{
    background-position:100%  -32px;   /*让背景图片从右边开始铺,向上偏移 32px*/
    color: red;  }
```

这样,应用了图片翻转的滑动门技术导航条就制作完成了,最终效果如图 4-57 所示。

目前,推荐把许多背景图像放在一个图片文件里,这种技术叫做 CSS Sprite 技术。这样可减少要下载的文件数量,从而减少对服务器的请求次数,加快页面载入速度。例如图 4-58 中就是把很多不相关的图像都放在一个大的图片文件里,通过元素的背景定位属性来调用不同的图像显示。

图 4-56　将正常状态和鼠标悬停状态的背景图案放在一张图片中

图 4-57　带有图片翻转效果的滑动门导航条

图 4-58　很多网页元素调用的
同一张背景图片

4.6.5 CSS 圆角设计

圆角在网页设计中让人又爱又恨,一方面设计师为追求美观的效果经常需要借助于圆角;另一方面为了在网页中设计圆角又不得不增添很多工作量。在用表格设计圆角框时,制作一个固定宽度的圆角框需要一个三行一列的表格,在上下两格放圆角图案。而用表格制作一个可变宽度的圆角框则更复杂,通常采用“九宫格”的思想制作,即利用一个三行三列的表格,把四个角的圆角图案放到表格的左上、右上、左下、右下四个单元格中,把圆角框四条边的图案在表格的上中、左中、右中和下中四个单元格中进行平铺,在中间一个单元格中放内容。而使用 CSS 设计圆角框,则相对简单些,下面对 CSS 圆角设计分类进行讨论。

1. 制作固定宽度的圆角框(不带边框的、带边框的)

用 CSS 制作不带边框的固定宽度圆角框(如图 4-59 所示)至少需要两个盒子,一个盒子放置顶部的圆角图案,另一个盒子放置底部的圆角图案,并使它位于盒子底部。把这两个盒子叠放在一起,再对栏目框设置和圆角相同的背景色就可以了。关键代码如下:

```
#rounded{
    font: 12px/1.6 arial;
    background: #cba276 url(images/bottom.gif) no-repeat left bottom;
    width: 280px;
    padding: 0 0 18px;
    margin:0 auto;  }
#rounded h3{
    background: url(images/top.gif) no-repeat;
    padding: 20px 20px 0;
    font-size: 170% ;
    color: white;
    line-height:1em;
    margin: 0;  }
<div id="rounded">
    <h3>不带边框的固定宽度圆角框</h3>
    <p>这是一个固定宽度的圆角框…</p>
    </div>
```

制作带边框的固定宽度圆角框(如图 4-60 所示)则至少需要三个盒子,最底层的盒子放置圆角框中部的边框和背景组成的图案,并使它垂直平铺,上面两层的盒子分别放置顶部的圆角和底部的圆角,这样在顶部和底部的圆角图片就遮盖了中部的图案,形成了完整的圆角框。

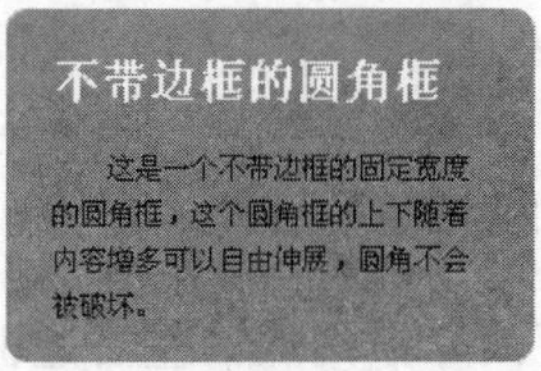

图 4-59 不带边框的圆角框

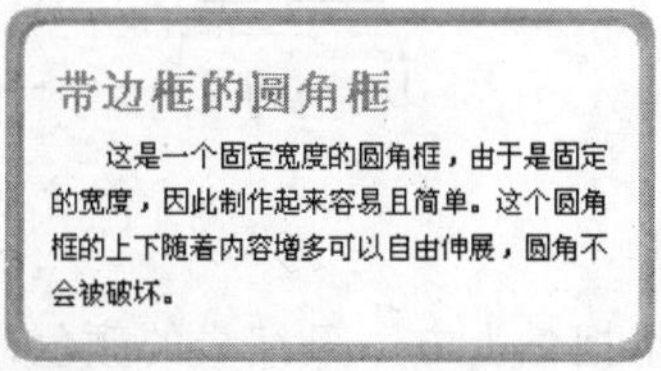

图 4-60 带边框的圆角框

```
#rounded{
    font: 12px/1.6 arial;
    background: url(images/middle-frame.gif)repeat-y;
    width: 280px;
    padding: 0;
    margin:0 auto;   }
#rounded h3{
    background: url(images/top-frame.gif)no-repeat;
    padding: 20px 20px 0;
    font-size: 170%;
    color: #cba276;
    margin: 0;   }
#rounded p.last{
    padding: 0 20px 18px;
    background: url(images/bottom-frame.gif)no-repeat left bottom;
    height:1%;                        /*防止元素没有内容,在 IE 6中不显示*/   }
<div id="rounded">
    <h3>带边框的圆角框</h3>
    <p>这是一个固定宽度的圆角框…</p>
    <p class="last"></p>
</div>
```

需要说明的是,顶部的圆角图案和底部的圆角图案既可以分别做成一张图片,也可以把它们都放在一张图片里,通过控制背景位置来实现显示哪部分圆角。

2. 不用图片做圆角——山顶角方法

如果想不用图片做圆角,那也是可以实现的,这需要一种称为山顶角(mountaintop corner)的圆角制作方法。所谓山顶角,就是说不是纯粹意义上的平滑圆角,而是通过几个 1～2 像素高的 div(水平细线)叠放起来形成视觉上的圆角,用这种方法做圆角一般采用 4 个 div 叠放,因此圆角的弧度不会很大。图 4-61 是山顶角方法制作带边框圆角框的示意图。

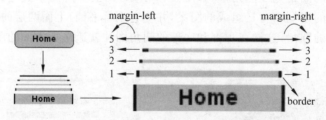

图 4-61　山顶角方法制作带边框的圆角框

如果把最上方一条细线的颜色改为黑色,再设置下面三条细线的左右边框是 1 像素黑色,那么就出现了带有边框的圆角框效果了。

下面以带边框的圆角框为例,给出它的源代码:

```
<style type="text/css">
.item{  width:120px;  }
.item p{
    margin:0px;                          /*清除 p 元素的默认边界*/
    padding:5px;
    background:#cc6;                      /*设置内容区域的背景色和圆角部分背景色相同*/
    border-left:solid 1px black;         /*为内容区域设置左右边框*/
    border-right:solid 1px black;}
.item div{
    height:1px;
    overflow:hidden;                     /*此处兼容 IE 6 浏览器*/
    background:#cc6;
    border-left:solid 1px black;         /*设置所有细线 div 的左右边框为 1 像素*/
    border-right:solid 1px black;}
.item .row1{
    margin:0 5px;                        /*第一条水平线的左右边界为 5 像素*/
    background:#000;                      /*黑色*/    }
.item .row2{
    margin:0 3px;
    border:0 2px;   }                    /*第二条水平线左右边框粗为 2px*/
.item .row3{
    margin:0 2px;}
.item .row4{
    margin:0 1px;
    height:2px;}                         /*第四条水平线高为 2px*/
</style>
<div class="item">
    <div class="row1"></div><div class="row2"></div>
    <div class="row3"></div><div class="row4"></div>
    <p>Home</p>
    <div class="row4"></div><div class="row3"></div><!--下圆角-->
    <div class="row2"></div><div class="row1"></div>
</div>
```

可以看出,该圆角框的下圆角部分是通过将 4 个 div(水平线)按上圆角相反的顺序排列实现的。

3. 学习圆角制作的意义

由于人们的审美观念决定了圆角比方角更具有亲和力,使我们很多时候必须制作圆角框。另外,圆角框技术是制作其他不规则图案栏目框的基础。例如图 4-62 所示的栏目框,就可以把栏目框上面部分看成是上圆角,下面部分看成是下

图 4-62　不规则图案栏目框

圆角,再按照制作圆角框的思路制作。

4.7　盒子的浮动

在标准流中,块级元素的盒子都是上下排列,行内元素的盒子都是左右排列,如果仅仅按照标准流的方式进行排列,就只有这几种可能性,限制太大。CSS的制订者也想到了这样排列限制的问题,因此又给出了浮动和定位方式,从而使排版的灵活性大大提高。

例如,如果希望相邻块级元素的盒子左右排列(所有盒子浮动)或者希望一个盒子被另一个盒子中的内容所环绕(一个盒子浮动)做出图文混排的效果,这时最简单的实现办法就是运用浮动(float)属性使盒子在浮动方式下定位。

4.7.1　盒子浮动后的特点

在标准流中,一个块级元素在水平方向会自动伸展,在它的父元素中占满整个一行;而在竖直方向和其他元素依次排列,不能并排,如图4-63所示。使用"浮动"方式后,这种排列方式就会发生改变。

CSS中有一个float属性,默认值为none,也就是标准流通常的情况,如果将float属性的值设为left或right,元素就会向其父元素的左侧或右侧靠紧,同时盒子的宽度不再伸展,而是收缩,在没设置宽度时,会根据盒子里面的内容来确定宽度。

下面通过一个实验来演示浮动的作用,基础代码(4-4.html)如下,这个代码中没有使用浮动,它的显示效果如图4-63所示。

图4-63　三个盒子在标准流中

```
<style type="text/css">
div{
    padding:10px;    margin:10px;
    border:1px dashed #111;
    background-color:#90baff;  }
.father{
    background-color:#ff9;
    border:1px solid #111;  }
</style>
<div class="father">
    <div class="son1">Box-1</div>
    <div class="son2">Box-2</div>
    <div class="son3">Box-3</div>
</div>
```

1. 一个盒子浮动

接下来在上述代码中添加一条CSS代码,使Box-1盒子浮动。代码如下:

```
.son1{float:left;}
```

此时显示效果如图 4-64 所示,可发现给 Box-1 添加浮动属性后,Box-1 的宽度不再自动伸展,而且不再占据原来浏览器分配给它的位置。如果再在未浮动的盒子 Box-2 中添一行文本,就会发现 Box-2 中的内容是环绕着浮动盒子的,如图 4-65 所示。

图 4-64　第一个盒子浮动

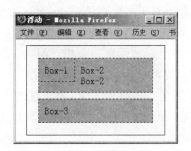

图 4-65　增加第二个盒子的内容

总结:设置元素浮动后,元素发生了如下一些改变:

(1) 浮动后的盒子将以块级元素显示,但宽度不会自动伸展。

(2) 浮动的盒子将脱离标准流,即不再占据浏览器原来分配给它的位置(IE 6 有时例外)。

(3) 未浮动的盒子将占据浮动盒子的位置,同时未浮动盒子内的内容会环绕浮动后的盒子。

提示:所谓"脱离标准流"是指元素不再占据在标准流下浏览器分配给它的空间,其他元素就好像这个元素不存在一样。例如图 4-64 中,当 Box-1 浮动后,Box-2 就顶到了 Box-1 的位置,相当于 Box-2 视 Box-1 不存在一样。但是,浮动元素并没有完全脱离标准流,这表现在浮动盒子会影响未浮动盒子中内容的排列,例如 Box-2 中的内容会跟在 Box-1 盒子之后进行排列,而不会忽略 Box-1 盒子的存在。

2. 多个盒子浮动

在 Box-1 浮动的基础上再设置 Box-2 也左浮动,代码如下:

```
.son2{float:left;}
```

此时显示效果如图 4-66 所示(在 Box-3 中添加了一行文本)。可发现 Box-2 盒子浮动后仍然遵循上面浮动的规律,即 Box-2 的宽度不再自动伸展,而且不再占据原来浏览器分配给它的位置。

如果将 Box-1 的浮动方式改为右浮动,则显示效果如图 4-67 所示,可看到 Box-2 在位置上移动到了 Box-1 的前面。

图 4-66　设置两个盒子浮动

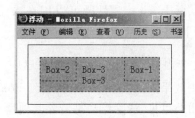

图 4-67　改变浮动方向

接下来再设置 Box-3 也左浮动,此时显示效果如图 4-68 所示。可发现三个盒子都浮动后,就产生了块级元素水平排列的效果。同时由于都脱离了标准流,导致其父元素中的内容为空。

总结:对于多个盒子浮动,除了每个浮动盒子都遵循单个盒子浮动的规律外,还有以下两条规律:

① 多个浮动元素不会相互覆盖,一个浮动元素的外边界(margin)碰到另一个浮动元素的外边界后便停止运动。

② 若包含的容器太窄,无法容纳水平排列的多个浮动元素,那么最后的浮动盒子会向下移动(见图 4-69)。但如果浮动元素的高度不同,那当它们向下移动时可能会被卡住(见图 4-70)。

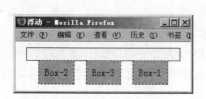

图 4-68　三个盒子都浮动

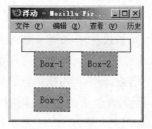

图 4-69　没有足够的水平空间

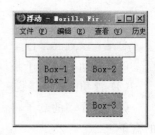

图 4-70　被 Box-1 卡住了

4.7.2　浮动的清除

clear 是清除浮动属性,它的取值有 left、right、both 和 none(默认值),如果设置盒子的清除浮动属性 clear 值为 left 或 right,表示该盒子的左边或右边不允许有浮动的对象。值设置为 both 则表示两边都不允许有浮动对象,因此该盒子将会在浏览器中另起一行显示。

例如,在图 4-67 两个盒子浮动的基础上,设置 Box-3 清除浮动,即在 4-4.html 中添加以下 CSS 代码,效果如图 4-71 所示。

```
.son1{  float:right;  }
.son2{  float:left;  }
.son3{  clear:both;  }
```

可以看到,对 Box-3 清除浮动(clear:both;),表示 Box-3 的左右两边都不允许有浮动的元素,因此 Box-3 移动到了下一行显示。

实际上,clear 属性既可以用在未浮动的元素上,也可以用在浮动的元素上,如果对 Box-3 同时设置清除浮动和浮动,即:

```
.son3{clear:both;float:left;}
```

则效果如图 4-72 所示,可看到 Box-3 的左右仍然没有了浮动的元素。

由此可见,清除浮动是清除其他盒子浮动对该元素的影响,而设置浮动是让元素自身浮动,两者并不矛盾,因此可同时设置元素清除浮动和浮动。

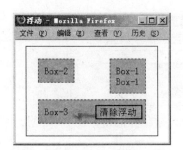

图 4-71　对 Box-3 清除浮动

图 4-72　对 Box-3 设置清除浮动和浮动

由于上下 margin 叠加只会发生在标准流布局的情况下,而浮动方式下盒子的任何 margin 都不会发生叠加,所以可设置盒子浮动并清除浮动,使上下两个盒子的 margin 不叠加。在图 4-72 中,Box-3 到 Box-1 之间的垂直距离是 20px,即它们的 margin 之和。

提示:在 CSS 布局时,如果发现一个元素移动到了它原来位置的左上方或右上方,并且和其他元素发生了重叠,90% 都是因为受到了其他盒子浮动的影响,对其加一条 clear 属性清除浮动即可。

4.7.3　浮动的浏览器解释问题

设置元素浮动后,浮动元素的父元素或相邻元素在 IE 和 Firefox 中的显示效果经常不一致,这主要是因为浏览器对浮动的解释不同产生的。在标准浏览器中,浮动元素脱离了标准流,因此不占据它原来的位置或外围容器空间。但是在 IE 中(包括 IE 6 和 IE 7),如果一个元素浮动,同时对它的父元素设置宽或高,或对它后面相邻元素设置宽或高,那么浮动元素仍然会占据它在标准流下的空间。下面对这两种情况分别来讨论。

1. 元素浮动但是其父元素不浮动

如果一个元素浮动,但是它的父元素不浮动,那么父元素的显示效果在不同浏览器中可能不同,这取决于父元素是否设置了宽或高。当未设置父元素(外围容器)的宽或高时,IE 和 Firefox 对浮动的显示是相同的,均脱离了标准流。

下面我们将 4.7.1 节中的基础代码(4-4.html)修改一下,只保留 Box-1,代码如下:

```
<div class="father">
    <div class="son1">Box-1<br/>Box-1</div>
</div>
```

然后设置 .son1 浮动,即 .son1{float:left;},此时在 Firefox 和 IE 中的效果如图 4-73 所示。可发现两者效果基本相同。

当设置了父元素的宽度或高度后,IE(非标准浏览器)中的浮动元素将占据外围容器空间,Firefox 依然不占据。

接下来,我们就对父元素 .father 设置宽度,即添加 .father{width:180px;},此时在

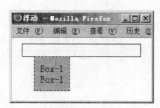

图 4-73　不设置父元素宽度时在 Firefox 和 IE 中的效果

Firefox 和 IE 中的效果如图 4-74 所示。可发现在 IE 中浮动元素确实占据了外围容器空间，未脱离标准流。如果对父元素不设置宽度而设置高度，也会有类似的效果。从 CSS 标准上来说 IE 的这种显示是错误的。

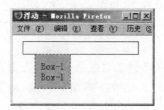

图 4-74　设置父元素宽度时在 Firefox 和 IE 中的效果

2. 扩展外围盒子的高度（4-5.html）

但是有时我们可能更希望得到图 4-74 中 IE 的这种效果，即让浮动的盒子仍然置于外围容器中。人们把这种需求称为"扩展外围盒子的高度"，要做到这一点，对于 IE 来说只需要设置父元素的宽度或高度就可以了。但对于 Firefox 等标准浏览器，就需要在浮动元素的后面增加一个清除浮动的空元素来把外围盒子撑开。例如把上面的结构代码修改如下：

```
<div class="father">
    <div class="son1">Box-1<br/>Box-1</div>
    <div class="clear"></div>
</div>
```

然后为这个 div 设置样式，CSS 代码如下：

```
.father .clear{
    margin: 0;    padding: 0;    border:0;
    clear: both;}
```

这时在 Firefox 中效果如图 4-75 所示，可看到已经实现了 IE 的这种效果。

如果不想添加一个空元素，对于支持伪对象选择器的浏览器来说，也可以利用父元素的:after 伪对象在所有浮动子元素后生成一个伪元素，设置这个伪元素为块级显

图 4-75　对 Firefox 扩展外围盒子高度后

示,清除浮动,这也能达到同样的效果。代码如下:

```
div.father:after{
    content:".";                          /*设置伪元素内容,此处可为任意内容*/
    display:block;
    font-size:0;line-height:0;height:0;   /*将伪元素高度等设为 0,使其不占空间*/
    clear:both;                           /*清除浮动*/
    visibility:hidden;                    /*隐藏该伪元素的内容*/
}
```

扩展外围盒子高度的第三种方法是设置浮动元素的父元素的 overflow 属性为 hidden,具体请参看 4.7.6 节 overflow 属性用法。

3. 元素浮动但是其后面相邻元素不浮动

如果一个元素浮动,但是它后面相邻的元素不浮动,在不设置后面相邻元素的宽或高时,IE 和 Firefox 显示效果相同。一旦设置了后面相邻元素的宽或高,则在 IE 中,浮动元素将仍然占据它原来的空间,未浮动元素跟在它后面。从本质上来看,这也是 IE 浮动的盒子未脱离标准流的问题。

下面将 4.7.1 节中的基础代码(4-4.html)修改一下,保留 Box-1 和 Box-2,代码如下:

```
<div class="father">
    <div class="son1">Box-1</div>
    <div class="son2">Box-2<br/>Box-2<br/>Box-2</div>
</div>
```

然后设置.son1 浮动,即.son1{float:left;},此时在 Firefox 和 IE 6 中的效果如图 4-76 所示。可发现两者效果基本相同。

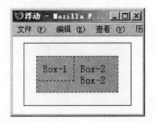 

图 4-76　当浮动盒子后面的未浮动盒子未设置宽或高时 Firefox 和 IE 6 显示基本相同

接下来,对.son2 设置高度,即添加.son2{height:40px;},此时在 Firefox 和 IE 中的效果如图 4-77 所示。可发现在 IE 中浮动元素确实占据了外围容器空间,未脱离标准流。对.son2 设置宽度也有同样的效果。

经验:为避免出现上述 IE 和 Firefox 显示不一致的情况发生,不要对未浮动盒子设置 width 和 height 值,如果要控制未浮动盒子的宽度,可以对它的外围容器设置宽度。表 4-6 对浮动的浏览器显示问题进行了总结。

图 4-77　当对未浮动的盒子设置宽或高后 Firefox 和 IE 中显示的差异

表 4-6　浮动的浏览器显示问题总结

情　　况	未浮动的盒子不设宽或高	对未浮动的盒子设置宽或高
盒子浮动,其外层盒子未浮动	IE 和 Firefox 的显示效果一致	IE 浮动盒子将不会脱离标准流,Firefox 浮动盒子仍然是脱离标准流的
盒子浮动,后面相邻盒子未浮动		

4. 浮动的浏览器解释综合问题

下面代码中,第一个盒子浮动,第二个盒子未浮动,而且对两个盒子都设置了高度和宽度,两个盒子大小相等,代码如下,显示效果如图 4-78 所示,请分别解释在 IE 和 Firefox 中为什么会有这样的效果。

```
<style type="text/css">
#a,#b{
background-color:#ff9;
margin: 10px;
height: 40px;width: 80px;
border: 5px solid #009;}
#a{
float: left;  }
body{border: 1px dashed red;  }
</style>
<body>    <div id="a">Box-A</div>
    <div id="b">Box-B</div></body>
```

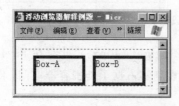 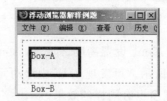

图 4-78　IE 6(左)和 Firefox(右)中的显示效果

答:① 在 IE 中,一个盒子浮动,对它后面未浮动的盒子设置了宽或高时,浮动的盒子将不会脱离标准流,仍然占据原来的空间,因为对未浮动的盒子 B 设置了高度和宽度,所以 A 仍然占据原来的空间,B 就只能排在它后面了。

② 在 Firefox 中,浮动的盒子总是脱离标准流,不占据空间,所以盒子 B 视 A 不存在,移动到了盒子 A 的位置,由于 A、B 大小相等,盒子 B 正好被盒子 A 挡住。而未浮动盒子的内容将环绕浮动的盒子,所以 B 的内容 Box-B 将环绕盒子 A。由于对盒子 B 设置了宽度,Box-B 只能移到盒子 A 下面去了,Box-B 和盒子 A 之间的距离是盒子 A 的 margin 值。在 Firefox 中,对设置了高度的盒子,盒子高度不会自动伸展,所以盒子 B 的内容就跑到它的外面去了。

如果要使该例中的代码在两个浏览器中显示效果相似,可设置 ♯b{overflow:hidden;},通过溢出属性清除盒子 A 浮动对 B 的影响。具体原理请参考 4.8.7 节。

5. IE 6 浮动元素的双倍 margin 错误

在 IE 6 中,只要设置元素浮动,则设置左浮动,盒子的左 margin 会加倍,设置右浮动,盒子的右 margin 会加倍。这是 IE 6 的一个 bug(IE 7 已经修正了这个 bug)。在图 4-76 中 IE 6 与 Firefox 显示效果的差别就是因为这个问题造成的。

由于两个元素的盒子是从 margin 开始对齐的,在 Firefox 中,Box-1 和 Box-2 的 margin 相等,所以它们的左边框也是重合的。而在 IE 6 中,Box-1 由于左浮动导致左 margin 加倍,如图 4-79 所示,所以它的边框就向右偏移了一个 margin 的距离。

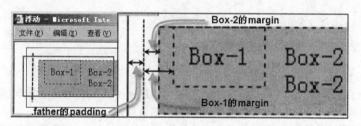

图 4-79　IE 6 双倍 margin 导致的 Box-1 向右偏移

如果将 Box-2 的 margin 重新定义为 0(.son2{margin:0;}),则 Box-2 的边框会向左移一个 margin 的距离,这时可以更清楚地看到 IE 6 中的双倍 margin 错误,在 Firefox 和 IE 6 中的效果如图 4-80 所示。

图 4-80　IE 6 双倍 margin 错误

解决 IE 6 双倍 margin 错误的方法很简单,只要对浮动元素设置"display:inline;"就可了。代码如下:

```
.son1{float:left;display:inline;}
```

提示：即使对浮动元素设置"display:inline;"，它仍然会以块级元素显示，因为设置元素浮动后元素总是以块级元素显示的。

当然，也可以不设置浮动盒子的margin，而设置其父元素盒子的padding值来避免这个问题，在实际应用中，可以设置padding的地方尽量用padding，而不要用margin。

4.7.4　浮动的应用举例

1. 图文混排及首字下沉效果等

（1）如果将一个盒子浮动，另一个盒子不浮动，那么浮动的盒子将被未浮动盒子的内容所包围。如果这个浮动的盒子是图像元素，而未浮动的盒子是一段文本，那么就实现了图文混排效果。代码如下，效果如图4-81所示。

```
<style type="text/css">
img{
    border:1px gray dashed;
    margin:10px 10px 10px 0;
    padding:5px;
    float:left;                                /*设置图像元素浮动*/   }
p{  margin:0;
    font:14px/1.5 "宋体";
    text-indent: 2em;   }
</style>
<img src="images/sheshou.jpg"/>
<p>在遥远古希腊的大草原中，驰骋着一批半人半兽的族群，这是一个生性凶猛的族群。"半人半兽"代表着理性与非理性、人性与兽性间的矛盾挣扎，这就是"人马族"。</p>
< p> 人马族里唯独的一个例外--奇伦。奇伦虽也是人马族的一员，但生性善良，对待朋友尤以坦率著称，所以奇伦在族里十分受人尊敬</p>
```

（2）在图文混排的基础上让第一个汉字也浮动，同时变大，则出现了首字下沉的效果，关键代码如下，效果如图4-82所示。

图 4-81　图文混排效果

图 4-82　首字下沉和图文混排效果

```
.firstLetter{
    font-size:3em;
    float:left;   }
<p><span class="firstLetter">在</span>遥远的古希腊大草原中……</p>
```

对于 IE 7、Firefox 浏览器来说，还可以使用伪对象选择器 p:first-letter 来选中段落的第一个字符，这时就不需要用 span 标记将段落的第一个字符括起来了。

从以上例子可以看出，网页中无论是图像还是文本，对于任何元素，在排版时都应视为一个盒子，而不必在乎元素的内容是什么。

2. 菜单的竖横转换

在标准流一节中，我们利用元素的盒子模型制作了一个竖直导航条。如果要把这个竖直导航条变为水平导航条，只要设置所有 a 元素浮动就可以了，这是因为所有盒子浮动，就能实现水平排列。当然水平导航条一般不需设置宽度，可以把 width 属性去掉。效果如图 4-83 所示。

图 4-83　水平导航条

它的结构代码如下：

```
<div id="nav">
    <a href="#">首页</a><a href="#">中心简介</a>
    <a href="#">政策法规</a><a href="#">常用下载</a>
    <a href="#">为您服务</a><a href="#">技术支持和服务</a>
</div>
```

CSS 样式代码如下：

```
<style type="text/css">
#nav{
    font-size: 14px;}
#nav a{
    color: red;
    background-color: #9CF;
    text-align: center;
    text-decoration: none;
    display: block;
    padding:6px 10px 4px;
    margin:0 2px;                /* 设置了左右边界,使两个 a 元素间有 4px 的水平间距 */
    border: 1px solid #39F;
    float:left;                  /* 使 a 元素浮动,实现水平排列 */   }
#nav a:hover{
```

```
    color: White;
    background-color: #930;  }
</style>
```

3. 制作栏目框标题栏

有时,经常需要制作如图 4-84 所示的栏目框标题栏,标题栏的左端是栏目标题,右端是"more"之类的链接。如何将文字(或图片)分别放在一个盒子的左右两端呢?最简单的方法是设置"more"右浮动,但要注意的是在 HTML 代码中的"more"(右浮动的元素)必须放在左边元素之前,否则浮动后会发生换行。

图 4-84　栏目框标题栏

结构代码如下:

```
<h3 id="colframe">
    <span class="more">>more</span>师生美文
</h3>
```

CSS 样式代码如下:

```
#colframe span.more{
    float:right;
    padding-right:12px;  }
```

栏目中的新闻标题和发布时间也是采用这种方式实现两端对齐的。

4. 1-3-1 固定宽度布局

在默认情况下,div 作为块级元素是占满整行从上到下依次排列的,但在网页的分栏布局中(例如 1-3-1 固定宽度布局),中间三栏(三个 div 盒子)必须从左到右并列排列,这时就需要将这三个 div 盒子都设置为浮动。

但三个 div 盒子都浮动后,只能浮动到窗口的左边或右边,无法在浏览器中居中。因此需要在三个 div 盒子外面再套一个盒子(称为 container),让 container 居中,这样就实现了三个 div 盒子在浏览器中居中,如图 4-85 所示。

注意:对于 Firefox 来说,由于 container 里面的三个盒子都浮动,脱离了标准流,所以都没有占据 container 容器的空间。从结构上看应该是 container 位于三个盒子的上方,如图 4-86 所示,但这并不妨碍用 container 控制里面浮动的盒子居中。由于 container 占据的高度为 0,所以在任何浏览器中都看不到 container 的存在。而对于 IE 来说,container 一般设置了宽度作为网页的宽度,所以在 IE 中 container 会包含住 3 个盒子。

下面是 1-3-1 固定宽度布局的参考实现代码。效果如图 4-87 所示。

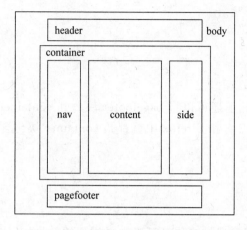

图 4-85　1-3-1 布局示意图

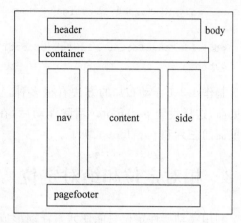

图 4-86　container 在 Firefox 中的位置

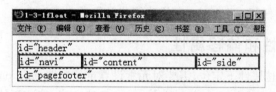

图 4-87　1-3-1 浮动方式布局效果图

```
<style type="text/css">
#header,#pagefooter,#container{
    margin:0 auto;               /*与 width 配合实现水平居中*/
    width:772px;
    border: 1px dashed #FF0000;   /*添加边框为演示需要*/
}
#navi,#content,#side{
    border:2px solid #0066FF;     /*添加边框为演示需要*/
    float:left;                   /*设置三栏都浮动*/
    width:200px;                  /*设置三栏的宽度*/
}
#content{
    width:360px;                  /*重新定义中间一栏的宽度*/
    }
#pagefooter{
    clear:both;                   /*清除浮动,防止中间三列不等高时页脚顶上去*/
}
</style>
<body>
<div id="header">id="header"</div>
<div id="container">
    <div id="navi">id="navi"</div>
```

```
    <div id="content">id="content"</div>
    <div id="side">id="side"</div>
</div>
<div id="pagefooter">id="pagefooter"</div>
</body>
```

制作 1-3-1 浮动布局的方法有很多种,实际上还可以将 pagefooter 块放到 container 块里面,这样设置 pagefooter 清除浮动后,在 IE 6 和 Firefox 中就都是 container 块包含住里面的三列和 pagefooter 块了。

4.8　相对定位和绝对定位

利用浮动属性定位只能使元素浮动形成图文混排或块级元素水平排列的效果,其定位功能仍不够灵活强大。本节介绍的在定位属性下的定位能使元素通过设置偏移量定位到页面或其包含框的任何一个地方,定位功能非常灵活。

4.8.1　定位属性和偏移属性

为了让元素在定位属性下定位,需要对元素设置定位属性 position,position 的取值有四种,即 relative、absolute、fixed 和 static。其中 static 是默认值,表示不使用定位属性定位,也就是盒子按照标准流或浮动方式排列。fixed 称为固定定位,它和绝对定位类似,只是总是以浏览器窗口为基准进行定位,但 IE 6 浏览器不支持该属性值。因此定位属性的取值中用得最多的是相对定位(relative)和绝对定位(absolute),本节主要介绍它们的作用。

偏移属性是指 top、left、bottom、right 四个属性,为了使元素在定位属性下从基准位置发生偏移,偏移属性必须和定位属性配合使用,left 指相对于定位基准的左边向右偏移的值,top 指相对于定位基准的上边向下偏移的量。它们的取值可以是像素或百分比。如:

```
#mydiv{
    position:fixed;
    left: 50%;
    top: 30px;    }
```

注意:偏移属性仅对设置了定位属性的元素有效。

4.8.2　相对定位

使用相对定位的盒子的位置定位依据常以标准流的排版方式为基础,然后使盒子相对于它在原来的标准位置偏移指定的距离。相对定位的盒子仍在标准流中,它后面的盒子仍以标准流方式对待它。

如果对一个元素定义相对定位属性(position:relative;),那么它将保持在原来的位置上不动。如果再对它通过 top、left 等属性值设置垂直或水平偏移量,那么它将"相对于"它原来的位置发生移动。例如图 4-88 中的 em 元素就是通过设置相对定位再设置位移让它"相对于"原来的位置向左下角偏移,同时它原来的位置仍然不会被其他元素占据。

代码如下：

```
em{
    background-color: #0099FF;
    position: relative;
    left: 60px;
    top: 30px;  }
p{
    padding: 25px;
    border: 2px solid #933;background-color: #DBFDBA;}
```

<p>在远古时代,<em>人类与神都同样居住在地上</em>,一起过着和平快乐的日子,可是
人类愈来愈聪明,不但学会了建房子、铺道路,还学会勾心斗角、欺骗等不好的恶习,搞得许多神仙
都受不了,纷纷离开人类,回到天上居住。</p>

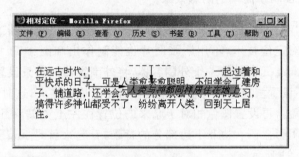

图 4-88 设置 em 元素为相对定位

可以看到元素设置为相对定位后有两点会发生：

(1) 元素原来占据的位置仍然会保留,也就是说相对定位的元素未脱离标准流。

(2) 因为是使用了定位属性的元素,所以会和其他元素发生重叠。

设置元素为相对定位的作用可归纳为两种：一是让元素相对于它原来的位置发生位
移,同时不释放原来占据的位置;二是让元素的子元素以它为定位基准进行定位,同时它的
位置保持不变,这时相对定位的元素成为包含框,一般是为了帮助里面的元素进行绝对
定位。

4.8.3 相对定位的应用举例

1. 鼠标滑过时向右下偏移的链接

在有些网页中,当鼠标滑动到超链接上方时,超链接的位置会发生细微的移动,如向
左下方偏移,让人觉得链接被鼠标拉上来了,如图 4-89 所示。

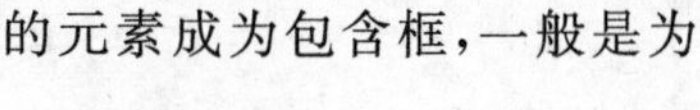

首 页 中心简介 政策法规 常用下载 为您服务

图 4-89 偏移的超链接(当鼠标悬停时向左下方偏移)

这种效果的制作原理其实很简单,主要就是运用了相对定位。在 CSS 中设置 a 元素

为相对定位,当鼠标滑过时,就让它相对于原来的位置发生偏移。CSS 代码如下:

```
a:hover{
    color: red;
    position: relative;
    right: 2px;
    top: 3px;}
```

还可以给这些链接添加盒子,那么盒子也会按上述效果发生偏移,如图 4-90 所示。

图 4-90　给链接添加盒子同样会偏移

2. 利用相对定位制作简单的阴影效果

在 4.6.3 节中,制作图 4-52 所示的简单阴影效果都需要用到一张左上边的图片。这里我们可以利用相对定位技术,不用一张图片也能制作出和图 4-52 相同的简单阴影效果。它的原理是在 img 元素外套一个外围容器,将外围容器的背景设置为灰色,作为 img 元素的阴影,同时不设置填充边界等值使外围容器和图片一样大,这时图像就正好把外围容器的背景完全覆盖。再设置图像相对于原来的位置往左上方偏移几个像素,这样图像的右下方就露出了阴影盒子右边和下边部分的背景,看起来就是 img 元素的阴影了。代码如下,效果如图 4-91 所示。

```
.shadow img{
    padding: 6px;
    border: 1px solid #465B68;
    background-color: #fff;
    position: relative;
    left: -5px;
    top: -5px;   }
```

图 4-91　相对定位法制作的阴影

```
div.shadow{
    background-color: #CCC;
    float:left;                    /*使 div 盒子收缩,和 img 一样大*/   }
<div class="shadow"><img src="works.jpg"/></div>
```

3. 固定宽度网页居中的相对定位法

使用相对定位法可以实现固定宽度的网页居中,该方法首先将包含整个网页的包含框 container 进行相对定位使它向右偏移浏览器宽度的 50%,这时左边框位于浏览器中线的位置上,然后使用负边界将它向左拉回整个页面宽度的一半,如图 4-92 所示,从而达到水平居中的目的。代码如下:

```
# container{
    position:relative;
```

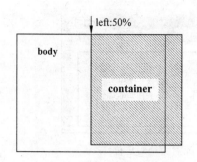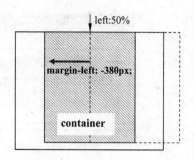

图 4-92　相对定位法实现网页居中示意图

```
width:760px;
left:50%;
margin-left:-380px;  }
```

这段代码的意思是,设置 container 的定位是相对于它原来的位置,而它原来默认的位置是在浏览器窗口的最左边,然后将其左边框移动到浏览器的正中央,这是通过"left:50％"实现的,这样就找到了浏览器的中线。再使用负边界法将盒子的一半宽度从中线位置拉回到左边,这样就实现了水平居中。

想一想:如果把♯container 选择器中(left:50％;margin-left:-380px;)改为(right:50％;margin-right:-380px;),还能实现居中吗?

另外,大家知道 div 中的内容默认情况下是顶端对齐的,有时希望 div 中内容垂直居中,如果 div 中只有一行内容,可以设置 div 的高度 height 和行高 line-height 相等。而如果 div 中有多行内容,更一般的方法就是上面这种相对定位的思想,把 div 中的内容放入到一个子 div 中,让子 div 相对于父 div 向下偏移 50％,这样子 div 的顶部就位于父 div 的垂直中线上,然后再设置子 div 的 margin-top 为其高度一半的负值。

4.8.4　绝对定位

绝对定位是指盒子的位置以它的包含框为基准进行定位。绝对定位的元素完全脱离标准流。这意味着它们对其他元素的盒子定位没有影响,其他的元素就好像这个绝对定位元素完全不存在一样。

提示:绝对定位是以它的包含框的边框内侧为基准进行定位的,因此改变包含框的填充值不会对绝对定位元素的位置造成影响。

绝对定位的偏移值是指从它的包含框边框内侧到元素的外边界之间的距离,如果修改元素的 margin 值会影响元素内容的显示位置。

例如,如果将相对定位例子中的 em 的定位属性值由 relative 改为 absolute,那么 em 将按照绝对定位方式进行定位,从图 4-93 中可以看出它将以浏览器左上角为基准定位,配合 left、top 属性值进行偏移,同时 em 元素原来所占据的位置将消失,也就是说它脱离了标准流,其他元素当它不存在了一样。em 选择器的代码如下:

```
em{
    background-color:#0099FF;
```

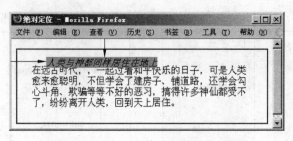

图 4-93　设置 em 元素为绝对定位

```
position:absolute;
left: 60px;
top: 30px;   }
```

但要注意的是,设置为绝对定位(position:absolute;)的元素,并非总是以浏览器窗口为基准进行定位的。实际上,绝对定位元素是以它的包含框为基准进行定位的,所谓包含框是指距离它最近的设置了定位属性的父级元素的盒子。如果它所有的父级元素都没有设置定位属性,那么包含框就是浏览器窗口。

下面对 em 元素的父级元素 p 设置定位属性,使 p 元素成为 em 元素的包含框。这时,em 元素就不再以浏览器窗口为基准进行定位了,而是以它的包含框 p 元素的盒子为基准进行定位,效果如图 4-94 所示。

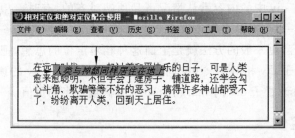

图 4-94　设置 em 为绝对定位同时设置 p 为相对定位

对应的 CSS 代码如下:

```
p{
    background-color: #dbfdba;
    padding: 25px;
    position:relative;                          /* 让 p 元素成为包含框 */
    border: 2px solid #6c4788;   }
em{
    background-color: #0099FF;
    position:absolute;
    left: 60px;
    top: 40px;   }
```

上述代码就是相对定位和绝对定位配合使用的例子,这种方式非常有用,可以让子元素以父元素为定位基准进行定位。

表 4-7 对相对定位和绝对定位的特点进行了比较。

表 4-7　相对定位和绝对定位的比较

	relative（相对定位）	absolute（绝对定位）
定位基准	以该元素原来的位置为基准	元素以距离它最近的设置了定位属性的父级元素为定位基准,若它所有的父级元素都没设置定位属性,则以浏览器窗口为定位基准
原来的位置	还占用着原来的位置,未脱离标准流	不占用其原来的位置,已经脱离标准流,其他元素就当它不存在一样
宽度	盒子的宽度不会收缩	盒子的宽度会自动收缩

4.8.5　绝对定位的应用举例

　　绝对定位元素的特点是完全脱离了标准流,不占据网页中的位置,而是浮在网页上。利用这个特点,绝对定位可以制作漂浮广告、弹出菜单等浮在网页上的元素。如果希望绝对定位元素以它的父元素为定位基准,则需要对它的父元素设置定位属性(一般都是设置为相对定位),使它的父元素成为包含框,这就是绝对定位和相对定位的配合使用。这样就可以制作出缺角的导航条、小提示窗口或下拉菜单等。

1. 制作缺角的导航条

　　图 4-95 是一个缺角的导航条,这是一个利用定位基准和绝对定位技术结合的典型例子,下面来分析它是如何制作的。

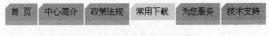

图 4-95　缺角的导航条

　　首先,如果这个导航条没有缺角,那么这个水平导航条完全可以通过盒子在标准流及浮动方式下的排列来实现,不需要使用定位属性。其次,缺的这个角是通过一个元素的盒子叠放在导航选项盒子上实现的,它们之间的位置关系如图 4-96 所示。

图 4-96　缺角的导航条元素盒子之间的关系

　　形成缺角的盒子实际上是一个空元素,该元素的左边框是 8 像素宽的白色边框,下边框是 8 像素宽的蓝色边框,它们交汇就形成了斜边效果,如图 4-97 所示。

　　可以看出,导航项左上角的盒子必须以导航项为基准进行定位,因此必须设置导航项的盒子为相对定位,让它成为一个包含框,然后将左上角的盒子设置为绝对定位,使左上角的盒子以它为基准进行定位,这样还能使左上角盒子不占据标准流的空间。同时由于导航条不需要改变在标准流中的位置,所以应

图 4-97　缺角处是一个左白、
　　　　　下蓝边框的空元素

该设置为相对定位无偏移。

下面将这个实例分解成几步来做：

(1) 首先写出结构代码，我们直接用 a 元素的盒子做导航条，因为 a 元素里还要包含了一个盒子，所以应在 a 元素中添加任意一个行内元素，这里选择 b 元素，它的内容应为空，这样才能利用边框交汇做三角形。结构代码如下：

```
<div id="nav4">
    <a href="#"><b></b>首页</a>
    <a href="#"><b></b>中心简介</a>
    ...
    <a href="#"><b></b>技术支持</a>
</div>
```

(2) 因为要设置 a 元素的边框填充等值，所以设置 a 元素为块级元素显示，而要让块级元素水平排列，必须设置这些元素为浮动。当然，设置为浮动后元素将自动以块级元素显示，因此也可以将 a 元素的 display: block; 去掉。同时，要让 a 元素成为其子元素的包含框，必须设置 a 元素的定位属性，而 a 元素应保持它在标准流中的位置不发生移动，所以 a 元素的定位属性值应为相对定位。因此，a 元素的 CSS 代码如下：

```
#nav4 a{
    background-color: #79bcff;
    font-size: 14px;color: #333;
    text-decoration: none;
    border-bottom:8px solid #99CC00;          /*以上 5 条为普通 CSS 样式设置*/
    display: block;
    float: left;
    padding: 6px 10px 4px 10px;
    margin:0 2px;
    position:relative;                         /*让 b 元素以 a 元素为定位基准*/
}
```

(3) 接下来设置 b 元素为绝对定位，让它以 a 元素为包含框进行定位。由于 b 位于 a 的左上角，必须设置偏移属性 left:0;和 top:0;。由于 b 元素还没有内容，所以此时看不见 b 元素。再设置 b 元素的左边框为白色，下边框为 a 元素的背景色。这样在 Firefox 中就可以看见缺角的导航条效果了。为了在 IE 中也有此效果，需要设置 overflow: hidden;和 height: 0px;，因为 IE 默认情况下，设置了边框属性的空元素也有 12px 的高度。所以 b 元素的 CSS 代码如下：

```
#nav4 a b{
    border-bottom: 8px solid #79bcff;
    border-left: 8px solid #ffffff;       /*左边框和下边框交汇形成三角形效果*/
    overflow: hidden;
    height: 0px;                          /*以上 2 条为了兼容 IE 6,使空元素高度为 0*/
    position: absolute;
    left:0;                               /*相对于 a 元素边框内侧的左上角定位*/
```

```
    top:0;  }
```

(4)最后为导航条添加交互效果,只需设置鼠标经过时 a 元素的字体、背景色改变,b 元素下边框颜色改变就可以了。

```
#nav4 a:hover{
    color: #c00;
    background-color: #ccc;
    border-bottom-color: #cf3;  }
#nav4 a:hover b{
    border-bottom-color: #ccc;  }
```

这样,这个缺角的导航条就制作完成了。网上还有很多这种带有三角形的导航条,如图 4-98 所示,在默认状态时将三角形隐藏,而鼠标滑过时显示三角形。

图 4-98　带有三角形的导航条

2. 制作中英文双语导航条

将缺角的导航条稍作修改就能得到如图 4-99 所示的中英文双语导航条。

图 4-99　中英文双语导航条

我们先看看它的结构代码:

```
<div id="nav4">
    <a href="#"><b>首页</b>Home</a>
    <a href="#"><b>关于我们</b>About Us</a>
    <a href="#"><b>产品展示</b>Products</a>
    <a href="#"><b>售后服务</b>Services</a>
    <a href="#"><b>联系我们</b>Contact</a>
</div>
```

可以看到,它是把导航项的中文写在<b>标记中,通过在默认状态下隐藏 b 元素,就只能看到英文的文字了。当鼠标滑过时,为了让中文遮盖住英文,必须设置 b 元素为绝对定位,这样 b 元素的盒子就会浮在 a 元素上,挡住了 a 元素且不占据 a 元素的空间。

同样,为了让 b 元素的盒子正好完全遮盖住 a 元素的盒子,b 元素应以 a 元素为定位基准,所以设置 a 元素为相对定位,并且 b 元素应从 a 元素的左上角开始显示,因此设置 b 元素的偏移属性 left、top 都为 0,再设置 b 元素的宽度为 100%,这样 b 元素就和 a 元素一样大,就完全能把 a 元素挡住了。下面是它的 CSS 设计步骤。

(1)在默认状态下的 CSS 代码如下:

```
#nav4 a{
```

```
    font-size: 14px;color: #333;
    text-decoration: none;
    text-align:center;
    border-bottom:8px solid #99cc00;
    background-color: #79bcff;
    padding: 6px 10px 4px 10px;
    margin:0 2px;            /*以上8条为导航条样式的一般设置*/
    float: left;             /*使导航项水平排列*/
    width:60px;              /*由于中文和对应英文的宽度往往不同,所以要固定盒子宽度*/
    position:relative;       /*作为b元素的定位基准*/
}
#nav4 a b  {
    display:none;            /*默认状态隐藏b元素,且不占据空间*/
    position: absolute;  }
```

（2）当鼠标滑过时，显示 b 元素，并为 b 元素设置背景色，这样 b 元素的盒子不透明才能挡住 a 元素。代码如下：

```
#nav4 a:hover{
    color: #cc0000;
    border-bottom-color: #cf3;         /*文字和下边框变色*/  }
#nav4 a:hover b{
    display:block;
    left:0;
    top:0;
    padding: 6px 10px 4px;
    width: 60px;                        /*以上两条使b的盒子和a一样大*/
    background: #ccc;                   /*设置背景色,注意不能在#nav4 a b中设置*/
    }
```

这样，中英文双语导航条就做好了，但它有个缺点，就是导航项不能自适应宽度。

3. 制作小提示窗口（4-6. html）

我们知道，几乎所有的 HTML 标记都有一个 title 属性。添加该属性后，当鼠标停留在元素上时，会显示 title 属性里设置的文字。但用 title 属性设置的提示框不太美观，而且鼠标要停留一秒钟以后才会显示。实际上，可以用绝对定位元素来模拟小提示框，由于这个小提示框必须在其解释的文字旁边出现，所以要把待解释的文字设置为相对定位，作为小提示框的定位基准。

下面是 CSS 小提示框的代码，它的显示效果如图 4-100 所示。

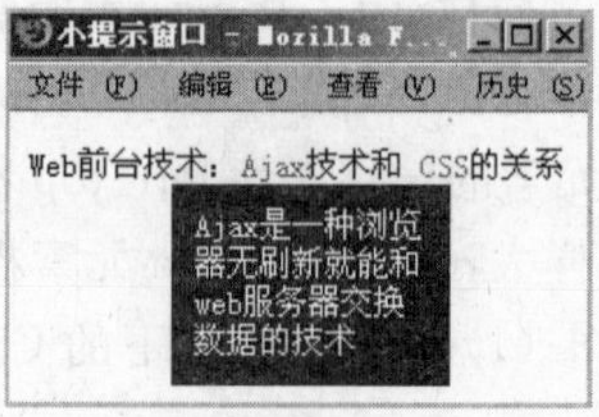

```
<style type="text/css">
a.tip{
    color:red;
```

图 4-100　小提示窗口的效果

```
    text-decoration:none;
    position:relative;                    /*设置待解释的文字为定位基准*/
    }
    a.tip span{display:none;}             /*默认状态下隐藏小提示窗口*/
    a.tip:hover{cursor:hand;              /*当鼠标滑过时将鼠标指针设置为手形*/
           z-index:999;}
    a.tip:hover .popbox{
       display:block;                     /*当鼠标滑过时显示小提示窗口*/
       position:absolute;
       top:15px;
       left:-30px;
       width:100px;                       /*以上三条设置小提示窗口的显示位置及大小*/
       background-color:#424242;
       color:#fff;
       padding:10px;
    z-index:9999;                         /*设置很大的层叠值防止被其他 a 元素覆盖*/
    }
    p{  font-size: 14px;  }
</style>
<body><p>Web 前台技术：<a href="#" class="tip">Ajax< span class="popbox">Ajax
是一种浏览器无刷新就能和 web 服务器交换数据的技术</span></a>技术和
<a href="#" class="tip">CSS< span class="popbox">Cascading Style Sheets 层叠样
式表</span></a>的关系</p></body>
```

4. 制作纯 CSS 下拉菜单（4-7. html）

　　下拉菜单是网页中常见的高级界面元素，过去下拉菜单一般都用 JavaScript 制作。例如使用 Dreamweaver 中的"行为"或在 Fireworks 中"添加弹出菜单"都可以制作下拉菜单，它们是通过自动插入 JavaScript 代码实现的，但这些软件制作的下拉菜单存在代码复杂、界面不美观等缺点，因此现在更推荐使用 CSS 来制作下拉菜单，它具有代码简洁、界面美观、占用资源少的优点。

　　下拉菜单的特点是弹出时浮在网页上，不占据网页空间，所以放置下拉菜单的元素必须设置为绝对定位元素，而且下拉菜单位置是依据它的导航项来定位的，所以导航项应该设置为相对定位，作为下拉菜单的定位基准。在默认状态下，设置下拉菜单元素的 display 属性为 none，使下拉菜单被隐藏起来。当鼠标滑到导航项时，显示下拉菜单。

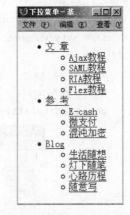

　　制作下拉菜单的步骤比较复杂，下面一步步来做：

　　（1）下拉菜单采用二级列表结构，第一级放导航项，第二级放下拉菜单项。首先写出它的结构代码，此时显示效果如图 4-101 所示。

图 4-101　下拉菜单基本结构

```
<ul id="nav">
```

```
<li><a href="">文 章</a>
  <ul>
    <li><a href="">Ajax 教程</a></li>
    <li><a href="">SAML 教程</a></li>
    <li><a href="">RIA 教程</a></li>
    <li><a href="">Flex 教程</a></li>
  </ul>
  </li>
<li><a href="">参 考</a>
  <ul>
    <li><a href="">E-cash</a></li>
    <li><a href="">微支付</a></li>
    <li><a href="">混沌加密</a></li>
  </ul>
</li>
<li><a href="">Blog</a>
  <ul>
    <li><a href="">生活随想</a></li>
            ......
    <li><a href="">随意写</a></li>
  </ul>
</li>
</ul>
```

可以看到下拉菜单被写在内层的 ul 里,我们只需控制这个 ul 元素的显示和隐藏就能实现下拉菜单效果。

(2) 设置第一层 li 为左浮动,这样导航项就会水平排列,同时去除列表的小黑点、填充和边界。此时显示效果如图 4-102 所示。再设置导航项 li 为相对定位,让下拉菜单以它为基准定位。代码如下:

```
#nav,#nav ul{
    padding: 0;  margin: 0;
    list-style: none;  }
li{
    float: left;
    width: 160px;
    position:relative;  }
```

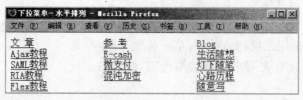

图 4-102　下拉菜单水平排列——设置第一级 li 左浮动

（3）设置下拉菜单为绝对定位，位于导航项下 21 像素。默认状态下隐藏下拉菜单 ul，所以 ul 默认值是不显示。

```
li ul{
    display: none;
    position: absolute;
    top: 21px;  }
```

再添加交互，当鼠标滑过时显示下拉菜单 ul。此时在 Firefox 中就可以看到鼠标滑过时弹出下拉菜单的效果了，如图 4-103 所示，只是不太美观。

```
li:hover ul{  /*IE 6不支持非 a 元素的伪类,故 IE 6不显示下拉菜单*/
    display: block;  }
```

图 4-103 添加了交互的下拉菜单——当鼠标滑过时显示下拉菜单项

（4）最后改变下拉菜单的 CSS 样式，使它更美观，并添加交互效果。最终在 Firefox 中的效果如图 4-104 所示。代码如下：

```
ul li a{
    display:block;
    font-size:14px;color:#333;                  /*设置文字效果*/
    text-align:center;
    text-decoration: none;
    border: 1px solid #ccc;
    padding:3px;
    height:1em;                                 /*解决 IE 6 的 bug*/
}
ul li a:hover{
    background-color:#f4f4f4;
    color:red;  }
```

图 4-104 对下拉菜单进行美化后的效果

想一想：如果把上述选择器中的（position：relative；）和（position：absolute；）都去掉还会有上面的下拉菜单效果吗？会出现什么问题呢？

（5）使下拉菜单兼容 IE 6 浏览器的基本思想。

由于 IE 6 浏览器不支持 li:hover 伪类，所以无法弹出菜单。一种兼容 IE 6 浏览器的方法是在网页 head 部分插入下面一段 JavaScript 代码。代码如下：

```
<script type="text/javascript">
startList=function(){
        navRoot=document.getElementById("nav");
        node=navRoot.getElementsByTagName("li");
    for (i=0;i<node.length;i++){
    node[i].onmouseover=function(){
        this.className+=" over";                   //over 前面有个空格不能省略
            }
    node[i].onmouseout=function(){
        this.className=this.className.replace(/over/,"");
            }}}
window.onload=startList;
</script>
```

并添加一条 CSS 选择器，代码如下。使 JavaScript 能动态地为 li 元素添加、移除“.over”这个类从而控制 li ul 的显示和隐藏。

```
li.over ul{  display: block;  }
```

5. 制作图片放大效果（4-8. html）

在电子商务网站中，常常会以缩略图的方式展示商品。当浏览者将鼠标滑动到商品缩略图上时，会把缩略图放大显示成商品的大图，通常还会在大图下显示商品的描述信息，如图 4-105 所示。这种展示商品的图片放大效果非常直观友好，下面分析它是如何制作的。

图 4-105　图片放大最终效果

　　首先,商品的缩略图的排列可以使用标准流方式排列,但商品的大图要以缩略图为中心进行放大,所以得以缩略图为定位基准,因此商品的缩略图应设置为相对定位。而商品的大图是浮在网页上,所以是绝对定位元素。在默认情况下,商品的大图是不显示的,当鼠标滑到缩略图上时,就显示商品的大图。

　　制作图片放大效果的步骤较复杂,下面分解为几步来制作:

　　(1) 由于有许多张图片,因此采用列表结构来组织这些图片,每个列表项放一张图片。因为图片要响应鼠标悬停,所以在它外面要套一个 a 标记。结构代码如下:

```
<ul id="lib">
    <li><a href="#"><img src="pic1.jpg"/></a></li>
    <li><a href="#"><img src="pic2.jpg"/></a></li>
    <li><a href="#"><img src="pic3.jpg"/></a></li>
    <li><a href="#"><img src="pic4.jpg"/></a></li>
</ul>
```

　　(2) 添加 CSS 代码,主要是清除列表的默认样式,为图片设置边框填充,并设置鼠标滑过时重新定义 img 元素的宽和高实现图片放大。

```
#lib{                               /* 清除列表的默认格式 */
    margin: 0px;
    padding: 0px;
    list-style-type: none;  }
#lib li{
    float: left;                    /* 如果不希望图片水平排列,可去掉这句 */
    margin: 4px;  }
#lib img{
    border: 1px solid #333;
    padding: 6px;  }
#lib a:hover{
    border:1px solid #ccc;          /* 此处主要为兼容 IE 6 */  }
#lib a:hover img{
    width:300px;                    /* 当鼠标滑过时重新定义图片的宽和高,实现放大效果 */
    height:280px;  }
```

　　(3) 这样就有了鼠标经过时图片变大效果,但变大后会使它后面的图片向后偏移,如图 4-106 所示。如果希望后面的图片不发生位移,就需要设置变大后的图片脱离标准流,

图 4-106　图片放大效果(未使用定位属性)

不占据网页的空间。因此必须将 img 元素设置为绝对定位,将 a 元素设置为相对定位。

因此在步骤(2)基础上添加和修改的 CSS 代码如下:

```
#lib a{
    position:relative;  }
#lib a:hover{
    border:1px solid #ccc;
    z-index:1000;                    /*防止放大后的图片被小图遮盖*/  }
#lib a:hover img{
    position: absolute;
    left:-50px;
    top:-40px;
    width:300px;
    height:280px;  }
```

要注意因为 a 是 img 的父元素,而父元素的盒子默认会叠放在子元素的下面,所以要将♯lib a:hover 的层叠值(z-index)设置得很大,使放大后的图片不被其他图片所挡住。

(4) 这样图片变大之后由于脱离了标准流,一变大就不占据原来空间,导致其后面的图片前移占据它原来的位置,如图 4-107 所示。这不是我们想要的效果。

图 4-107　图片放大效果(放大后绝对定位)

怎样解决这个问题呢? 可以给 img 的父元素 li 设置宽度和高度,这样即使 img 元素绝对定位不占据空间,由于其父元素 li 定义了宽和高,就不会自动收缩,仍然会占据原来的位置。li 元素的宽和高应等于图片的宽和高加它的填充边界距离。这样就正好把图片给包住。在上述代码的基础上再添加下面的代码就可以了,效果如图 4-108 所示。

图 4-108　图片放大效果(设置了绝对定位元素父元素的宽和高)

```
#lib li{
    float: left;
    width:164px;
    height:154px;            /*防止a元素绝对定位不占据空间后父元素自动收缩*/
    margin: 4px;   }
```

如果不是对图片本身放大,而是在图片旁边弹出一张大图,则需要在 img 标记旁边插入一个 span 标记,用 span 标记的背景来放置大图,用 a:hover span 来控制大图的显示和隐藏,整体思路和做小提示窗口相似,只是把文字换成图像了。

6. hover 伪类的应用总结

hover 伪类是通过 CSS 实现与页面交互的最主要形式,本节的所有实例中都用到了hover 伪类,下面总结一下 hover 伪类的作用。

hover 伪类的作用有两种,一是定义元素在鼠标滑过时样式的改变,以实现动态效果,这是 hover 伪类的基本用法,如鼠标滑过导航项时让导航项的字体和背景变色等。

二是通过 hover 伪类控制元素子元素的动态效果。用 hover 伪类控制元素的子元素又可分为两种情况:

(1) 解决 IE 6 不支持非 a 元素 hover 伪类的问题。

由于 IE 6 只支持 a:hover 伪类,如果要给其他元素添加动态效果,就可以在该元素外面套一个 a 标记,例如在 img 元素外套一个 a 标记,就可以用 a:hover img 来设置鼠标滑过 img 时的动态效果了。

(2) 控制子元素的显示和隐藏。

有时如果子元素通过 display:none 隐藏起来了,就没有办法利用子元素自身的hover 伪类来控制它了,只能使用父元素的 hover 伪类对它进行控制,例如下拉菜单。

hover 伪类不能做什么:hover 伪类只能控制元素自身或其子元素在鼠标滑过时的动态效果,而无法控制其他元素实现动态效果,例如 tab 面板由于要用 tab 项(a 元素)控制不属于其包含的 div 元素,就无法使用 hover 伪类实现,而只能通过编写 JavaScript 代码来操纵 a 元素的行为实现。

4.8.6　DW 中定位属性面板介绍

在 DW 中,在"定位"选项面板中对定位属性进行设置,其中,"宽"和"高"对应 width和 height 属性,实际上这两项的设置在"方框"面板中也有。"裁切"可用来对图像或其他盒子进行剪切,但仅对绝对定位元素有效。"显示"(visibility)若设置为隐藏,则元素不可见,但元素所占的位置仍然会保留。这些选项对应的 CSS 属性如图 4-109 所示。

4.8.7　与 position 属性有关的 CSS 属性

1. z-index 属性

z-index 属性用于调整定位时重叠块之间的上下位置。与它的名称一样,想象页面为

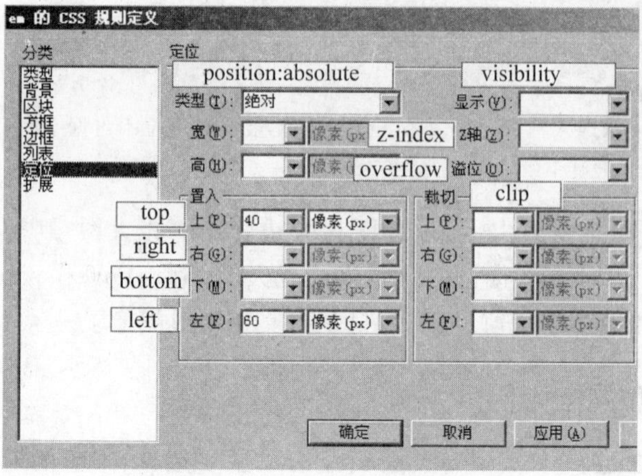

图 4-109　DW 中的定位属性面板

x-y 轴，那么垂直于页面的方向就为 z 轴，z-index 值大的盒子会叠放在值小的盒子的上方，可以通过设置 z-index 值改变盒子之间的重叠次序。z-index 默认值为 0，当两个盒子的 z-index 值一样时，则保持原来的高低覆盖关系。

注意：z-index 属性和偏移属性一样，只对设置了定位属性(position 属性值为 relative 或 absolute 或 fixed)的元素有效。下面的代码是用 z-index 属性调整重叠块的次序。

```
<style type="text/css">
#block1,#block2,#block3{
    border:1px dashed black;
    padding:10px;
    position:absolute;           }
#block1{
    background-color:#fff0ac;
    left:20px;      top:30px;
    z-index:1;                              /*层叠值 1*/   }
#block2{
    background-color:#ffc24c;
    left:40px;      top:50px;
    z-index:0;                              /*层叠值 0*/   }
#block3{
    background-color:#c7ff9d;
    left:60px;      top:70px;
    z-index:-1;                             /*层叠值-1*/   }
</style>
    <div id="block1">第一个盒子 AA</div>
    <div id="block2">第二个盒子 BB</div>
    <div id="block3">第三个盒子 CC </div>
```

上述代码对 3 个有重叠关系的 div 分别设置了 z-index 值，设置前后的效果如图 4-110 所示。

图 4-110　设置 z-index 值前(左)和设置 z-index 值后(右)三个盒子的叠放次序

2. z-index 属性应用——制作动态改变叠放次序的导航条

利用 z-index 属性改变盒子叠放次序的功能,我们可以制作出图 4-110 所示的导航条来。该导航条由几个导航项和下部的水平条组成。水平条是一个绝对定位元素,通过设置它的位置使它正好叠放在导航项下面的部分上。在正常浏览状态下,导航项的下方被水平条覆盖,当鼠标滑过某个导航项时,设置它的 z-index 值变大,这样该导航项就会遮盖住水平条,形成图 4-111 所示的动态效果来。

图 4-111　动态改变 z-index 属性的导航条

下面分步来讲解如何制作动态改变 z-index 属性的导航条。

(1) 首先,因为 z-index 只对设置了定位属性的元素才有效,所以导航项和水平条都要设置定位属性。由于每个导航项的位置应该保持在标准流中的位置不变,所以设置它们为相对定位,不设置偏移属性。而水平条要叠放在导航项的上方,不占据网页空间,因此设置它为绝对定位。而且水平条要以整个导航条为基准进行定位,所以将整个导航条放在一个 div 盒子内,并设置它为相对定位,作为水平条的定位基准。结构代码如下:

```
<div id="nav">                    <!--主要作用是作为底部水平条的定位基准 -->
    <a href="#"><span>首页</span></a>
                            <!--该导航条使用了滑动门技术,所以每个导航项需要两个盒子-->
    <a href="#"><span>中心简介</span></a>    …
    <a href="#"><span>技术支持</span></a>
    <div id="bott"></div>          <!--底部的水平条 -->
</div>
```

(2) 接下来写导航条♯nav 和它包含的水平条的 CSS 代码,♯nav 只要设置为相对定位就可以了,作为水平条♯bott 的定位基准,而♯bott 设置为绝对定位后必须向下偏移28px,这样正好叠放于导航项的下部。

```
#nav{
    position:relative;                /*作为定位基准 */}
#bott{
    background-color: #999966;
    height:6px;                        /*水平条高度为 6px */
    font-size:0;                       /*兼容 IE,也可用 overflow:hidden 替代 */
```

```
    clear:both;              /*由于 a 元素都浮动,所以要清除浮动*/
    position:absolute;
    width:95% ;              /*绝对定位元素宽度不会自动伸展,设置宽度使其占满一行*/
    top:28px;  }
```

（3）用滑动门技术设置 a 元素和 span 元素的背景,背景
图片如图 4-112 所示。其中 span 元素的背景从右往左铺,a
元素的背景从左往右铺,叠加后形成自适应宽度的圆角导航
项背景。再设置 a 元素为相对定位,这是为了使 a 元素在鼠
标滑过时能设置 z-index 属性。代码如下:

图 4-112　导航条的背景图
片(zindex.gif)

```
#nav a{
    position:relative;              /*设置为相对定位,为了应用 z-index 属性*/
    float: left;                    /*使 a 元素水平排列*/
    padding-left: 14px;
    background: url(images/zindex.gif)0-42px;       /*取下半部分的图案作背景*/
    height:34px;
    line-height:28px;               /*行高比高度小,使文字位于中部偏上*/
    color:White;
    text-decoration:none;  }
#nav span{
    padding-right:14px;
    background: url(images/zindex.gif) 100%  -42px;
    font-size:14px;
    float:left;                     /*此处是为兼容 IE 6,防止 span 占满整行*/  }
```

（4）最后设置鼠标滑过时的效果,包括设置 z-index 值改变重叠次序,改变背景显示
位置实现图像的翻转等。代码如下:

```
#nav a:hover{
    cursor:hand;                    /*使 IE 6中光标变为手形*/
    background-position:0 0;        /*取上半部分图像作为背景*/
    z-index:1000;                   /*使鼠标悬停的导航项遮盖住水平条*/}
#nav a:hover span{
    height:34px;
    background-position:100% 0;     /*取下半部分图像作为背景,实现背景的翻转*/
    color:#ff0000;                  /*改变文字颜色*/}
```

这样动态改变层叠次序的导航条就做好了,如果将导航条的背景图片制作成具有半
透明效果的 png 格式文件,效果可能会更好。

3. overflow 属性

（1）overflow 属性的基本功能是设置元素盒子中的内容如果溢出是否显示,取值有
visible(可见)、hidden(隐藏)、scroll(出现滚动条)、auto(自动)。如果不设置则默认值为
visible。将下面代码中的 overflow 值依次修改为 visible、hidden、scroll、auto 的显示效果

如图 4-113 所示。

```css
<style type="text/css">
#qq{
    border:1px solid #333333;
    height: 100px;
    width: 100px;
    overflow: visible;            /* 依次修改为 hidden、scroll、auto */}
</style>
<div id="qq">在一个遥远而古老的国度里,国王和王后因为性格不和而离婚,国王再娶了一位
美丽的王后。可惜,这位新后天性善妒</div>
```

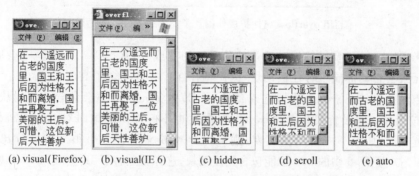

(a) visual(Firefox)　(b) visual(IE 6)　(c) hidden　(d) scroll　(e) auto

图 4-113　overflow 属性取不同值的效果

由于 IE 对于空元素的默认高度是 12px,所以经常使用(overflow:hidden)使空元素在 IE 浏览器中所占高度为 0。

(2) overflow 属性的另一种功能是用来代替清除浮动的元素。

如果父元素中的子元素都设置成了浮动,那么子元素脱离了标准流,导致父元素高度不会自动伸展包含住子元素,在"扩展外围盒子高度"中说过可以在这些浮动的子元素的后面添加一个清除浮动的元素,来把外围盒子撑开。实际上,通过对父元素设置 overflow 属性也可以扩展外围盒子的高度,从而代替了清除浮动元素的作用。例如:

```css
<style type="text/css">
div{
    padding:10px;    margin:10px;
    border:1px dashed #111111;
    background-color:#90baff;  }
.father{
    background-color:#ffff99;
    border:1px solid #111111;
    overflow:auto;               /* 图 4-113(左)是未添加这句时的效果 */}
.son1{
    float:left;  }
</style>
<div class="father">
```

```
    <div class="son1">Box-1</div>
</div>
```

可看到,对父元素设置 overflow 属性为 auto 或 hidden 时,就能达到在 Firefox 中扩展外围盒子高度的效果,如图 4-114(右)所示,这比专门在浮动元素后添加一个清除浮动的空元素要简单得多。

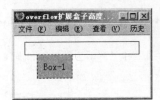

图 4-114 利用 overflow 属性扩展外围盒子高度之前(左)和之后(右)的效果

对于 IE 来说,只要设置浮动元素的父元素的宽或高,那么浮动元素就不会脱离标准流。父元素会自动伸展包含住浮动块,因此不存在扩展外围盒子高度的问题。

但当没有对父元素 box 设置宽或高时,在 IE 中父元素也不会包含住浮动块,而且对 IE 即使按上述方法设置父元素的 overflow 属性也不起作用。这时对 IE 来说,只能对盒子设置宽或高,如果不方便设置宽度,则可以针对 box 设置一个很小的百分比高度,如 (height:1%),使 IE 6 中的 box 也能包含住浮动块,这样就兼容了 IE 6 和 Firefox 浏览器。

另外,对浮动元素后面的元素设置 overflow:hidden 也能使 Firefox 出现和 IE 中相同的效果,读者可以对图 4-78 中对应的代码做修改来验证这一点。

4. clip 属性

在网页设计中,有时网页上摆放图片的面积不够,此时可以通过设置宽和高属性将图片缩小,也可以通过 clip 属性对图片进行裁切。clip 是裁切属性,用来设置对象的可视区域。clip 属性仅能用在绝对定位(position:absolute)元素上,例如:

```
img{
    clip: rect(20px,auto,auto,20px);
    position: absolute;}
```

表示从距左边 20px 处和距上边 20px 处开始显示图片,则左边和上边 20px 以内的区域都被裁切掉,即看不见了,但仍然占据网页空间。效果如图 4-115 所示。

图 4-115 裁切前(左)裁切后(右)

用 clip 属性不仅能裁切图像,也能裁切任何网页元素,但是要应用 clip 属性必须将元素设置为绝对定位,而这可能会影响元素原来在网页中的布局方式。

实际上,如果对一个元素设置负边界值,那么这个元素会有一部分移出原来的位置不被显示,同时设置它的父元素宽和高,并设置溢出隐藏,这样可以用来模拟裁切属性的效果。

4.9 CSS+div 布局

虽然普通用户看到的网页上有文字、图像等各种内容,但对于浏览器来说,它"看到"的页面内容就是大大小小的盒子。对于 CSS 布局而言,本质就是大大小小的盒子在页面上的摆放。我们看到的页面中的内容不是文字,也不是图像,而是一堆盒子。要考虑的就是盒子与盒子之间的关系,是上下排列、左右排列还是嵌套排列,是通过标准流定位还是通过浮动、绝对定位、相对定位实现,定位基准是什么等。将盒子之间通过各种定位方式排列使之达到想要的效果就是 CSS 布局基本思想。用 CSS 对整个网页进行布局的基本步骤如下:

(1) 将页面用 div 分块。

(2) 通过 CSS 设计各块的位置和大小,以及相互关系。

(3) 在网页的各大 div 块中插入作为各个栏目框的小块。

表 4-8 对表格布局和 CSS+div 布局的特点进行了比较。

表 4-8 表格布局和 CSS+div 布局的比较

	表 格 布 局	CSS+DIV 布 局
布局方式	将页面用表格或单元格分区	将页面用 div 等元素分块
控制元素占据的空间大小	通过<td>标记的 width 和 height 属性确定	通过 CSS 属性 width 和 height 确定
控制元素的位置	在单元格前插入指定宽度的单元格使元素位置向右移动,或插入行或占位表格使元素向下移动	设置元素的 margin 属性或设置其父元素的 padding 属性使元素移到到指定位置
图片的位置	只能通过图片所在单元格的位置控制图片的位置	既可以通过图片所在元素的位置确定,又可以使用背景的定位属性确定图片的位置

4.9.1 分栏布局的种类

网页的布局从总体上说可分为固定宽度布局和可变宽度布局两类。所谓固定宽度是指网页的宽度是固定的,如 780 像素,不会随浏览器大小的改变而改变;而可变宽度是指如果浏览器窗口大小发生变化,网页的宽度也会变化,如将网页宽度设置为 85%,表示它的宽度永远是浏览器宽度的 85%。

固定宽度的好处是网页不会随浏览器大小的改变而发生变形,窗口变小只是网页的一部分被遮盖住,所以固定宽度布局用得更广泛,适合于初学者使用。而可变宽度布局的好处是能适应各种用户的显示器,不会因为用户的显示器过宽而使两边出现很宽的空白区域。

以 1-3-1 式三列布局为例,它具有的布局形式如图 4-116 所示。

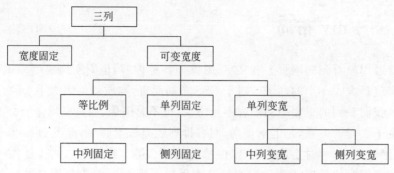

图 4-116　1-3-1 式布局所有的种类

4.9.2　固定宽度布局

1. 固定宽度分栏布局的实现

固定宽度布局的最常用方法是将所有栏都浮动,在浮动的应用一节已经介绍了三栏浮动实现 1-3-1 布局的方法,此处不再赘述。

2. 固定宽度网页居中的方法

通常情况下我们都希望制作的网页在浏览器中居中显示,通过 CSS 实现网页居中主要有以下三种方法:

(1) text-align 法

这种方法设置 body 元素的 text-align 值为 center,这样 body 中的内容(整个网页)就会居中显示。由于 text-align 属性具有继承性,网页中各个元素的内容也会居中显示,这是我们不希望看到的,因此设置包含整个网页的容器 ♯ container 的 text-align 值为 left。代码如下:

```
body{text-align: center;mini-width: 790px;}……
# container{margin: 0 auto;text-align: left;width: 780px;}
```

(2) margin 法

通过设置包含整个网页的容器 ♯ container 的 margin 值为“0 auto”,即上下边界为 0,左右边界自动,再配合设置 width 属性为一个固定值或相对值,也可以使网页居中,从代码量上看,这是使网页居中的一种最简单的方法。例如:

```
# container{margin: 0 auto;width: 780px;}
# container{margin: 0 auto;width: 85% ;}
```

注意:如果仅设置 ♯container{margin：0 auto;},而不设置 width 值,网页是不会居中的,而且使用该方法网页顶部一定要有文档类型声明 DOCTYPE,否则在 IE 6 中不会居中。

(3) 相对定位法

相对定位法居中在 4.8.3 节中已经介绍过,它只能使固定宽度的网页居中。代码如下：

```
#container{position: relative;width:780px;left: 50% ;margin-left: -390px;}
```

4.9.3　CSS 布局的案例——重构太阳能网站

本节我们使用 CSS 布局的方法重新制作 3.8.6 节中用表格布局制作的太阳能网站，这称为网站重构。CSS 布局本质上就是设计盒子在页面上如何排列，图 4-117 是该网站 CSS 布局示意图，最终效果和图 3-37 中表格布局的网页效果完全相同。制作步骤如下：

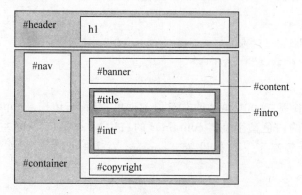

图 4-117　太阳能网站 CSS 布局示意图

1. 制作网页的头部

（1）将网页划分为两部分，即上方的 header 部分和主体的 container 部分，如图 4-117 所示。观察 header 部分有两个背景色（绿色和白色）和一个背景图像，而一个元素的盒子最多只能设置一种背景色和一个背景图像，因此需要插入两个盒子来实现。代码如下：

```
<div id="header"><h1>光普太阳能网站</h1></div>
```

（2）设置 #header 的背景色为绿色，宽为网页的宽度 852 像素。

```
#header{
    background-color:#99cc00;
    width:852px;   }
```

（3）设置 h1 的背景色为白色，并设置背景图像为 logo.jpg，通过设置 margin 使盒子向右偏移 161 像素，然后用 text-indent 方法隐藏标记中的文字。这样网页的头部就做好了。

```
#header h1{
    text-indent: -9999px;                       /*隐藏 h1 中的文本*/
    width: 691px;  height: 104px;
    background: #fff url(images/logo.jpg) no-repeat 64px 0;
                                                /*logo 图像左侧有 64px 空白*/
    margin: 0 0 0 161px;                        /*向右移动 161px*/   }
```

提示：将标题中的文字进行图像替换最主要的目的就是在 HTML 代码中仍然保留 h1 元素中的文字信息，这样对于网页的维护和结构完整都有很大好处，同时对搜索引擎的优化也有很大的意义，因为搜索引擎对 h1 标题中的信息相当重视。

2. 网页主体部分的分栏

（1）页面主体部分可分为＃nav 和＃content 两栏，这两栏可通过均设置为浮动让它们并列排列，但问题是两栏可能不等高，需要用其他办法让它们看起来等高。解决办法是在两栏外添加一个容器＃container，结构代码如下：

```
<div id="container">
    <div id="nav">…</div>
    <div id="content">…</div>
</div>
```

（2）设置整个容器＃container 的背景色为绿色，设置右边栏＃content 的背景色为白色，这样＃content 的白色覆盖在＃container 的右边，＃container 的左侧栏就是绿色了，看起来左右两列就等高了。另外设置＃content 右边框为 1 像素实线，作为网页的右边框。

```
#container{
    background-color:#9c0;
    width:852px;   }
#container #content{
    width:690px;
    background-color: White;
    float:left;
    border-right: #daeda3 1px solid;                    /*网页主体部分的右边框*/}
```

3. 制作左侧列导航块

（1）设置左侧列中的导航块样式。由于在表格布局中导航块宽度是 161px，而里面导航项的宽度是 143px，所以我们可以设置＃nav 块的 width 为 152px，左填充为 9px，这样＃nav 的宽度就有 161px，而它里面的导航项左右也正好有 9px 的宽度，实现水平居中。

```
#container #nav{
    float:left;
    width:152px;   height:166px;
    background-color:#00801b;
    padding:15px 0 0 9px;   }
```

（2）在＃nav 块中添加 6 个 a 元素作为导航项，HTML 代码如下：

```
<div id="nav">
    <a href="#">首页</a><a href="#">关于我们</a><a href="#">产品与服务</a>
```

```
<a href="#">新闻中心</a><a href="#">职业发展</a><a href="#">联系我们</a>
</div>
```

（3）然后设置这些导航项的样式，其中导航项的背景图如图 4-118 所示，设置导航项在默认状态下显示该背景图的上部，鼠标滑过时显示下部即实现了背景翻转效果。

图 4-118　元素导航项的背景图

```
#nav a{
    display:block;
    width:113px;height:18px;
    background:url(images/dh.jpg) no-repeat;
    padding:5px 0 0 30px;
    color:white;text-decoration:none;
    font:12px/1.1 "黑体";   }
#nav a:hover{
    color:#00801b;
    background-position:0 -23px;}
```

提示：如果要将图像作为元素的背景显示在网页中，只需设置元素的宽和高等于图像的宽和高即可，但如果对元素还设置了填充值，就必须将元素的宽和高减去填充值。例如，a 元素的背景图尺寸是 143×23，但由于设置了填充值，因此对 a 元素的宽和高设置为113px 和 18px。

（4）但是当 ♯container 里的两列都浮动后，它们都脱离了标准流，此时 ♯container 不会容纳它们（IE 除外），必须在它里面放置一个清除浮动的元素用来扩展 ♯container 的高度。

```
<div id="container">
    <div id="nav"></div>
    <div id="content"></div>
    <div id="clear"></div>
</div>
#container #clear{   clear:both;   }
```

当然，也可以设置 ♯container 元素（overflow:auto）来清除浮动的影响。

4. 制作右侧主要内容栏

（1）接下来设置页面主体的内容部分 ♯content，可发现 ♯content 盒子里包含三个子盒子，分别用来放置上方的 banner 图片、中间的公司简介栏目和底部的版权信息，因此在元素 ♯content 中插入三个子 div 元素。代码如下：

```
<div id="content">
    <div id="banner"></div>
    <div id="intro">  …  </div>
    <div id="copyright">  …  </div>
</div>
```

（2）设置♯banner 盒子的宽和高正好等于 banner 图片（ba1.jpg）的宽和高，再设置♯banner 的背景图是 banner 图片就完成了 banner 区域的样式设置。代码如下：

```
#content #banner{
    background: url(images/ba1.jpg) no-repeat;
    width:688px;   height:181px;                    /* 宽和高正好等于 ba1.jpg 的大小 * /}
```

（3）设置公司简介栏目♯intro，可发现公司简介栏目由标题和内容两部分组成，因此在其中插入两个 div。由于标题♯title 部分有两个背景图像，需要两个盒子，所以在♯title 里面再添加一个 h2 元素。代码如下：

```
<div id="intro">
    <div id="title"><h2>公司简介</h2></div>
    <div id="intr">光普太阳能成立于…<img src="images/in.jpg"/>…</div>
</div>
```

（4）接下来设置♯title 的样式，由于♯title 上方和左边需要留一些空隙，因此设置其 margin 属性和 width 属性使其水平居中，设置其背景图像为一张小背景图像横向平铺。

```
#intro #title{
    width:90%;
    margin:16px 0 0 5%;                             /* 设置上边界和左边界，实现水平居中 * /
    background:url(images/bj.jpg) repeat-x;          /* 背景图横向平铺 * /}
```

（5）再对 h2 设置背景图像，因为需要对 h2 元素进行图像替代文本，设置 h2 的高度把♯title 盒子撑开，再设置 marign 为 0 消除 h2 的默认边界距。

```
#intro #title h2{
    text-indent:-9999px;                            /* 隐藏 h2 的文本 * /
    background:url(images/ggd.jpg) no-repeat;
    height:41px;
    margin:0;  }
```

（6）设置公司简介栏目文本的样式，主要是设置边界、字体大小、行高、字体颜色等。

```
#content #intro #intr{
    width:90%;
    margin:21px 0 0 5%;                             /* 设置上边界和左边界，实现水平居中 * /
    font-size: 9pt;line-height: 18pt;color: #999;  }
```

再设置文本区域中的客服人员图片右浮动，实现图文混排。

```
#intro #intr img{                                  /* 文本里的客服人员图像 * /
    float:right;                                   /* 右浮动，实现图文混排 * /
    width:300px;   height:200px;                    /* 宽和高正好等于 in.jpg 的大小 * /}
```

（7）设置网页底部版权部分样式，包括用上边框制作一条水平线和设置文本样式。

```
#content #copyright{
```

```
font-size: 9pt;color: #999;text-align:center;
width:90%;
margin:8px 0 0 5%;  padding:8px;
border-top:1px solid #ccc;  }
```

总结：通过上面的代码可看出，由于要定义每个盒子在网页中的精确大小，几乎每个元素的盒子都设置了 width 和 height 属性，只是有些父元素可以被子元素撑开，所以父元素的这些属性有时可以省略。

为了让元素的盒子在网页中精确定位，一般可通过元素自身的 margin 和父元素的 padding 属性使盒子精确移动到某个位置，像 #header 中的 h1 元素就是通过 margin 属性移动到了右侧。

4.9.4　可变宽度布局

可变宽度布局在目前正在变得流行起来，它比固定宽度布局有更高的技术含量。本节介绍三种最常用的可变宽度布局模式，分别是两列（或多列）等比例布局，一列固定、一列变宽的 1-2-1 式布局，两侧列固定、中间列变宽的 1-3-1 式布局。

1．两列（或多列）等比例布局

两列（或多列）等比例布局的实现方法很简单，将固定宽度布局中每列的宽由固定的值改为百分比就行了。

```
#header,#pagefooter,#container{
    margin:0 auto;
    width:85%;                        /*改为比例宽度*/  }
#content{
    float:right;
    width:66%;                        /*改为比例宽度*/  }
#side{
    float:left;
    width:33%;                        /*改为比例宽度*/  }
```

这样不论浏览器窗口的宽度怎样变化，两列的宽度总是等比例的，如图 4-119 所示。

但是当浏览器变得很窄之后，如图 4-119(c) 所示，网页会变得很难看。如果不希望这样，可以对 #container 添加一条 CSS2.1 里面的"min-width：490px;"属性，即网页的最小宽度是 490px，这样对于支持该属性的 IE 7 或 Firefox 来说，当浏览器的宽度小于 490 像素后，网页就不会再变小了，而是在浏览器的下方出现水平滚动条。

2．单列变宽布局——改进浮动法

一列固定、一列变宽的 1-2-1 式布局是一种在博客类网站中很受欢迎的布局形式，这类网站常把侧边的导航栏宽度固定，而主体的内容栏宽度是可变的，如图 4-120 所示。

例如，网页的宽度是浏览器宽度的 85%，其中一列的宽度是固定值 200 像素。如果

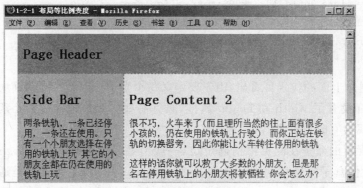

(a) 浏览器比较宽时

(b) 浏览器变窄后

(c) 浏览器变得很窄之后

图 4-119　等比例变宽布局时在浏览器窗口变化时的不同效果

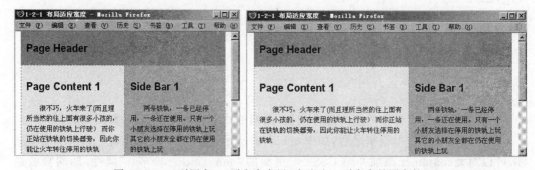

图 4-120　一列固定、一列变宽布局（右边这一列宽度是固定的）

用表格实现这种布局，只需把布局表格宽度设为 85％，把其中一列的宽度设为固定值就可以了。但用 CSS 实现一列固定、一列变宽的布局，就要麻烦一些。首先，我们把一列 div 的宽度设置为 200 像素，那么另一列的宽就是（包含整个网页 container 宽的"100％－200 像素"），而这个宽度不能直接写，因此必须设置另一列的宽是 100％，这样另一列就和 container 等宽，这时会占满整个网页，再把这一列通过负边界 margin-left：-200px 向左偏移 200 像素，使它的右边留出 200 像素，正好放置 side 列。最后设置这一列的左填充为

200 像素,这样它的内容就不会显示到网页的外边去。代码如下,图 4-121 是该布局方法的示意图。

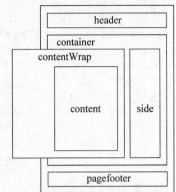

```
#header,#pagefooter,#container{
    margin:0 auto;
    width:85%;  }
#contentWrap{
    margin-left:-200px;
    float:left;
    width:100%;  }
#content{
    padding-left:200px;  }
#side{
    float:right;
    width:200px;  }
#pagefooter{
    clear:both;  }
<div id="header">……</div>
<div id="container">
    <div id="contentWrap">
        <div id="content">……</div>
    </div>
    <div id="side">……</div>
</div>
<div id="pagefooter">……</div>
```

图 4-121 单列变宽布局——改进浮动法示意图

3. 1-3-1 中间列变宽布局——绝对定位法

两侧列固定、中间列变宽的 1-3-1 式布局也是一种常用的布局形式,这种形式的布局通常是把两侧列设置成绝对定位元素,并对它们设置固定宽度。例如,左右两列都设置成 200 像素宽,而中间列不设置宽度,并设置它的左右 margin 都为 200 像素,使它不被两侧列所遮盖。这样它就会随着网页宽度的改变而改变,因而被形象地称为液态布局。其结构代码和 1-3-1 固定宽度布局一样,代码如下:

```
<div id="header"><h2>Page Header</h2></div>
    <div id="container">
        <div id="navi"><h2>Navi Bar</h2>…</div>
        <div id="content"><h2>Page Content</h2>…</div>
        <div id="side"><h2>Side Bar</h2>…</div>
    </div>
<div id="footer"><h2>Page Footer</h2></div>
```

然后将 container 设置为相对定位,则两侧列以它为定位基准。如果此时对两侧列的盒子设置背景色,那么两侧列就可能和中间列不等高,如图 4-122 所示,这样很不美观。

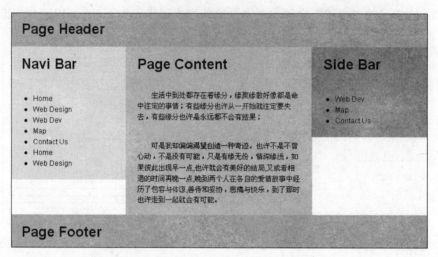

图 4-122　基本的 1-3-1 中间列变宽布局

因此不能对两侧列设置背景色，而应该对 container 设置背景色，再对中间列设置另一种背景颜色，这样两侧列的背景色实际上就是 container 的背景颜色了，而中间列的背景色覆盖在 container 的背景色上面，这样两侧列看起来就和中间列等高了。实现代码如下：

```
#navi,#side{
    width: 200px;
    position: absolute;          /*两侧列绝对定位*/
    top: 0;  }
#navi{
    left:0;                      /*从#container的左侧开始定位*/  }
#side{
    right:0;                     /*从#container的右侧开始定位*/  }
#content{
    background:white;            /*设置中间列背景色为白色*/
    margin: 0 200px;             /*不占据两侧列的位置*/  }
#container{
    width:85%;
    margin:0 auto;               /*网页居中*/
    background-color:orchid;     /*设置容器的背景色为淡紫色*/
    position: relative;          /*#container作为左右两列的定位基准*/  }
```

上面的方法两侧列的背景颜色总是相同的。如果希望两侧列的背景颜色不同，则需要在 container 里面再套一层 innerContainer，给 container 设置一个背景图片从左边开始垂直平铺，给 innercontainer 设置一个背景图片，从右边开始平铺。两个背景图片都只有两列宽，不会覆盖对方。它的结构代码如下，效果如图 4-123 所示。

```
<div id="container">
    <div id="innerContainer">
```

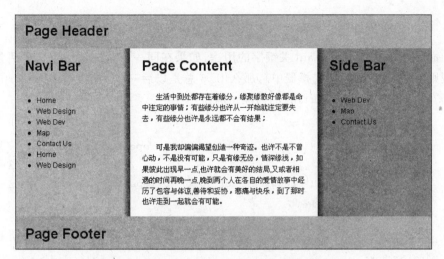

图 4-123　使用带阴影的两个背景图像的页面效果

```
<div id="navi">…</div>
<div id="content">…</div>
<div id="side">…</div>
</div>
</div>
```

其 CSS 代码就是在上述基础上修改了 #container 选择器并新建了 #innerContainer 选择器，代码如下：

```
#container{
    width:85%;    margin:0 auto;        /*水平居中*/
    background:url(images/bg-right.gif) repeat-y right top;
    position: relative;                  /*#container 作为左右两列的定位基准*/  }
#innerContainer{
    background:url(images/bg-left.gif) repeat-y left top;  }
```

可以看到，使用这种方式还可以给两个背景色图片设置一些图像效果，例如图 4-122 中的内侧阴影效果。

4.10　解决 CSS 浏览器兼容问题的基本方法*

由于 CSS 样式以及页面各种元素在不同浏览器中的表现不同，所以必须考虑网页代码的浏览器兼容问题。解决兼容性问题一般可以遵循以下两个原则：①尽量使用兼容属性；②使用 CSS hack 技术。

CSS hack 技术是通过被某些浏览器支持而其他浏览器不支持的语句，使一个 CSS 样式能够按开发者的目的被特定浏览器解释或者不能被特定浏览器解释。下面介绍几种 CSS hack 的常用技术，它们是针对 IE 6 及以上浏览器和 Firefox 等标准浏览器兼容问题的。

1. 使用!important 关键字

前面已经介绍过!important 关键字的用途,如果在同一个选择器中定义了两条相冲突的规则(注意是在同一个选择器中),那么 IE 6 总是以后一条为准,不认!important,而 Firefox/IE 7 以定义了!important 的为准。例如:

```
① .shadow div{
        background: url(images/top-left.png) no-repeat !important;
                                        /* Firefox、IE 7执行这一条 */
        background: url(images/top-left.gif) no-repeat;     /* IE 6执行这一条 */
        padding: 0 6px 6px 0;
    }
② div{margin:30px !important;                    /* Firefox、IE 7执行这一条 */
    margin:28px;                                 /* IE 6执行这一条 */
    }
```

2. 在属性前添加"＋"、"_"号兼容不同浏览器

在属性前添加"＋"号可区别 IE 与其他浏览器,例如:

```
#demo div{
    width:50px;                            /* FireFox 有效 */
    +width:60px;                           /* IE 有效 */
}
```

那么如何进一步区分 IE 6 和 IE 7 呢？由于 IE 7 不支持属性前加下划线"_"的写法,会将整条样式忽略,而 IE 6 却不会忽略,和没加下划线的属性同样解释。例如:

```
#demo div{
    height:50px;                           /* FireFox 有效 */
    +height:60px;                          /* IE 7 有效 */
    _height:70px;                          /* IE 6 有效 */
}
```

3. 使用子选择器和属性选择器等 IE 6 不支持的选择器

由于 IE 6 不支持子选择器和属性选择器等 CSS 选择器,可以用它们区别 IE 6 和其他浏览器。例如:

```
html body{background-image:(bg.gif)}       /* IE 6 有效 */
html>body{background-image:(bg.png)}       /* FireFox/IE 7有效 */
```

4. 使用 IE 条件注释

条件注释是 IE 特有的功能,能够使 IE 浏览器对 XHTML 代码进行单独处理。值得注意的是,条件注释是一种 HTML 的注释,所以只针对 HTML,当然也可以将 CSS 通过

行内式方法引入到 html 中,让 CSS 也可以应用到条件注释。IE 条件注释的使用方法如下:

```
<!--[if IE]>此内容只有 IE 可见,其他浏览器会把它当成注释忽略掉<![endif]-->
<!--[if IE 6.0]>此内容只有 IE 6.0 可见<![endif]-->
<!--[if IE 7.0]>此内容只有 IE 7.0 可见<![endif]-->
```

条件注释也支持感叹号"!"非操作。例如:

```
<!--[if !IE 6.0]>此内容除了 IE 6.0 之外都可见<![endif]- - >
```

条件注释还可使用 gt 表示 greater than,指当前条件版本的以上版本,不包含当前版本。

gte 表示 greater than or equal,大于或等于当前条件版本,表示当前条件版本和以上的版本。

同样,lt 表示 less than,指当前条件版本的以下版本,不包含当前条件版本。

lte 表示 less than or equal,当前条件版本和它的以下版本。例如:

```
<!--[if lte IE 6]>此内容 IE 6 及其以下版本可见<![endif]-->
<!--[if gte IE 7]>此内容 IE 7 及其以上版本可见<![endif]-->
```

经验:HTML 语言的注释符比较奇怪,它不像编程语言的注释符,只要是注释符中的内容就一定会被忽略。像<style>标记中的注释符,只要浏览器支持 CSS 就不会忽略其中的内容,还有上面的条件注释,对于符合条件的 IE 浏览器也不会把注释符中的内容当成注释忽略。

习 题 4

4.1 作业题

1. 下列( )是定义 CSS 样式规则的正确形式。

    A. body{color=black}　　　　　　　　B. body:color=black

    C. body{color:black}　　　　　　　　　D. {body;color:black}

2. 下面( )方式不是 CSS 中颜色的表示法。

    A. #ffffff　　　　　　　　　　　　　　B. rgb(255,255,255)

    C. rgb(ff,ff,ff)　　　　　　　　　　　D. white

3. 关于浮动,下列( )样式规则是不正确的。

    A. img{float:left;margin:20px;}

    B. img{float:right;right:30px;}

    C. img{float:right;width:120px;height:80px;}

    D. img{float:left;margin-bottom:2em;}

4. 关于 CSS2.1 中的背景属性,下列说法正确的是( )。

    A. 可以通过背景相关属性改变背景图片的原始尺寸大小

B. 不可以对一个元素设置两张背景图片

C. 不可以对一个元素同时设置背景颜色和背景图片

D. 在默认情况下背景图片不会平铺，左上角对齐

5. CSS 中定义 .outer{background-color：red；}表示的是（　　）。

A. 网页中某一个 id 为 outer 的元素的背景色是红色的

B. 网页中含有 class＝"outer" 元素的背景色是红色的

C. 网页中元素名为 outer 元素的背景色是红色的

D. 网页中含有 class＝".outer" 元素的背景色是红色的

6. 在图像替代文本技术中，为了隐藏＜h1＞标记中的文本，同时显示＜h1＞元素的背景图像，需要使用的 CSS 声明是（　　）。

　　A. text-indent：-9999px；　　　　　B. font-size：0；

　　C. text-decoration：none；　　　　　D. display：none；

7. 插入的内容大于盒子的边距时，如果要使盒子通过延伸来容纳额外的内容。在溢出（overflow）选项中应选择的是（　　）。

　　A. visible　　　　　　　　　　　　B. scroll

　　C. hidden　　　　　　　　　　　　D. auto

8. 举例说出 3 个上下边界（margin）的浏览器默认值不为 0 的元素 _____、_____、_____。

9. CSS 中，继承是一种机制，它允许样式不仅可以应用于某个特定的元素，还可以应用于它的 _____。

10. 如果要使网页中的背景图片不随网页滚动，应设置的 CSS 声明是 _____。

11. 设 #title{padding：6px 10px 4px}，则 id 为 title 的元素左填充是 _____。

12. 如果要使下面代码中的文字变红色，则应填入：＜h2 _____＞课程资源＜/h2＞。

13. 下列各项描述的定位方式是什么？（填写 static、relative、aboslute 中的一项或多项）

① 元素以它的包含框为定位基准。_____。

② 元素完全脱离了标准流。_____。

③ 元素相对于它原来的位置为定位基准。_____。

④ 元素在标准流中的位置会被保留 _____。

⑤ 元素在标准流中的位置会被其他元素占据。_____。

⑥ 能够通过 z-index 属性改变元素的层叠次序。_____。

14. 简述用 DW 新建一条 CSS 样式规则的过程。

15. 有些网页中，当鼠标滑过时，超链接的下划线是虚线，你认为这是怎么实现的？

16. 为图 4-32 中的栏目表格添加 CSS 代码，让栏目中的标题字体为 14px、红色、粗体，标题到单元格左边框的距离为 12px。让第二行中的文字大小为 12px，行距为文字大小的 1.6 倍，文字与单元格四周边框的距离均为 10px，段落前空两格。

17. 简述制作纯 CSS 下拉菜单的原理和主要步骤。

18. CSS 中的 display 属性和 visibility 属性都可以用于对网页指定对象的隐藏和显示,它们的效果是一样的吗? 请设计一个实验验证。

4.2 上机实践题

1. 对于多个同一优先级的选择器(如 3 个标记选择器 p{}),如果同时通过嵌入式、链接式和导入式的方式引入网页中,而它们定义的样式又发生了冲突,则这三种方式的优先级是怎样的? 请设计一个实验来验证嵌入式、链接式和导入式这三种方式的优先级(注意在代码中调整这三种方式代码的先后顺序),再用尽可能简单、严谨的表述写出结论,并附实验所用的代码。

2. 在 HTML 中插入一个无序列表和一个有序列表,然后写 CSS 样式,定义无序列表中内容的字体为 14px、黑体,背景色为 #fed,水平排列,无项目编号。定义有序列表中的内容的字体是 12px,下边框为 1px 红色虚线,然后使用嵌入式的方法将它插入到 HTML 代码的正确位置中,再将该 CSS 代码分别转换为链接式和行内式的形式。

3. 在 HTML 代码中插入一个 a 元素,然后用 CSS 设置它的盒子属性,要求盒子的填充值为(上: 6px、下: 4px、左右: 10px),边框为 1px 红色实线,背景为淡红色,并且该盒子能在浏览器中完全显示出来。

第5章

Fireworks

在图像插入到网页之前，一般需要先对图像进行处理。Fireworks 是用来设计和制作专业化网页图形的图像处理软件，目前最新版本是 Fireworks CS5，它对制作网页效果图提供了良好的支持。设计完成后，如果要在网页设计中使用，可将设计图直接输出成图像文件和 html 代码。在 Fireworks 中处理图像一般遵循以下流程：创建图形和图像→创建 Web 对象→优化图像→导出图像。

与 Photoshop（著名的位图处理软件）及 Coreldraw（著名的矢量图形绘制软件）相比，Fireworks 具备编辑矢量图形与位图图像的灵活性。Fireworks 提供了丰富的纹理和图案素材，但 Fireworks 中的滤镜效果比 Photoshop 要少很多，各种设置选项没有 Photoshop 中那么精细。因此对于网页图像处理来说，Fireworks 和 Photoshop 各有千秋。

5.1 Fireworks 基础

5.1.1 矢量图和位图的概念

在学习图像处理之前，我们需要知道分辨率的概念，并能区分矢量图和位图。

(1) 分辨率：分辨率是指一个图像在水平和竖直方向分别包含的像素数的乘积。例如一款数码相机的分辨率是 300 万像素，就是指该相机拍摄出来的照片近似包含 300 万个像素点（即 2048×1536）。

(2) 位图图像：位图图像是用像素点描述图像的，在位图中，图像的细节由每一个像素点的位置和色彩来决定。位图图像的品质与图像生成时采用的分辨率有关，即在一定面积的图像上包含有固定数量的像素。当图像放大显示时，图像变成马赛克状，显示品质下降，如图 5-1 所示。因此放大图像的尺寸，会改变图像的显示品质。

(3) 矢量图形：矢量图形使用称为矢量的线条和曲线（包括颜色和位置信息）描述图像。例如，一个椭圆的图像可以使用一系列的点（这些点最终形成椭圆的轮廓）描述；填充的颜色由轮廓的颜色和轮廓所包围的区域（即填充）的颜色决定。图 5-2 所示为一个矢量图形。修改矢量图形大小时修改的是描述其形状的线条和曲线的属性，而不是像素点，所以矢量图在放大后仍然保持清晰。

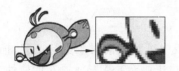 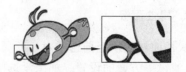

图 5-1　位图放大后变模糊（放大到 400％后的效果）　　　　图 5-2　矢量图放大后仍保持清晰（放大到 400％后的效果）

5.1.2　认识 Fireworks 的界面

Fireworks CS3 的工作界面由 4 个部分组成："文档"窗口、"工具箱"面板、"属性"面板和集成工作面板组，如图 5-3 所示。

图 5-3　Fireworks CS3 的界面

1. 工具箱

工具箱是使用 Fireworks 的基础，大部分操作都是从使用工具箱中的工具开始的。工具箱中包含了"选择"、"位图"、"矢量"和"Web"等几类工具。

当鼠标停留在工具箱中的某个按钮上时，会弹出对该按钮的提示。如果某个按钮右下角有小箭头，则单击该箭头后可看到它包含了很多同类工具可以相互切换，例如点击"矩形工具"按钮右下角的箭头，就会弹出各种矢量形状供选择切换，如图 5-4 所示。

图 5-4　单击"矩形"工具的箭头后

2. 属性面板

属性面板显示当前选中对象的属性,在属性面板中可对当前对象进行填充、描边、透明度、滤镜等方面的设置。如果没选中任何对象(可单击画布),则显示画布的属性。

3. 文档窗口

文档窗口是图像编辑的主要场所,和 DW 相似,Fireworks 的文档窗口也能同时打开几个文件进行编辑,并能在"原始"视图和"预览"视图之间切换。在"原始"视图中可对图像的内容进行编辑,在"预览"视图可预览图像的效果。文档窗口的主要部分是画布,文档窗口任务栏右下角显示了画布的尺寸,并可设置画布的缩放比例。

4. 面板组

在 Fireworks 界面的右边是浮动面板组,它是很多面板的集合,单击每个面板左上角的三角形或名称,可以展开或收缩该面板。在面板组中,最常用的是"层"面板,它可以显示文档中所有的图层和网页层,并可以对层进行删除、移动、隐藏等操作。另外一个重要的面板是"优化"面板,在这里可以设置 Fireworks 导出的文件类型,选择优化方式等。

提示:对于所有的浮动面板,在标题栏中都有三个小图标,单击 ▼ 可以打开/隐藏浮动面板组,鼠标左键单击 ☰ 可以显示该浮动面板的所有菜单命令,这个非常有用。用鼠标拖动图标 ⋮⋮ 可将浮动面板拖动到窗口的任意位置。

5.1.3 新建、打开和导入文件

文档操作是一个应用程序操作的最基本部分。Fireworks 的文档操作与其他Windows 应用程序相似,也有新建和打开文件,作为图像处理软件,它还有导入文档功能。

1. 新建文档

在开始页中单击"新建 Fireworks 文件",或选择"文件"→"新建"命令都能新建文档。Fireworks 默认创建的是 PNG 格式的文件,创建完图形之后,可以将其导出为常见的网页图像格式(如 JPEG、GIF、PNG 或 GIF 动画),但原始的 Fireworks PNG 文件建议保存起来,因为它保存了图层、切片等信息,方便以后对作品进行修改。

2. 打开文件

选择"文件"→"打开"命令,Fireworks 可打开其可读的任何图像文件格式。包括Photoshop 格式(psd)和 Freehand、Illustrator、CorelDraw 等大部分图像处理软件创建的文件。

打开文件还可以通过将文件拖动到 Fireworks 界面的任意一个区域实现,但不能拖动到其他图像文件的工作区中,那样就是导入文件了。

当打开非 PNG 格式的文件时,将基于所打开的文件创建一个新的 Fireworks PNG 文档,以便可以使用 Fireworks 的所有功能来编辑图像,然后可以选择"另存为"命令将所编辑的文档保存为新的 PNG 文件。

3. 导入文件

导入文件是把一张图片导入到另一张图片里面去,如果要在一张图片里插入其他的图片素材文件,就需要使用导入文件操作了,导入文件的步骤如下:

(1) 选择"文件"→"导入"命令。

(2) 在导入文件对话框中选择需要导入的文件。

(3) 在文档窗口拖动鼠标指针,将出现一个虚线矩形框,虚线矩形框总是等比例放大,保证导入的图片不会变形。松开鼠标,图片就被导入到矩形框中。导入图片大小、位置由拖动产出的矩形框决定,如图 5-5 所示。

在步骤(3)中,也可以直接在文档编辑窗口单击,图片也会被导入。单击的位置即为图片左上角的位置,但图片的大小将保持原有的尺寸不变。

图 5-5　导入图片文件后

导入文件还可以通过将要导入的文件拖动到图像文件的编辑窗口中实现,图片的大小也会保持原有的尺寸不变。

5.1.4　画布和图像的调整

通过上面的讲解,已经了解到 Fireworks 提供了一个画布,可以在画布上绘制矢量对象或者编辑位图对象。这节的任务是了解画布和图像的相关内容。

1. 修改画布

在新建文档时,我们只能大概估计一下画布的大小。实际上,Fireworks 允许随时修改画布的大小,方法如下:

(1) 如果画布没有完全被图像所覆盖,可以在没有图像的画布区域上用全选箭头单击画布,这时在属性面板中就会出现"画布"的属性设置,如图 5-6 所示,在这里可以设置"画布颜色"、"画布大小"和"图像大小"等。

图 5-6　"画布"属性设置

(2) 如果画布完全被图像覆盖,可按 Ctrl＋D 组合键取消对画布中对象的选择,或选择"修改"→"画布"→"画布大小"命令,也可打开"画布大小"对话框。

2. 修改图像大小

下面介绍图像与画布的关系。这里图像是指画布上所有对象的总和,而画布只是一个底板。在 Fireworks 中打开一幅图像之后,图像对象就位于画布的上方。

在画布属性面板中,单击"图像大小"按钮可修改图像大小,修改图像大小会使画布为适应图像也跟着改变大小,如果是位图图像,修改图像使它放大后,图像会变模糊。

注意:修改图像大小是对图像本身进行操作,而修改画布大小是对图像的载体——画布进行操作。

3. 裁剪图像

如果只需要图像中的一部分,可使用 Fireworks 提供的"裁剪"工具对图像进行裁剪,"裁剪"工具位于"选择"工具箱的右下角。裁剪图像的方法如下:

(1) 打开一幅图像,选择工具箱中的"裁剪"工具,在工作区中拖动鼠标,这样可以产生一个矩形框,可以用鼠标拖动矩形框四周的方形手柄,调整矩形框的位置和形状。

(2) 确认无误后按 Enter 键,这样图像就裁切好了。

5.2　操作对象

在 Fireworks 中,只要我们向画布中添加内容,例如画一个矩形,插入一段文字,导入一个图像,这些都被看作是添加了一个对象。每插入一个对象,Fireworks 就插入了一个图层,可以在窗口右侧的"层"面板中看到画布中具有的图层。

图层的本质:图层相当于一张在上面绘有图案的透明玻璃纸,绘有图案的地方不透明,而图案没绘制到的地方则是透明的。一幅平面上的图片实际上是由很多图层叠加起来的,图 5-7 所示的一张 Fireworks 格式的图片就是由图 5-8 所示的两个图层叠加而成的。图层与图层之间相互独立。这使得对图像的修改很方便,如修改或删除一个图层不会影响图像的其他图层,还可以将图层暂时隐藏起来。

图 5-7　一张 Fireworks
　　　格式的图片

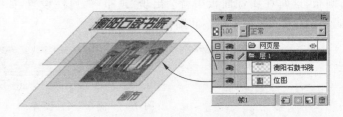

图 5-8　图层示意图

5.2.1　选择、移动和对齐对象

当我们需要对对象进行操作时,首先要保证对象被选中,在工具箱的选择部分有一个全选箭头( ),如图 5-9 所示,它是用来选中对象的。用全选箭头单击对象,此时对象四周会有一个带手柄的蓝色矩形框,表示它被选中了,如图 5-10 所示。选中之后可以拖动对象进行移动等操作,也可以拖动蓝色框四周的顶点调整它的大小。

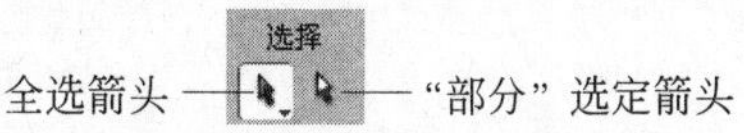

全选箭头 ── ──"部分"选定箭头

图 5-9　全选箭头在工具箱中的位置

图 5-10　对象被选中后

提示:全选箭头用于选中整个对象,而"部分选定"箭头一般用于选中对象的路径。

如果要对齐多个对象,可以按住 Shift 键使用全选箭头选中多个对象,然后选择"修改"→"对齐"命令,根据需要选择一种对齐方式即可。当然也可以将多个对象的(X 或 Y)坐标值设置为相同的数值,这样这些对象也就对齐了。

5.2.2　变形和扭曲

1. 变形工具的使用

当我们选中任意一个对象后,可以使用"缩放"工具、"倾斜"工具或"扭曲"工具对选中的对象进行变形处理,这三个工具在工具箱中的位置如图 5-11 所示。功能如下:

- "缩放"工具:可以放大或缩小图像。
- "倾斜"工具:可以将对象沿指定轴倾斜。
- "扭曲"工具:可以通过拖动选择手柄的方向来移动对象的边或角。

当使用任何变形工具或"变形"命令时,Fireworks 会在所选对象周围显示变形手柄和中心点,如图 5-12 所示。在旋转和缩放对象时,对象将围绕中心点转动或缩放。

图 5-11　变形工具组

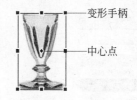

图 5-12　选中对象后使用变形工具时的状态

使用变形操作工具的方法如下:

(1) 缩放对象。选择缩放工具后,拖动变换框四条边的中心点可以在水平方向或垂直方向改变对象的大小;拖动四个角上的控制点,可以同时改变宽度和高度并保持比例不变;如果在缩放时按住 Shift 键,可以约束比例;若要从中心缩放对象,可以按住 Alt 键拖动任何手柄。当然,也可以在对象的属性面板中通过修改对象的宽和高实现缩放对象操作。

(2) 倾斜对象。选择倾斜工具后,拖动变换框四条边的中心点可以在水平方向或垂直方向倾斜对象,使对象变为菱形;拖动四个角上的控制点,可以将对象倾斜为梯形状。

(3) 扭曲对象。扭曲变换集中了缩放和倾斜,并能根据需要任意扭曲对象。拖动变换框四条边的中心点可以缩放对象,拖动四个角上的控制点可以扭曲对象。

(4) 旋转对象。使用变形工具组中的任何工具,都可以旋转对象,将指针移动到变换框之外的区域,指针变成旋转的箭头(↻),拖动鼠标,就可以以中心点为轴旋转对象。

变形操作完毕后,按 Enter 键或在对象之外区域双击鼠标,可去除变形框。

2. 数值变形

如果要精确地对象实行变形操作,可以使用"数值变形"面板来缩放或旋转所选对象,方法如下。

(1) 选择"修改"→"变形"→"数值变形"命令,将打开"数值变形"对话框。

(2) 从下拉列表框中可选择变形操作类型,如"缩放"、"调整大小"或"旋转"。

(3) 选中"缩放属性"复选框,将使对象的填充、笔触和效果连同对象本身一起变形。这在通常情况下是需要的。取消该复选框,则只对路径进行变形。

(4) 选中"约束比例"复选框,在缩放时将保持水平和垂直等比例变化。

5.2.3 改变对象的叠放次序

在默认情况下,后面绘制的对象总是会叠放在前面绘制的对象的上方,若要改变对象的叠放次序,需要在"层"面板中选中某一对象所在层,然后按住鼠标向上或向下拖动,例如图 5-13 将文字层拖放到了半透明的背景层的上方,改变前后的效果如图 5-14 所示。

(a) 改变前(背景层在文字层上方,背景本身半透明)

(b) 改变后(文字层在背景层上方)

图 5-13 改变对象的叠放次序　　　　图 5-14　叠放次序改变前后的效果

改变对象的叠放次序,还可通过菜单命令实现。方法是选中要改变叠放次序的对象,选择"修改"→"排列"命令,从子菜单中选择一种方式即可。设置完成后可发现"层"面板中的层会发生相应的变化。

提示:图 5-14 中的背景图是半透明的,在 Fireworks 中要设置某个对象半透明是很容易的。方法是首先选中该对象,然后在属性面板右上方的"不透明度"选项框(▦)中,就可以设置不透明度,其中 100 表示完全不透明,0 表示完全透明。将图像中某些图层设置为半透明是常见的图像创意效果。

在 Fireworks 中操作对象时还可以使用快捷键以提高效率,总结如下:

(1) 当使用全选箭头选中对象后,使用键盘的方向键可以移动对象,每按一次方向键就使对象在该方向上移动一个像素,这在对对象进行精确位置调节时很方便。如果按住 Shift 键不放,再按方向键移动,可每次移动 10 像素。

(2) 如果要选中多个对象,需要按住 Shift 键(多选键),再用全选箭头就可以同时选中多个对象,此时多个对象外围都会出现选择框,这样可同时对多个对象进行移动等操作。

(3) 如果要复制某个对象,可先选中再按住 Alt 键不放拖动某个对象,即可对其进行复制,这比选中对象再用 Ctrl+C 组合键、Ctrl+V 组合键复制快多了。

(4) 对于所有形状绘制工具而言,按住 Shift 键不放进行绘制,可以保证其宽、高比始终为原始比例。这对于绘制圆形或正方形是必要的。

5.3　编辑位图

综合来说,网页设计中对图像处理的操作可分为两类。一类是找到一些素材,例如照片,对它们进行加工后放置到网页的适当区域;另一类则是需要网页设计师自己绘制一些矢量图形。设计师经常需要对素材进行一些加工,例如把照片中的背景去掉等。本节首先解决对素材进行加工的问题,而素材一般都是位图,即对位图进行编辑加工的问题,下一节介绍如何自己绘制图形。

在 Fireworks 中,用户处理的对象主要分为两类,一类是位图图像,另一类是矢量图形。无论是处理位图还是矢量图像,我们都应该了解一个基本原则,就是"先选择,后操作",就是说要先选中一个对象(如位图区域、矢量图形),然后才能对它进行操作。

5.3.1　创建和取消选区

位图是由很多像素点组成的图像,因此我们可以对位图上一部分像素点组成的区域进行操作,而操作之前应先选中它们。这就是创建选区的操作。

在 Fireworks 中一共有 5 种工具可以用于位图图像的选取,它们的功能如下:

- "选取框"工具( ):在图像中选择一个矩形像素区域。
- "椭圆选取框"工具( ):在图像中选择一个椭圆形像素区域。
- "套索"工具( ):在图像中选择一个不规则曲线形状像素的区域。
- "多边形套索"工具( ):在图像中选择一个直边的自由变形像素区域。
- "魔术棒"工具( ):在图像中选择一个像素颜色相似的区域。

上面 5 种位图选择工具,可以绘制要定义所选像素区域的选区选取框。绘制了选区选取框后,可以移动选区,向选区添加内容或在该选区上绘制另一个选区;可以编辑选区内的像素,向像素应用滤镜或者擦除像素而不影响选区外的像素;也可以创建一个可编辑、移动、剪切或复制的浮动像素选区。

当绘制了选区后,"属性"面板将显示选区的属性选项,其中,"边缘"选项有三种选择,它们的功能如下:

- "实边"创建的选取框将严格按照鼠标操作产生区域。
- "消除锯齿"防止选取框中出现锯齿边缘。
- "羽化"可以柔化像素选区的边缘。

提示：如果希望从中心点开始绘制选取框，可以在绘制时按住 Alt 键。

1. 反向选择

实际上还可以对选区进行反向选择。例如，首先在图像上绘制一个圆形选区，然后在选区内右击，选择"修改选取框"→"反选"命令，这时就将除这个圆形外的画布其他区域都选中了。接下来将选取框的边缘调整为"羽化"、50％，再按 Del 键，将选区中的内容删除，就得到图 5-15 所示的效果了。

图 5-15　反向选择羽化的效果

提示：如果要取消选取框，可以执行下列操作之一实现：①绘制另一个选取框；②用"选取框"工具或"套索"工具在当前选区的外部单击；③按 Esc 键。

2. "套索"和"多边形套索"工具

"套索"工具和"多边形套索"工具是两个类似的工具，它们在工具箱的同一位置（中位于"选取框"工具右侧）。"套索"工具用于创建曲线形的选区，而"多边形套索"工具是以直线为边界的多边形选区。

（1）"套索"工具

选择工具栏中的"套索"工具，在画布中位图上某一点按住鼠标左键拖动，那么沿鼠标指针移动的路径就会产生一个选区，松开鼠标，选区将闭合。当鼠标回到起点附近时，此时鼠标右下脚将出现方形黑点（🔲），松开鼠标终端将连接到起点。

（2）"多边形套索"工具

选择"多边形套索"工具，在位图上依次单击，产生一条闪烁的折线，它就是选区的轮廓。最后执行下列操作之一闭合多边形选区。①将鼠标指针移动到起点附近，如果光标右下角出现方形黑点，此时可单击，闭合选区。②在工作区双击，可以在任何位置闭合选区。

提示：按住 Shift 键可以将"多边形套索"选取框的各边限量为 45°增量。

3. 魔术棒工具

魔术棒工具可以在图像中选择一片像素相似的区域。下面我们先打开一幅位图图片，如图 5-16 所示。可以看到该图显示的是清晨的天空，在这里先把天空删除，然后再换成一个夕阳下的天空效果。

首先用"魔术棒"工具创建天空部分的选区，如果一次没选全，可以按住 Shift 键创建多个选区，如图 5-16 所示。

接下来把天空部分的像素删除，以便更换天空的背景。执行下列操作之一删除。

- 按 Del 键或"Backspace"键。
- 选择"编辑"→"清除"命令。
- 按 Ctr＋X 组合键剪切。

这时可以看到的效果如图 5-17 所示，原来的天空部分变成了灰白交替的格子图案，它的含义是这个部分是透明的，可见选中的区域被删除了。

图 5-16　用"魔术棒"工具选择天空区域　　　图 5-17　删除选区中的像素后

提示：在"魔术棒"工具的属性面板中，可以设置颜色容差，容差可以确定要选中的色相范围。容差越小，选中的颜色范围越小，容差越大，选中的颜色范围也就越大。因此，如果要选择的像素区域颜色相似度不是很高，可以把容差值适当调大一些。

4. 填充选区

"油漆桶"工具是专门用来填充选区的，接下来运用它来填充该选区。步骤如下：

① 在工具栏里选择油漆桶工具（ ），此时鼠标光标变为油漆桶样式。

② 在图 5-18 所示的属性面板中对油漆桶工具的填充方式进行设置，这里选择"线性"渐变方式，选中"填充选区"前的复选框，这样将一次填充整个选区。

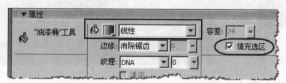

图 5-18　"油漆桶"工具的属性面板

③ 将鼠标在选区内单击一下,选区部分就会以油漆桶设定的填充方式和填充颜色进行填充。填充后的效果如图 5-19 所示。

图 5-19　用渐变填充色填充选区

5.3.2　复制和移动选区中的内容

前面介绍的是把一个选区中的内容删除的方法。但更多时候我们需要把图像上的某个区域的内容移动或复制到图像的其他位置上。

1. 复制选区中的内容

复制选区中的内容操作原理和复制文字是相同的。也是先使用选取框选中要复制的区域,然后按 Ctrl＋C 组合键(复制)和 Ctrl＋V 组合键(粘贴),这样就复制了一份选区中的内容。

但是由于粘贴的位置和图像原来的位置相同,所以从画面上是看不出变化的。若留意"层"面板(如图 5-20 所示),可以看到只要粘贴一次层面板中就多了一个层。新复制出来的层在原有图层的上方。

如果要移动新复制图层的位置,首先确保在"层"面板中这个新复制出来的图层处于选中位置。这时在画布上可以看到,新复制的位图的四周出现了蓝色的边框,然后用全选箭头拖动新复制的图层就可以移动其位置了,如图 5-21 所示。

图 5-20　复制选区后"层"
面板中的变化

图 5-21　复制并移动选区中的内容

2. 移动选区中的内容

有时不需要保留原来的内容,即需要把某个区域的图像移动到画面中的其他位置上。操作方法是:先用任何选取框选中要移动的图像内容,然后使用全选箭头拖动该选取框即可,可以看到原来的选区位置会产生一个"空洞",即这部分像素被删除掉了。

提示:复制、剪切、粘贴这些操作不仅可以在一个图像文件中使用,也可以在不同图像文件之间使用,也就是说可以把一个图像的选区中的内容粘贴到另一个图像文件中去。

5.4　绘制矢量图形

在网页设计中,仅使用现成的图片进行加工是远远不够的,有时还需要自己绘制一些图形,比如制作一个网页标志(Logo)等,这时矢量绘图工具就非常有用了。

5.4.1　创建矢量图形

"矢量图形"是使用矢量线条和填充区域来进行描述的图形,它的组成元素是一些点、线、矩形、多边形、圆和弧线等。Fireworks 提供了很多绘制矢量对象的工具,包括"直线"、"钢笔"、"矩形工具组"、"文本"四种矢量图形绘制工具,以及"自由变形"和"刀子"两种矢量图形编辑工具,它们位于工具箱的"矢量"部分中。

1. 矢量图形的基本构成

矢量图形可分为笔触和填充两个部分。而要认识矢量图形,就必须了解另一个几何概念——路径。

图 5-22 显示了路径、笔触和填充的含义。"路径"是用矢量数据来描述的线条,它本身是看不见的,但是在Fireworks 中,为了便于编辑,将会使用彩色线条来表示它;沿着路径添加某种颜色样式,得到的线状结果就是"笔触";而在路径围成的区域中应用某种颜色样式,得到的块状结果就是"填充"。

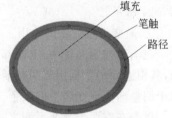

图 5-22　路径、笔触和填充

2. "直线"、"矩形"和"椭圆"工具

使用"直线"工具(✏)、"矩形"工具(▢)或"椭圆"工具(◯),可以快速绘制基本矢量形状。以"矩形"工具为例,从工具箱中选择"矩形"工具,在画布上按住鼠标左键拖动,就可以绘制出一个矩形。

绘制好形状后,可以在属性面板中对它进行进一步设置。先使用"全选箭头"工具选中画布上的矢量形状,就会出现它的属性面板,如图 5-23 所示。

从图中可以看出,矢量形状的"属性"面板被划分为 5 个区域,各个区域的功能如下:

① 为矢量形状命名。

② 设置矢量形状的几何属性,包括位置和大小,可以输入数值进行修改。

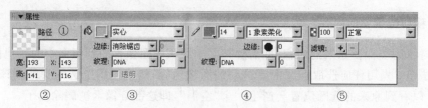

图5-23　设置矢量图形的属性

③ 设置矢量形状的填充内容和形式。

④ 设置矢量形状的笔触内容和形式。

⑤ 设置矢量形状的透明度、混合模式和滤镜效果。

通过对这些属性进行设置,就可以得到各种各样的矢量图形效果了。

3. 填充属性的设置

矢量图形的填充方式主要有三种,即"实心"、"渐变"和"图案",其中"图案"方式就是用内置的图案作为背景来填充。下面介绍"实心"和"渐变"两种填充方式:

(1) 实心方式填充

首先在填充类别下拉列表中选择"实心",然后单击"颜色选取框"()按钮设置一种填充颜色,这时整个图形内部都将采用同一种颜色填充。

(2) 渐变方式填充

渐变就是用两种或两种以上的颜色自然过渡进行填充,如果要使用渐变填充,则首先在填充类别下拉列表中选择"渐变",然后在弹出的菜单中选择一种渐变方式,这里选择"线性",此时颜色选取框会变成渐变设置框,单击按钮,将弹出渐变设置面板,如图5-24所示。

① 渐变设置面板的使用。

在渐变控制面板中,上面部分的颜色条是渐变控制条,在它的上面和下面各有两个手柄,其中上面的手柄用于调整渐变填充两头的透明度,默认是都不透明,而下面两个手柄用于调整渐变填充两头的颜色。

单击左右两个渐变手柄之间的区域,可以在渐变条上增加渐变手柄,如图5-25所示。这样就能实现多种颜色渐变的效果了。

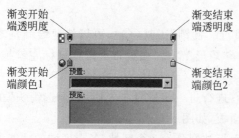

图5-24　渐变设置面板

图5-25　增加渐变手柄

如果要删除渐变手柄,只需把它们往左右两边拖,使它们和左右两边的手柄重合就可以了。

② 渐变引导线的使用。

在默认情况下,渐变方向是从左到右的渐变,如果想把渐变方向调整为从上到下渐变或其他方向渐变,则要调节渐变引导线。方法如下:

- 用全选箭头选中矢量图形,这时图形上会自动出现渐变引导线,如图 5-26 所示。
- 如果要旋转渐变引导线,可以按住渐变线的方点一端拖动,或将鼠标移动到渐变线中央,此时光标会变成旋转形状,可按住鼠标拖动旋转,如果按住 Shift 键旋转,可保证渐变引导线以 45°增量为单位旋转。

图 5-26　调节渐变引导线

- 如果要改变渐变线的长度,可以拖动渐变线的方点一端延长或缩短。
- 如果要改变渐变线的位置,则需要拖动菱形点一端,渐变线将发生平移。
- 渐变线的长度可以比矢量图形更长。双击菱形点,可使渐变引导线恢复到最初的状态。

4. 笔触属性设置

在图 5-23 所示的属性面板中,可以在区域④中设置笔触。选中需要设置笔触的对象,在属性面板中将显示用于笔触设置的各种属性(如图 5-27 所示),其中用得最多的是描边颜色、描边粗细和描边类型选项。

单击"描边类型"下拉框,可看到共有 13 种笔触类型可供选择。其中"铅笔"笔触是 Fireworks 的默认笔触类型,它没有任何修饰,选择"铅笔→1 像素柔化"可以使描边不产生锯齿。其他笔触效果读者可通过实际操作得知。

如果要清除笔触,单击"描边类型"下拉框的最上面一项,选择"无"即可。

在"描边类型"下拉框的最下面一项是"笔触选项…",选择它将弹出如图 5-28 所示的笔触选项面板,在这里可以对笔触进行更加详细的设置。图 5-28 中"居中于路径"表示笔触以路径为中心进行绘制,在该下拉菜单中还有两个选项是"路径内"和"路径外",表示笔触位于路径之内或路径之外。如果选中"在笔触上方填充",将使路径内的笔触被填充所覆盖,因此一般不需要选中。

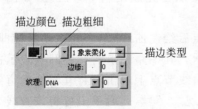

图 5-27　笔触属性设置选项

图 5-28　笔触选项面板

5．自由形状

Fireworks 提供了大量的自由形状,如星型、箭头、螺旋型等,都在"矩形"工具组中,下面以圆角矩形为例,讲解自由形状工具的一般使用方法。

从"矩形"工具的弹出菜单中,选择"圆角矩形"工具,在画布上按住鼠标左键拖动,绘制出圆角矩形。选中画布中的圆角矩形,可以看到有两种辅助点,如图 5-29 所示,一种是青蓝色的实心点,叫做"缩放点",按住它们拖放,可以对形状进行缩放;另一种是黄色填充的点,叫"控制点",将鼠标指针移动到控制点上,如图 5-30 所示,就会出现该控制点的功能提示。

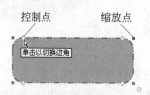

图 5-29　圆角矩形的控制点和缩放点　　　　图 5-30　查看控制点提示

在这里显示的控制点功能是"单击以切换边角",所以按住控制点进行左右拖动,就可以改变圆角的弧度。单击该控制点还可以在圆角、斜角和凹角之间进行切换,如果要对单独一个角进行操作,可以按住 Alt 键对控制点进行调整。图 5-30 就是按住 Alt 键后向外拖动下方两个角的控制点使其变成直角了。

6．钢笔工具

钢笔工具(钢笔)可用来绘制各种矢量图形,包括点、直线和曲线等。下面讲述它的使用方法:

(1) 绘制点:使用钢笔工具在画布上单击一下,即绘制了一个点,接下来不要移动鼠标,在这个点附近(光标右下角带有"^"形时)双击结束或按住 Ctrl 键单击结束。

(2) 绘制直线:使用钢笔工具在画布上单击,即放置了第一个点,然后移动鼠标,再单击即放置了第二个点,一条直线段会将这两个点连接起来。继续绘制点,直线段将连接每个节点。执行下列操作之一可以结束绘制:在最后一个点处双击完成绘制一条开放路径;在所绘制的第一个点处单击完成绘制一条封闭路径。

(3) 绘制曲线:使用钢笔工具在绘制点按住鼠标并拖动;或者单击绘制第一个点后,移动鼠标,在绘制第二个点时按住鼠标并拖动,继续绘制点,在绘制最后一个点之前松开鼠标,单击绘制最后一个点,接着在最后一个点处双击完成绘制一条曲线,如图 5-31 所示。

(4) 绘制直线和曲线的混合曲线:在直线节点后绘制曲线,单击并拖动鼠标即可。在曲线节点后绘制直线,单击即可,如图 5-32 所示。其中路径上的空心圆点表示曲线节点,空心方形点表示直线节点。将鼠标移动到曲线节点上单击可将其转换为直线节点;将鼠标移动到直线节点上时,光标右下角会出现"－"号,此时单击可将该直线节点删除。

图 5-31 绘制曲线

图 5-32 绘制曲线和直线的混合曲线

（5）增加节点：将钢笔移动到路径的线条上时，光标右下角将出现"＋"号，如图 5-31 所示。此时单击可在该处增加一个直线节点。增加节点后，需要再次双击路径上的最后一个节点以结束绘制。

（6）删除节点：将钢笔工具移动到路径的节点上时，钢笔工具右下角会出现"^"号，如图 5-32 所示。此时单击节点可选中该节点，节点变为实心状态，这时不要移动鼠标，可看见钢笔工具右下角会出现"－"号，此时单击可删除节点。

闭合曲线：如果要闭合的曲线两端都是直线节点，则在开始节点处单击即可用直线闭合；如果要闭合的曲线两端分别是直线节点和曲线节点，则在开始节点处单击只能用曲线闭合。闭合后如果对形状不满意可以用"部分选定"箭头对形状进行调整。

（7）修改路径：对于已经绘制好的路径，可以用"部分选定"箭头单击路径上的某个节点，此时该节点会变为实心，表示被选中，此时按住并拖动鼠标，即可调整路径的形状，也可使用键盘上的方向箭头以 1 像素为单位精确移动节点。

说明：

① 钢笔工具可对任何矢量路径进行修改，例如矩形、圆等矢量图形的路径，方法是先用"部分选定"箭头选中路径，再选择钢笔工具就能对路径进行修改了。

② 钢笔工具绘制完路径后一般要使用"部分选定"箭头对路径进行调整。很多路径不一定非得使用钢笔绘制，利用现有的矢量路径（例如矩形、圆等工具）绘制后再调整可能事半功倍。例如要得到一些环状或带缺口的路径，使用打孔可能会更容易一些；对于复杂的大路径，单个画好联合一下可能会降低绘制难度。

5.4.2 调整矢量线条

使用"部分选定"箭头（ ）可以对矢量图进行进一步的调整。移动矢量线条的控制点可以更改该对象的形状；拖动控制柄可以确定曲线在控制点处的曲率，决定曲线的走向。

1. 矢量图形的调整方法

以椭圆的调整为例，具体调整步骤如下：

（1）首先使用"部分选定"箭头，单击矢量形状，将其选中，可以看到椭圆的笔触内部出现了路径线条，有上下左右 4 个空心的控制点，如图 5-33 所示。

（2）使用"部分选定"箭头，单击位于上方的控制点，可以看到它变成了实心的，而且出现了用于调节曲率的控制柄，如图 5-34 所示。

（3）使用"部分选定"箭头，按住右方的控制点进行拖动，可以看到路径的形状随着控制点的移动而改变，如图5-35所示。

（4）使用"部分选定"箭头，按住控制柄的端点进行拖动，可以改变曲线的走向，如图5-36所示。

图5-33　显示路径　　图5-34　选中控制点　　图5-35　移动控制点　　图5-36　调整曲线走向

2. 案例——露水滴图标

下面通过一个实例，绘制一滴露水，如图5-37所示，练习矢量线条的调整。

（1）绘制露水滴的原形。在工具箱中选择"椭圆"工具，按住 Shift 键在画布上绘制一个圆形。在属性面板中，将圆形的填充颜色设置为绿色（♯6bcc03），笔触设置为"无"，如图5-38所示。

（2）调节露水滴的外形。保持圆形的选中状态，在工具箱中选择"钢笔"工具。将鼠标指针移动到顶部的控制点，指针就变成了钢笔的形状，单击圆形顶部的控制点，注意单击的时候不要移动鼠标，效果如图5-39所示，它就变成了一个角点。

（3）调节露水滴顶端的控制点位置。保持顶端控制点的选中状态，按键盘的向上方向键，使控制点的位置向上移动一些，让露水滴更加修长，如图5-40所示。

图5-37　水滴效果　　图5-38　单击圆形的　　图5-39　调节控制点　　图5-40　调节水滴
　　　　　　　　　　　　　　控制点　　　　　　　　　　　　　　　　　　　　　外形效果

（4）复制露水滴用来做水滴的高光效果。使用全选箭头，选中刚才绘制的露水滴形状，按 Ctrl＋C 组合键和 Ctrl＋V 组合键进行复制，这时层面板上就多了一个新露水滴的图层。下面将调整新露水滴的形状，建议把原来的露水滴图层在"层"面板中先锁定起来。

（5）调节新露水滴的控制点。选中复制出来的露水滴，在属性面板中，将填充颜色设置为白色。使用"部分选定"箭头，单击白色露水滴右端的控制点，使用向左方向键将其推动到原来的左半部分中，如图5-41所示，白色部分是被压扁了的新露水滴。

接下来，调整其他3个控制点的位置，让各个控制点都向水滴的中心移动一个或者两个像素，使背面绿色露水滴的边缘露出来，如图5-42所示，这样露水滴的高光效果就基本做好了。

（6）调节高光控制点，完善效果。首先按住 Alt 键，调整最下方控制点的右侧控制柄,将其旋转到左侧,使其更符合光线的反射效果,形成高光效果,如图 5-43 所示。

图 5-41　调节右端控制点

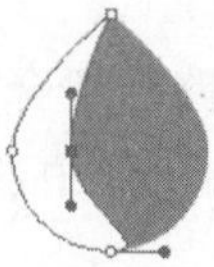

图 5-42　调整其他 3 个控制点

图 5-43　形成高光效果

提示:按住 Alt 键拖动曲线点的控制柄,可以让曲线点的两个控制柄指向不同的方向,形成相互独立的两个控制柄。

(7) 添加阴影效果,使用全选箭头选中绿色露水滴,在属性面板右侧的"滤镜"处,单击"+"按钮,在弹出的菜单中选择"阴影和光晕"→"投影"命令。在弹出的对话框中设置投影效果,将阴影颜色设置为水滴的绿颜色,其他设置如图 5-44 所示。这样一幅简单的水滴效果图就绘制好了,最终效果如图 5-37 所示。

图 5-44　设置投影效果

5.4.3　路径的切割和组合

1. 路径切割

"刀子"工具(　)用于切割矢量图形的路径。下面以"刀子"工具切割圆角矩形为例介绍其使用步骤:

(1) 绘制一个圆角矩形,然后用"部分选定"箭头单击圆角矩形的边缘,这样就将圆角矩形的路径选中了,如图 5-45 所示。此时工具箱中的"刀子"工具会变为可用。

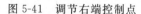
图 5-45　选中路径

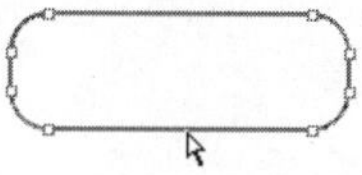

提示:刀子工具只能用于切割路径,所以必须先用"部分选定"箭头选中路径。

(2) 选择"刀子"工具,在路径上拖动鼠标,会出现一条切割路径,如图 5-46 所示。

(3) 松开鼠标后,会发现"刀子"经过的地方多了两个空心的控制点,如图 5-47 所示,这表明路径已经被切割成两部分了。

(4) 接下来用"部分选定"箭头在路径外的任意区域单击,取消对路径的选定,然后再在圆角矩形上方的路径上单击,选中该路径,这时将它往上拖动,会发现圆角矩形的路径确实已经分割成两部分了,如图 5-48 所示。

(5) 最后对上半部分的路径填充颜色,再用"部分选定"箭头选中下半部分路径,按 Del 键删除该路径,最终效果如图 5-49 所示。

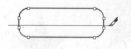
图 5-46　对路径进行切割

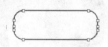
图 5-47　路径切割之后

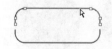
图 5-48　向上移动切割后的路径

图 5-49　对路径进行填充

2. 路径组合

绘制多个路径对象后,可以将这些路径组合成单个路径对象,通过路径组合能制作出一些不规则的图形出来。在 Fireworks 中,路径组合主要有以下几种方式:

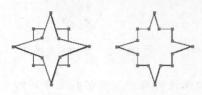

图 5-50　联合效果

(1) 联合

绘制多个路径对象后,可以将这些路径合并成单个路径对象。图 5-50 展示了联合的效果。联合操作可使两个开口路径联合成单个闭合路径,或者结合多个路径来创建一个复合路径。在执行联合操作后,所有的开放路径都将自动转化为闭合路径。

① 按住 Shift 键用全选箭头选中两个或多个对象。

② 选择"修改"→"组合路径"→"联合"命令,此时,选中的所有对象即会融合成一个对象,如图 5-50 所示。

(2) 相交

使用相交操作可以从多个相交对象中提取重叠部分。如果对象应用了笔触或填充效果,则保留位于最底层对象的属性。

① 按住 Shift 键用全选箭头选中两个或多个对象。

② 选择"修改"→"组合路径"→"交集"命令。此时,选中对象的重叠部分将被保留,其他部分则被删除,如图 5-51 所示。

(3) 打孔

打孔操作可在对象上打出一个具有某种形状的孔。

① 打孔时,孔对象需要放置在需打孔对象的上层。然后用全选箭头选中这两个对象。

② 选择"修改"→"组合路径"→"打孔"命令,此时,下层对象将会删除与最上层对象重叠的部分,达到打孔的效果,如图 5-52 所示。

(4) 裁切

与打孔操作正好相反,裁切操作可以保留与上层对象重叠的部分。

① 制作一个裁切形状的对象,将其重叠放在需裁切对象的顶层。然后用全选箭头选中这两个对象。

② 选择"修改"→"组合路径"→"裁切"命令,此时,下层对象将会删除与上层对象不重叠的部分,达到裁切的效果,如图 5-53 所示。

图 5-51　交集效果　　　　图 5-52　打孔效果　　　　图 5-53　裁切效果

5.5　文本对象的使用

在网页的很多地方,如标志(Logo)和栏目框标题等处,都需要使用经过美化的文字做装饰,在 Fireworks 中修饰文本的一般步骤如下:

(1) 选择合适的字体,有时只要选择一款漂亮的字体,无须太多修饰也能显得很美观。

(2) 书写文字,并调整间距。

(3) 适当对文本进行填充和描边处理。

(4) 最后可以对文本应用滤镜效果,如投影、发光等。

5.5.1　文本编辑和修饰的过程举例

下面以制作一款带有描边和阴影效果的文字为例说明美化文本的基本过程。

1. 安装字体

Windows 自带的字体种类较少,而且一般都不具有艺术效果。要使文本看起来美观,首先要选择一款美观的字体。常见的比较流行的中文字体库有"方正字体"、"文鼎字体"、"经典字体"和"汉鼎字体",在百度上输入字体名进行搜索可以下载到这些字体。

下载完字体后,必须安装才能使用。字体文件的扩展名为 TTF,将该文件复制到 Windows 的字体目录(通常是 C:\WINDOWS\Fonts)下即可自动安装。

本例中要使用的字体是"经典综艺体简",所以将下载的字体文件"经典综艺体简.TTF"复制到 Windows 的字体目录,重新启动 Fireworks 就能在 Fireworks 中使用该字体了。

2. 添加文字并设置文字水平间距

首先要在画布上书写文字,即在画布中插入文本对象,步骤如下:

(1) 新建一个画布。选择工具箱中的文本工具(**A**)。

(2) 在文本起始处单击,将会弹出一个小文本框;或者拖动鼠标绘制一个宽度固定的文本框。

(3) 在其中输入文本,也可以粘贴文本。

(4) 单击文本框外的任何地方,或在工具面板中选择其他工具,或按 Esc 键都将结束文本的输入。

如果要修改文本,则首先要使用全选箭头(**▶**)选中这个文本对象,此时文本对象周围会出现带顶点的蓝色矩形框,如图 5-54 所示。然后用文本工具(**A**)单击并拖动选中其中的文字,如图 5-55 所示。接下来就可以对选中的文字进行修改了。

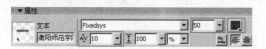

图 5-54　用全选箭头选中文本对象　　　　　图 5-55　用文本工具选中其中的文本

（5）将文字选中后，在属性面板中改变文字大小、颜色和字体，并修改水平间距（A\V）为 10，如图 5-56 所示。

3. 给文字描边

给文字描边要使用"笔触"选项，文本的描边工具位于图 5-57 所示的区域，单击颜色按钮，在这里可以选择描边使用的颜色，并选择"路径外"表示在文字的外面描边。再单击颜色面板中下方的"笔触选项"，会弹出如图 5-58 所示的笔触选项面板。

在笔触面板中，选择"铅笔"、"1 像素柔化"，笔尖大小选择 2，表示边缘的宽度是 2 像素。描边颜色选择白色，如图 5-58 所示。

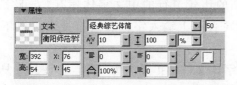

图 5-56　设置文本的大小、颜色和水平间距

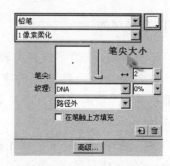

图 5-57　文本属性面板中笔触选项的位置　　　　图 5-58　笔触选项面板

4. 添加投影

接下来仍然使用全选箭头选中文本对象，在属性面板右侧的"滤镜"中，点击"＋"按钮，在弹出菜单中选择"阴影和光晕"→"投影"命令。这时会弹出"投影"效果的设置框。将投影的颜色设置为文本的颜色（♯990033），其他选项保持默认就可以了，在对话框外单击就能关闭并保存设置的投影选项。如果以后要编辑投影效果，双击"滤镜"下拉列表中的"投影"一项就可以了。

5. 插入背景

单击"矩形"工具组右下角的箭头，在其中选择"圆角矩形"工具。插入一个圆角矩形，再在属性面板中设置圆角矩形的填充为"实心"、蓝色（♯33ccff），"边缘"为"羽化"，"羽化总量"设置为 70。效果如图 5-59 所示。

由于"圆角矩形"是在文字之后插入的，因此用"圆角矩形"羽化后制作的背景会覆盖在文字图层之上，必须要改变这两个图层的叠放次序，方法是在"层"面板中选中文字图层，将它拖放到背景图层之上就可以了，最终效果如图 5-60 所示。

图 5-59　边缘羽化后的圆角矩形　　　　　　　图 5-60　最终效果

5.5.2　将文本附加到路径

在 Fireworks 中将文本附加到路径后，或将文本转换为路径后，就可以像编辑路径一样利用路径修改工具将文本变为任意形状和方向，形成各种特殊效果。

文本附加到路径后仍然可以编辑文本，同时还可以编辑路径的形状。将文本附加到路径的操作步骤如下：

（1）在画布上绘制需要附着的矢量路径，这里为了制作文本环绕效果，绘制了一个椭圆。

（2）创建文本对象，并设置好文本的各项属性值。

（3）按住 Shift 键使用"部分选定"箭头同时选中文本和路径，如图 5-61 所示。

（4）选择"文本"→"附加到路径"命令，效果如图 5-62 所示。默认情况下，文本附加到路径后的文本方向是"依路径旋转的"，如果要调整文本方向，可以选择"文本"→"方向"子菜单中的命令，改变文本在路径上的方向，共有 4 种方向设置。

图 5-61　同时选中文本和路径　　　　图 5-62　执行"附加到路径"命令后的效果

如果要分离附加到路径的文本，可以选中该文本，选择"文本"→"从路径分离"命令，即可将文本与路径分离。

5.6　蒙版

蒙版就是能够隐藏或显示对象或图像的某些部分的一幅图片，网页中很多效果创意都离不开蒙版的使用。总的来说，蒙版可分为矢量蒙版和位图蒙版。

5.6.1　使用"粘贴于内部"创建矢量蒙版

矢量蒙版有时也被称为"粘贴于内部"，它能将其下方的对象裁剪成其路径的形状，从而产生图像位于任意形状中的效果，图 5-63 和图 5-64 就是两个例子。

图 5-63　心形图像

图 5-64　图片窗格效果

1. 制作心形图像

图 5-63 所示的心形矢量蒙版效果图具体制作步骤如下：

（1）制作用于轮廓的心形，用椭圆工具绘制一个圆。

（2）用"部分选定"箭头单击圆形的上方的控制点，如图 5-65 所示。将其选中后向下拖动，也可按键盘的向下键移动。按照同样的方法选中下方的控制点，也将其向下拖动，得到如图 5-66 所示的形状。

（3）接下来要将心形上方和下方的中间点都变尖，方法是分别选中中间的控制点后，可看见它们的控制柄是一条水平的横线，将控制柄两端的端点往中心拉，当控制柄缩短以后，心形的上方和下方就变尖了。接下来再分别选中左右两端的两个控制点，可看到它们的控制手柄是一条竖直的线，将这条线的上方端点向内拉使控制柄倾斜，并拉长手柄，使左右两边变圆，此时效果如图 5-67 所示。这样一个心形就做好了。

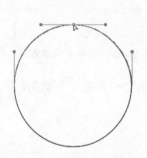
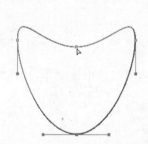

图 5-65　绘制一个圆形　　　图 5-66　调整圆形的上下控制点　　　图 5-67　调整形状的控制手柄

（4）导入一幅位图，在层面板中将这幅位图所在的层拖动到心形图层的下方，如图 5-68 所示。需要被蒙盖的图层必须要位于蒙版层的下方。然后调整其位置，使其要显示的区域大致位于心形范围内，再用全选箭头选中这幅位图，按 Ctrl＋X 组合键将其剪切。

（5）接下来可以把这幅位图所在的层先隐藏起来，然后用全选箭头单击心形的边缘以选中心形。右击，在如图 5-70 所示的快捷菜单中选择"编辑"→"粘贴于内部"命令，就会得到如图 5-69 所示的效果了。

图 5-68　将位图置于心形下方

图 5-69　执行"粘贴于内部"后的效果

图 5-70　选择"粘贴于内部"命令

（6）此时如果用全选箭头拖动心形，会发现其中的位图和心形一起移动。如果要使拖动时心形的位置固定，而它下面的位图发生移动，需将"层"面板中蒙版层内两个对象之间的"铁链"图标去掉，如图 5-71 所示。

这样我们可以调整心形中显示的位图区域。例如可以把位图中的人物拉到心形的右边一些显示，并将心形的笔触设为无，效果如图 5-72 所示。

图 5-71　层面板中的蒙版层

图 5-72　去除"铁链"后拖动位图的位置

（7）打开矢量蒙版的属性面板。只要在"层"面板中选中蒙版层，再单击"铁链"后面的蒙版对象，蒙版对象将被选中，如图 5-71 所示，此时属性面板中将显示蒙版的各种属性设置。我们可以给它添加"发光"的滤镜效果，将发光的颜色改为绿色就实现了图 5-63 所示的效果。

提示：①如果要取消蒙版，可以在"层"面板中选中蒙版层，选择"修改"→"取消组合"命令即可。②如果要将蒙版层中的两个对象合并成位图，可以选中"铁链"后面的蒙版对象，按 Del 键删除，此时会弹出提示框"在删除前，应用蒙版到位图？"，选择"应用"，则蒙版层中的两个对象就合并成位图了。

2. 制作图像背景的文字

在 Fireworks 中,文本也是一种图形,如果将位图图像粘贴于文本内部,则会产生图像背景的文字的效果,下面是一个制作扫光字的例子,它实际上是将光束图像粘贴于文字内部而形成的矢量蒙版效果。制作步骤如下:

(1) 在图 5-60 所示的文字效果基础上,绘制一个椭圆,将椭圆的填充设置为从下到上的线性渐变(颜色为♯d50045 到白色),如图 5-73 所示,然后选中该椭圆,按 Ctrl+X 组合键进行剪切,再选中文字,右击并选择图 5-70 所示的"粘贴于内部"命令,这样就将椭圆的背景图案粘贴到了文字的上半部分,产生了一种高光效果,如图 5-74 所示。

图 5-73　在文字上方绘制一渐变椭圆　　　　图 5-74　将椭圆粘贴于文本内部的效果

(2) 绘制一条倾斜的光束图案。具体步骤是,首先在文字上方绘制一个圆角矩形,设置其宽为 20,高为 98,填充为实心,边缘为"羽化、18"。笔触为无,如图 5-75 所示。然后选择"修改"→"变形"→"数值变形"命令,在面板中选择下拉菜单中的"旋转",角度设为45°,此时效果如图 5-76 所示。这样光束图案就做好了。

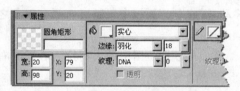

图 5-75　对光束的设置　　　　　　　　图 5-76　将光束转换为元件后

(3) 将这个光束图案转换成元件,(因为只有元件才能制作动画),选中光束图案,选择"修改"→"元件"→"转换为元件"命令(快捷键为 F8),在弹出的"元件属性"对话框中直接单击"确定"按钮即可。效果如图 5-76 所示。

(4) 将光束图案粘贴于文本内部。由于文本前面已经应用了一次矢量蒙版(将椭圆粘贴于内部),可发现在右键编辑菜单中已不能够再次对它执行"粘贴于内部"命令了。为此,我们可以将原来的蒙版层转换为位图,方法是在"层"面板中选中蒙版层中铁链图标右边的矢量蒙版,按 Del 键删除,此时会弹出对话框"在删除前,您想应用该蒙版吗",选择"应用",则将该蒙版层转换成了应用蒙版效果的位图。

(5) 这时就可以将光束图案粘贴于文本内部了。选中光束元件,按 Ctrl+X 组合键进行剪切,再选中文字,右击并选择"粘贴于内部"命令,文字上就出现了光束效果,如图 5-77 所示。这时在层面板中可看到已生成了一个蒙版层。

(6) 制作 GIF 动画的关键帧。接下来,我们要制作光束在文字上从左到右扫过的GIF 动画效果。这需要两个关键帧,第一个关键帧中光束位于最左边,第二个关键帧中光束位于最右边,为此我们将该蒙版层复制一份用来做第二个关键帧。在层面板中选择该蒙版层,按 Ctrl+C 组合键和 Ctrl+V 组合键复制一个。可看到有两个同样的蒙版层了。

(7) 为了移动光束图案,将两个蒙版层中的铁链图标都去掉,在层面板中选择下面一个蒙版层,将其上方的光束图案拖动到文字右边。效果如图 5-78 所示。

图 5-77　将光束粘贴于文本内部的效果　　　　图 5-78　移动粘贴于内部的光束位置

(8) 制作补间动画。最后将两个蒙版层的铁链图标都单击上,然后按住 Shift 键(多选键),在层面板中选中这两个蒙版层,如图 5-79 所示。选择"修改"→"元件"→"补间实例"命令,在补间实例对话框中,将步骤设置为 16,选中"分散到帧",就制作好动画了,在图 5-80 所示的文档窗口下方有播放键可以播放动画。

图 5-79　选中两个蒙版层

(9) 在播放时可发现文字动画的背景图层不见了,单击图 5-81 中层面板右上角的 图标,选择"新建层"命令,在新建层对话框中选中"共享交叠帧",然后把层 2 拖动到层 1 下面来,再把文字的背景图"圆角矩形"层拖动到层 2 中,这样动画就有背景图像了。

图 5-80　播放 GIF 动画

图 5-81　新建层用来"共享交叠帧"

(10) 导出动画。为了使动画可以在浏览器中播放,必须将它导出成 GIF 动画文件。方法是打开 Fireworks 右侧的"优化"面板,在第一个下拉框中选择"动画 GIF 接近网页 128 色"。再在颜色面板中选择 256 色,然后选择"文件"→"导出"命令,在"导出"对话框中,不要选中"仅当前帧",单击"导出"按钮就可以了。以后将该 GIF 图片插入到网页中也能看到动画效果。

5.6.2　创建位图蒙版

位图蒙版主要用来制作从清晰过渡到透明的图像渐隐效果,这样可以使两幅图片融合在一起。位图蒙版通常是用一个由黑到白渐变的图像覆盖在被蒙版对象之上,那么被纯黑色覆盖的区域将变得完全透明而不可见,纯白色覆盖的区域将保持原状(完全不透明),黑白之间过渡色覆盖的区域将变得半透明。

1. 位图蒙版创建的步骤

下面通过制作图像渐隐效果演示位图蒙版的创建过程,具体步骤如下:

(1) 打开或导入一幅位图图片,图片如图5-82所示。

(2) 使用"矩形"工具绘制一个和画布尺寸一样的矩形,设置填充为线性渐变,按住Shift键旋转渐变线,将渐变色的方向设置为垂直方向,最上方填充白色,最下方填充黑色,如图5-83所示。

图5-82　打开准备好的位图素材　　　　图5-83　绘制矩形,填充线性渐变色

(3) 为了使位图上方的图像完全不受影响,可以将渐变填充上方白色的区域增大一些,方法是将渐变控制面板中白色一端的手柄拉到中间一些,如图5-84所示。

(4) 在"层"面板中按住"Ctrl"键同时选中这个矩形和位图,注意矩形(遮罩层)要位于位图(被蒙版层)的上方,选择"修改"→"蒙版"→"组合为蒙版"命令,即可得到如图5-85所示的效果。可看到图像被黑色覆盖的区域变透明了。

图5-84　将白色渐变手柄向中间拉　　　　图5-85　"组合为蒙版"后的效果

(5) 这时在"层"面板中可以选中蒙版层中铁链后面的蒙版对象,此时属性面板中将显示蒙版的各种属性设置。如果要将"组合为蒙版"后图像的透明区域增大,仍然可以在填充选项中修改渐变手柄的位置,如图5-84所示。

(6) 如果在画布中再导入一张如图5-86所示的位图,在"层"面板中将它拖动到蒙版层的下方,可看到这两幅图片很好地融合在了一起,效果如图5-87所示。

图 5-86　导入作为底层的位图

图 5-87　图像融合后的效果

2. 利用位图蒙版技术制作网页 Banner

制作网页 Banner 通常要求素材图片能和网页 Banner 的背景融为一体,下面利用位图蒙版来创建具有图像融合效果的网页 Banner。步骤如下:

(1) 在画布上绘制一个 768×132 像素的矩形,将它的填充颜色设置为蓝色(♯9fc6e8),在上面导入一个标志并写两行文本,对文本进行描边和填充后效果如图 5-88 所示。

图 5-88　网页的 Banner

(2) 导入一幅素材图片,调整好该图片大小后将素材图片放置在矩形的右边,此时效果如图 5-89 所示。可看见素材图片的边缘很明显,整个 Banner 因为没有浑然一体而显得不美观。

图 5-89　导入素材图片到 Banner

(3) 接下来在素材图片的上方绘制一个和它一样大的矩形,设置填充为线性渐变,渐变色的方向为水平方向,可以略微将渐变线旋转一定角度,为了让左边区域变得透明一些,左边填充黑色,右边填充白色,并在渐变控制面板中拉动白色手柄到中间让白色的区域大一些,如图 5-90 所示。

(4) 在"层"面板中按住 Ctrl 键选中这个矩形和素材图片,选择"修改"→"蒙版"→

图 5-90　绘制矩形,填充线性渐变色

"组合为蒙版"命令,即可得到如图 5-91 所示的效果。可看到素材图片和网页 Banner 图片很好地融合在了一起。

图 5-91　对右侧图像应用蒙版产生的渐变效果

3. 制作蒙版层叠放于图像之上的网页 Banner

上例做出来的效果是一个从透明到不透明渐变的图像位于 Banner 的右侧,但更多的 Banner 是左边一个从不透明到透明的渐变层叠放在右边的图像之上。这种效果的制作步骤如下:

(1) 首先在图像上绘制一个矩形,填充方式为"实心"、蓝色。效果如图 5-92 所示。然后在层面板中将该矩形复制一份,将复制的矩形填充方式设置为线性渐变,左边的渐变颜色为白色,右边的渐变颜色为黑色,确保该矩形叠放在原来的矩形之上,并和原来的矩形一样大,如图 5-93 所示。作为蒙版的遮罩层。

图 5-92　在图像上绘制一个实心矩形　　　图 5-93　将复制的矩形设置为线性渐变填充

(2) 在层面板中按住 Shift 键同时选中上述两个矩形的层,选择"修改"→"蒙版"→"组合为蒙版"命令,就会得到如图 5-94 所示的效果,可看到是一个从不透明绿色到透明的渐变层覆盖在右边的图像之上。

图 5-94　对左侧实心矩形应用蒙版并叠放在右侧图像上的效果

5.7　切片及导出

切片就是将一幅大图像分割为一些小的图像切片,并将每部分导出为单独的文件。导出时,Fireworks 还可以创建一个包含表格代码的网页文件,该网页文件通过没有间距、边框和填充的表格重新将这些小的图像无缝隙地拼接起来,成为一幅完整的图像。

5.7.1　切片的作用

读者首先要理解为什么要进行切片。切片的基本作用有以下几点:

① 网页中有很多边边角角的小图片,如果对这些小图片一张张单独绘制,不仅很麻烦,而且也难保证它们可以 1 像素不差地拼成一张大图片。而通过切片,只需绘制一张整体的大图片,再将它们按照布局的要求切割成需要的小图片即可,这样开发效率将大幅提高。

② 在过去,切片还有一个作用,就是能通过对网页效果图进行切片,自动生成整张网页的 HTML 文档。但是这种方式生成的 HTML 文档是用表格排版的,而且其中的冗余很多。因此现在不建议采用切片生成的 HTML 文档,设计师一般都是在 DW 中重新制作网页。所以现在切片的唯一目的就是得到制作网页需要的小图片。

③ 有人还喜欢对切片添加链接或交互效果,如添加下拉菜单或图像翻转效果。但这些都可以在 DW 中通过编写 JavaScript 或 CSS 实现,而且代码更简洁,因此不推荐在Fireworks 中为切片添加交互或链接。

上述基本作用是必须进行切片的原因。实际上,切片还能带来以下一些衍生的好处:

① 当网页上的图片文件较大时,浏览器下载整张图片需要花很长时间,切片后整个图片分割成了多个小图片,它们可同时下载(IE浏览器可以同时下载 5 个文件),这样下载网页中图片的速度就加快了。

② 如果使用 Fireworks 制作整幅的网页效果图,将网页效果图转换为网页的过程中,网页效果图中的很多区域需要丢弃,例如绘制了文本的区域需要用文本替代,网页效果图中单一颜色的区域可以用 HTML 元素的背景色取代等,这时必须把这些区域的图片切出来,才能够将它们删除,或者使切片不包含这些区域。

③ 优化图像:完整的图像只能使用一种文件格式,应用一种优化方式,而对于作为切片的各幅小图片我们就可以分别对其优化,并根据各幅小图片的特点还可以存为不同的文件格式。这样既能够保证图片质量,又能够使得图片变小。

切片的原理虽然很简单,但是在实际进行切片时有很多技巧,这些需要在实践中逐渐体会发现。切片还需要对网页布局技术非常了解,对于同一个网页效果图,使用不同的布局方式布局就需要不同的切片方式,因此在切片之前需要先考虑如何对网页布局。

5.7.2 切片的基本操作

1. 创建切片

切片工具位于 Fireworks 工具箱中的 Web 部分,如图 5-95 所示。

在工具箱中单击"切片"工具后,在图片上拖动鼠标就能创建切片,如图 5-96 所示。创建的切片被半透明的绿色所覆盖,切片到图片四周都有红色的连接线,这些线被称为"切片引导线"。因为切片工具就像剪刀,只能从图片的边缘开始把中间一块需要的图形剪出来,而不能对图片进行打孔把中间的图片挖出来,所以会产生切片引导线。

由于需要最终可以用 HTML 把切片和未切片区域拼成完整的图像,因此切片区域和未切片区域都必须是矩形,Fireworks 以产生矩形最少的方式自动绘制切片引导线。

提示:如果要调整切片的大小,可以先用全选箭头选中切片,然后用它拖动切片四个角上的方形点。也可以在切片的属性面板中调整切片的大小和位置。

在 Fireworks 中,每一个切片被当作一个网页层放置在"层"面板中,如果要隐藏某个切片,可以在"层"面板中单击该切片前的"眼睛"图标。

图 5-96 是在放置文本的区域上创建切片,是为了将这个区域位置的图片删除,然后导出时选择导出包括未切片区域,则四周未创建切片的图像也将会保存成图像,把中间的白色切片图像丢弃以便在该位置放置文本。对于栏目框来说一种更常用的切片方法如图 5-97 所示,它将这个固定宽度的圆角栏目框切成上、中、下三部分。其中中间一部分只切一小块,只要将这一小块作为背景图片垂直平铺就能还原出中间部分出来,而且还能自适应栏目框的高度。

图 5-95 切片工具

图 5-96 创建切片

图 5-97 对图形切片的另一种方式

图 5-97 中没有将栏目框头部的文字隐藏起来,就直接切片,这样切出来的图片由于有文字在上面而只能应用于这个栏目。为了使这个栏目框能用于网页中所有的栏目,可以将栏目框标题隐藏起来再切,以后在 HTML 中插入文本制作栏目标题。

2. 导出切片

切片完成后,就可以导出切片了,导出切片有以下几种方法:

(1)用全选箭头单击切片对象选中它,右击,在快捷菜单中选择"导出所选切片"命令,如图 5-98 所示。可将当前选中的切片导出,这种方式适合于单独导出一些小图标文件。

（2）选择"文件"→"导出"命令，在弹出的图 5-99 所示的"导出"对话框中，可以选择导出切片，如果选中"包括无切片区域"，则切片区域的图片和被切片引导线分割的区域都会导出成切片，如果不选中该项，则只有切片区域的图片会被导出。另外，最好选中"将图像放入子文件夹"，这样图像就会存放在与网页同级目录的 images 文件夹下。单击"选项"按钮，将打开"HTML 设置"面板，可以在"文档特定信息"中设置切片文件的命名方式等。

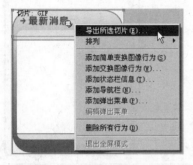
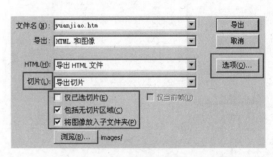

图 5-98　导出所选切片　　　　图 5-99　"导出"对话框中的"切片"设置

3. 切片的基本原则

（1）绘制切片时一定要和所切内容保持同样的尺寸，不能大也不能小。这可以通过选中所切对象后，右击，选择快捷菜单中的"插入矩形切片"命令实现。

（2）切片不能重叠。

（3）各个切片之间的引导线尽量对齐，特别是要水平方向对齐，这样才容易通过网页代码将这些切片拼起来。

（4）单色区域不需要切片，因为可以写代码生成同样的效果。也就是说，凡是写代码能生成效果的地方都不需要切片。

（5）重复性的图像只需要切一张即可。例如网页中有很多圆角框都是采用相同的圆角图片，就可以只切一个圆角框。又如导航条中所有导航项的背景图片都是相同的，就只要切一个导航项的背景图片就可以了。

（6）多个素材重叠的时候，需要先后进行切片。例如背景图像上有小图标，就需要先单独把小图标切出来，然后把小图标隐藏，再切背景图像。

如果效果图非常复杂，无法布局，那么最简单的解决办法就是切片成一张大的图片即可。例如效果图中带有曲线的部分就可以这样处理。

5.7.3　切片的实例

下面以图 5-100 所示的网页效果图为例介绍切片的步骤。

1. 隐藏网页效果图中可以用 HTML 文本替换的文本对象

首先把效果图中需要用 HTML 文本替换的文本隐藏起来，隐藏后如图 5-101 所示。

图 5-100　网页效果图

图 5-101　隐藏网页效果图中的普通文本对象

2. 把网页中的小图标先单独切出来

网页中总会有很多小图标,如每条新闻前的小图标,栏目框右侧的 more 图标等,切片的第一步就是先把这些小图标单独切出来,步骤如下:

(1) 用切片工具在小图标上绘制一个刚好包含住它的切片,如图 5-102 所示。

(2) 设置小图片的背景色透明。我们知道只有 GIF 和 PNG 格式的图片支持透明效果。因此,在导出之前,需要先在"优化"面板中设置,步骤如下:

① 首先在图 5-103 所示的透明效果类型下拉框中选择"索引色透明"。

② 然后单击"色版"右侧的颜色图标,此时会出现一个吸管图标,用该吸管在需要替换成透明的颜色区域单击一下以拾取该颜色,再单击"优化"面板左下角的"选择透明色"吸管(），在需要设置为透明的颜色区域单击一下,这样就将该颜色设置为了索引色,导出后将使该索引色区域透明。如果要使几种颜色的区域都变透明,可以使用添加颜色到透明效果中。

图 5-102　在小图标上绘制切片

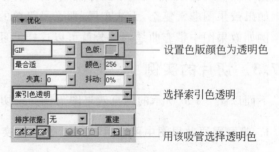

图 5-103　设置索引色透明

（3）用全选箭头选中小图标上的切片，右击，在快捷菜单中选择"导出所选切片"命令，这样就将小图标导出成一幅透明的 GIF 图片了。

（4）用同样的方法将网页头部的标题文字也用这种方式切片导出，切片前应先将Banner 图片隐藏，否则会将背景也一起导出，如图 5-104 所示。然后选择"索引色透明"，索引色为白色。

图 5-104　对网页标题文字进行切片　　　　图 5-105　GIF 透明图像边缘的白边

提示：使用上述方法制作的背景透明的 GIF 图片，将它插入到网页中时，会发现图像边缘有白色的毛边（如图 5-105 所示），很影响美观。

解决的办法是在对图像进行优化时，在图 5-103 所示的"优化"面板的"色版"选项中，选择和网页背景一样的颜色，这样所有白边的颜色就会转换为网页的背景色，而且仍然能保持背景透明的效果。

3. 重复的图像只切一个

导航部分有很多重复的导航项图片，我们只切出一个即可。切之前也要将导航条背景的图层隐藏。为了使切片的大小和导航项图片的大小正好一样大，可以选中某个导航项，然后右击，选择快捷菜单中的"插入矩形切片"命令，这样绘制的矩形切片就会和图片一样大。当然，也可以将画布放大显示比例后按照图像的大小仔细绘制切片。

为了实现导航项背景图片的翻转，可以再选一个导航项图片，将其背景色设为另外一种，把这个导航项也单独切出来，如图 5-106 所示。

4. 重复的图像区域只切一小块

在这个例子中，网页的背景图案可看成是由一个小图案平铺得到的，而导航条的背景是一小块图案水平平铺得到的。对于这些可以用背景平铺实现的大图片，都只要切出大图片的一小块即可。

以导航条的背景为例，只要切出很窄的一块，可在属性面板中设置其宽为 3 像素。再选中该切片，单独导出成文件即可，如图 5-107 所示，然后通过将该图像作为背景图像水平平铺就还原出导航条的背景了。

 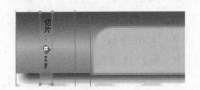

图 5-106　导航项背景只切一个　　　　　图 5-107　对导航条背景进行切片

5. 对网页整体进行切片

将上述需要单独切片的区域切出来保存好后,就可以在"层"面板中将这些切片都删

图 5-108　对整体进行切片后的效果

除。因为接下来要对网页整体进行切片,切片方法如图 5-108 所示。需要注意两点:

(1) 切片生成的各种图片应分别优化。在这里,由于网页 Banner 的背景图片颜色比较丰富,所以在"优化"面板中,将它导出成"JPEG-较高品质";而其他切片,例如栏目框的圆角,因为颜色不丰富,所以就导出成默认的 GIF 格式了。

(2) 栏目框的阴影属于栏目框图像的一部分,创建切片时应包含住阴影部分。

切片完成后,选择"文件"→"导出"命令,将这些切片一次性导出成图片文件,在导出对话框中,不选择"包括无切片区域",并且导出的内容选择"仅图像"即可,即不需要 Fireworks 自动生成的 HTML 文件。

通过这个实例,可以看出切片的原则是"先局部,后整体",即先把网页中需要特殊处理的地方单独切出来,然后再对整个网页进行切片。

切片完成后,制作网页所需要的图片就都准备好了。接下来可以在 DW 中按照网页效果图中的效果编写代码将这些图片都组装到网页中去,并在文本区域添加文字,就将网页效果图转化成真实的网页了。

习　题　5

5.1　作业题

1. 在 Fireworks 中,要将鼠标拖动起始点作为圆心画正圆,正确的操作是(　　)。

　　A. 拖动鼠标的同时,按下 Shift 键　　　B. 拖动鼠标的同时,按下 Shift＋Ctrl 键

　　C. 拖动鼠标的同时,按下 Alt 键　　　　D. 拖动鼠标的同时,按下 Shift＋Alt 键

2. 从颜色弹出窗口中采集颜色时,(　　)。

　　A. 只能采集文档内的颜色　　　　　　　B. 只能采集 Fireworks 窗口中的颜色

　　C. 只能采集当前打开的图像的颜色　　　D. 可从屏幕的任何位置采集颜色

3. 如果将滤镜应用在矢量图像上,则(　　)。

　　A. 无法进行

　　B. 可以直接使用

　　C. 会提示把矢量图像转换为位图对象,然后再进行

　　D. 矢量对象的路径和点信息不受影响

4. 要制作背景透明的卡通图片,则在图像优化输出时,应该要选用( )格式。

    A. BMP   B. GIF   C. JPEG   D. PSD

5. 在 Fireworks 中将一个对象转化为元件之后还可编辑( )属性。

    A. 设置笔触   B. 设置透明度

    C. 设置填充与渐变   D. 应用滤镜

6. 在 Fireworks 中使用( )工具可进行位图编辑模式。

    A. 钢笔   B. 直线   C. 套索   D. 文本

7. 下面关于将文本转化为路径的叙述,错误的是( )。

    A. 除非使用撤销命令,否则不能撤销

    B. 会保留其原来的外观

    C. 可以和普通的路径一样进行编辑

    D. 可以重新设置字体、字形、颜色等文本属性

8. 图像的变形包括对图像进行_____、_____、_____和扭曲操作,如果要对图像进行精确变形,可以使用_____。

9. 使用滤镜时,如果要对图层的某一部分应用滤镜,则应选择_____;如果要对整个图层应用滤镜,则选择_____。

5.2 上机实践题

1. 启动 Fireworks 8,认识界面组成,并练习工具箱中的矢量和位图工具的使用。

2. 练习对文本进行描边、渐变填充和添加投影效果。

3. 用"部分选定"箭头和钢笔工具练习绘制书的翻页效果。

4. 使用位图蒙版将两张图片融合在一起。

5. 绘制一张网页效果图,再用切片工具对该效果图进行切片。

第6章

网站开发和网页设计的过程

学习网页设计的目的最终是为了能够制作网站。而在网站的具体建设之前,需要对网站进行一系列的构思和分析,然后根据分析的结果提出合理的建设方案,这就是网站的规划与设计。规划与设计非常重要,它不仅仅是后续建设步骤的指导纲领,也是直接影响网站发布后能否成功运营的关键因素。

6.1 网站开发的过程

与传统的软件开发过程类似,为了加快网站建设的速度和减少失误,应该采用一定的制作流程来策划、设计和制作网站。通过使用制作流程确定制作步骤,以确保每一步顺利完成。好的制作流程能帮助设计者解决策划网站的繁琐性,减小网站开发项目失败的风险,同时又能保证网站的科学性、严谨性。

开发流程的第一阶段是规划项目和采集信息,接着是网站规划和设计网页,最后是上传和维护网站阶段。在实际的商业网站开发中,网站的开发过程大致可分为策划与定义、设计、开发、测试和发布 5 个阶段。在网站开发过程中需明确以下几个概念。

6.1.1 基本任务和角色

在网站开发的每一个阶段,都需要相关各方人员的共同合作,包括客户、设计师和编程开发人员等不同角色,每个角色在不同的阶段有各自承担的任务。表 6-1 所示为网站建设与网页设计中各个阶段需要参与的人员角色。

表 6-1　网站开发过程中的人员角色分工

策划与分析	设　计	开　发	测　试	发　布
客户 设计师	设计师	设计师 程序开发员	客户 设计师 程序开发员	设计师 程序开发员

(1) 在策划和分析阶段,需要客户和设计师共同完成。通常,客户会提出他们对网站的要求,并提供要在网站中呈现的具体内容。设计师应和客户充分交流,在全面理解客户的想法之后,和客户一起协商确定网站的整体风格、网站的主要栏目和主要功能。

由于客户一般是网站制作的外行,对网站应具有某些栏目和功能可能连他自己都没有想到,也可能客户的美术鉴赏水平比较低,提出的网站风格方案明显不合时宜。设计师此时既应该充分尊重客户的意见,又应该想到客户的潜在需要,理解客户的真实想法,提出一些有价值的意见,或提供一些同类型的网站供客户进行参考,引导客户正确表达对网站的真实需求。因为根据客户关系理论,只有客户的潜在需求得到满足后客户才能高度满意。

(2) 在设计阶段,由设计师负责进行页面的设计,并构建网站。

(3) 在开发阶段,设计师负责开发网页的整体页面效果图,并和程序开发员交流网站使用的技术方案,程序开发员开发程序并添加动态功能。

(4) 在测试阶段,需要客户、设计师和程序开发员共同配合,寻找不完善的地方,并加以改进,各方人员满意后再把网站发布到因特网上。

(5) 在发布阶段,由程序开发员将网站上传到服务器上,并和设计师一起通过各种途径进行网站推广,使网站迅速被目标人群知晓。

目前网站开发已成为一个拥有大量从业人员的行业,从而整个工作流程也日趋成熟和完善。通常开发网站需要经过图 6-1 所示的流程,下面对其中的每一个环节进行介绍。

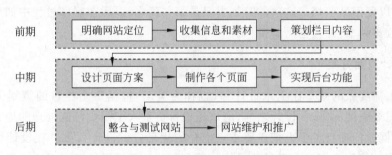

图 6-1　网站开发的工作流程

6.1.2　网站开发过程的各环节

1. 明确网站定位

在动手制作网站之前一定要给网站找到一个准确的定位,明确建站的目的是什么。谁能决定网站的定位呢? 如果网站是做给自己的,例如个人网站,那么你主要想表达哪一方面的内容给大家就是网站的定位;如果是为客户建立网站,那么一定要与客户的决策层人士共同讨论,理解他们的想法,他们真正的想法才是这个网站的定位。

在进行网站目标定位之前,先要问自己三个问题:

• 建设这个网站的目的是什么?

• 哪些人可能会访问这个网站?

• 这个网站是为哪些人提供服务的?

网站目标定位是确定网站主题,服务行业,用户群体等实质内容。综合体现在网站为用户提供有价值信息、内容,符合用户体验标准,这样网站才得以长期发展。

2．收集信息和素材

在明确建站目的和网站定位以后，开始收集相关的意见，要结合客户各方面的实际情况，这样可以发挥网站的最大作用。

3．策划栏目内容

对收集的相关信息进行整理后，找出重点，根据重点以及客户公司业务的侧重点，结合网站定位来确定网站的栏目。开始时可能会因为栏目较多而难以确定最终需要的栏目，这就需要展开另一轮讨论，需要所有的设计和开发人员在一起阐述自己的意见，一起反复比较，将确定下来的内容进行归类，形成网站栏目的树状列表结构用以清晰表达站点结构。

对于比较大型的网站，可能还需要讨论和确定二级栏目以下的子栏目，对它们进行归类，并逐一确定每个二级栏目的栏目主页需要放哪些具体的内容，二级栏目下面的每个小栏目需要放哪些内容，让栏目负责人能够很清楚地了解本栏目的细节。讨论完成后，就应由栏目负责人按照讨论过的结果写栏目规划书。栏目规划书要求写得详细具体，并有统一的格式，以便网站留档。这次的策划书只是第一版本，以后在制作过程中如果出现问题应及时修改策划书，并且也需要留档。

4．设计页面方案

接下来需要做的就是让美术设计师（也称为美工）根据每个栏目的策划书来设计页面。这里需要强调的是，在设计之前，应该让栏目负责人把需要特殊处理的地方跟设计人员说明，让网站的项目负责人把需要重点推介的栏目告诉设计人员。在设计页面时设计师要根据网站策划书把每个栏目的具体位置和网站的整体风格确定下来。在这个阶段设计师也可通过百度搜索同主题的网站或同类型的页面以做设计上的参考。

为了让网站有整体感，应该在页面中放置一些贯穿性的元素，即在网站中所有页面中都出现的元素。最终要拿出至少3种不同风格的方案。每种方案都应该考虑到公司的整体形象，与公司的企业文化相结合。确定设计方案后，经讨论后定稿。最后挑选出2种方案给客户选择，由客户确定最终的方案。

5．制作页面

方案设计完成后，下一步就是制作静态页面，由程序开发员根据设计师给出的设计方案制作出网页，并制作成模板。在这个过程中需要特别注意网站的页面之间的逻辑，并区分静态页面部分和需要服务器端实现的动态页面部分。

在制作页面的同时，栏目负责人应该开始收集每个栏目的具体内容并进行整理。然后制作网站中各种典型页面的模板页，一般包括首页、栏目首页、内页等几种典型页的模板。图6-2是一个网站的各种典型页面。

（1）首页：首页是网站中最重要的页面，也是所有页面中最复杂的，需要耗费最多制作时间的页面。首页主要要考虑整体页面风格，导航设计，各栏目的位置和主次关系等。

(a) 网站首页

(b) 栏目首页

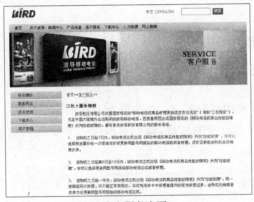

(c) 客户服务内页

图 6-2　一个网站的几种典型页面

（2）分栏目首页（也称为框架页）：当在导航条上点击一个导航项点击一个栏目框的标题时，就会进入各栏目的首页，各栏目的首页风格应既统一，又有各个栏目的特色，小型网站的各个栏目首页也可以采用一个相同的模板页，各栏目的首页所有图片占的网页面积一般应比首页要小，否则就有喧宾夺主的味道了。

（3）内页：内页就是网站中最多的显示新闻或其他文字内容的页面，内页的内容以文字为主，但也应搭配适当的小图片，内页应能方便地链接到首页和分栏目首页，以及和内页相关的页面。

当模板页制作完成后，由栏目负责人向每个栏目里面添加具体内容。对于静态页面，将内容添加到页面中即可；对于需要服务器端编程实现的页面，应交由编程人员继续完成。

6. 实现后台功能

商业网站一般都需要采用动态页面，这样能方便地添加和修改网页中的栏目和文字。将静态模板页制作完成后，接下来需要完成网站的程序部分了。在这一步中，可以由程序员根据功能需求来编写网站管理的后台程序，实现后台管理等动态功能。由于完全自己编写后台程序的工作量很大,现在更流行将静态页面套用一个后台管理系统(也称为CMS,内容管理系统),这样开发程序的工作量就小多了。

7. 整合与测试网站

当制作和编程工作都完成以后,就需要把实现各种功能的程序和页面进行整合。整合完成后,需要进行内部测试,测试成功后即可上传到服务器上,交由客户检验。通常客户会提出一些修改意见,这时根据客户的要求修改完善即可。

如果这时客户提出会导致结构性调整的问题,修改的工作量就会很大。客户并不了解网站建设的流程,很容易与网站开发人员产生分歧。因此最好在开发的前期准备阶段就充分理解客户的想法和需求,同时将一些可能发生的情况提前告知客户,这样就容易与客户保持愉快的合作关系。

6.2 遵循 Web 标准的网页设计步骤

6.2.1 网页设计步骤概述

网页设计是网站开发中耗时最多,也是最为关键的一个环节,下面介绍从零开始遵循 Web 标准的理念设计一个页面的过程,我们可以把一个页面的完整设计过程分为 7 个步骤,如图 6-3 所示。

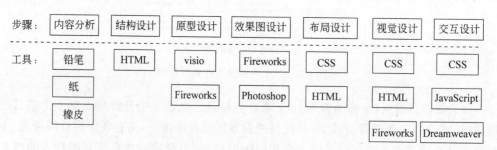

图 6-3 遵循 Web 标准的网页设计步骤

(1)内容分析:仔细研究需要在网页中展现的内容,梳理其中的逻辑关系,分清层次,以及重要程度。

(2)结构设计:根据内容分析的成果,搭建出合理的 HTML 结构,保证在没有任何 CSS 样式的情况下,网页在浏览器中仍具有高度可读性。

(3)原型设计:根据网页的结构,绘制出原型线框图,对页面进行合理的分区和布局,原型线框图还是设计者与客户交流的最佳媒介。

(4)效果图设计:在确定的原型线框图基础上,使用美工软件,设计出具有良好视觉效果的页面效果图。

(5)布局设计:使用 HTML 和 CSS 对页面进行布局,将各栏目摆放到页面指定位置上。

(6)视觉设计:使用 CSS 并配合美工设计元素,完成由网页效果图到网页的转化。

(7) 交互设计：为网页增添交互效果，如鼠标指针经过和点击时的一些特效等。

下面以某大学"人文社科系"网站为案例介绍其完整的开发过程，该网站首页效果图如图 6-4 所示。需要说明的是，除了描述技术细节，还会讲解遵循 Web 标准的网页设计流程。请读者最好能够按照这个案例自己动手制作一遍。

图 6-4 完成后的首页(网页下方栏目有压缩)

6.2.2 内容分析

设计一个网页的第一步是明确这个网页的内容，如网页需要传递给浏览者的信息，各种信息的重要性，各种信息的组织架构等。以"人文社科系"首页为例进行说明。

对于这个页面，首先要有明确的网站名称和标志(logo)，此外，要使浏览者能方便地了解这个网站所有者的信息，包括说明自身的版权信息、联系方式等内容。然后再思考制作这个网站的目的是什么，作为一个大学系部的网站，主要目的就是方便在校内发布相关信息及对外宣传该系的一些动态和各方面的成就，为师生及外界了解该系提供一个平台。

接下来我们可以根据网站的定位确定该网站具有的栏目结构，并把主要的几个第一级栏目的标题作为导航条的导航项。对于人文社科系来说，栏目通常都是以类别方式组织的，可以分成"系部概况"、"学生工作"、"学术科研"、"学科建设"和"党建工作"几大类，为了使浏览者能注意到最新的工作动态或通知，应该设置"系部动态"栏目，并将它配合图片轮显框放置在首页中间的醒目位置,这样还能使浏览者更容易发现网站的更新。同时,在网站上设置站内信息搜索框,使浏览者可以快速找到他们需要了解的信息。

因此,这一网站要展示的内容大致应包括下面几项:

- 标题。
- 导航条。
- 各种栏目,如"本系概况"、"系部动态"、"通知公告"、"友情链接"等。
- 各种特殊栏目,如图片轮显框、图片滚动栏。
- 版权信息。

对于一个网站而言,最重要的核心不是形式,而是内容,作为网页设计师,在设计各网站之前,一定要先问一问自己是不是已经真正理解了这个网站的目的,只有真正理解了这一点才可能做出成功的网站,否则无论网站的外观多漂亮和花哨,都不能算作成功的作品。

因此要强调的是,制作网站的第一步应该明确的是这个网站的内容,而不是网站的外观。确定内容后,就可以根据以上要展示的内容进行 HTML 结构设计了。

6.2.3　HTML 结构设计

在 6.2.2 节充分理解了网站的基础上,就可以开始构建网站的内容结构。因为我们要实现结构和表现相分离,所以现在完全不要管 CSS,而是从网页的内容出发,根据上面列出的要点,通过 HTML 搭建出网页的内容结构。

图 6-5 所示的是搭建的 HTML 在完全没有使用任何 CSS 设置的情况下,使用浏览器观察的效果,图中左侧使用线条表示了各个项目的构成。实际上图中显示的就是图 6-4 的网页在删除所有 CSS 样式时的样子。

对于任何一个页面,应该尽可能保证在不使用 CSS 的情况下,依然保持良好结构和可读性。这不仅仅对访问者很有帮助,而且有助于网站被搜索引擎了解和收录,这对于提升网站的访问量是至关重要的。

图 6-5 对应的 HTML 代码如下:

图 6-5　HTML 结构设计完成后的效果

```html
<h1>人文社会科学系</h1>          <!--页头-->
<ul>                            <!--导航条-->
    <li><a href="#">首 页</a></li>
    <li><a href="#">系部概况</a></li>
    <li><a href="#">专业介绍</a></li>……
</ul>
<h2>本系概况</h2>               <!--本系概况栏目-->
<ul>
    <li><a href="#">系部概况</a></li>
    <li><a href="#">党政领导</a></li>      …
</ul>…
```

```
<h2>友情链接</h2>                <!--友情链接栏目-->
    <form action="">…</form>
<h2>系部动态</h2>                <!--系部动态栏目-->
<h3>头条新闻</h3>
<p>头条新闻的内容……</p>
<ul>
    <li><a href="#">第二条新闻</a><b>12-12</b></li>
    <li><a href="#">第三条新闻</a><b>12-12</b></li>…
</ul>
<h2>通知公告</h2>                <!--通知公告栏目-->
    <ul>
    <li><a href="#">第一条新闻</a><b>12-12</b></li>
    <li><a href="#">第二条新闻</a><b>12-12</b></li>…
</ul>…
<div id="footer"><p>版权所有:…<br/>联系电话:…</p></div>       <!--页脚-->
```

可以看到,这些 HTML 代码非常简单,使用的都是最基本的 HTML 标记,包括
<h1>、<h2>、<p>、<ul>、<li>、<form>、<a>。这些标记都是具有一定含义的
HTML 标记,也就是具有一定的语义。例如<h1>表示 1 级标题,对于一个网页来说,这
是最重要的内容,而在下面具体某一项的内容,比如"系部动态"中,标题则用<h2>标
记,表示次一级的标题。通过这样的设置使搜索引擎能明白网页中各部分内容的含义,对
搜索引擎和一些只能显示文本的浏览器更友好。

此外,<ul>列表在代码中出现了多次,当有若干个项目是并列关系时,<ul>是一
个很好的选择。如果我们仔细研究一些做得好的网页,会发现它们都有很多<ul>标记,
它可以使页面的逻辑关系非常清晰。对于栏目框来说,建议使用 div、h2 和 ul 这三个标
记分别表示栏目框、栏目框的标题和栏目框的内容,因为这样既符合语义又不容易出现浏
览器兼容的问题。

从本节可以看出,在完全没有考虑网页外观的前提下,就已经将 HTML 代码写出来
了,这是 Web 标准带来的网页设计流程的变革。接下来,我们要考虑如何把这些内容合
理地放置在网页上并对它们的外观进行美化。

6.2.4 原型设计

在设计任何一个网页的版面布局之前,都应该有一个构思的过程。对网页的版面布
局、内容排列进行全面的分析。如果有条件,应该制作出线框(Wireframe)图,线框图通
俗地说就是设计草图,这个过程专业上称为"原型设计"。例如,在 6.2.3 节将首页的内容
放置在 HTML 结构代码之后,就可以先画一个网页线框图(草图),以后再按照这个草图
绘制具体的网页效果图。

网页原型设计也是分步骤实现的。例如,首先可以考虑把一个页面从上至下依次分
为 4 个部分,如图 6-6 所示。

然后再将每个部分逐步细化,例如主体部分可分为左右两列,如图 6-7 所示。

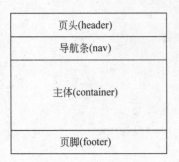

图 6-6　页面总体布局

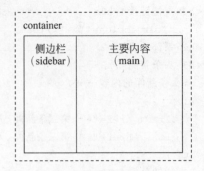

图 6-7　细化页头部分

然后再确定各个栏目的位置,主体部分可进一步细化成图 6-8 所示的样子。对于每个栏目,可以再细化它的栏目标题和栏目内容的排列,如图 6-9 所示。

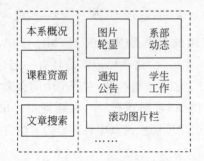

图 6-8　对主体部分进行分栏

图 6-9　栏目框的组成

本例中页头、导航条和页脚部分比较简单,不需要再细化了。下面对图 6-6 所示的原型写出 HTML 代码。并为每个区域设置一个 id,这样就完成了原型设计。代码如下:

```
<h1 id="header">人文社会科学系</h1>          <!--页头-->
<div id="nav"></div>                       <!--导航条-->
<div id="container">
    <div id="sidebar">……</div>            <!--侧边栏-->
    <div id="main">……</div>               <!--主栏-->
</div>
<div id="footer"></div>                     <!--页脚-->
```

6.2.5　网页效果图设计

根据设计好的原型线框图,就可以在 Fireworks 中设计真正的页面方案了,图 6-4 是在 Fireworks 中绘制完成的网页效果图。

这一步的设计核心任务是美术设计,通俗地说就是让页面更美观、更漂亮。在一些比较大的网页开发项目中,通常都会有专业的美工参与,这一步就是美工的任务。而对于一些小规模的项目,可能往往没有明确的分工,所有工作都由一个人完成。没有很强美术功底的人要设计出漂亮的页面并不是一件很容易的事,对于这样的情况,一般把页面设计得简洁些也许更好些,因为对美术没有太多了解的人把页面设计得太花哨反而容易弄巧成拙,当然也可以适当学习网页配色等方面的美术知识,然后要培养自己良好的美术鉴赏能力。

虽然有些简单的网页也可以不绘制网页效果图,而是分别制作网页中各部分的图片,再把它们插入到网页中对应的位置上。但这样做的缺点也是相当明显的,由于各个位置的图片是单独绘制的,容易造成网页整体风格不统一,而且网页各个区域也显得是孤立存在的,过渡不自然。因此要制作出看起来浑然一体高水平的网页作品,绘制网页效果图是不可省略的步骤。

提示:网页效果图应该按照真实网页大小 1∶1 的比例制作,并且尽量提供 Fireworks 或 Photoshop 中图层未合并的原始文件。这样在将效果图转换成真实的网页时才能方便地获得各个模块的精确大小、在页面中的位置及文本的字体大小、字体类型等信息。

6.2.6 布局设计

在这一步中,任务是把各种元素通过 CSS 布局放到适当的位置,而暂时不涉及对页面元素美化这样细节的因素,因此在布局设计环节不需要考虑为元素设置背景、字体等属性。

1. 整体样式设计

首先对整个页面的共有属性进行一些设置,如字体、margin、padding 等属性都进行初始设置,以保证这些内容在各个浏览器中有相同的表现。包括设置网页居中,清除 ul、h1、p 等元素的默认浏览器样式,代码如下:

```
body{
    margin: 0 auto;     width:910px;                 /*设置网页宽度并居中*/
    background:#fbc984 url(images/rwbg.gif) repeat-x;   /*设置网页背景*/}
ul,h1,h2,p,form{                                     /*清除浏览器默认样式*/
    margin:0;  padding:0;  list-style:none;  }
#header, #nav, #container, #footer{width:910px;}      /*设置各区域的宽度*/
a{color: #333;  text-decoration: none;}               /*设置超链接样式*/
a:hover{  color: #900;  }
```

在 body 中设置了该网页的背景图像,这是利用一个很窄的图片进行水平平铺实现的,而且还设置了背景颜色为#fbc984,结果是背景图片可以很自然地过渡到背景颜色。

2. 页头部分

页头部分只有一个 h1 元素。由于在布局设计阶段的任务是把元素放到页面上指定的位置,而该 h1 元素默认就位于页面顶部,且占满整行,因此在这一阶段不必对页头进行任何 CSS 设置。

3. 主体部分

对于主体部分,在布局设计阶段的任务就是使两栏并列排列,因此要设置两栏浮动,然后可设置左侧栏的宽,由于主体部分的宽已经设置,另一栏的宽就可以不设置了。

```
#sidebar{                                    /* 侧栏部分 */
    float:left;
    width:188px;                             /* 设置侧栏的宽 */  }
#main{                                       /* 主要内容栏部分 */
    float:left;        }
```

接下来对左侧栏和主栏中各个栏目框进行布局设计,使它们能摆放在正确的位置上。可以把 HTML 结构设计中的各个栏目框的代码装入到原型设计中定义的各个网页区域中,下面分别来讨论左侧栏和主栏的栏目框布局设计。

4. 左侧栏部分

左侧栏中所有的栏目框风格都差不多,我们为这些栏目定义一个类名"sidelm",每个栏目又包括栏目标题和栏目内容,栏目标题用 h2 元素,并为所有栏目标题定义一个类名"lanmu",栏目内容由于是很多项的列表,因此用 ul 元素定义结构。代码如下:

```
<div id="sidebar">
    <div class="sidelm">                        <!--本系概况栏目-->
        <h2 class="lanmu">本系概况</h2>
        <ul id="daohang">
        <li>系部概况</li>      ……
    </ul>
    </div>
    <div class="sidelm">                        <!--课程资源栏目-->
<h2 class="lanmu">课程资源</h2>
<ul id="daohang">
<li></li>……
</ul></div>
<div class="sidelm">                        <!--文章搜索栏目-->
    <h2 class="lanmu">文章搜索</h2>
    <form method="post" action="search.asp">…… </form>
</div>
    ……     <!--此处省略其他栏目框的代码-->
<div class="sidelm">                        <!--友情链接栏目-->
<h2 class="lanmu">友情链接</h2>
    <form action="">        </form>
    </div></div>
```

这些栏目本身就会从上到下依次排列,因此在布局设计阶段不需要对左侧栏中的栏目进行任何 CSS 设计。

5. 主要内容栏

主要内容栏♯main 中包含了 6 个栏目框,由于这些栏目框需设置的样式不完全相同,我们为每个栏目框分别定义了一个 id。同时为每个栏目的标题定义了一个类"lanmu",通过♯main .lanmu 就可以单独选中主栏中的栏目。其中系部动态栏目有些特别,它还包含一条头条新闻要显示。HTML 代码如下:

```
<div id="main">
    <div id="pic">图片轮显区域</div>                        <!--图片轮显区域-->
    <div id="xbdt">                                         <!--系部动态栏目-->
<h2 class="lanmu"><a href="#"></a>系部动态</h2>
<h3>最新第一条新闻</h3>                                     <!--显示头条新闻-->
<p>最新第一条新闻的内容……</p>
<ul>
<li class="xinwen"><b>12-12</b><a href="#">第二条新闻的标题</a></li>
</ul>
</div>
<div id="tzgg">                                               <!--通知公告栏目-->
    <h2 class="lanmu"><a href="#"></a>通知公告</h2>
    <ul>
    <li class="xinwen"><b>12-12</b><a href="#">第二条新闻</a></li>
    </ul>
</div>
<div id="xsyd">                                               <!--学生工作栏目-->
<h2 class="lanmu"><a href="#"></a>学生工作</h2>
<ul>
    <li class="xinwen"><b>12-12</b><a href="#">第二条新闻</a></li>
</ul></div>
<div id="scroll">……</div>                                   <!--图片滚动区域-->
<div id="xsky">……</div>                                     <!--学术科研栏目-->
<div id="dyyd">……</div>                                     <!--德育园地栏目-->
</div>
```

为了使主要内容栏每行中放置两个栏目框,在布局设计阶段需要设置这些栏目框都浮动,并设置它们的宽度使主栏每行只能容纳下两个栏目框。代码如下:

```
#pic,#xbdt,#tzgg,#xsyd,#xsky,#dyyd{
    float:left;      width:320px;
    border:1px solid #CC6600;    margin:4px;     }
```

另外,对于栏目框中的每条新闻,我们将新闻的日期放到了新闻标题前面,再设置日期所在的 b 元素右浮动实现标题和日期分别位于左右两端。但严格来说,这样会影响纯HTML 页面的可读性。解决办法可设置标题所在的 a 元素左浮动,日期所在的 b 元素右浮动,并设置.xinwen 元素的高度以包含住新闻标题,具体代码留给读者实验。

6. 页脚部分

页脚部分默认就会位于网页底部,但由于左侧栏和主栏都浮动,因此要设置页脚部分清除浮动,即:

```
#footer{clear:both;}
<div id="footer"><p>版权所有:…<br/>联系电话:…</p></div>
```

可以看到,在布局设计阶段为网页中的元素添加了一些类名和 id 名,这主要是为了给它们设定相应的 CSS 样式,使它们的位置和大小得到固定。布局设计完成后的效果图如图 6-10 所示。

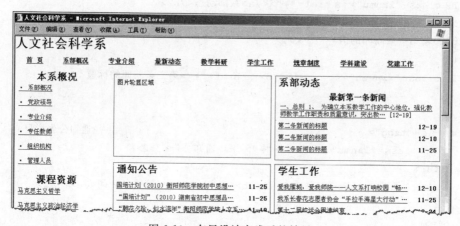

图 6-10　布局设计完成后的效果

6.2.7　视觉设计

页面总体的布局设计完成后,就要开始对细节进行美化设计了,比如给元素添加背景和填充、边界等。整个设计过程是按照从内容到形式,逐步细化的思想来进行的。

1. 页头部分

该网页的头部中仅含有一张 banner 图片,使用 CSS 背景为＃header 设置背景图,再隐藏文字即可。代码如下:

```
#header{                                      /*页头部分*/
    text-indent: -9999px;                     /*隐藏标题文字*/
    height: 204px;                            /*正好等于背景图片的高*/
    background: url(images/rwsh3.gif) no-repeat; }
```

2. 导航条部分

导航条部分采用了滑动门技术实现圆角导航项,并使用了背景翻转。代码如下,效果如图 6-11 所示。

图 6-11　导航条的效果

```
#nav{
    background: url(images/green_menu.gif);
    height:36px;                              /*设置盒子高度,Firefox下必须要*/
  }
#nav li{float:left;  margin:0 3px;          /*设置导航项水平排列*/  }
#nav li a{
    float:left;
    color:white; font-size:14px;  text-align:center;
    height:36px;  line-height:36px;
    padding:0 0 0 18px;
    background: url(images/menu.gif) 0 -144px;      }
#nav a b{
    padding: 0 18px 0 0;
    display:block;
    background:url(images/menu.gif) 100%-144px;
    font-weight:normal;       }
#nav li a:hover{  background-position:0 -180px;       }
#nav a:hover b{   background-position:100%-180px;      }
<div id="nav">
    <ul><li><a href="#"><b>首 页</b></a></li>
        <li><a href="#"><b>系部概况</b></a></li>
        ……</ul>
</div>
```

3. 侧栏部分栏目的制作

在布局设计中已经定义了侧栏的宽度并左浮动,在视觉设计中我们可以对它进行更精细的外观设计,包括为它定义了填充和背景,代码如下(粗体部分表示新增的样式):

```
#sidebar{                                   /*侧栏的样式*/
    float:left;    width:188px;
    padding:0 8px;
    background:#d8a26b;    }
```

接下来设置每个栏目框的样式,由于侧栏中的每个栏目框都没有边框和背景,只需设置栏目框的边界即可,使栏目框到侧栏左右两边有相等的边界。

```
#sidebar .sidelm{                           /*栏目框的样式*/
    margin:8px 0;     }
```

然后设置栏目框标题的样式,主要是设置标题的背景图像,文字到标题栏左边的间距等。代码如下,设置完成后的效果如图 6-12 所示。

图 6-12 栏目框标题完成后的效果

```
#sidebar .lanmu{
    background:url(images/lanmu.gif) no-repeat;      /*标题的背景图像*/
```

```
    padding:0px 0px 0px 38px;                /*标题到文字左边有 38px 的距离*/
    font-size:14px;    color:white;
    width:150px;
    height:32px; line-height:32px;           /*实现标题文字垂直居中*/}
```

最后设置栏目框中内容的样式,主要是设置每个项目的字体样式,并添加一条虚线下边框达到美化的目的。

```
#daohang{  margin:8px;  }
#daohang li{  border-bottom:1px dashed #fb6821;  }
#daohang li a{
    display:block;                           /*区块显示*/
    padding:5px 5px 5px 1.5em;
    font-size:14px; color:#bb3a3a;  text-decoration:none;
    height:1em;                              /*解决 IE 6 在 hover 状态下的 bug*/
  }
```

4. 主要内容栏的制作

在布局设计中已经定义了主要内容栏#main 左浮动,在这一节中进一步对它的外观进行设计,包括设置背景色和设置填充距。代码如下:

```
#main{                                       /*主要内容栏的样式*/
background:#e8eadd;
padding:4px;
float:left;  }
```

接下来定义所有栏目框的共同样式,包括设置栏目框的边框、背景色、宽度、填充、浮动和边界等,由于在 IE 6 中浮动盒子会出现边界加倍问题,因此还设置了 display:inline。

```
#pic,#xbdt,#tzgg,#xsyd,#xsky,#dyyd{
border:1px solid #CC6600;  background:white;
width:320px;
padding:2px 6px 10px;  margin:4px;
float:left;
display:inline;                              /*解决 IE 6 的浮动盒子双倍 margin*/
  }
```

由于右侧栏目框的宽度比左侧栏目框宽,因此下面重新定义了右侧栏目框的宽度,并定义第二行和第三行中左边的栏目框清除左浮动,这样可避免上面一行两个栏目框只要稍微不等高下面的栏目框就会顶上去的问题。

```
#xbdt,#xsyd,#dyyd{width:334px;}
#tzgg,#xsky{clear:left;                      /*防止上一行盒子不等高而顶上去*/
  }
#pic{padding:10px 6px 10px;}
```

　　然后设置栏目框标题的样式,主要是为栏目框标题添加背景图像,设置标题文字到栏目框左侧和上侧的填充距等。

```
#main .lanmu{                           /＊设置主栏中栏目框标题的样式＊/
    background:url(images/bg3.jpg) no-repeat 2px 2px;
    padding:8px 0px 0px 40px;
    font-size:14px;  color:white;
    height:32px;}
```

　　由于在栏目框标题的右侧还有个 more 图标,因此在栏目框标题(h2 元素)中插入了一个 a 元素,设置 more 图标 a 元素的背景图,并设置它右浮动,使其显示在栏目框标题的右侧,代码如下。完成后的效果如图 6-13 所示。

图 6-13　主要内容栏中栏目框标题的最终效果

```
#main .lanmu a{   /＊设置 more 小图标的样式＊/
    background:url(images/more2.gif) no-repeat;   /＊引入背景图像为 more 图标＊/
    float:right;
    width:37px;  height:13px;
    margin-right:4px;  }
```

　　接下来设置栏目框中首条新闻的样式和普通新闻的样式,首条新闻的标题主要是设置其字体为 24 像素黑体。首条新闻的正文样式包括段前空两格、字体和行距等。而对于普通新闻,每条新闻前的小图标是通过 li 元素的背景来引入的。

```
#main #xbdt h3{                         /＊首条新闻的标题样式＊/
    font: 24px "黑体";  color:#900;
    margin:0px 4px 4px;   }
#main #xbdt p{                          /＊首条新闻的正文样式＊/
    text-indent:2em;
    margin:4px;
    font: 13px/1.6 "宋体";  color:#06C;
    border-bottom: 1px dashed #900;     /＊设置虚线下边框＊/      }
#main .xinwen{                          /＊栏目框中普通新闻的样式＊/
    height:24px;  line-height:24px;
    background:url(images/arr.gif) no-repeat 6px 4px; /＊新闻前的小图标＊/
    font-size:12px;
    padding:0 6px 0 22px;}
```

5. 滚动栏的制作

　　滚动栏用来显示滚动的图片,它在＃main 中占满一整行,因此设置它清除浮动,使它左右两侧不会出现浮动的栏目框,同时设置它的宽和高正好等于滚动栏背景图片的大小。然后在它里面放置一个盒子＃demo,盒子中用来放置很多张图片(img 元素),再利用 JavaScript 代码就能让这些图片滚动起来显示。完成后的效果如图 6-14 所示。

```
#main #scroll{
    clear:both;  margin:4px;
    width:690px;  height:149px;          /* 宽和高正好等于 scroll.gif 的大小 */
    background:url(images/scroll.gif) no-repeat;  }
#scroll #demo{
    overflow:hidden;
    width:595px;  height:118px;
    margin:15px 30px 15px 60px;  }
```

图 6-14　滚动图片栏的效果

6. 页脚的制作

网页页脚放置在♯footer元素中,由于页脚需要两张背景图片(上方的琉璃瓦图片和下方的渐变图片),如图6-15所示。因此在♯footer中插入一个p元素以得到两个盒子用来放这两张背景图,这两张背景图都是通过很窄的背景图水平平铺得到的。代码如下:

```
#footer{
    clear:both;
    padding-top:34px;
    height:56px;
    background: url(images/bot.jpg) repeat-x;  }
#footer p{
    height:56px;
    background: url(images/sf.jpg) repeat-x;
    font-size:12px; text-align:center; line-height:24px;  }
```

图 6-15　页脚部分的效果

到这里,整个页面的视觉设计就完成了。可以看出,在这个过程中反复运用的都是一些常用方法,比如滑动门、列表的背景等,只是它们在不同的地方产生了不同的效果。只要把这一些基本的方法掌握熟练,就可以灵活运用到各种页面的设计中去。

6.2.8　交互效果设计

最后进行一些交互效果的设计,这里主要是为网页元素增加鼠标指针经过时的效果,

这些简单的交互效果可以用 CSS 伪类完成,而不需要使用
JavaScript。

例如,当鼠标指针滑过"常用下载"栏目某一项时,这一
项的图标和背景颜色都会改变,如图 6-16 所示。

在 a 元素的 hover 伪类中同时改变背景图像和背景颜
色就可以实现这种效果。代码如下:

图 6-16 为"本系概况"中项目
设置鼠标经过时效果

```
#daohang li a:hover{              /* 鼠标经过时 */
background:#902 url(images/a3.gif) no-repeat 5px 6px;
                                 /* 改变背景色并添加图像 */
color: White;                    /* 改变文字颜色 */   }
```

6.2.9 总结 CSS 布局的优点

使用 CSS 进行布局的最大优点是非常灵活,可以方便地扩展和调整。例如,当网站
随着业务的发展,需要在页面上增加一些栏目框,那么不需要修改 CSS 样式,只需要简单
地在 HTML 中增加相应的结构模块就可以了。

不但如此,设计得足够合理的页面可以非常灵活地修改样式。例如,只需要将两列布
局的浮动方向交换,比如设置 #sidebar{float:right;} 就可以立即得到一个新的页面,可
左侧栏变成右侧栏了。

试想如果没有从一开始良好的结构设计,那么稍微修改一下内容都是非常复杂的事。
这类布局的优点,是表格布局的网页所无法做到的。

6.3 网站的风格设计

所谓网站风格,就是指某一网站的整体形象给浏览者的综合感受,是站点与众不同的
特色,它能透露出设计者与企业的文化品位。这个整体形象包括网站的 CI(Corporate
Identity,企业形象,包括标志、色彩、字体、标语)、版面布局、浏览方式、交互性、文字、语
气、内容价值、存在意义、站点荣誉等诸多因素。

风格是有人性的,通过网站的外表、内容、文字、交流可以概括出一个站点的个性、情
绪,是温文儒雅,是执著热情,是活泼易变,还是放任不羁。像诗词中的"豪放派"和"婉约
派",你可以用人的性格来比喻站点。

风格的形成需要在开发中不断强化、调整和修饰,也需要不断向优秀网站学习。具体
设计时,对于不同性质的行业,应体现出不同的网站风格。一般情况下,政府部门的网站
风格应比较庄重沉稳,文化教育部门的网站应该高雅大方,娱乐行业的网站可以活泼生动
一些,商务网站可以贴近民俗,而个人网站则可以不拘一格,更多地结合内容和设计者的
兴趣,充分彰显个性。

网站风格设计有以下几条基本原则:

1. 尽可能地将网站标志（logo）放在每个页面最突出的位置

网站标志可以是英文字母、汉字，也可以是符号、图案等。标志的设计创意应当来自网站的名称和内容。如果网站内有代表性的人物、植物或是小动物等，则可以用它们作为设计的蓝本，加以艺术化；专业性较强的网站可以选择本专业有代表的物品作为标志等。最常用和最简单的方式是用自己网站的英文名称作为标志，采用不同的字体或字母的变形、组合等方式就可以了。

2. 使用统一的图片处理效果

图片虽然有营造网页气氛、活泼版面、强化视觉效果的作用，但也存在以下缺点：一是图片文件比较大，使网页打开的速度减慢，而浪费浏览者的时间，甚至使他们感到不耐烦；二是如果图片太多则意味着信息量有可能会减少，还可能会影响到网页的整体效果；三是图片尤其是照片的色调一般都比较深，如果处理不好的话，可能会破坏网站的整体风格。因此，在处理网站图片时要注意主要图片阴影效果的方向、厚度、模糊度等都必须尽可能地保持一致，图片的色彩与网页的标准色搭配也要适当。

3. 突出主色调

主色调是指能体现网站形象和延伸内涵的色彩，主要用于网站的标志、标题、主菜单和主色块。无论是平面设计，还是网页设计，色彩永远是其中最重要的一环。当用户离显示器有一定距离的时候，看到的不是美丽的图片或优美的版式，而是网页的色彩。色彩简洁明快、保持统一、独具特色的网站能让用户产生较深的印象，从而不断前来访问。一般来说，一个网站的主色调不宜超过三种，太多则让人眼花缭乱。

4. 使用标准字体

和主色调一样，标准字体是指用于标志、标题、主菜单的特有字体。一般网页默认的字体是宋体。为了体现网站的独特风格和与众不同，在标题和标志等关键部位，可以根据需要，选择一些特别的字体，而普通文本一般都使用默认的字体。

风格设计包含的内容很多，其中影响网站风格最重要的两个因素是网页色彩的搭配和网页版式的布局设计。下面两节就分别来讨论这两个方面。

6.4　网站的栏目规划和目录结构设计

网站的内容是根据网站的栏目组织起来的，所以网站栏目相当于网站的逻辑结构，而通常都要将网站每个栏目中的网页分别放在网站不同的子目录中，所以网站的目录结构可看成是网站的物理结构。本节将分别讨论网站的栏目规划和目录结构设计。

6.4.1　网站的栏目规划

栏目规划的主要任务是对所收集的大量内容进行有效筛选，并将它们组织成一个合理的易于理解的逻辑结构。成功的栏目规划不仅能给用户的访问带来极大的便利,帮助用户准确地了解网站所提供的内容和服务,以及快速找到自己所感兴趣的网页,还能帮助网站管理员对网站进行更为高效的管理。

1. 建立层次型结构

网站通常都采用层次型的栏目结构,即从上到下逐级确定每一层的栏目。首先是确定第一层,即网站分为哪几个主栏目,然后对其中的重点栏目进行进一步规划,确定它们所必须的子栏目,即二级栏目。以此类推直至栏目不需要再细分为止。将所有的栏目及其子栏目连在一起就形成了网站的层次型结构。

例如 6.2 节中"人文社会科学系"网站,它在第一层设置了"系部概况"、"专业介绍"、"学术科研"、"学生工作"四个重点栏目和"学科建设"、"党建工作"和"规章制度"三个其他栏目,然后对每一个重点栏目又进行了更细的规划,比如"系部概况"又分为"本系简介"、"领导简介"和"师资队伍"三个二级栏目。将这些栏目及其子栏目连在一起,就可以清楚地看到这个网站的层次型结构,如图 6-17 所示。

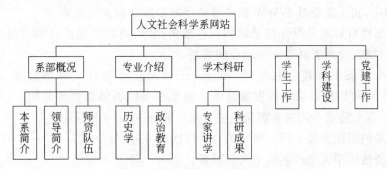

图 6-17　人文社会科学系网站栏目的层次型逻辑结构

2. 设计每一个栏目

层次型逻辑结构的建立只是对网站的栏目进行了总体的规划,接下来要做的是对每个栏目或者子栏目进行更细致的设计。设计一个栏目通常需要做以下三件事情:

首先是描述这个栏目的目的、服务对象、内容、资料来源等。

其次是设计这个栏目的实现方法,即设计这个栏目的网页构成。各个网页之间的逻辑关系等。

最后还要设计这个栏目和其他栏目之间的关系,虽然网站分为不同的栏目,栏目与栏目之间相对独立,但有时各个层次之间的栏目还存在着某种关联,比如"本系简介"栏目的浏览者可能是想报考的学生,这时可以在该页中放置各个专业介绍的链接,并能链接到"联系我们"栏目。所以设计栏目之间关联的工作,就是找出各个栏目之间可以共享的内容,并确定采用什么样的方式将它们串联起来。

6.4.2　网站的目录结构设计

目录结构也可称为网站的物理结构,它是解决如何在硬盘上更好地存放包括网页、图片、Flash、视音频文件、脚本文件、数据库等各种资源在内的所有网站资源。

目录结构是否合理,对网站的创建效率会产生较大的影响,但更主要的是会对未来网站的性能、网站的维护及扩展产生很大的影响。例如,如果将所有的网页文件和资源文件都放在同一个目录下,那么当文件很多时,WWW 服务器的性能会急剧下降,因为文件很多时查找一个文件需要很长的时间,而且网站管理员在区分不同性质的文件和查找某个特定的文件时也会变得非常麻烦,这不利于网站的维护。

目录结构对用户来说是不可见的,它只针对网站管理员,所以它的设计是为了让网站管理员能从文件的角度更好地管理网站的所有资源。目录结构的设计需要遵循以下原则:

(1)网站应有一个主目录。每一个网站都有一个主目录(也叫网站根目录),网站里的所有内容都要存放在该主目录以及它的子目录下。

(2)不要将所有的文件都直接存放在网站根目录下。有的网站设计人员为了贪图刚创建网站时的方便,将所有的文件都直接放在网站根目录下。这样做首先很容易造成文件管理混乱,因为网站里的文件都不能用中文命名,文件增多后很容易连自己都搞不清每个文件的用途;其次还会对 WWW 服务器的性能造成非常大的影响。

(3)根据栏目规划来设计目录结构。一般情况下,可以按照网站的栏目规划来设计网站的目录结构,使两者具有一一对应的关系。

(4)每个目录下都建立独立的 images 子目录。将图片文件都放在一个独立的 images 目录下,可以使目录结构更加清晰。如果很多网页都需要用到同一图片,比如网站标志图片,那么将这个图片放到网站根目录下的 images 子目录下。

(5)目录的层次不要太深。网站的目录层次以 3~4 层为宜。

(6)不要使用中文文件名或中文目录名。

(7)将可执行文件和不可执行文件分开放置。将可执行的动态服务器网页文件(如 asp 文件)和不可执行的静态网页文件分别放在不同的目录下,然后将存放不可执行文件所在的目录的执行权限在 Web 服务器中设置为"无",这样可提高网站抗攻击的能力。

(8)数据库文件单独放置。对于动态网站来说,最好将数据库文件单独存放在一个目录下。

6.5 网站的导航设计 *

在现实生活中,我们到一个大型商场购物,总是希望能以最短、最快、最舒适的路线找到所需要的东西,而不在商场中迷失方向。这就需要导航,导航就是帮助我们找到最快到达目的地的路径。

在访问网站的时候也一样,用户期望在任何一个网页上都能清楚地知道目前所处的位置,并且能快速地从这个网页切换到想要访问的网页。但访问网站的时候,经常会因为单击过多的网页而迷失方向。因此网站的导航设计对于一个网站来说非常的必要和重要,它是衡量一个网站是否优秀的重要标志。

6.5.1 导航的实现方法

1. 导航条

导航最常用的实现方法就是"导航条",导航条应该出现在网站每一个页面的相同位置。导航条由一组导航项组成,它的作用是引导浏览者快速浏览网站中重要的栏目和内容,或确定自己当前所处的位置。导航条中的导航项应该包括主页、联系方式、反馈信息及其他一些用户感兴趣的内容,这些内容应该是与站点的主要栏目相关联的。

导航条在设计上应注意以下几点:

(1)导航条应使用醒目的颜色,例如可以使用网站的主色调,导航条好比是网页的"眼睛",它要能牢牢抓住浏览者的目光,使浏览者目光在第一时间就集中在导航条上。

(2)使用图片的导航条比单纯使用文字的导航条效果更佳,所以我们可以为导航条添加背景图片或背景颜色。

(3)当前页面所对应的导航项应该相应的变色、突出显示或以其他方式表示出来。

(4)导航条可以采用横向或纵向方式,对于导航项比较多的导航条采用横向方式更为合理。

2. 路径导航

路径导航就是在网页上显示这个网页在网站层次型结构上的位置,比如"首页＞新闻中心＞国际新闻＞新闻正文"。通过路径导航,用户不仅能了解当前所在的位置,还可以迅速地返回到当前网页以上的任何一层网页,比如点击"新闻中心",就会回到新闻中心网页。图 6-18 是一家家电公司网站的路径导航。

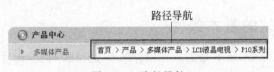

图 6-18　路径导航

在国外,路径导航常常被形象地称为面板屑(crumb)导航,就像那个著名的童话故事中一样,用户能够通过面包屑找到自己回去的路。

3. 其他导航方式

除了使用上述"导航条"和"路径导航"实现导航外,导航还有其他一些实现方法,如重点导航,相关导航,这些导航在形式上看就是普通链接。例如很多新闻网站在每个新闻内容网页的底部都有一个区域,里面罗列着与这个新闻相关的新闻超链接,这就是"相关导航",有些网页上还有"重点导航",即在网页醒目的地方用一个图案或按钮链接到重要的网页中去。

4. 搜索——没有导航的导航

导航的根源在于分类,当有几十条信息的时候,可以分类导航;当有上万条信息的时候,无论怎么分类,有时还是难以寻找。这时,对于使用了数据库技术的网站来说,可以考虑设置搜索框,使用户能对站内信息进行搜索,如图 6-19 所示。所以搜索是对于导航的合理补充。

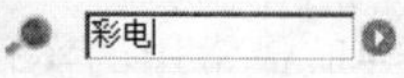

图 6-19   网页上的搜索框

6.5.2   导航的设计策略

虽然导航有以上几种实现方法,但并不是所有的网站都要使用这些方法,这通常取决于网站的规模。下面就是在设计网站导航时,可以采用的一些基本策略。

首先,任何网站都要有一个主导航条。如果主栏目下面还有很多内容,可以分很多子栏目的话,那么可以进一步设计栏目下的导航条,例如采用下拉菜单形式或侧边栏导航形式放二级导航条。

其次,如果网站的层次很深,比如四层以上(主页作为第一层),最好要有路径导航。路径导航可以从第三层的网页开始出现。如果网站的层次只有两层或三层,可以不使用路径导航。

其他方式的导航只是作为辅助的导航手段,视实际需要而定。

6.6   网站的环境准备*

网站环境准备是指为网站的运行准备必要的软、硬件环境,主要包括运行空间的准备、网络接入条件准备、域名及 IP 地址的申请等。对于中小型网站来说,主要是指主机空间准备和域名申请两项。

6.6.1   架设网站的基本条件

在网站制作完成之后,接下来需要把网站发布到互联网上,让世界各地的浏览者都可以通过 Internet 访问。发布网站必须具有两个基本条件:

1. 要有主机或主机空间

所谓主机,这里是指 Web 服务器。我们知道用户能浏览网站上的网页实际上是从远程的 Web 服务器上读取了一些内容,然后显示在本地计算机上的过程。因此如果要使网站能被访问就必须把网站的所有文件放到 Web 服务器上。把网站放到 Web 服务器上又可分为两种情况。

(1) 使用本机作为 Web 服务器。Web 服务器实际上就是安装有 Web 服务器软件(如 IIS)的计算机,我们完全可以在自己的计算机上安装 IIS 使它成为一台 Web 服务器。但是实际上,Web 服务器还必须有一个固定的公网 IP 地址,这样浏览者才能通过这个固定的 IP 地址访问到这台服务器,但是我们一般使用的宽带拨号上网的 IP 地址都是动态分配的,而不是固定的,而在校园网上网的 IP 都是内网的 IP,因此如果把自己的计算机当成 Web 服务器用就因为缺少固定的公网 IP 地址而不可行;另外,Web 服务器还必须 24 小时不间断地开机运行,这对于个人计算机来说也是很难做到的。所以我们通常使用下面一种方法。

(2) 将网站上传到专门的 Web 服务器上。在 Internet 上,有很多主机服务提供商专门为中小网站提供服务器空间。只要将网站上传到这样的 Web 服务器上,就能够被浏览者访问了。由于主机服务提供商的每一台 Web 服务器上通常都放置了很多个网站,但是这对于浏览者来说是感觉不到的。所以这些网站的存放方式被称为"虚拟主机"。

2. 要有域名

由于使用"虚拟主机"方式存放的网站是不能通过 IP 地址访问到的(因为一个 IP 地址对应有很多个网站,输入 IP 地址后 Web 服务器并不知道你要请求的是哪个网站),所以必须要申请一个域名,Web 服务器就可以通过域名信息来辨别请求的是哪个网站。而且有了域名后浏览者只要输入域名就可以访问到你的网站了,也便于浏览者记忆。

6.6.2　购买主机空间和域名

1. 购买主机空间

如果要将网站上传到主机服务提供商的 Web 服务器上去,就必须先购买主机空间。一种比较好的方法是在淘宝网(http://www.taobao.com)上搜索"虚拟主机",就会列出很多"虚拟主机"的产品及其价格。

2. 选择和购买域名

网站制作好之后,就可以申请一个域名,目前域名有英文域名和中文域名,申请的过程是:首先可以先想一个好记又有意义的域名,即域名尽量短些,而且有意义,例如域名是网站名的英文或拼音的第一个字母,或者有特色,这样给浏览者的印象深刻些。然后到提供域名服务的网站,例如在万网(http://www.net.cn)查询这个域名有没有被注册,如果没有被注册,就说明还可以申请。

6.6.3　配置主机空间和域名

主机空间和域名需要双向绑定,即在主机空间控制面板中,要指定该主机空间对应的域名,而在域名控制面板中,要指定该域名对应的主机空间的 IP 地址。

在购买了主机空间后,服务提供商会告知该主机空间管理的入口地址(就是一个网址),以及用户名和密码,使用该用户名和密码可以登录进入主机空间的控制面板。在控制面板中,我们需要"绑定域名",输入要存放在该主机空间中网站对应的域名即可,通常一个主机空间可以绑定多个域名,使用任何一个绑定的域名都可以访问该网站,接下来还可以 "修改默认首页",把首页名修改成你的网站设定的首页名即可。有些主机空间还提供了"网站打包/还原"功能,在上传网站时可以上传整个网站的压缩包,然后再利用这个功能解压缩网站,这样比一个个文件上传要快得多。

　　配置域名控制面板:在购买了域名后,域名提供商会告知该域名管理的入口地址以及登录密码,使用域名和密码可以登录进入域名控制面板。在域名控制面板中我们需要设置域名解析,即设置 A 记录。所谓 A 记录就是域名到 IP 地址转换的记录。以万网(http://diy.hichina.com)的域名控制面板为例,在域名控制面板左侧选择"设置 DNS 解析"后,就会出现图 6-20 所示的 A 记录设置区域。

　　只要在域名(图 6-20 中的 gptyn.cn)前的文本框中输入主机名,再在 IP 地址一栏中输入域名对应的 IP 地址,单击"创建"按钮就创建了一条 A 记录(DNS 解析记录),图 6-20 中创建了三条 A 记录,主机名分别是 www、空和 ec,这样浏览者就可以分别使用这三个带主机名的域名访问其对应的网站了。

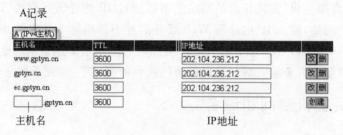

图 6-20　在域名控制面板中创建 A 记录

　　注意:对于 DNS 解析设置的修改并不会立即生效,创建一条 A 记录或删除一条 A 记录的操作通常需要等 2～3 小时以后才会生效。

6.6.4　上传网站

　　最后需要将网站所有的文件上传到服务器上去,目前一般采用 FTP 协议上传文件。在购买了主机空间后,主机服务提供商会告知一个 ftp 的地址及登录的用户名和密码。通过这些就可以用 ftp 方式登录到主机空间并上传或下载文件了。

　　上传的方法很简单,以 IE 6 浏览器上传为例,在浏览器的地址栏中输入 ftp 地址,例如图 6-21 中的 ftp://011.seavip.cn,这时会弹出"登录身份"对话框要求输入用户名和密码,输入正确后,就会显示如图 6-21 所示的资源管理器界面,把本机中的网站文件复制到该窗口中的 web 文件夹下就可以了。还可以对文件或文件夹进行删除、新建等操作,方法和 Windows 资源管理器的操作方法完全相同。

图 6-21　用 IE 6 登录 ftp 服务器

如果不喜欢用 IE 浏览器上传,上传文件还可以用专业的 ftp 软件上传,如 CuteFtp、Flashfxp 或 DW 上传等,它们的功能更强大。

通过以上几步之后,浏览者就能通过 Internet 访问到你架设的网站了。网站架设好之后还需要做大量的网站维护和推广工作,例如经常更新网页,向各大搜索引擎提交网站信息或在各种论坛里宣传网站等。

习 题 6

6.1 作业题

1. 进行网站设计的第一件事是( )。
   A. 进行网站的需求分析   B. 网站的外观设计
   C. 网站内容设计   D. 网站功能设计

2. 在建立网站的目录结构时,最好的做法是( )。
   A. 将所有的文件都放在根目录下   B. 目录层次选在 3~4 层
   C. 按栏目内容建立子目录   D. 网站目录最好以中文命名

3. 某小型企业建设公司网站,考虑到经济性及稳定性,应该选择( )接入方式。
   A. 专线接入   B. ADSL 接入   C. 主机托管   D. 虚拟主机

4. 在网站内容的结构安排上,第一步需要确定的是( )。
   A. 设计思想   B. 设计手段   C. 设计目的   D. 设计形式

5. 网站规划(网站目录设置,链接结构和网页文件命名)时应注意哪些问题?

6.2 上机实践题

某系的网站规划与设计。

要求:① 确定该网站的主题;②规划该网站的内容和栏目(分层设计);③规划该网站的目录结构;④规划该网站的风格(色彩搭配、版面布局),并绘制效果图;⑤规划该网站的导航设计。

上述步骤都要求写出文档,最后用 CSS 布局制作该网站。

第7章

JavaScript

JavaScript 是一种脚本语言。脚本(Script)是一段可以嵌入到其他文档中的程序,用来完成某些特殊的功能。脚本既可以运行在浏览器端(称为客户端脚本),也可以运行在服务器端(称为服务器端脚本)。本章以 JavaScript 语言为基础介绍客户端脚本编程。

7.1 JavaScript 简介

客户端脚本经常用来检测浏览器,响应用户动作、验证表单数据及动态改变元素的 HTML 属性或 CSS 属性等,由浏览器对客户端脚本进行解释执行。由于脚本程序驻留在客户机上,因此响应用户动作时无须与 Web 服务器进行通信,从而降低了网络的传输量和 Web 服务器的负荷,目前的 RIA(Rich Internet Application,富集网络应用程序)技术提倡可以在客户端完成的功能都尽量放在客户端运行。

目前使用最广泛的两种脚本语言是 JavaScript 和 VBScript。需要说明的是,这两种语言都既可以作为客户端脚本也可以作为服务器端脚本。但 JavaScript 对于浏览器的兼容性比 VBScript 要好,所以已经成为客户端脚本事实上的标准。而 VBScript 由于是微软 ASP 默认的服务器端脚本语言,因此一般用作服务器端脚本。

7.1.1 JavaScript 的特点

JavaScript 是一种基于对象的语言,基于对象的语言含有面向对象语言的编程思想,但比面向对象语言简单。

面向对象程序设计力图将程序设计为一些可以完成不同功能的独立部分(对象)的组合体。相同类型的对象作为一个类(class)被组合在一起,(如"小汽车"对象属于"汽车"类)。基于对象的语言与面向对象语言的不同之处在于,它自身已包含一些已创建完成的对象,通常情况下都是使用这些已创建好的对象,而不需要创建新的对象类型——"类"来创建新对象。

JavaScript 是事件驱动的语言。当用户在网页中进行某种操作时,就产生了一个"事件"(event)。事件几乎可以是任何事情:单击一个网页元素、拖动鼠标等均可视为事件。JavaScritp 是事件驱动的,当事件发生时,它可以对之做出响应。具体如何响应某个事件由编写的事件响应处理函数完成。

JavaScript 是浏览器的编程语言,它与浏览器的结合使它成为最流行的编程语言之一。由于 JavaScript 依赖于浏览器本身,与操作系统无关,因此它具有跨平台性。

提示:虽然 JavaScript 在语言名称上包含了"Java"一词,但它和 Java 语言或 JSP (Java Server Pages)并没有什么关系。也不是 Sun 公司的产品,而是 Netscape 公司为了扩充 Netscape Navigator 浏览器的功能而开发的一种嵌入 Web 页面的编程语言。

7.1.2 JavaScript 的用途

本书仅讨论浏览器中的 JavaScript,即 JavaScript 作为客户端脚本使用,为了让读者对 JavaScript 的用途有个总体性认识,下面来讨论 JavaScript 可以做什么和不能做什么。

1. JavaScript 可以用来做什么

JavaScript 可以完成以下任务:

(1) JavaScript 为 HTML 提供了一种程序工具,弥补了 HTML 语言作为描述性语言不能编写程序的不足,JavaScript 和 HTML 可以很好地结合在一起。

(2) JavaScript 可以为 HTML 页面添加动态内容,例如,document. write("<h1>" +name+ "</h1>"),这条 JavaScript 可以向一个 HTML 页面写入一个动态的内容。其中 document 是 JavaScript 的内部对象,write 是方法,向其写入内容。

(3) JavaScript 能响应一定的事件,因为 JavaScript 是基于事件驱动机制的,所以若浏览器或用户的操作发生一定的变化,触发了事件,JavaScript 都可以做出相应的响应。

(4) JavaScript 可以动态地获取和改变 HTML 元素的属性或 CSS 属性,从而动态地创建网页内容或改变内容的显示,这是 JavaScript 应用最广泛的领域。

(5) JavaScript 可以检验数据,因此在客户端就能验证表单。

(6) JavaScript 可以检测用户的浏览器,从而为用户提供合适的页面。

(7) JavaScript 可以创建和读取 Cookie,为浏览者提供更加个性化的服务。

2. JavaScript 不能做什么

JavaScript 作为客户端语言使用时,设计它的目的是在用户的机器上执行任务,而不是在服务器上。因此,JavaScript 有一些固有的限制,这些限制主要出于安全原因。

(1) JavaScript 不允许读写客户端机器上的文件。唯一的例外是,JavaScript 可以写到浏览器的 Cookie 文件,但是也有一些限制。

(2) JavaScript 不允许写服务器机器上的文件。它也不能访问本网站所在域外的脚本和资源。

(3) JavaScript 不能从来自另一个服务器的已经打开的网页中读取信息。换句话说,网页不能读取已经打开的其他窗口中的信息,因此无法探察访问这个站点的浏览者还在访问哪些其他站点。

(4) JavaScript 不能操纵不是由它自己打开的窗口。这是为了避免一个站点关闭其他任何站点的窗口,从而独占浏览器。

(5) JavaScript 调整浏览器窗口大小和位置时也有一些限制,不能将浏览器窗口设置得过小或将窗口移出屏幕之外。

7.1.3　网页中插入 JavaScript 脚本的方法

JavaScript 最大的特点便是与 HTML 结合，它需要被嵌入到 HTML 中才能对网页产生作用。就像网页中嵌入 CSS 一样，必须通过适当的方法将 JavaScript 嵌入到 HTML 中才能使 JavaScript 正常工作。在 HTML 语言中插入 JavaScript 脚本的方法有以下三种。

1. 使用＜script＞标记将脚本嵌入到网页中（嵌入式）

＜script＞是 HTML 语言为引入脚本程序而定义的一个配对标记。在网页中最常用的一种插入脚本的方法是使用＜script＞＜/script＞标记对。插入脚本的具体方法是：把＜script＞＜/script＞标记置于网页的 head 部分或 body 部分中，然后在其中加入脚本程序。

使用＜script＞标记对时，一般同时使用该标记的 language 属性和 type 属性明确规定脚本的类型，以适应不同的浏览器。使用＜script＞标记嵌入 JavaScript 脚本的语法如下：

```
<script language="JavaScript" type="text/JavaScript">
    这里写 JavaScript 脚本
</script>
```

虽然＜script＞＜/script＞标记既可以位于 head 中，也可以位于 body 中，而且大部分时候无论将脚本放在 body 中还是放在 head 中，都不会出错。但比较好的做法是将所有包含预定义函数的脚本放在 head 部分。

因为 HTML 中的内容在浏览器中是从上到下解释的。放在 head 部分的脚本比插入到 body 中的脚本先处理。这样，浏览器在未载入页面主体之前就先载入了这些函数，确保 body 中的元素能够调用这些函数。

同样的道理，有一些网页装载到浏览器中就会执行的脚本，如果这些脚本要访问 HTML 标记所定义的对象，那么要确保这些对象先于脚本执行，否则会发生"对象不存在"的错误。

在 DW 中可以自动插入＜script＞标记对，方法是选择"插入"→HTML→"脚本对象"→"脚本"命令，在弹出的"脚本"对话框中，单击"确定"按钮即可。

例 7-1　下面的 HTML 代码创建了一行文本，当用户单击文本时会弹出一个对话框，结果如图 7-1 所示。7-1. html 代码如下：

图 7-1　7-1. html 的执行结果

```
<html>
<head>
<title>第一个 JavaScript 程序</title>
```

```
<script type="text/JavaScript"><!--language 属性和 type 属性也可省略 -->
    function msg ()                               //JavaScript 注释：建立函数
        {alert ("Hello, the WEB world!")}
</script>
</head>
<body>
<p onClick="msg()">Click Here</p><!--HTML 注释,调用函数 -->
</body>
</html>
```

注意：代码中的"//"是 JavaScript 语言的注释符，可以其后添加单行注释，如果要添加多行注释，则应该使用多行注释符/ * … * /（多行注释符与 CSS 注释符相同）。

2. 直接将脚本嵌入到 HTML 标记的事件中（行内式）

可以直接在 HTML 某些标记内添加事件，然后将 JavaScript 脚本写在该事件的值内，以响应输入元素的事件。

例如，对于 7-1. html 可以直接写成在标记内添加脚本，执行结果完全相同。代码清单（7-2. html）如下：

```
<html><body>
    <p onClick="JavaScript:alert('Hello,the WEB world!');">Click Here</p>
</body></html>
```

可以看出，这种方法更简单。对于绝大多数浏览器来说，"JavaScript："都可以省略，但这种方式的缺点是结构代码和行为代码没有分离。如果处理函数比较复杂，或多个 HTML 元素需要调用该段事件中的代码，那么还是写成嵌入式好些。

3. 通过<script>标记的 src 属性链接外部脚本文件（链接式）

如果有多个网页文件需要使用同一段脚本，则可以把这段脚本保存成一个单独的 js 文件（JavaScript 的外部脚本文件扩展名为"js"），然后在网页中调用该文件，这样既提高了代码的重用性，也方便了维护，修改脚本时只需修改这个单独的 js 文件代码。

引用外部脚本文件的方法是使用<script>标记的 src 属性来指定外部脚本文件的 url。示例代码如下（其中 7-3. html 和 7-3. js 是存放在同一个文件夹下的两个文件）。

```
-------------------7-3.html 的代码-------------------
<html><head>
<title>链接式插入 js 脚本文件</title>
<script type="text/JavaScript" src="7-3.js "></script>
</head>
<body>
<p onClick="msg()">Click Here</p>
</body></html>
-------------------7-3.js 的代码-------------------
```

```
function msg ()                                     //建立函数
{alert ("Hello,the WEB world!")}
```

从上面的几个例子可以看出,网页中引入 JavaScript 的方法其实和引入 CSS 的方法有很多相似之处,也有嵌入式、行内式和链接式。不同之处在于,用嵌入式和链接式引入 JavaScript 都是用的同一个标记＜script＞,而 CSS 则分别使用了＜style＞和＜link＞标记。

7.1.4　开发和调试 JavaScript 的工具

编写 JavaScript 可以使用任何文本编辑器,但为了具有代码提示功能和程序调试功能,推荐使用下列 JavaScript 开发工具:①Dreamweaver CS4,DW 从 CS4 版本开始增加了对 JavaScript 的代码提示功能。②Aptana,它除了支持 JavaScript,还支持 jQuery、Dojo、Ajax 等开发框架;③1st JavaScript。

Firefox 浏览器具有“错误控制台”功能,选择“工具”→“错误控制台”命令即可打开如图 7-2 所示的错误控制台,如果 JavaScript 程序运行中发生错误,在错误控制台中都可以看到(调试之前最好单击“清除”按钮将以前的错误提示清除)。

图 7-2　Firefox 的错误控制台

如果要获得更加强大的调试功能,可以对 Firefox 安装 Firebug 插件,它不仅能调试程序,还具备 DOM 查看、CSS 可视化查看、HTTP 监控和 JavaScript 性能测试等功能。

提示: JavaScript 存在的浏览器兼容问题比 CSS 更加严重,因此 JavaScript 程序一定要通过 Firefox 和 IE 6 两种浏览器的测试检验。

7.2　JavaScript 语言基础

熟悉 Java 或 C 等语言的开发者会发现 JavaScript 的语法很容易掌握,因为它借用了这些语言的一些语法。而且由于是基于对象语言,没有了类的定义,比面向对象语言更简洁。但 JavaScript 中的一切数据类型都可以看成是对象,并可以模拟类的实现,功能并不简单。

7.2.1　JavaScript 的变量

JavaScript 的变量是一种弱类型变量,所谓弱类型变量是指它的变量无特定类型,定义任何变量都是用 var 关键字,并可以将其初始化为任何值,而且可以随意改变变量中所存储的数据类型,当然为了程序规范应该避免这样的操作。

JavaScript 的变量定义与赋值示例如下:

```
var name="Six Tang";              //定义了一个字符串变量
var age=28;                       //定义了一个数值型变量
var male=True;                    //将变量赋值为布尔型
```

每行结尾的分号可有可无,而且 JavaScript 还可以不声明变量直接使用,它的解释程序会自动用该变量名创建一个全局变量,并初始化为指定的值。但我们应养成良好的编程习惯,变量在使用前都应当声明。另外,变量的名称必须遵循下面 5 条规则:

① 首字符必须是字母、下划线(_)或美元符号($)。

② 余下的字母可以是下划线、美元符号、任意字母或者数字。

③ 变量名不能是关键字或保留字。

④ 变量名区分大小写。

⑤ 变量名中不能有空格、回车符或其他标点字符。

例如,下面的变量名是非法的:

```
var 5zhao;                        //数字开头,非法
var tang-s, tang's;               //对于变量名,中划线或单引号是非法字符
var this;                         //不能使用关键字作为变量名
```

提示:为了符合编程规范,推荐变量的命名方式是:当变量名由多个英文单词组成时,第一个英文单词全部小写,以后每个英文单词的第一个字母大写,如 var myClassName。

7.2.2　JavaScript 的运算符

运算符是指完成操作的一系列符号,也称为操作符。运算符用于将一个或多个值运算成结果值,使用运算符的值称为算子或操作数。在 JavaScript 中,常用的运算符可分为 4 类。

1. 算术运算符

算术运算符所处理的对象都是数字类型的操作数。在对数值型的操作数进行处理之后,返回的还是一个数值型的值。算术运算符包括＋、－、＊、/、%(取模,即计算两个整数相除的余数)、＋＋(递增运算,递加 1 并返回数值或返回数值后递加 1,取决于运算符的位置)、－－(递减运算)。

2. 比较运算符

关系运算符(见表 7-1)通常用于检查两个操作数之间的关系,即两个操作数之间是相等、大于还是小于关系等。关系运算符可以根据是否满足该关系而返回 True 或 Talse。

表 7-1　基本关系(比较)运算符

运　算　符	说　　明	例　　子	结果
＝＝	是否相等(只检查值)	x＝5, y＝"5"; x＝＝y	true
＝＝＝	是否全等(检查值和数据类型)	x＝5, y＝"5"; x＝＝＝y	false
!＝	是否不等于	5!＝8	true
!＝＝	是否不全等于	x＝5, y＝"5"; x!＝＝y	true
＞、＜、＞＝、＜＝	大于、小于、大于等于、小于等于	x＝5, y＝3; x＞y	true

另外,还有两个特殊的关系运算符:in 和 instanceof。

(1) in 运算符用于判断对象中是否存在某个属性,例如:

```
var o={title: "Informatics", author: "Tang"}
"title" in o                 //返回 ture,对象 o 具有 title 属性
"pub" in o                   //返回 false,对象 o 不具有 pub 属性
```

in 运算符对运算符左右两个操作数的要求比较严格。in 运算符要求左边的操作数必须是字符串类型或可以转换为字符串类型的其他类型,而右边的操作数必须是对象或数组。只有左边操作数的值是右边操作数的属性名,才会返回 true,否则返回 false。

(2) instanceof 运算符用于判断对象是否为某个类的实例,例如:

```
var d=new Date();
    d instanceof Date;       //返回 True
    d instanceof object;     //返回 True,因为 Date 类是 object 类的实例
```

3. 逻辑运算符

逻辑运算符(见表 7-2)的运算结果只有 true 和 false 两种。

表 7-2　逻辑运算符

运算符	说明	例子	结　　果
&&	逻辑与	x＝6, y＝3	(x＜10 && y＞1) returns true
||	逻辑或	x＝6, y＝3	(x＝＝5||y＝＝5) returns false
!	逻辑非	x＝6, y＝3	!(x＝＝y) returns true

4. 赋值运算符

JavaScript 基本的赋值运算符是"＝"符号,它将等号右边的值赋给等号左边的变量,如"x＝y",表示将 y 的值赋给 x。除此之外,JavaScript 还支持带操作的运算符,给定 x＝10 和 y＝5,表 7-3 解释了各种赋值运算符的作用。

表 7-3 赋值运算符

运算符	例子	等价于	结果	运算符	例子	等价于	结果
$=$	x＝y		x＝5	＊＝	x＊＝y	x＝x＊y	x＝50
＋＝	x＋＝y	x＝x＋y	x＝15	／＝	x／＝y	x＝x／y	x＝2
－＝	x－＝y	x＝x－y	x＝5	％＝	x％＝y	x＝x％y	x＝0

5. 连接运算符

连接运算符"＋"用于对字符串进行接合操作,例如:

```
txt1="What a very"?;
txt2="nice day!"?;
txt3=txt1+" "+txt2?;
```

则变量 txt3 的值是:"What a very nice day!"。

注意:连接运算符"＋"和加法运算符"＋"的符号相同,如果运算符左右的操作数中有一个是字符型或字符串类型的话,那么"＋"表示连接运算符,如果所有操作数都为数值型的话,"＋"才表示加法运算符。例如:

```
var a=1,b=2;
var txt1="这个月是"+a+b+"月。";
var txt2="这个月是"+ (a+b)+"月。";
document.write(txt1);          //输出"这个月是 12 月。"
document.write(txt2);          //输出"这个月是 3 月。"
```

从上例可以看出,只要表达式中有字符串或字符串变量,那么所有的"＋"就都会变成连接运算符,表达式中的数值型数据也会自动转换成字符串。如果希望数值型数据中的"＋"仍为加法运算符,可以为它们添加括号,使加法运算符的优先级增高。

6. 其他运算符

JavaScript 还支持一些其他的运算符,主要有以下几种:

（1）条件操作符"?:"

条件运算符是 JavaScript 中唯一的三元运算符,即它的操作数至少有三个,用法如下:

```
x=(condition)?100:200;
```

它实际上是 if 语句的一种简写形式,例如上述表达式等价于:

```
if (condition) x=100;
else x=200;
```

（2）typeof 运算符

typeof 运算符返回一个用来表示表达式的数据类型的字符串。如"string"、

"number"、"object"等。例如：

```
var a="abc";  alert(typeof a);                    //返回 string
var b=true;  alert(typeof b);                      //返回 boolean
```

（3）下标运算符"[]"

下标运算符"[]"用来引用数组中的元素。例如：arr[3]。

（4）逗号运算符","

逗号运算符","用来分开不同的值。例如：var a，b。

（5）函数调用运算符"()"

JavaScript 的函数运算符是"()"，该运算之前是被调用的函数名，括号内部是由逗号分隔的参数列表，如果被调用的函数没有参数，则括号内为空。例如：

```
function f (x, y)  {return x+y;}
alert (f (2,3));                                    //返回值为 5
(function (x, y)  {return x+y;})                    //匿名函数
alert ((2,3));                                      //调用匿名函数,返回值为 5
```

（6）new 运算符

new 运算符用来创建一个对象或生成一个对象的实例。例如：

```
var a=new Object;              //创建一个 Object 对象,对于无参数的构造函数括号可省略
var dt=new Date();                              //创建一个新的 Date 对象
```

7. 运算符的优先级

JavaScript 中的运算符优先级是一套规则。该规则在计算表达式时控制运算符执行的顺序。具有较高优先级的运算符先于较低优先级的运算符执行。例如，乘法的执行先于加法。

圆括号可用来改变运算符优先级所决定的求值顺序。这意味着圆括号中的表达式应在其用于表达式的其余部分之前全部被求值。例如：

```
var x=5, y=7;
z= (x+4>y)?x++:++y;                             //返回值为 5
```

在对 z 赋值的表达式中有五个运算符：＝，＋，＞，()，＋＋，?:。根据运算符优先级的规则，它们将按下面的顺序求值：()，＋，＞，＋＋，?:，＝。

首先对圆括号内的表达式求值。先将 x 和 4 相加得 9，然后将其与 7 比较是否大于，得到 ture，接着执行 x++，得到 5，最后把 x 的值赋给 z，所以 z 返回值为 5。

8. 表达式

表达式是运算符和操作数的组合。表达式是以运算符为基础的，表达式的值是对操作数实施运算符所确定的运算后产生的结果。表达式可分为算术表达式、字符串表达式、赋值表达式以及逻辑表达式等。

7.2.3 JavaScript 数据类型

JavaScript 支持字符串、数值型和布尔型三种基本数据类型，支持数组、对象两种复合数据类型，还支持未定义、空、引用、列表和完成。其中后 3 种类型仅仅作为 JavaScript 运行时的中间结果的数据类型，因此不能在代码中使用。本节介绍一些常用的数据类型及其属性和方法。

1. 字符串

字符串（String）由零个或多个字符构成，字符可以是字母、数字、标点符号或空格。字符串必须放在单引号或双引号中。例如：

```
var course="data structure"
```

字符串常量必须使用单引号或双引号括起来，如果一个字符串中含有双引号，则只能将该字符串放在单引号中，例如：

```
var case='the birthday"19801106"'
```

更通用的方法是使用转义字符（escaping）"\"实现特殊字符按原样输出，例如：

```
var score=" run time 3\' 15\""            //输出 3' 15"
```

2. JavaScript 中的转义字符

在 JavaScript 中，字符串都必须用引号引起来，但有些特殊字符是不能写在引号中的，如（"），如果字符串中含有这些特殊字符就需要利用转义字符来表示，转义字符以反斜杠开始表示。表 7-4 中是一些常见的转义字符。

表 7-4 JavaScript 的转义字符

代码	输出	代码	输出	代码	输出
\'	单引号	\\	反斜杠"\"	\t	tab,制表符
\"	双引号	\n	换行符	\b	后退一格
\&	&	\r	返回,esc	\f	换页

如果要测试这些转义字符的具体含义，可以用下面的语句将它们输出在页面上。

```
document.write ("<pre>\&\'\"\\\n\r\tabc\b</pre>");
```

3. 字符串的常见属性和方法

字符串（String）对象具有下列属性和方法，下面我们先定义一个示例字符串：

```
var myString="This is a sample";
```

（1）length 属性：它返回字符串中字符的个数，例如：

```
alert (myString.length);              //返回 16
```

注意：即使字符串中包含中文（双字节），每个中文也只算一个字符。

（2）charAt 属性：它返回字符串对象在指定位置处的字符，第一个字符位置是 0。例如：

```
myString.charAt(2);                   //返回 i
```

（3）charCodeAt：返回字符串对象在指定位置处字符的十进制的 ASCII 码。

```
myString.charCodeAt(2);               //返回 i 的 ASCII 码 105
```

（4）indexOf：返回要查找的子串在字符串对象中的位置。

```
myString.indexOf("is");               //返回 2
```

还可以加参数，指定从第几个字符开始找。如果找不到则返回−1。

```
myString.indexOf("i",2);        //从索引为 2 的位置"i"后面的第一个字符开始向后查找，返回 2
```

（5）lastIndexOf：要查找的子串在字符串对象中的倒数位置。

```
myString.lastIndexOf("is");           //返回 5
myString.lastIndexOf("is",2)          //返回 2
```

（6）substr 方法：根据开始位置和长度截取子串。

```
myString.substr(10,3);                //返回"sam",10 表示开始位置,3 表示长度
```

（7）substring 方法：根据起始位置截取子串。

```
myString.substring(5,9);              //返回"is a", 5 表示开始位置,9 表示结束位置
```

（8）split 方法：根据指定的符号将字符串分割成一个数组。

```
var a=myString.split(" ");
//a[0]="This" a[1]="is" a[2]="a" a[3]="sample"
```

（9）replace 方法：替换子串。

```
myString.replace("sample","apple");            //结果"This is a apple"
```

（10）toLowerCase 方法：将字符串变成小写字母。

```
myString.toLowerCase();                        //this is a sample
```

（11）toUpperCase 方法，将字符串变成大写字母。

```
myString. toUpperCase();                       //THIS IS A SAMPLE
```

4. 数值型

在 JavaScript 中，数值型（number）数据不区分整型和浮点型，数值型数据和字符型

数据的区别是数值型数据不要用引号括起来。例如下面都是正确的数值表示法。

```
var num1=23.45;
var num2=76;
var num3=-9e5;                                    //科学计数法,即-900000
```

5. 布尔型

布尔型(boolean)数据的取值只有两个:true 和 false。布尔型数据不能用引号引起来,否则就变成字符串了。用方法 typeof()可以很清楚地看到这点,typeof()返回一个字符串,这个字符串的内容是变量的数据类型名称。

```
var married=true;
document.write(typeof(married) +"<br/>");          //输出 boolean
```

6. 数组

数组(array)是由名称相同的多个值构成的一个集合,集合中的每个值都是这个数组的元素。例如,可以使用数组变量 rank 来存储论坛用户所有可能的级别。

在 JavaScript 中,数组使用关键字 Array 来声明,同时还可以指定这个数组元素的个数,也就是数组的长度(length),例如:

```
var rank=new Array(12);                           //第 1 种定义方法
```

如果无法预知某个数组中元素的最终个数,定义数组时也可以不指定长度,例如:

```
var myColor=new Array();
myColor[0]="blue";
myColor[1]="yellow";
myColor[2]="purple";
```

以上代码创建了数组 myColor,并定义了 3 个数组项,如果以后还需要增加其他的颜色,则可以继续定义 myColor[3]、myColor[4]等,每增加一个数组项,数组长度就会动态地增长。另外还可以用参数创建数组,例如:

```
var Map=new Array("China", "USA", "Britain");     //第 2 种定义方法
Map[4]="Iraq";
```

则此时动态数组的长度为 5,其中 Map[3]的值为 undefined。

除了用 Array 对象定义数组外,数组还可以用方括号直接定义,如:

```
var Map=["China", "USA", "Britain"];              //第 3 种定义方法
```

7. 数组的常用属性和方法

(1) length 属性:用来获取数组的长度,数组的位置同样是从 0 开始的。例如:

```
var Map=new Array("China", "USA", "Britain");
alert(Map.length+" "+Map[2]);                     //返回 3 Britain
```

（2）toString 方法：将数组转化为字符串。

```
var Map=new Array("China", "USA", "Britain");
alert(Map.toString()+" "+typeof(Map.toString()));
```

（3）concat 方法：在数组中附加新的元素或将多个数组元素连接起来构成新数组。例如：

```
var a=new Array(1,2,3);
var b=new Array(4,5,6);
alert(a.concat(b));                        //输出 1,2,3,4,5,6
alert(a.length);                           //长度不变,仍为 3
```

也可以直接连接新的元素,例如：

```
a.concat(4,5,6);
```

（4）join 方法：将数组的内容连接起来,返回字符串,默认为",",连接,例如：

```
var a=new Array(1,2,3);
alert(a.join());                           //输出 1,2,3
```

也可用指定的符号连接,如：

```
alert(a.join("-"));                        //输出 1-2-3
```

（5）push 方法：在数组的结尾添加一个或多个项,同时更改数组的长度。例如：

```
var a=new Array(1,2,3);
a.push(4,5,6);
alert(a.length);                           //输出为 6
```

（6）pop 方法：返回数组的最后一个元素,并将其从数组中删除。例如：

```
var a1=new Array(1,2,3);
alert(a1.pop());                           //输出 3
alert(a1.length);                          //输出 2
```

（7）shift 方法：返回数组的第一个元素,并将其从数组中删除。例如：

```
var a1=new Array(1,2,3);
alert(a1.shift());                         //输出 1
alert(a1.length);                          //输出 2
```

（8）unshift 方法：在数组开始位置插入元素,返回新数组的长度。例如：

```
var a1=new Array(1,2,3);
a1.unshift(4,5,6)
alert(a1);                                 //输出 4,5,6,1,2,3
```

（9）slice 方法：返回数组的片段（或者说子数组）。有两个参数,分别指定开始和结束的索引（不包括第二个参数索引本身）。如果只有一个参数该方法返回从该位置开始到

数组结尾的所有项。如果任意一个参数为负的,则表示是从尾部向前的索引计数。比如
－1表示最后一个,－3表示倒数第三个。例如:

```
var a1=new Array(1,2,3,4,5);
alert(a1.slice(1,3));                    //输出 2,3
alert(a1.slice(1));                      //输出 2,3,4,5
alert(a1.slice(1,-1));                   //输出 2,3,4
alert(a1.slice(-3,-2));                  //输出 3
```

(10) splice 方法:从数组中替换或删除元素。第一个参数指定删除或插入将发生的
位置。第二个参数指定将要删除的元素数目,如果省略该参数,则从第一个参数的位置到
最后都会被删除。splice()会返回被删除元素的数组。如果没有元素被删,则返回空数
组。例如:

```
var a1=new Array(1,2,3,4,5);
alert(a1.splice(3));                     //输出 4,5
alert(a1.length);                        //输出 3
var a1=new Array(1,2,3,4,5);
alert(a1.splice(1,3));                   //输出 2,3,4
alert(a1.length);                        //输出 2
```

(11) sort 方法:对数组中的元素进行排序,默认是按照 ASCII 字符顺序进行升序排
列。例如:

```
var a1=new Array(1,4,23,3,5);
alert(a1.sort());                        //输出 1,23,3,4,5
var a2=["HTML","CSS","JavaScript","DOM"];
alert(a2.sort());                        //输出 CSS,DOM,HTML,JavaScript
```

如果要使数组中的数值型元素按大小进行排列,可以对 sort 方法指定其比较函数
compare(a,b),根据比较函数进行排序,例如:

```
function compare(a,b){
return (b-a);            }            //b-a 是正数,表示逆序排列
var a1=new Array(1,4,23,3,5);
alert(a1.sort(compare));                 //输出 23,5,4,3,1
```

(12) reverse 方法:将数组中的元素逆序排列。

```
var a1=new Array(1,4,23,3,5);
alert(a1.reverse());                     //输出 5,3,23,4,1
```

8. 数据类型转换

在 JavaScript 中除了可以隐式转换数据类型之外(将变量赋予另一种数据类型的
值),还可以显式转换数据类型。显式转换数据类型,可以增强代码的可读性。显式类型
转换的方法有以下两种:将对象转换成字符串和基本数据类型转换。

（1）数值转换为字符串

常见的数据类型转换是将数值转化为字符串，这可以通过 toString()方法，或直接用加号在数值后加上一个长度为空的字符串。例如：

```
var a=4;
var b=a+"";
var c=a.toString();
var d="stu"+a;
alert(typeof(a)+" "+typeof(b)+" "+typeof(c)+" "+typeof(d));
                                        //返回"number string string string"
var a=b=c=5;
alert(a+b+c.toString());                //返回 105
```

（2）字符串转换为数值

字符串转换为数值是通过 parseInt()和 parseFloat()方法实现的，前者将字符串转换为整数，后者将字符串转换为浮点数。如果字符串中不存在数字，则返回 NaN。例如：

```
<script type="text/JavaScript">
document.write(parseInt("4567red")+"<br>");        //返回 4567
document.write(parseInt("53.5")+"<br>");           //返回 53
document.write(parseInt("0xC")+"<br>");            //直接进制转换   //返回 12
document.write(parseInt("tangs@gmail.com")+"<br>");            //返回 NaN
</script>
```

parseFloat()方法与 parseInt()方法的处理方式类似，只是会转换为浮点数（带小数），读者可把上例中的 parseInt()都改为 parseFloat()测试验证。

7.2.4　JavaScript 语句

在任何一种编程语言中，程序的逻辑结构都是通过语句来实现的，JavaScript 也具有一套完整的编程语句用来在流程上进行判断循环等。总的来说，JavaScript 的语法与 C 或 Java很相似，如果学习过这些编程语言，可以很快掌握 JavaScript 的语句。

1. 条件语句

条件语句可以使程序按照预先指定的条件进行判断，从而选择需要执行的任务。在 JavaScript 中提供了 if 语句、if else 语句和 switch 语句三种条件判断语句。

（1）if 语句

if 语句是最基本的条件语句，它的格式为：

```
if (表达式)                        //if 的判断语句,括号里是条件
   { 语句块; }
```

如果要执行的语句只有一条，可以省略大括号把整个 if 语句写在一行，例如：

```
if(a==1) a++;
```

如果要执行的语句有多条,就不能省略大括号,因为这些语句构成了一个语句块。如:

if(a==1){a++; b --}

(2) if else 语句

如果还需要在表达式值为假时执行另外一个语句块,则可以使用 else 关键字扩展 if 语句。if else 语句的格式为:

```
if (表达式)
        { 语句块 1; }
    else
        { 语句块 2; }
```

实际上,语句块 1 和语句块 2 中又可以再包含条件语句,这样就实现了条件语句的嵌套,程序设计中经常需要这样的语句嵌套结构。

(3) if…else if…else 语句

除了用条件语句的嵌套表示多种选择,还可以直接用 else if 语句获得这种效果,格式如下:

```
if (表达式 1)
        { 语句块 1; }
    else if (表达式 2)
        { 语句块 2; }
    else if (表达式 3)
        { 语句块 3; }
    ……
    else{ 语句块 n; }
```

这种格式表示只要满足任何一个条件,则执行相应的语句块,否则执行最后一条语句。

```
<script type="text/JavaScript">
    var d=new Date();
    var time=d.getHours();
    if (time<10)
    {document.write("<b>Good morning</b>");}
    else if (time>10 && time<16)
    {document.write("<b>Good day</b>");}
    else
    {document.write("<b>Good afternoon </b>");}
</script>
```

(4) switch 语句

实际应用当中,很多情况下要对一个表达式进行多次判断,每一种结果都需要执行不同的操作,这种情况下使用 switch 语句比较方便。switch 语句的格式:

```
switch (表达式)
    {   case 值 1：语句 1；
            break；
        case 值 2：语句 2；
            break；
        ……
        case 值 n：语句 n；
            break；
        default：语句；  }
```

每个 case 都表示如果表达式的值等于某个 case 的值，就执行相应的语句，关键字 break 会使代码跳出 switch 语句。如果没有 break，代码就会继续进入下一个 case，把下面所有 case 分支的语句都执行一遍。关键字 default 表示表达式不等于其中任何一个 case 的值时所进行的操作。

2. 循环语句

循环语句用于在一定条件下重复执行某段代码。在 JavaScript 中提供了一些与其他编程语言相似的循环语句，包括 for 循环语句、for…in 语句、while 循环语句以及 do…while 循环语句，同时还提供了 break 语句用于跳出循环，continue 语句用于终止当次循环并继续执行下一次循环，以及 label 语句用于标记一个语句。下面分别来介绍：

（1）for 语句

for 循环语句是不断地执行一段程序，直到相应条件不满足，并且在每次循环后处理计数器。for 语句的格式：

```
for (初始表达式；循环条件表达式；计数器表达式)
    {语句块}
```

for 循环最常用的形式是 for(var i=0；i<n；i++){statement}，它表示循环一共执行 n 次，非常适合于已知循环次数的运算。下面是 for 循环的一个例子：九九乘法表(7-4. html)。

```
< table cellpadding="6" cellspacing="0" style="border-collapse:collapse;
border:none;">
<script type="text/JavaScript">
for(var i=1;i<10;i++){                        //乘法表一共九行
    document.write("<tr>");                   //每行是 table 的一行
    for(j=1;j<10;j++)                         //每行都有 9 个单元格
        if(j<=i)                              //有内容的单元格
        document.write("<td style='border:2px solid #004B8A; background:
        white;'>"+i+" * "+j+"="+(i * j)+"</td>");
        else                                  //没有内容的单元格
            document.write("<td style='border:none;'></td>");
    document.write("</tr>");
```

```
}
</script></table>
```

(2) for…in 语句

在有些情况下,开发者根本没有办法预知对象的任何信息,更谈不上控制循环的次数。这个时候用 for…in 语句可以很好地解决这个问题。for…in 语句通常用来枚举对象的属性,例如 document、window 等对象的属性,它的语法如下:

```
for(property in expression) statement
```

for…in 循环举例——遍历数组:

```
<script type="text/JavaScript">
var mycars=new Array()
mycars[0]="Audi";mycars[1]="Volvo";mycars[2]="BMW";
for (x in mycars)
{
document.write(mycars[x]+"<br/>");   }
</script>
```

(3) while 语句

while 循环是前测试循环,就是说是否终止循环的条件判断是在执行内部代码之前,因此循环的主体可能根本不会被执行,其语法如下:

```
while(循环条件表达式){语句块}
```

下面是 while 循环的运算演示:

```
<script type="text/JavaScript">
var i=iSum=0;
while(i<=100){
    iSum+=i;
    i++;  }
document.write(iSum);
</script>
```

(4) do…while 语句

与 while 循环不同,do…while 语句将条件判断放在循环之后,这就保证了循环体中的语句块至少会被执行一次,在很多时候这是非常实用的。例如:

```
<script language="JavaScript">
var aNumbers=new Array();
var sMessage="你输入了:\n";
var iTotal=0, i=0, userInput;
do{
    userInput=prompt("输入一个数字,或者'0'退出","0");
    aNumbers[i]=userInput;
```

```
    i++;
    iTotal+=Number(userInput);
    sMessage+=userInput+"\n";
}while(userInput !=0)                    //当输入为 0(默认值)时退出循环体
sMessage+="总数:"+iTotal;
alert(sMessage);
</script>
```

（5）break 和 continue 语句

break 和 continue 语句为循环中的代码执行提供了退出循环的方法，使用 break 语句将立即退出循环体，阻止再次执行循环体中的任何代码。continue 语句只是退出当前这一次循环，根据控制表达式还允许进行下一次循环。

在上例中，没有对用户的输入做容错判断，实际上，如果用户输入了英文或非法字符，可以利用 break 语句退出整个循环。修改后的代码如下：

```
do{
if(isNaN(userInput)){
        document.write("输入错误,将立即退出<br>");
        break;  }                    //输入错误直接退出整个 do 循环体
    userInput=prompt("输入一个数字,或者'0'退出","0");
    aNumbers[i]=userInput;
    i++;
    iTotal+=Number(userInput);
    sMessage+=userInput+"\n";
}while(userInput !=0)                    //当输入为 0(默认值)时退出循环体
```

但上例中只要用户输入错误就马上退出了循环，而有时用户可能只是不小心按错了键，导致输入错误，此时用户可能并不想退出，而希望继续输入，这个时候就可以用 continue 语句来退出当次循环，即用户输入的非法字符不被接受，但用户还能继续下次输入。

```
do{
if(isNaN(userInput)){
        document.write("输入错误,请重新输入<br>");
        continue;  }                    //输入错误则退出当前循环,但继续下一次循环
    userInput=prompt("输入一个数字,或'0'退出","0");
    aNumbers[i]=userInput;
    i++;
    iTotal+=Number(userInput);
    sMessage+=userInput+"\n";
}while(userInput !=0)                    //当输入为 0(默认值)时则退出循环体
```

7.2.5　函数

函数是一个可重用的代码块，可用来完成某个特定功能。每当需要反复执行一段代

码时,可以利用函数来避免重复书写相同代码。不过,函数的真正威力体现在,我们可以把不同的数据传递给它们,而它们将使用实际传递给它们的数据去完成预定的操作。在把数据传递给函数时,我们把那些数据称为参数(argument)。如图 7-3 所示,函数就像一台机器,它可以对输入的数据进行加工再输出需要的数据(只能输出唯一的值)。当这个函数被调用时或被事件触发时这个函数会执行。

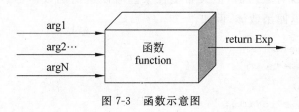

图 7-3　函数示意图

1. 函数的基本语法

函数的基本语法如下:

```
function [functionname] (arg1,arg2,...,argN)
{
    statements
    [return[expression]]  }
```

其中,function 是 JavaScript 定义函数的关键字,functionname 是函数的名称,argX 是函数的输入参数列表,各个参数之间用逗号隔开,参数可以为空,表示没有输入参数的函数。statements 为函数体本身的代码块,return expression 是用来返回函数值的表达式。同样为可选项。简单示例如下:

```
function myName(sName){
    alert("Hello "+sName);  }
```

该函数接受一个输入参数 sName,不返回值。调用它的代码如下:

```
myName("six-tang");                //弹出框显示"Hello six-tang"
```

函数 myName()没有声明返回值,如果有返回值 JavaScript 也不需要单独声明,只需用 return 关键字接一个表达式即可,例如:

```
function fnSum(a, b){
    return a+b;  }
```

调用函数的返回值只需将函数赋给一个变量即可,以下代码将函数 fnSum 的返回值赋给了变量 iResult。

```
iResult=fnSum(52+14);
alert(iResult);
```

另外,与其他编程语言一样,函数在执行过程中只要执行完 return 语句就会停止继续执行函数体中的代码,因此 return 语句后的代码都不会执行。下例中函数中的 alert()

语句就永远都不会执行。

```
function fnSum(iNum1, iNum2){
    return iNum1+iNum2;
    alert (iNum1+iNum2);                    //永远不会被执行    }
```

如果函数本身没有返回值，但又希望在某些时候退出函数体，则可以调用无参数的return 语句来随时返回函数体，例如：

```
function myName(sName){
    if (myName=="bye")
        return;
    alert("Hello"+sName);   }
```

2. 定义匿名函数

实际上，定义函数时，函数名有时都可以省略，这种函数称为匿名函数。例如：

```
function(a,b)
{ return a+b; }
```

但是一个函数没有了函数名，我们怎么调用该函数呢？有两种方法。一种是将函数赋给一个变量（给函数找一个名字），那么该变量就成为这个函数对象的实例，就可以像对函数赋值一样对该变量赋予实参调用函数了。例如：

```
var sum=function(a,b){ return a+b;   }
sum(3,5);                              //返回 8
```

另一种方法是函数的自运行方式，例如：

```
(function(a,b){return a+b;})(5,9)
```

为什么将函数写在一个小括号内，就能调用它呢？这是因为，小括号能把表达式组合分块，并且每一块（也就是每一对小括号）都有一个返回值。这个返回值就是小括号中表达式的返回值。那么，当我们用一对小括号将函数括起来时，则它的返回值就是这个函数对象的实例，不妨设函数对象实例为 sum，那么上面的写法就等价于 sum(5,9)了。

实际上，定义函数还可以用创建函数对象的实例方法定义，例如：

```
var sum=new Function ("a","b","return a+b;")
```

这句代码的意思就是创建一个 Function 对象的实例 sum，而 Function 对象的实例就是一个函数。但这种方法显然复杂些，因此很少用。

3. 用 arguments 对象来访问函数的参数

JavaScript 的函数有个特殊的对象 arguments，主要用来访问函数的参数。通过 arguments 对象，无须指出参数的名称就能直接访问它们。例如，用 arguments[0]可以访问函数第一个参数的值，刚才的 myName 函数可以重写如下：

```
function myName(sName){
if (arguments[0]=="bye")                          //如果第一个参数是"bye"
    return;
alert("Hello"+sName);   }
```

有了 arguments 对象,便可以根据参数个数的不同分别执行不同的命令,模拟面向对象程序设计中函数的重载。示例代码如下:

```
<script language="JavaScript">
function fnAdd(){
    if(arguments.length==0)
        return;
    else if(arguments.length==1)
        return arguments[0]+6;
    else{   var iSum=0;
        for(var i=0;i<arguments.length;i++)
            iSum+=arguments[i];
        return iSum;        }}
document.write(fnAdd(44)+"<br>");                 //输出结果为 50
document.write(fnAdd(45,50)+"<br>");              //输出结果为 95
document.write(fnAdd(45,50,55,70)+"<br>");        //输出结果为 220
</script>
```

7.3　对象

在客观世界中,对象指一个特定的实体。一个人就是一个典型的对象,他包含身高、体重、年龄等特性,又包含吃饭、走路、睡觉等动作。同样,一辆汽车也是一个对象,它包含型号、颜色、种类等特性,还包含加速、拐弯等动作。

7.3.1　JavaScript 对象

在 JavaScript 中,其本身具有并能自定义各种各样的对象。例如,一个浏览器窗口可看成是一个对象,它包含窗口大小、窗口位置等属性,又具有打开新窗口、关闭窗口等方法。网页上的一个表单也可以看成一个对象,它包含表单内控件的个数、表单名称等属性,又有表单提交(submit())和表单重设(reset())等方法。

1. JavaScript 中的对象分类

在 JavaScript 中使用对象可分为三种情况。

(1)自定义对象,方法是使用 new 运算符创建新对象。例如:

```
var university=new Object();               //Object 对象可用于创建一个通用的对象
```

(2)使用 JavaScript 内置对象。

使用 JavaScript 内置对象,如 Date、Math、Array 等。例如:

```
var today=new Date();
```

实际上,JavaScript 中的一切数据类型都是它的内置对象。

(3) 使用浏览器对象。

使用由浏览器提供的内置对象,如 window、document、location 等;在浏览器对象模型(BOM)将详细讲述这些内置对象的使用。

2. 对象的属性和方法

定义了对象之后,就可以对对象进行操作了,在实际中对对象的操作主要有引用对象的属性和调用对象的方法。

引用对象属性的常见方式是通过点运算符(.)实现引用。例如:

```
university.province="湖南省";
university.name="衡阳师范学院";
university.date="1904";
```

university 是一个已经存在的对象,province、name 和 date 是它的三个属性。

从上面的例子可以看出,对象包含两个要素:

① 用来描述对象特性的一组数据,也就是若干变量,通常称为属性。

② 用来操作对象特性的若干动作,也就是若干函数,通常称为方法。

在 JavaScript 中如果要访问对象的属性或方法,可使用"点"运算符来访问。

例如,假设汽车这个对象为 Car,具有品牌(brand)、颜色(color)等属性,就可以使用 Car. brand、Car. color 来访问这些属性。

再假设 Car 关联着一些诸如 move()、stop()、accelerate(level)之类的函数,这些函数就是 Car 对象的方法,可以使用 Car. move()、Car. stop()语句来调用这些方法。

把这些属性和方法集合在一起,就得到了一个 Car 对象。换句话说,可以把 Car 对象看作是所有这些属性和方法的主体。

3. 创建对象的实例

为了使 Car 对象能够描述一辆特定的汽车,需要创建一个 Car 对象的实例(instance)。实例是对象的具体表现。对象是统称,而实例是个体。

在 JavaScript 中给对象创建新的实例也采用 new 关键字,例如:

```
var myCar=new Car();
```

这样就创建了一个 Car 对象的新实例 myCar,通过这个实例就可以利用 Car 的属性、方法来设置关于 myCar 的属性或方法了,代码如下:

```
myCar.brand=Fiat;
myCar.accelerate(3);
```

在 JavaScript 中字符串、数组等都是对象,严格的说所有的一切都是对象。而一个字符串变量,数组变量可看成是这些对象的实例。下面是一些例子:

```
var iRank=new Array();                    //定义数组的另一种方式
var myString=new String("web design");    //定义字符串的另一种方式
```

7.3.2　with 语句

对对象的操作还经常使用 with 语句和 this 关键字,下面来讲述它们的用途。

with 语句的作用是:在该语句体内,任何对变量的引用被认为该变量是这个对象的属性,以省一些代码。语法如下:

```
with object{
…  }
```

所有在 with 语句后的花括号中的语句,都是在 object 对象的作用域中。例如:

```
today=new Date();
with today{
    year=getYear();                       //等价于 year=today.getYear();
    month=getMonth();                     //等价于 year=today. getMonth();
    hour=getHours();   }
```

7.3.3　this 关键字

this 是面向对象语言中的一个重要概念,在 Java、C♯ 等大型语言中,this 固定指向运行时的当前对象。但是在 JavaScript 中,由于 JavaScript 的动态性(解释执行,当然也有简单的预编译过程),this 的指向在运行时才确定。

1. this 指代当前元素

(1) 在 JavaScript 中,如果 this 位于 HTML 标记内,即采用行内式的方式通过事件触发调用的代码中含有 this,那么 this 指代当前元素。例如:

```
<div id="div2" onmouseover="this.align='right'" onmouseout="this.align='left'">
会逃跑的文字</div>
```

此时 this 指代当前这个 div 元素。

(2) 如果将该程序改为引用函数的形式,this 作为函数的参数,则可以写成:

```
<script type="text/JavaScript">
function move(obj)   {
    if(obj.align=="left"){obj.align="right";}
    else if (obj.align=="right"){obj.align="left";}   }
</script>
<div align="left" onmouseover="move(this)">会逃跑的文字</div>
```

此时 this 作为参数传递给 move(obj)函数,根据运行时谁调用函数指向谁的原则,this 仍然会指向当前这个 div 元素,因此运行结果和上面行内式的方式完全相同。

(3) 如果将 this 放置在由事件触发的函数体内,那么 this 也会指向事件前的元素,因为是事件前的元素调用了该函数。例如,上面的例子还可以改写成下列形式,执行效果相同。

```
<script type="text/JavaScript">
stat=function(){
    var taoId=document.getElementById('div2');
    taoId.onmouseover=function(){
    this.align="right";}                          //this 指代 taoId
    taoId.onmouseout=function(){
    this.align="left";    }}
window.onload=stat;
</script>
<div id="div2">会逃跑的文字</div>
```

所以,this 指代当前元素主要包括以上三种情况,可以简单的认为,哪个元素直接调用了 this 所在的函数,则 this 指代当前元素,如果没有元素直接调用,则 this 指代 window 对象,这是我们下面要讲的。

2. 作为普通函数直接调用时,this 指代 window 对象

(1) 如果 this 位于普通函数内,那么 this 指代 window 对象,因为普通函数实际上都是属于 window 对象的。如果直接调用,根据"this 总是指代其所有者"的原则,那么函数中的 this 就是 window。例如:

```
<script type="text/JavaScript">
function doSomething()   {
    this.status="在这里 this 指代 window 对象";   }
</script>
```

可以看到状态栏中的文字改变了,说明在这里 this 确实是指 window 对象。

(2) 如果 this 位于普通函数内,通过行内式的事件调用普通函数,又没为该函数指定参数,那么 this 会指代 window 对象。例如,如果将(1)中的函数改成如下形式,则会出错。

```
function move()      {                              //注意:该程序为典型错误写法
    if(this.align=="left"){this.align="right";}
    else if (this.align=="right"){ this.align="left";} }
</script>
<div align="left" onmouseover="move()">会逃跑的文字</div>
```

在这里,位于普通函数 move()中的 this 指代 window 对象,而 window 对象并没有 align 属性,所以程序会出错,当然 div 中的文字也不会移动。

7.3.4 JavaScript 的内置对象

作为一种基于对象的编程语言,JavaScript 提供了很多内置的对象,这些对象不需要用 Object()方法创建就可以直接使用。实际上,JavaScript 提供的一切数据类型都可以看成是它的内置对象,如函数、字符串等都是对象。下面将介绍两类最常用的对象,即 Date 对象和 Math 对象。

1. 时间日期

时间、日期是程序设计中经常需要使用的对象,在 JavaScript 中,使用 Date 对象既可以获取当前的日期和时间,也可以设置日期和时间。

```
var toDate=new Date();
document.write (new Date());                          //返回当前日期和时间
```

如果 new Date()带有参数,那么就可以设置当前时间。例如:

```
new Date("July 7, 2009 15:28:30");                  //设置当前日期和时间
new Date("July 7, 2009");
```

通过 new Date()显示的时间格式在不同的浏览器中是不同的。这就意味着要直接分析 new Date()输出的字符串会相当麻烦。幸好 JavaScript 还提供了很多获取时间细节的方法。如 getFullYear()、getMonth()、getDate()、getDay()、getHours()等。另外,也可以通过 toLocaleString ( ) 函数将时间日期转化为本地格式,如(new Date()). toLocaleString()。

2. 数学计算

Math 对象用来做复杂的数学计算。它提供了很多属性和方法,其中常用的方法有:①floor(x):取不大于参数的整数;②ceil(x):取不小于参数的整数;③round(x):四舍五入;④random(x):返回随机数(0~1 之间的任意浮点数);⑤pow(x, y):返回 x 的 y 次方。

7.4 浏览器对象模型 BOM

JavaScript 是运行在浏览器中的,因此提供了一系列对象用于与浏览器窗口进行交互。这些对象主要有 window、document、location、navigator 和 screen 等,把它们统称为 BOM(Browser Object Model,浏览器对象模型)。

BOM 提供了独立于页面内容而与浏览器窗口进行交互的对象。window 对象是整个 BOM 的核心,所有对象和集合都以某种方式与 window 对象关联。BOM 中的对象关系如图 7-4 所示。

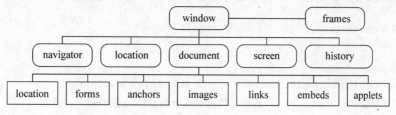

图 7-4 BOM 对象关系图

下面分别来介绍几个最常用对象的含义和用途。

7.4.1　window 对象

window 对象表示整个浏览器窗口,但不包括其中的页面内容。Window 对象可以用于移动或者调整其对应的浏览器窗口的大小,或者对它产生其他影响。

在浏览器宿主环境下,window 对象就是 JavaScript 的 Global 对象,因此使用window 对象的属性和方法是不需要特别指明的。例如我们经常使用的 alert 方法,实际上完整的形式是 window. alert,在代码中可省略 window 对象的声明,直接使用其方法。

window 对象对应浏览器的窗口,使用它可以直接对浏览器窗口进行各种操作。window 对象提供的主要功能可以分为以下 5 类:①调整窗口的大小和位置;②打开新窗口和关闭窗口;③产生系统提示框;④状态栏控制;⑤定时操作。

1. 调整窗口的大小和位置

window 对象有如下 4 个方法用来调整窗口的位置或大小。

(1) window. moveBy(dx, dy)

该方法将浏览器窗口相对于当前的位置移动指定的距离(相对定位),当 dx 和 dy 为负数时则向反方向移动。

(2) window. moveTo(x, y)

该方法将浏览器窗口移动到屏幕指定的位置(x、y 处)(绝对定位)。同样可使用负数,只不过这样会把窗口移出屏幕。

(3) window. resizeBy(dw, dh)

相对于浏览器窗口的当前大小,把宽度增加 dw 个像素,高度增加 dh 个像素。两个参数也可以使用负数来缩写窗口。

(4) window. resizeTo(w, h)

把窗口大小调整为 w 像素宽,h 像素高,不能使用负数。

2. 打开新窗口

打开新窗口的方法是 window. open,这个方法在 Web 编程中经常使用,但有些恶意站点滥用了该方法,频繁在用户浏览器中弹出新窗口。它的用法如下:

```
window.open([url] [, target] [, options])
```

例如:

```
window.open("pop.html", "new", "width=400, height=300");
//表示在新窗口打开 pop.html,新窗口的宽和高分别是 400 像素和 300 像素
```

target 参数除了可以使用"_self","_blank"等常用属性值外,还可以利用 target 参数

为窗口命名,如:

```
window.open("pop.html", "myTarget");
```

这样可以让其他链接将目标文件指定在该窗口中打开。

```
<a href="iframe.html" target="myTarget">在指定名称为 myTarget 窗口打开</a>
<form target="myTarget">    <!--表单提交的结果将会在 myTarget 窗口显示-->
```

window.open()方法会返回新建窗口的 window 对象,利用这个对象就可以轻松操作新打开的窗口了,代码如下:

```
var oWin=window.open("pop.html", "new", "width=400,height=300");
oWin.resizeTo(600,400);
oWin.moveTo(100,100);
```

提示:如果要关闭当前窗口,可使用 window.close()。

3. 通过 opener 属性实现与父窗口交互

通过 window.open()方法打开子窗口后,还可以让父窗口与子窗口之间进行交互。opener 属性存放的是打开它的父窗口,通过 opener 属性,子窗口可以与父窗口发生联系;而通过 open()方法的返回值,父窗口也可以与子窗口发生联系(如关闭子窗口),从而实现两者之间的互相通信和参数传递。例如:

(1) 显示父窗口名称。在子窗口中加入如下代码:

```
alert(opener.name);
```

(2) 判断一个窗口的父窗口是否已经关闭。子窗口中的代码如下:

```
if(window.opener.closed){alert("不能关闭父窗口")}
```

其中 closed 属性用来判断一个窗口是否已经关闭。

(3) 获取父窗口中的信息。在子窗口中的网页内添加如下函数:

```
function getNews(){
var parent=window.opener;
    if (!parent) return;                //如果没有父窗口则退出
//从父窗口中获取 id 为 title 的文本框中输入的内容,把它填入子窗口相关位置
var sonTitle=document.getElementById("sonTitle");
    sonTitle.value=parent.document.getElementById("title").value;  }
```

(4) 单击父窗口中的按钮关闭子窗口(其中 oWin 是子窗口名)。

```
<input type="button" value="关闭子窗口" onclick="oWin.close()"/>
```

4. 系统对话框

JavaScript 可产生三种类型的系统对话框,即弹出对话框、确认提示框和消息提示框。它们都是通过 window 对象的方法产生的,具体方法如下:

（1）alert（[message]）

alert（）方法前面已经反复使用，它只接受一个参数，即弹出对话框要显示的内容。调用 alert（）语句后浏览器将创建一个带有"确定"按钮的消息框。

（2）confirm（[message]）

该方法将显示一个确认提示框，其中包括"确定"和"取消"按钮。

用户单击"确定"按钮时，window. confirm 返回 true；单击"取消"按钮时，window. confirm 返回 false。例如：

```
if (confirm("确实要删除这张图片吗？"))            //弹出确认提示框
    alert("图片正在删除…");
else
    alert("已取消删除!");
```

（3）prompt（[message] [，default]）

该方法将显示一个消息提示框，其中包含一个输入框。能够接受用户输入的信息，从而实现进一步的交互。该方法接受两个参数，第一个参数是显示给用户的文本，第二个参数为文本框中的默认值（可以为空）。整个方法返回字符串，值即为用户的输入。例如：

```
var nInput=prompt ("请输入:\n 你的名字","");            //弹出消息提示框
if(nInput!=null)
document.write("Hello! "+nInput);
```

以上代码运行时弹出如图 7-5 所示的对话框，提示用户输入，并将用户输入的字符串作为 prompt（）方法（函数）的返回值赋给 nInput。将该值显示在网页上，如图 7-6 所示。

图 7-5　消息提示框 prompt()

图 7-6　返回 prompt()函数的值

5. 状态栏控制（status 属性）

浏览器状态栏显示的信息可以通过 window. status 属性直接进行修改。例如：

```
window.status="看看状态栏中的文字变化了吗？";
```

7.4.2　使用定时操作函数制作动画效果

定时操作通常有两种使用目的，一种是周期性地执行脚本，例如在页面上显示时钟，需要每隔一秒钟更新一次时间的显示；另一种则是将某个操作延时一段时间执行，例如迫使用户等待一段时间才能进行操作，可以使用 setTimeout（）函数使其延时执行，但后面

的脚本在延时期间可以继续运行不受影响。

定时操作函数还是利用 JavaScript 制作网页动画效果的基础,例如网页上的漂浮广告,就是每隔几毫秒更新一下漂浮广告的显示位置。其他的如打字机效果、图片轮转显示等,可以说一切动画效果都离不开定时操作函数。JavaScript 中的定时操作函数有setTimeout()和 setInterval(),下面分别来介绍。

1. setTimeout()函数

该函数用于设置定时器,在一段时间之后执行指定的代码。下面是 setTimeout 函数的应用实例——显示时钟(7-6.html),它的运行效果如图 7-7 所示。

图 7-7　时钟显示效果

```
<script type="text/JavaScript">
    function $ (id){                           //根据元素 id 获取元素
        return document.getElementById(id);   }
        function dispTime(){
        $ ("clock").innerHTML="<b>"+ (new Date()).toLocaleString()+"</b>"; }
        //将时间加粗显示在 clock 的 div 中,new Date()获取系统时间,并转换为本地格式
    function init(){                           //启动时钟显示
        dispTime();                            //显示时间
        setTimeout(init, 1000);                //过 1 秒钟后执行一次 init()
    }
    </script>
<body onload="init()">
    <div id="clock"></div>
</body>
```

由于 setTimeout 函数的作用是过一秒钟之后执行指定的代码,执行完一次代码后就不会再重复的执行代码。所以 7-6. html 是通过 setTimeout()函数递归调用 init()实现每隔一秒执行一次 dispTime()函数的。

想一想:把 setTimeout(init,1000);中的 1000 改成 200 还可以吗?

如果要清除 setTimeout()函数设置的定时器,可以使用 clearTimeout()函数,方法是将setTimeout(init,1000)改写成 sec=setTimeout(init,1000),然后再使用 clearTimeout(sec)即可。

2. setInterval()函数

该函数用于设置定时器,每隔一段时间执行指定的代码。需要注意的是,它会创建间隔 ID,若不取消将一直执行,直到页面卸载为止。因此如果不需要了应使用 clearInterval取消该函数,这样能防止它占用不必要的系统资源。它的用法如下:

setInterval(code, interval)。

由于 setInterval 函数可以每隔一段时间就重复执行代码,所以 7-6. html 中的

setTimeout(init，1000);可以改写成：

```
setInterval(dispTime, 1000);                    //每隔 1 秒钟执行一次 dispTime()
```

这样不用递归也能实现每隔1秒钟刷新一次时间。下面是一个 setInterval 函数的例子,它可实现每隔0.1秒改变窗口大小并移动窗口位置。

```
<script type="text/JavaScript">
function init(){
    window.moveTo(10,10);
    window.resizeTo(100,100);}
function move(){
    window.moveBy(10,10);                    //每次向右下移动 10px
    window.resizeBy(10,10);    }             //每次变大 10px
  </script>
<body onLoad="init()">
<b onClick="setInterval(move, 100);">这个窗口会移动还会变大</b></body>
```

如果要清除 setInterval 函数设置的定时器,可以使用 clearInterval 函数。

3. 定时操作函数的应用举例

(1) 下面的例子用来制作打字机效果,它可以使 str 中的文字一个接一个地出现。

```
<body onLoad="setInterval(trim, 100)">
<p id="exp"></p>
<script>
var exp=document.getElementById("exp");
var str="函数就像是一台机器,它对输入的数据进行加工再输出需要的数据";
y=1;
function trim(){                           //用来定时执行的函数
    var trimstr=str.substring(0,y);        //截取从 0 到 y 的子字符串
    exp.innerHTML=trimstr;
    if(y<str.length) y++;
    else clearInterval(setInterval(trim, 100));}
</script></body>
```

(2) 制作漂浮广告。

① 漂浮广告的原理是首先向网页中添加一个绝对定位的元素,由于绝对定位元素不占据网页空间,所以会浮在网页上。下面的代码将一个 div 设置为绝对定位元素,并为它设置了 id,方便通过 JavaScript 程序操纵它。在 div 中放置了一张图片,并对这张图片设置了链接。

```
<div id="Ad" style="position:absolute">
<a href="http://www.163.com" target="_blank">
    <img src=" logo.jpg" border="0"/></a></div>
```

② 接下来通过 JavaScript 脚本每隔 10 毫秒改变该 div 元素的位置,代码如下:

```
<script type="text/javascript">
var x=50,y=60;                        //设置元素在浏览器窗口中的初始位置
var xin=true, yin=true;               //设置 xin、yin 用于判断元素是否在窗口范围内
var step=1;                           //可设置每次移动几像素
var obj=document.getElementById("Ad");    //通过 id 获取 div 元素
function floatAd(){
var L=T=0;
var R=document.body.clientWidth-obj.offsetWidth;
//浏览器的宽度减 div 对象占据的空间宽度就是元素可以到达的窗口最右边的位置
var B=document.body.clientHeight-obj.offsetHeight;
obj.style.left=x+document.body.scrollLeft;    //设置 div 对象的初始位置
//当没有拉到滚动条时,document.body.scrollTop 的值是 0,当拉到滚动条时,为了让 div 对
    象在屏幕中的位置保持不变,就需要加上滚动的网页的高度
obj.style.top=y+document.body.scrollTop;
x=x+step * (xin?1:-1);                //水平移动对象,每次判断左移还是右移
if (x<L){ xin=true; x=L;}
if (x>R){ xin=false; x=R;}
//当 div 移动到最右边,x 大于 R 时,设置 xin=false,让 x 每次都减 1,即向左移动,直到 x<L
    时,再将 xin 的值设为 true,让对象向右移动
y=y+step * (yin?1:-1)
if (y <T){ yin=true; y=T; }
if (y>B){ yin=false; y=B;}
}
var itl=setInterval("floatAd()", 10)          //每隔 10 毫秒执行一次 floatAd()
obj.onmouseover=function(){clearInterval(itl)}  //鼠标滑过时,让漂浮广告停止
obj.onmouseout=function(){itl=setInterval("floatAd()", 10)}
                                      //鼠标离开时,继续移动
</script>
```

代码中,scrollTop 是获取 body 对象在网页中当拉动滚动条后网页被滚动的距离。由于 x 和 y 每次都是减 1 或加 1,所以漂浮广告总是以 $45°$ 角飘动,碰到边框后再反弹回来。

(3) 制作简单图片轮显效果。

通过每隔 2 秒钟修改 img 元素的 src 属性,就能制作出如图 7-8 所示的图片轮显效果。它的代码如下:

图 7-8　简单图片轮显效果

```
<script language="JavaScript">
var   n=1;
function changePic(m){
    return n=m;    }                         //强行将 n 值改变成当前图片的 n 值
function change(){
    var myImg=document.getElementsByTagName("img")[0];    //获取图片
```

```
      myImg.src="images/0"+n+".jpg";            //修改元素的 src 属性
      if(n<5) n++;                               //定时函数每执行一次 n 值加 1
      else n=1;   }
</script>
<body onload="setInterval(change,2000);">
<img src="images/01.jpg" width="200"/>
<div><a href="#" onclick="changePic(1)">屋檐</a>
<a href="#" onclick="changePic(2)">旅途</a><a href="#" onclick="changePic
(3)">红墙</a><a href="#" onclick="changePic(4)">梅花</a><a href="#" onclick=
"changePic(5)">宫殿</a></div>
```

4. 用定时操作函数制作动画效果小结

① 首先获取需要实现动画效果的 HTML 元素,一般用 getElementById()方法。

② 将实现动画效果的代码写在一个函数里,如需要移动元素位置,则代码里要有改变元素位置的语句;如果改变元素属性,则代码里要有设置元素属性的语句,这样每执行一次函数就会改变对象的某些属性。

③ 通过 setInterval()调用实现动画的函数或 setTimeout()递归调用实现动画函数的父函数,使其重复执行。

7.4.3　location 对象

location 对象的主要作用是分析和设置页面的 URL 地址,它是 window 对象和 document 对象的属性。location 对象表示窗口地址栏中的 URL,它的一些属性如表 7-5 所示。

表 7-5　location 对象的常用属性

属　性	说　　明	示　　例
hash	URL 中的锚点部分("＃"号后的部分)	＃sec1
host	服务器名称和端口部分(域名或 IP 地址)	www. hynu. cn
href	当前载入的完整 URL	http://www. hynu. cn/web/123. htm
pathname	URL 中主机名后的部分	/web/123. htm
port	URL 中的端口号	8080
protocol	URL 使用的协议	http
search	执行 get 请求的 URL 中问号(?)后的部分	?id=134&name=sxtang

其中 location. href 是最常用的属性,用于获得或设置窗口的 URL,类似于 document 的 URL 属性。改变该属性的值就可以导航到新的页面,代码如下:

```
location.href="http://ec.hynu.cn/index.htm";
```

实际上,DW 中的跳转菜单就是使用下拉菜单结合 location 对象的 href 属性实现的。下面是跳转菜单的代码:

```
< select name="select" onchange="location.href=this.options[this.selectedIndex].
value">
        <option>请选择需要的网址</option>
            <option value="http://www.sohu.com">搜狐</option>
            <option value="http://www.sina.com">新浪</option>
    </select>
```

location. href 对各个浏览器的兼容性都很好,但依然会在执行该语句后执行其他代码。采用这种导航方式,新地址会被加入到浏览器的历史栈中,放在前一个页面之后,这意味着可以通过浏览器的"后退"按钮访问之前的页面。

如果不希望用户可以用"后退"按钮返回原来的页面,可以使用 replace()方法,该方法也能转到指定的页面,但不能返回到原来的页面了,这常用在注册成功后禁止用户后退到填写注册资料的页面。例如:

```
<p onclick="location.replace('http://www.sohu.com');">搜狐</p>
```

可以发现转到新页面后,"后退"按钮变为灰色了。

7.4.4 history 对象

history 对象主要用来控制浏览器后退和前进。它可以访问历史页面,但不能获取到历史页面的 URL。下面是 history 对象的一些用法:

```
① history.go(-1);              //浏览器后退一页,等价于 history.back()
② history.go(1);               //浏览器前进一页,等价于 history.forward();
③ history.go(0);               //浏览器刷新当前页,等价于 location.reload()
④ document.write(history.length);   //输出浏览历史的记录总数
```

7.4.5 document 对象

document 对象实际上又是 window 对象的子对象,document 对象的独特之处是它既属于 BOM 又属于 DOM。

从 BOM 角度看,document 对象由一系列集合构成,这些集合可以访问文档的各个部分,并提供页面自身的信息。

document 对象最初是用来处理页面文档的,但很多属性已经不推荐继续使用了。如改变页面的背景颜色(document. bgColor)、前景颜色(document. fgColor)和链接颜色(document. linkColor)等,因为这些可以使用 DOM 动态操纵 CSS 属性实现。如果一定要使用这些属性,应该把它们放在 body 部分,否则对 Firefox 浏览器无效。

由于 BOM 没有统一的标准,各种浏览器中的 document 对象特性并不完全相同,因此在使用 document 对象时需要特别注意,尽量要使用各类浏览器都支持的通用属性和方法。表 7-6 列出了 document 对象的一些常用集合。

表 7-6 **document 对象的属性**

集 合	说 明
anchors	页面中所有锚点的集合(设置了 id 或 name 属性的 a 标记)
embeds	页面中所有嵌入式对象的集合(由<embed>标记表示)
forms	页面中所有表单的集合
images	页面中所有图像的集合
links	页面中所有超链接的集合(设置了 href 属性的 a 标记)
cookie	用于设置或者读取 Cookie 的值
body	指定页面主体的开始和结束
all	页面中所有对象的集合(IE 独有)

下面是 document 对象的一些典型应用的例子。

1. 获得页面的标题和最后修改时间

document 对象的 lastModified 属性可以输出网页的最后更新时间;而它的 title 属性可以获取或更改页面的标题,例如下面的代码效果如图 7-9 所示。

图 7-9 获得页面的标题和
最后修改时间

```
document.write(document.title+"<br/>");
document.write(document.lastModified);
```

2. 将页面中所有超链接的打开方式都设置为新窗口打开

如果希望网页中所有的窗口自动在新窗口打开,除了通过网页头部的<base>标记设置外,还可以通过通过设置 document 对象中 links 集合的 href 属性实现的。例如:

```
<body onload="newwin()">
<script type="text/JavaScript">
function newwin(){
for (i=0;i<=document.links.length-1;i++)
    document.links[i].target="_blank";
}</script>
<a href="01.htm">测试 1</a><a href="02.htm">测试 2</a></body>
```

3. 改变超链接中原来的链接地址

在有些下载网站上,要求只有注册会员才能下载软件,会员点击下载软件的链接会转到下载页面,而其他浏览者点击该链接却是转到要求注册的页面。这可以通过改变超链接中原有链接地址的方式实现,把要求注册的链接写到 href 属性中,而如果发现是会员,就通过 JavaScript 改变该链接的地址为下载软件的页面。代码如下:

```
<body><a href="register.asp">会员可以下载 </ a>
```

```
<script type="text/JavaScript">
    if( member=true ) {                              //如果是会员
        document.links[0].href="download.asp" ;  }    //转到下载页面
    </script></body>
```

当然，一般情况是通过服务器端脚本改变原来的链接地址，这样可防止用户查看源代码找到改变后的链接地址。但不管哪种方式，都是要通过 document. links 对象来实现的。

4. 用 document 对象的集合属性访问 HTML 元素

document 对象的集合属性能简便地访问网页中某些类型的元素，它是通过元素的 name 属性定位的，由于多个元素可以具有相同的 name 属性，因此这种方法访问得到的是一个元素的集合数组，可以通过添加数组下标的方式精确访问某一个元素。

例如，对于下面的 HTML 代码：

```
<img src="logo.gif" name="home"/>
<form method="post" action="" name="data">
    <input type="text" name="txtEmail"/>
    <input type="submit" value="提交"/>
</form>
```

要访问 name 属性为 home 的 img 图像，可使用 document. images["home"]，但如果网页中有多个 img 元素的 name 属性相同，那么 IE 中获取到的将是最后一个 img 元素，而 Firefox 获取到的是第一个 img 元素。

访问该表单中元素可使用 document. forms["data"]. txtEmail。而 document. forms[0]. title. value 表示网页第一个表单中 name 属性为 title 的元素的 value 值。

但如果要访问 table、div 等 html 元素，由于 document 对象没有 tables、divs 这些集合，就不能这样访问了，要用 7.5.2 节介绍的 DOM 中访问指定节点的方法访问。

5. document 对象的 write 和 writeln 方法

document 对象有很多方法，但大部分是操纵元素的，如 document. getElementById(ID)。这些我们在 DOM 中再介绍，这里只介绍最简单的用 document 动态输出文本的方法。

（1）write 和 writeln 方法的用法

write 和 writeln 方法都接受一个字符串参数，在当前 HTML 文档中输出字符串，唯一的区别是 writeln 在字串末尾加一个换行符(\n)。但是 writeln 只是在 HTML 代码中添加一个换行符，由于浏览器会忽略代码中的换行符，所以以下两种方式都不会使内容在浏览器中产生换行。

```
document.write("这是第一行"+"\n");
document.writeln("这是第一行");                      //等效于上一行的代码
```

要在浏览器中换行,只能再输出一个换行标记
,即:

```
document.write ("这是第一行"+"<br/>");
```

(2) 用 document. write 方法动态引入外部 js 文件

如果要动态引入一个 js 文件,即根据条件判断,通过 document. write 输出<script>元素,则必须这样写才对:

```
if (prompt("是否链接外部脚本(1 表示是)","")==1)
document.write("<script type='text/JavaScript' src='1.js'>"+"</scr"+"ipt>");
```

注意:要将</script>分成两部分,因为 JavaScript 脚本是写在<script></script>标记对中的,如果浏览器遇到</script>就会认为这段脚本在这里就结束了,而忽略后面的脚本代码。

7.4.6 screen 对象

screen 对象主要用来获取用户计算机的屏幕信息,包括屏幕的分辨率,屏幕的颜色位数,窗口可显示的最大尺寸。有时可以利用 screen 对象根据用户的屏幕分辨率打开适合该分辨率显示的网页。表 7-7 列出了 screen 对象的常用属性。

表 7-7   screen 对象的属性

属　性	说　　明
availHeight	窗口可以使用的屏幕高度,一般是屏幕高度减去任务栏的高度
availWidth	窗口可以使用的屏幕宽度
colorDepth	屏幕的颜色位数
height	屏幕的高度(单位是像素)
width	屏幕的宽度(单位是像素)

1. 根据屏幕分辨率打开适合的网页

下面的代码首先获取用户的屏幕分辨率,然后根据不同的分辨率打开不同的网页。

```
<script type="text/JavaScript">
if (screen.width==800){ location.href='800 * 600.htm'  }
    else if (screen.width==1024){ location.href='1024 * 768.htm' }
    else{self.location.href='else.htm' }
</script>
```

2. 使浏览器窗口自动满屏显示

在网页中加入下面的脚本,可保证网页打开时总是满屏幕显示。

```
<script type="text/JavaScript">
    window.moveTo(0,0);
```

```
window.resizeTo(screen.availWidth,screen.availHeight);
</script>
```

7.5　文档对象模型 DOM

文档对象模型 DOM(Document Object Module)定义了用户操纵文档对象的接口，DOM 的本质是建立了 HTML 元素与脚本语言沟通的桥梁，它使得用户对 HTML 文档有了空前的访问能力。

7.5.1　网页中的 DOM 模型

在第 4 章 4.1.7 节中，我们已经知道一段 HTML 代码对应一棵 DOM 树。每个 HTML 元素就是 DOM 树中的一个节点。整个 DOM 模型都是由元素节点(Element Node)构成的。通过 HTML 的 DOM 模型可以获取并操纵 DOM 树中的节点，即 HTML 元素。

对于每一个 DOM 节点 node，都有一系列的属性、方法可以使用，表 7-8 列出了节点常用的属性和方法，供读者需要时查询。

表 7-8　node 的常用属性和方法

属性/方法	返回类型/类型	说　明
nodeName	String	节点名称，元素节点的名称都是大写形式
nodeValue	String	节点的值
nodeType	Number	节点类型，数值表示
firstChild	Node	指向 childNodes 列表中的第一个节点
lastChild	Node	指向 childNodes 列表中的最后一个节点
childNodes	NodeList	所有子节点列表，方法 item(i)可以访问第 i+1 个节点
parentNode	Node	指向节点的父节点，如果已是根节点，则返回 null
previousSibling	Node	指向前一个兄弟节点，如果已是第一个节点，则返回 null
nextSibling	Node	指向后一个兄弟节点，如果已是最后一个节点，则返回 null
hasChildNodes()	Bolean	当 childNodes 包含一个或多个节点时，返回 true
attributes	NameNodeMap	包含一个元素的 Attr 对象，仅用于元素节点
appendChild(node)	Node	将 node 节点添加到 childNodes 的末尾
removeChild(node)	Node	从 childNodes 中删除 node 节点
replaceChild(newnode,oldnode)	Node	将 childNodes 中的 oldnode 节点替换成 newnode 节点
insertBefore(newnode,refnode)	Node	在 childNodes 中的 refnode 节点前插入 newnode 节点

总的来说,利用 DOM 编程在 HTML 页面中的应用可分为以下几类：①访问指定节点；②访问相关节点；③访问节点属性；④检查节点类型；⑤创建节点；⑥操作节点。

7.5.2　访问指定节点

"访问指定节点"的含义是已知节点的某个属性(如 id 属性、name 属性或者节点的标记名),在 DOM 树中寻找符合条件的节点。对于 HTML 的 DOM 模型来说,就是根据 HTML 元素的 id 或 name 属性或标记名,找到指定的元素。相关方法包括 getElementById()、getElementsByName()和 getElementsByTagName()。

1. 通过元素 ID 访问元素——getElementById()方法

getElementById 方法可以根据传入的 id 参数返回指定的元素节点。在 HTML 文档中,元素的 id 属性是该元素对象的唯一标识,因此 getElementById 方法是最直接的节点访问方法。例如：

```
<body onclick="searchDOM()">
<ul><li id="wuli">统计物理</li></ul>
<script language="JavaScript">
function searchDOM(){
    var wuli=document.getElementById("wuli");          //产生一个 DOM 对象 wuli
    alert(wuli.tagName+" "+wuli.childNodes[0].nodeValue); }
</script></body>
```

说明：

① 当单击网页时,将弹出如图 7-10 所示的对话框,注意元素节点名称"LI"是大写的形式。因为默认元素节点的 nodeName 都是大写的,这是 W3C 规定的。因此元素节点名并不完全等价于标记名。

图 7-10　getElementById 方法

② getElementById()方法将返回一个对象,我们称该对象为 DOM 对象,它与那个有着指定 id 属性值的 HTML 元素相对应。例如本例中变量 wuli 就是一个 DOM 对象。wuli. childNodes[0]返回该对象的第 1 个子节点,即"统计物理"这个文本节点。

注意：如果给定的 id 匹配某个或多个表单元素的 name 属性,那么 IE 也会返回这些元素中的第一个,这是 IE 一个非常严重的 bug,也是开发者需要注意的,因此在写 HTML 代码时应尽量避免某个表单元素的 name 属性值与其他元素的 id 属性值重复。

提示：IE 浏览器可以根据元素的 ID 直接返回该元素的 DOM 对象,例如将上例中的 var wuli＝document. getElementById("wuli");删除后,IE 中仍然有相同效果。

2. 通过元素 name 访问元素——getElementsByName 方法

getElementsByName 方法也查找所有元素对象,只是返回 name 属性为指定值的所有元素对象组成的数组。但可以通过添加数组下标使其返回这些元素对象中的一个。
例如：

```
var tj=document.getElementsByName("tongji")[0];
```

3. 通过元素的标记名访问元素——getElementsByTagName 方法

getElementsByTagName 是通过元素的标记名来访问元素，它将返回一个具有某个
标记名的所有元素对象组成的数组，例如下面的代码将返回文档中 li 元素的集合。

```
<body onclick="searchDOM()">
<ul>客户端编程
        <li><a href="#">HTML</a></li>
        <li>CSS</li>
        <li>JavaScript</li>
    </ul>
<script language="JavaScript">
function searchDOM(){
    var myul=document.getElementsByTagName("ul")[0];    //获取第一个 ul
    alert(myul.tagName+" "+myul.childNodes[0].nodeValue);
    var sib=myul.getElementsByTagName("*")                //获取该 ul 的所有子孙元素
    alert(sib[1].tagName+" " +sib[2].childNodes[0].nodeValue);
}</script></body>
```

上述代码运行时将先后弹出两个警告框，第一个警告框中显示"UL 客户端编程"，因
为网页中第一个 ul 元素的标记名显然是"UL"，而 ul 元素的第一个子节点是文本节点，
它的值是"客户端编程"。

第二个警告框中会显示"A CSS"，因为 ul 元素总共有 4 个子孙元素，即 li、a、li、li，
sib[1].tagName 指其中第 2 个元素的元素名，即"A"；而其中第 3 个元素的子节点是文本
节点，它的值是"CSS"。

注意：getElementById()获取到的是单个元素，所以"Element"没有"s"，而
getElementsByTagName 和 getElementsByName 获取到的是一组元素，所以是
"Elements"。它们要获取单个元素必须添加数组下标，切记。

4. 访问指定节点的子节点

如果要访问一个指定节点的子节点，那么第一步是要找到这个指定节点，然后可以通
过两种方法之一找到它的子节点。例如，有下列 HTML 代码：

```
<ul id="nav">
    <li><a href="">E-cash </a></li>
    <li><a href="">微支付</a></li>
</ul>
```

如果要访问 #nav 下的所有 li 元素，那么首先可以用 getElementById()方法找到

♯nav元素,代码如下:

```
var navRoot=document.getElementById("nav");
```

① 然后有两种方法,第一种方法是在 DOM 对象 navRoot 中再次使用 getElements-ByTagName 搜寻它的子节点。代码如下:

```
var navli=navRoot.getElementsByTagName("li");
```

② 第二种方法是使用 childNodes 集合获取 navRoot 对象的子节点。

```
var navli=navRoot.childNodes;
```

两种方法返回的 navli 都是一个数组,可以使用循环语句输出该数组中的所有元素,例如:

```
for(var i=0;i<navli.length;i++)                //逐一查找
    DOMString+=navli[i].nodeName+"\n";
    alert(DOMString);
```

第①种方法在 IE 和 Firefox 浏览器中的输出结果完全相同,都输出两个子节点"LI";而第②种方法在 IE 和 Firefox 中的运行结果分别如图 7-11 和图 7-12 所示。

图 7-11　IE 中有两个子节点　　　　　图 7-12　Firefox 中的子节点

这种差异是因为 Firefox 在计算元素的子节点时,不光计算它下面的元素子节点,连元素之间的回车符也被当成文本子节点计算进来了,由此计算出的子节点个数是 5。因此,如果要找一个元素中所有同一标记的子元素,应尽量使用第①种方法,这样可避免 Firefox 把回车符当成文本子节点计算的麻烦。

当然,如果一定要用第②种方法,并且兼容 IE 和 Firefox 浏览器,可以在获取子节点前加一条判断语句。代码如下:

```
for(var i=0;i<navli.length;i++)
    if (navli[i].nodeType==1) DOMString+=navli[i].nodeName+"\n";
    alert(DOMString);
```

如果要访问第一个子节点,还可以使用 firstChild,访问最后一个节点则是 lastChild。如 var navli＝navRoot. firstChild,它将返回一个元素对象,但对于 IE 来说,第一个子节点是"LI",而在 Firefox 中,第一个子节点是"♯text",同样存在不一致的问题。

5. 访问某些特殊节点

如果要访问文档中的 html 节点或 body 节点等特殊节点,以及 BOM 中具有的某些元素集合,除了使用上面的通用方法外,还可以使用表 7-9 中的方法。

表 7-9 访问特殊元素节点的方法

要访问的元素	方　法
html	var htmlnode＝document. documentElement;
head	var bodynode＝document. documentElement. firstChild;
body	document. body;
超链接元素	var nava＝document. links[n];
img 元素	var img＝document. images[n];
form 元素	var reg＝document. forms ["reg"];
form 中的表单域元素	var email＝document. forms["reg"]. txtEmail;

说明:

① 访问 html 元素应该使用 document. documentElement,而不是 document. html。对 html 元素使用 firstChild 方法就可以得到 head 元素,在 Firefox 中也是如此。这说明 Firefox 只是在求 body 节点及其下级节点的子节点时才会计算文本子节点(如回车符)。

② 由于 document 对象具有 links、images 和 forms 等集合,因此访问这类元素可以使用相应的集合名带数组下标找到指定的元素,或者使用"集合名["name 属性"]"方法,例如,表中的 reg、txtEmail 都是指定元素的 name 属性值。

提示:如果要获取所有元素的集合,在 FireFox 等浏览器下可以用:

var oAllElement=document. getElementsByTagName(" * ");

在 IE 6 下则可以用: var oAllElement ＝document. all;

7.5.3 访问和设置元素的 HTML 属性

在找到需要的节点(元素)之后通常希望对其属性进行读取或修改。DOM 定义了三个方法来访问和设置节点的 HTML 属性,它们是 getAttribute(name)、setAttribute(name,value)和 removeAttribute(name),它们的作用如表 7-10 所示。

表 7-10 访问和设置元素 HTML 属性的 DOM 方法

方　法	功　能	举　例
getAttribute(name)	读取元素属性	myImg. getAttribute("src")
setAttribute(name, value)	修改元素属性	myImg. setAttribute("src","02. jpg")
removeAttribute(name)	删除元素属性	myImg. removeAttribute("title")

实际上,我们也可以不使用以上三种方法,直接通过(DOM 元素. 属性名)获取元素的 HTML 属性,通过(DOM 元素. 属性名＝"属性值")设置或删除元素的 HTML 属性。这种方法和表 7-10 中方法的区别在于表中的方法可以访问和设置元素自定义的属性(如

对<img>标记自定义一个 author 属性),而这种方法只能访问和设置 HTML 语言中已有的属性,但一般都不会去自定义 HTML 属性,因此这种方法完全够用,本节中主要采用这种方法。

1. 读取元素的 HTML 属性

下面的代码首先获取一个 img 图像元素,然后读取该元素的各种属性并输出。

```
<body onload="init()">
    <img src="images/01.jpg" alt="沙漠古堡" class="west"/>
    <script type="text/JavaScript">
        function init(){
            var myImg=document.getElementsByTagName("img")[0];    //获取元素
            alert(myImg.src);
            alert(myImg.alt);              //等价于 alert(myImg.getAttribute("alt"));
            alert(myImg.className);                          //输出"west"
        }
</script></body>
```

说明:使用 myImg. alt 就可以读取 myImg 元素的 alt 属性,它和 myImg. getAttribute("alt")有等价的效果。对于 class 属性,由于 class 是 JavaScript 的关键字,因此访问该属性时必须将它改写成 className。

2. 设置元素的 HTML 属性

图 7-13 是一个图像依据鼠标指向文字的不同而变换的效果。当鼠标滑动到某个 li 元素上时,就动态地改变 img 元素的 src 属性,使其切换显示图片,如图 7-13 所示。该实例的代码如下(在与该代码的同级目录下有三个图像文件 pic1. jpg、pic2. jpg 和 pic3. jpg)。

```
<style type="text/css">
#container ul{
    margin:8px;  padding:0;  list-style:none;  border:1px dashed red;}
#container li{
    font:24px/2 "黑体"; }
</style>
<body>
<div id="container"><img src="pic1.jpg" id="picbox" style="float:left;"/>
<ul><li onmouseover="changePic(1)">沙漠古堡</li>
    <li onmouseover="changePic(2)">天山冰湖</li>
    <li onmouseover="changePic(3)">自然村落</li></ul>
<script language="JavaScript">
function changePic(n){
    var myImg=document.getElementById("picbox");        //获取 img 元素
    myImg.src="pic"+n+".jpg";  }        //设置 myImg 的 src 属性为某个 jpg 文件
</script>
```

```
</div></body>
```

图 7-13　图片跟随文字变换的效果

3. 删除元素的 HTML 属性

通过(DOM 元素. 属性名＝"")就可以删除一个元素的 HTML 属性值,例如:

```
<img src="pic1.jpg" title="沙漠古堡"onclick="changePic()"width="200"class="bk"/>
<script language="JavaScript">
function changePic(){
    var myImg=document.getElementsByTagName("img")[0];    //获取图片
    myImg.title="";                                        //删除 title 属性
    myImg.className="";                                    //删除 class 属性
    myImg.removeAttribute("width");                        //删除 width 属性
}</script>
```

提示:

① 由于 width 属性和 CSS 中的 width 属性同名,因此不能用 myImg. width＝"" 删除。

② removeAttribute()可以删除元素的任何 HTML 属性,只是和 getAttribute()一样,对于 class 属性在 IE 中必须把"class"写成"className",而在 Firefox 中"class"又只能写成 class,因此,解决的办法是把两条都写上或使用 myImg. className＝""来删除。

7.5.4　访问和设置元素的内容

如果要访问或设置元素的内容,一般使用 innerHTML 属性。innerHTML 可以将元素的内容(起始标记和结束标记之间)改变成其他任何内容(如文本或 HTML 元素)。innerHTML 虽然不是 DOM 标准中定义的属性,但大多数浏览器却都支持,因此不必担心浏览器兼容问题。下面的例子当鼠标滑到 span 元素上时,将读取和改变该元素的内容。

```
<span id="a" onmouseover="change()"><b>把鼠标移过来,我会变</b></span>
<script type="text/JavaScript">
function change(){
var a=document.getElementById("a");
alert(a.innerHTML)                //读取元素中的 HTML 内容,输出 "<B>把鼠标…</B>"
a.innerHTML="看见变化了吗?";       //设置元素中的 HTML 内容
```

```
}
</script>
```

下面是一个例子。当勾选表单中的复选框后，将为 span 元素添加内容，取消勾选则清空 span 元素的内容。运行效果如图 7-14 所示。

```
<form name="userInfo" method="post" action="">您有小孩吗?有:
<input type="checkbox" name="hasBoy" id="hasBoy" value="1" onclick="check()"/>
    <span id="add"> </span></form>
<script language="JavaScript">
function check(){
var hasboy=document.forms["userInfo"].hasBoy;
var add=document.getElementById("add");          //去掉 var 后 IE 将出错
if(hasboy.checked)
    add.innerHTML="有几个<input type='text' name='textfield'/>";
else
    add.innerHTML="";
}</script>
```

图 7-14 利用 innerHTML 改变元素的内容

提示：对于要设置 innerHTML 属性的 DOM 元素来说，最好要对它进行显式定义，不能去掉"var"，或者确保 DOM 对象名和元素 id 不同名（如将变量 add 改成 add2），否则在 IE 中将会出错。因为 IE 有时会把元素 id 直接当做 DOM 元素对象来使用。

innerHTML 属性可更改元素中的 HTML 内容，如果只需要更改元素中的文本内容，可以使用 innerText 方法，它只能更改标记中文本的内容，但它只支持 IE 浏览器，在 Firefox 中要使用 textContent 属性实现相同的效果。

7.5.5 访问和设置元素的 CSS 属性

在 JavaScript 中，除了能够访问元素的 HTML 属性外，还能够访问和设置元素的 CSS 属性，访问和设置元素的 CSS 属性可分为两种方法。

1. 使用 style 对象访问和设置元素的行内 CSS 属性

style 对象是 DOM 对象的子对象，在建立了一个 DOM 对象后，可以使用 style 对象来访问和设置元素的行内 CSS 属性。语法为：DOM 元素. style. CSS 属性名。可以看出用 DOM 访问 CSS 属性和访问 HTML 属性的区别在于 CSS 属性名前要有"style."。例如：

```
<p id="test" onclick="$()" style="font-size:14px; color:#000;">内容</p>
<script language="JavaScript">
```

```
function $(){
var test=document.getElementById("test");
alert (test.style.fontSize);          //访问 CSS 属性 font-size,输出 14px
test.style.color="#f00";              //修改 CSS 属性 color
alert (test.style.color);             //访问 CSS 属性 color,IE 中输出 #f00
}</script>
```

说明:

① 样式设置必须符合 CSS 规范,否则该样式会被忽略。

② 如果样式属性名称中不带"-"号,例如 color,则直接使用 style. color 就可访问该属性值;如果样式属性名称中带有"-"号,例如 font-size,对应的 style 对象属性名称为 fontSize。转换规则是去掉属性名称中的"-",再把后面单词的第一个字母大写即可。又如 border-left-style,对应的 style 对象属性名称为 borderLeftStyle。

③ 对于 CSS 属性 float,不能使用 style. float 访问,因为 float 是 JavaScript 的保留字,要访问该 CSS 属性,在 IE 中应使用 style. styleFloat,在 Firefox 中应使用 style. cssFloat。

④ 使用 style 对象只能读取到元素的行内样式,而不能获得元素所有的 CSS 样式。如果将上例中 p 元素的 CSS 样式改为嵌入式的形式那么 style 对象是访问不到的。因此 style 对象获取的属性与元素的最终显示效果并不一定相同,因为可能还有非行内样式作用于元素。

⑤ 如果使用 style 对象设置元素的 CSS 属性,而设置的 CSS 属性和元素原有的任何 CSS 属性冲突,由于 style 会对元素增加一个行内 CSS 样式属性,而行内 CSS 样式的优先级最高,因此通过 style 设置的样式一般为元素的最终样式。

下面的例子通过修改 div 元素的 CSS 背景图片属性实现图 7-13 中图像随文字切换的效果。

```
#container #picbox{width:150px;  height:150px;  float:left;
                background:url(pic1.jpg) no-repeat;  }
<div id="container">
<div id="picbox"></div>   <!--用 div 放置供切换的背景图像-->
<ul><li onmouseover="changePic(1)">沙漠古堡</li>
    <li onmouseover="changePic(2)">天山冰湖</li>
    <li onmouseover="changePic(3)">自然村落</li>
</ul></div>
<script language="JavaScript">
function changePic(str){
    var myImg=document.getElementById("picbox");             //获取图像元素
    myImg.style.backgroundImage="url(pic"+str+".jpg)"; }     //设置 CSS 背景属性
</script>
```

如果要为当前元素设置多条 CSS 属性,可以使用 style 对象的 cssText 方法,例如:

```
var a=document.getElementById("a");
```

```
a.style.cssText="border: 1px dotted; width: 300px; height: 200px; background:
#c6c6c6;"
```

2. 使用 className 属性切换元素的类名

为元素同时设置多条 CSS 属性还可以将该元素原来的 CSS 属性和修改后的 CSS 属性分别写到两个类选择器中,再修改该元素的 class 类名以调用修改后的类选择器。例如下面的例子同样用来实现图 7-13 中的图片切换效果。

```
<style type="text/css">
.pic1{background:url(pic1.jpg)}        /*将要修改的 CSS 属性放在一个类选择器中*/
.pic2{background:url(pic2.jpg)}
.pic3{background:url(pic3.jpg)}
</style>
<div id="container">
<div id="picbox" class="pic1"></div>
<ul><li onmouseover="changePic(1)">沙漠古堡</li>
    <li onmouseover="changePic(2)">天山冰湖</li>
    <li onmouseover="changePic(3)">自然村落</li>
</ul></div>
<script language="JavaScript">
function changePic(str){
    var myImg=document.getElementById("picbox");    //获取图片
    myImg.className="pic"+str;      }                //切换#picbox 元素的类名
</script>
```

提示:如果要删除元素的所有类名,设置 DOM 元素.className＝""即可。

3. 使用 className 属性追加元素的类名

有时候元素可能已经应用了一个类选择器中的样式,如果想要使元素应用一个新的类选择器但又不能去掉原有的类选择器中的样式,则可以使用追加类名的方法,当然这种情况也可以通过 style 对象添加行内样式实现同样的效果。

但是,当追加元素的类名,不是为了控制该元素的样式,而是为了控制其子元素的样式(例如下拉菜单)时,就只能用这种方法实现。下面是一个追加元素类别的例子:

```
className+=" over"
```

提示:双引号(")与 over 之间的空格一定不能省略,因为 CSS 中为元素设置多个类别名的语法是:class＝"test over"(多个类名间用空格隔开),因此添加一个类名一定要在前面加空格,否则就变成了 class＝"testover",这显然不对。

4. 使用 replace 方法去掉元素的某一个类名

如果要在元素已经应用了的几个类名中去掉其中的一个则可以使用 replace 方法,将类名替换为空即可。例如:

```
this.className=this.className.replace(/over/,"");      //用两斜杠"/"将over括起来
```

假设元素的类名原来是 class＝"test over"，则去掉后变成了 class＝"test"。要去掉的类名一定要用两斜杠"/"括起来，如果用引号，则在 Firefox 中会不起作用。

下面是追加和删除某一特定类名的例子，当单击导航项时，将显示折叠菜单，再次单击又将隐藏折叠菜单。

```
<style type="text/css">
.test{width: 160px;  border: 1px solid #ccc; }
li ul{ display: none;}
li.over ul{ display: block;}
</style>
<ul id="nav">
    <li class="test" onclick="toggle(this)"><a href="#">文 章</a>
        <ul><li><a href="#">Ajax教程</a></li>
        <li><a href="#">Flex教程</a></li></ul>
    </li></ul>
    <script type="text/javascript">
function toggle(obj){
    if (obj.className.indexOf("over")==-1)            //如果类名中没有"over"
        obj.className+=" over";                       //追加类名"over"
    else   obj.className=obj.className.replace(/over/,"");  }
                                                      //去除类名"over"
    </script>
```

5. 获取元素的最终 CSS 样式

可以通过下面的方式获取元素在浏览器中的最终样式（即所有 CSS 规则作用在一起得到的样式）。在 IE 和 DOM 兼容浏览器中获取最终样式的方式是不同的。

① IE：使用元素的 currentStyle 属性即可以获得元素的最终样式。

② DOM 兼容浏览器：使用 document. defaultView. getComputedStyle 方法获得最终样式。

通过以下的方法可以在各种浏览器中获取元素的最终样式：

```
function getCurrentStyle(element){
    if (element.currentStyle)                          //IE支持
        return element.currentStyle;
    else
        return document.defaultView.getComputedStyle(element, null); }
                                                        //DOM支持
```

注意：元素的最终样式是只读的，因此通过上述方式只能读取最终样式，而无法修改样式。这使得在实际应用中获取元素的最终样式用途并不大。

7.5.6 创建和替换元素节点

1. DOM 节点的类型

DOM 中的节点主要有三种类型,分别是元素节点、属性节点和文本节点。例如一个 a 元素:<a href="iframe.html" target="myTarget">在指定窗口打开</a>。

则该 a 元素中的各种节点如图 7-15 所示。

图 7-15 各种节点的关系

在 DOM 中可以使用节点的 nodeType 和 nodeName 属性检查节点的类型,其值的含义如表 7-11 所示。

表 7-11 DOM 节点的 nodeType 和 nodeName

DOM 节点的属性	元素节点	属性节点	文本节点
nodeType	1	2	3
nodeName	元素标记名的大写	属性名称	#text

2. 创建节点

除了查找节点并处理节点的属性外,DOM 同样提供了很多便捷的方法来管理节点。包括创建、删除、替换和插入等操作,在 DOM 中创建元素节点采用 creatElement(),创建文本节点采用 createTextNode(),创建文档碎片节点采用 createDocumentFragment()等。

(1) createElement 方法:创建 HTML 元素。

使用该方法可以在文档中动态创建新的元素。例如希望在网页中动态添加如下代码:

<p>这是一条感人的新闻</p>

则首先可以利用 createElement()创建<p>元素,代码如下:

```
var oP=document.createElement("p");
```

然后利用 createTextNode()方法创建文本节点,并利用 appendChild()方法将其添加到 oP 节点的 childNodes 列表的最后,代码如下:

```
var oCont=document.createTextNode("这是一条感人的新闻");
oP.appendChild(oCont);
```

最后再将已经包含了文本节点的元素＜p＞节点添加到＜body＞中，同样可采用 appendChild()方法，代码如下：

```
document.body.appendChild(oP);
```

这样便完成了＜body＞中＜p＞元素的创建，appendChild()方法是向元素的尾部追加节点，因此创建的 p 元素总是位于 body 元素的尾部。

（2）createTextNode 方法：创建文本节点。

```
var txt=document.createTextNode("some text");
```

可以首先创建一个"模板"节点，创建新节点时首先调用 cloneNode 方法获得"模板"节点的副本，然后根据实际应用的需要对该副本节点进行局部内容的修改。

3. 操作节点

操作 DOM 节点可以使用标准的 DOM 方法，如 appendChild()，removeChild()等，也可以使用非标准的 innerHTML 属性。DOM 中可以使节点发生变化的常用方法包括：

① appendChild()：为当前节点新增一个子节点，并且将其作为最后一个子节点。

② insertBefore()：为当前节点新增一个子节点，将其插入到指定的子节点之前。

③ replaceChild()：将当前节点的某个子节点替换为其他节点。

④ removeChild()：删除当前节点的某个子节点。

这里以 replaceChild()替换节点方法来展示用 DOM 操作节点的方法。下面的代码当点击文本时，将文本所在的 p 节点替换成了 h1 节点。

```
<p onclick="replaceP()">这行文字被替换了</p>
<script language="javascript">
function replaceP(){
    var oOldP=document.getElementsByTagName("p")[0];
    var oNewP=document.createElement("h1");                    //新建元素节点
    var oText=document.createTextNode("这是一个感人至深的故事");
    oNewP.appendChild(oText);
    oOldP.parentNode.replaceChild(oNewP,oOldP);   }            //替换节点
</script>
```

7.5.7　用 DOM 控制表单

1. 访问表单中的元素

每个表单中的元素，无论是文本框、单选按钮、下拉列表或者其他内容，都包含在 form 的 elements 集合中，可以利用元素在集合中的位置或者元素的 name 属性获得对该元素的引用。代码如下：

```
var oForm=document.forms["user"];          //user 为该 form 元素的 name 属性
var oTextName=oForm.elements[0];           //该 form 中的第一个表单域元素
```

```
var passwd=oForm.elements["passwd"];        //passwd 为该表单域元素的 name 属性
```

另外,还有一种最简便的方法,就是直接通过表单元素的 name 属性来访问,例如:

```
var oComments=oForm.elements. passwd;       //获取 name 属性为 comments 的元素
```

经验:虽然也可以用 document. getElementById()和表单元素的 id 值来访问某个特定的元素。但由于表单中的元素要向服务器传送数据,一般都具有 name 属性,所以用 name 属性的方法来访问更加方便,除了像单选按钮组各项之间的 name 值相同,而 id 值不同。

2. 表单中元素的共同属性和方法

所有表单中的元素(除了隐藏元素)都有一些共同的属性和方法,这里将常用的一些列在表 7-12 中。

表 7-12　表单中元素的共同属性和方法

属性/方法	说　　明
checked	对于单选按钮和复选框而言,选中则为 true
defaultChecked	对于单选按钮和复选框而言,如果初始时是选中的则为 true
value	除下拉菜单外,所有元素的 value 属性值
defaultValue	对于文本框和多行文本框而言,初始设定的 value 值
form	指向元素所在的<form>
name	元素的 name 属性
type	元素的类型
blur()	使焦点离开某个元素
focus()	聚焦到某个元素
click()	模拟用户单击该元素
select()	对于文本框、多行文本框而言,选中并高亮显示其中的文本

对于表 7-12 中的各个属性和方法,读者可以逐一试验,例如:

```
var oForm=document.forms["myForm1"];
var oComments=oForm.elements.comments;
alert(oComments.type);                        //返回元素类型(输出 text)
var oTextPasswd=oForm.elements["passwd"];
oTextPasswd.focus();                          //聚焦到 passwd 元素上
```

3. 用表单的 submit()方法代替提交按钮

在 HTML 中,表单的提交必须采用提交按钮或具有提交功能的图像按钮才能够实现,例如:

```
<input type="submit" name="Submit" value="登 录"/>
```

当用户单击提交按钮就可提交表单。但在很多场合中用其他方法提交却显得更为便捷，如选中某个单选按钮，选择了下拉列表中某一项后就让表单立即提交。只要在相应的元素事件中加入下面这条事件处理代码即可。

```
document.formName.submit();
```

或

```
document.forms[index].submit();
```

这两条语句使用了表单对象的 submit() 方法，该方法等效于按 submit 按钮。

通过采用 submit() 方法提交表单，还可以把验证表单的程序写在提交表单之前。下面是用一个超链接（a 元素）模拟提交按钮实现表单提交的例子。在提交之前还验证了用户名是否为空。

```
<script language="JavaScript">
    function checkvalue(){
        if (document.welcomeform.username.value=="" )
          { alert( "用户名不能为空！  " );
          return ( false );        }
        document.welcomeform.submit();
    return ( true );      }
  </script>
<form name=" welcomeform " method=" post " action=" welcome.action ">
    <input type="text" name="username"/>
    <input type="text" name="password"/>
    <a href="#" onclick="checkvalue();return false: ">登 录</a>
</form>
```

在第 3 章中曾说提交按钮是表单的三要素之一，但这个观点现在需要改变了。可以看出，利用 submit() 方法代替提交按钮的功能，可以使表单不再需要提交按钮。

4. 将表单同时提交给多个网页

在 <form> 标记的 action 属性中可以设置表单提交后处理表单数据的文件 URL，但在 action 属性里只能设置一个提交网页，如果要将表单同时提交给多个网页，则需要利用 JavaScript 为表单元素设置多个 action 属性，下面的代码实现在多家出版社的网站中搜索有关的书籍信息，首先在每个网站的含有书籍搜索表单的页面上查看源代码，找到搜索表单的 action 属性值的 URL，然后在源代码中找到这些搜索表单中文本框的 name 属性值，例如，这三家网站搜索书籍的文本框的 name 属性值分别是 skeyword、keyword 和 title，那么我们的表单提交的信息必须有"skeyword=值 & keyword=值 & title=值"，这样三个网站的表单接收页才都能获取到需要的数据。

```
<script language="javascript">
```

```
function search()       {
var form1=document.forms["searchForm"];
var skeyword=form1.elements["skeyword"];
var keyword=form1.elements["keyword"];
var title=form1.elements["title"];
skeyword.value=keyword.value;              //设置两个隐藏域的值为文本框中输入的值
title.value=keyword.value;
form1.action="http://www.waterpub.com.cn/Softdown/Search.asp";
form1.target="af";
form1.submit();                            //将表单提交给第1个网页
form1.action="http://www.cmpedu.com/scrp/book.cfm";
form1.target="bf";                         //第1个网页将在名为bf的iframe框架中打开
form1.submit();                            //将表单提交给第2个网页
form1.action="http://www.dufep.cn/down_search.asp";
form1.target="cf";
form1.submit();}                           //将表单提交给第3个网页
</script>
<form action="" method="post" name="searchForm">教材名称：
    <input type="text" name="keyword"/>
    <input type="hidden" name="skeyword"/>
    <input type="hidden" name="title"/>
    <input type="submit" value="提交" onclick="search()"/>
</form>
<iframe src="" width="980" height="300" name="af"></iframe>
<iframe src="" width="980" height="300" name="bf"></iframe>
<iframe src="" width="980" height="300" name="cf"></iframe>
```

说明：由于各个表单处理页接收的文本框的 name 属性值都不相同，因此只能分别添加几个隐藏域与表单接收页的 name 属性值匹配，以确保每个表单接收页都能接收到符合条件的数据。

7.6　事件处理

事件是 JavaScript 和 DOM 之间进行交互的桥梁，当某个事件发生时，通过它的处理函数执行相应的 JavaScript 代码。例如，页面加载完毕后，会触发 load 事件，用户单击元素时，会触发 click 事件。通过编写这些事件的处理函数，可以实现对事件的响应，如向用户显示提示信息，改变这个元素或其他元素的 CSS 属性。

7.6.1　事件流

浏览器中的事件模型分为两种，即捕获型事件和冒泡型事件。所谓捕获型事件是指事件从最不特定的事件目标传播到最特定的事件目标，例如下面的代码中，如果单击 p 元素那么捕获型事件模型的触发顺序是 body→div→p。早期的 NN 浏览器采用这种模型。

```
<script language="JavaScript">
function add(sText){
    var oDiv=document.getElementById("display");
    oDiv.innerHTML+=sText;   }                    //输出发生事件的元素顺序
</script>
<body onclick="add('body<br>');">
    <div onclick="add('div<br>');">
        <p onclick="add('p<br>');">Click Me</p>
    </div>
    <div id="display"></div>
</body>
```

而 IE 等浏览器采用了事件冒泡的方式,即事件从最特定的事件目标传播到最不特定的事件目标。而且目前大部分浏览器都是采用了冒泡型事件模型,上例中的代码在 IE 和 Firefox 中

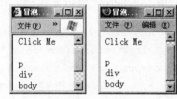

图 7-16   IE 和 Firefox 均采用冒泡型事件

的显示结果如图 7-16 所示,可看到它们都是采用事件冒泡的方式。因此我们主要讲解冒泡型事件。但是 DOM 标准则吸取了两者的优点,采用了捕获＋冒泡的方式。

7.6.2   处理事件的两种方法

1. 事件处理函数

用于响应某个事件而调用的函数称为事件处理函数,事件处理函数既可以通过 JavaScript 进行分配,也可以在 HTML 中指定。因此事件处理函数出现的形式可分为两类:

(1) HTML 标记事件处理程序

这是最常见的一种事件处理形式,它直接在 HTML 标记中的事件名后书写事件处理函数。形式为:＜Tag eventhandler＝"JavaScript Code"＞ 。例如:

```
<p onclick="alert('我的内容是'+this.innerHTML);">Click Me</p>
<button id="btn" onclick="alert('你好')">Click Me </button>
```

这种方法简单,而且在各种浏览器中的兼容性很好。

(2)以属性的形式出现的事件监听程序。形式为:

```
object.eventhandler=function;
```

例如:

```
<script type="text/javascript">
window.onload=function(){
    var oP=document.getElementById("myP");           //找到对象
    oP.onclick=function(){                            //设置事件监听函数
        alert('我被点击了');
```

```
}}</script>
<p id="myP">Click Me</p>
```

这种方法没有把 JavaScript 代码写在 HTML 的标记内,实现了结构和行为的分离,同时将这段程序放在 window 对象的 onload 事件中,保证了 DOM 结构完全加载后再搜索<p>节点。

这种方法的另一个优点是:假设页面中很多元素对同一事件都会采用相同的处理方式,这时在每个元素的标记内都要添加一条事件处理的语句就会有很多代码冗余。下面是一个用 JavaScript 模仿 a 标记 hover 伪类效果的例子:

```
< p onmouseover = "this. style. textDecoration = ' underline '" onmouseout = "this.
style.textDecoration='none'">第一段</p>
< p onmouseover = "this. style. textDecoration = ' underline '" onmouseout = "this.
style.textDecoration='none'">第二段</p>
< p onmouseover = "this. style. textDecoration = ' underline '" onmouseout = "this.
style.textDecoration='none'">第三段</p>
```

从代码中可以看出,如果使用 HTML 标记事件处理程序的话,那么每个标记内都要写一段相同的事件处理代码,如果标记很多的话,就存在很大的代码冗余。而使用事件监听程序,就可以把上述代码改为:

```
<script type="text/javascript">
window.onload=function()
{   var ps=document.getElementsByTagName("p");
    for (var p in ps)  {
            ps[p].onmouseover=function()
                { this.style.textDecoration="underline"  };
                ps[p].onmouseout=function()
                { this.style.textDecoration="none"  };
        }  };
</script>
```

这样 p 标记中的标记事件处理程序就可以全部去掉了,而运行效果完全一样。

2. 通用事件监听程序

事件处理函数使用便捷,但是这种传统的方法不能为一个事件指定多个事件处理函数,事件属性只能赋值一种方法,例如:

```
button1.onclick=function(){ alert('你好'); };
button1.onclick=function(){ alert('欢迎'); };
```

这样后面的 onclick 事件处理函数就将前面的事件处理函数覆盖了。在浏览器中预览只会弹出一个显示"欢迎"的警告框。

正是由于事件处理函数存在上述功能上的缺陷,就需要通用事件监听函数。事件监听函数可以作用于多个元素,不需要为每个元素重复书写,同时事件监听函数可以为一个事件添加多个事件处理方法。

(1) IE 中的事件监听函数

在 IE 浏览器中,有两个函数来处理事件监听,分别是 attachEvent()和 detachEvent(),attachEvent()用来给某个元素添加事件处理函数,而 detachEvent()则是用来删除元素上的事件处理函数。例如:

```JavaScript
<script language="JavaScript">
function fnClick1(){
    alert("我被点击了");
    oP.detachEvent("onclick",fnClick1);         //点击了一次后删除监听函数}
function fnClick2(){
    alert("我的内容是"+myP.innerHTML);}
window.onload=function(){
    oP=document.getElementById("myP");          //找到对象
    oP.attachEvent("onclick",fnClick1);         //添加监听函数
    oP.attachEvent("onclick",fnClick2);  }
</script>
<p id="myP">Click Me</p>
```

通过以上代码可以看出 attachEvent()和 detachEvent()的使用方法,它们都接受两个参数,前一个参数表示事件名,而后一个参数是事件处理函数的名称。

这种方法可以为同一个元素添加多个监听函数。在 IE 中运行时,当用户第一次点击 p 元素会接连弹出两个对话框,而单击了一次以后,监听函数 fnClick1()被删除,再单击就只会弹出一个对话框了,这也是前面的方法所无法实现的。

(2) Firefox 中的事件监听函数(标准 DOM 的监听方法)

Firefox 等其他非 IE 浏览器采用标准 DOM 监听函数进行事件监听,即 addEventListener()和 removeEventListener()。与 IE 不同之处在于这两个函数接受三个参数,即事件名、事件处理的函数名和是用于冒泡阶段还是捕获阶段。

这两个函数接受的第一个参数"事件名"与 IE 也有区别,事件名是 click、mouseover 等,而不是 IE 中的 onclick 或者 onmouseover,即事件名没有 on 开头。另外,第三个参数通常设置为 false,即冒泡阶段。例如:

```JavaScript
<script language="JavaScript">
function fnClick1(){
    alert("我被 fnClick1 监听了");
    oP.removeEventListener("click",fnClick1, false);    //删除监听函数 1  }
function fnClick2(){
    alert("我被 fnClick2 监听了");      }
var oP;
window.onload=function(){
    oP=document.getElementById("myP");                  //找到对象
    oP.addEventListener("click",fnClick1, false);       //添加监听函数 1
    oP.addEventListener("click",fnClick2, false);       //添加监听函数 2  }
```

```
</script>
<p id="myP">Click Me</p>
```

在 Firefox 中运行该程序时,当第一次点击 p 元素时,会接连弹出两个对话框,顺序是"我被 fnClick1 监听了"和"我被 fnClick2 监听了"。当以后再次点击时,由于第一次点击后删除了监听函数 1,就只会弹出一个对话框了,内容是"我被 fnClick2 监听了"。

7.6.3 浏览器中的常用事件

1. 事件的分类

对于用户而言,常用的事件无非是鼠标事件、HTML 事件和键盘事件,其中鼠标事件的种类如表 7-13 所示。

表 7-13　鼠标事件的种类

事件名	描　　述
onClick	单击鼠标左键时触发
onDbclick	双击鼠标左键时触发
onmousedown	鼠标任意一个按键按下时触发
onmouseup	松开鼠标任意一个按键时触发
onmouseover	鼠标指针移动到元素上时触发
onmouseout	鼠标指针移出该元素边界时触发
onmousemove	鼠标指针在某个元素上移动时持续触发

常用的 HTML 事件如表 7-14 所示。

表 7-14　常用的 HTML 事件

事件名	描　　述
onload	页面完全加载后在 window 对象上触发,图片加载完成后在其上触发
onunload	页面完全卸载后在 window 对象上触发,图片卸载完成后在其上触发
onerror	脚本出错时在 window 对象上触发,图像无法载入时在其上触发
onSelect	选择了文本框的某些字符或下拉列表框的某项后触发
onChange	文本框或下拉框内容改变时触发
onSubmit	单击提交按钮时在表单 form 上触发
onBlur	任何元素或窗口失去焦点时触发
onFocus	任何元素或窗口获得焦点时触发

对于某些元素来说,还存在一些特殊的事件,例如 body 元素就有 onresize(当窗口改变大小时触发)和 onscroll(当窗口滚动时触发)这样的特殊事件。

键盘事件相对来说用得较少,主要有 keydown(按下键盘上某个按键触发)、keypress(按下某个按键并且产生字符时触发,即忽略 Shift、Alt 等功能键)和 keyup(释放按键时触发)。通常键盘事件只有在文本框中才显得有实际意义。

2. 事件的应用举例——设置鼠标经过时自动选择表单中文本

有时希望当鼠标指针经过文本框时,文本框能自动聚焦,并能选中其中的文本以便用户直接输入就可修改。其中实现鼠标经过时自动聚焦的代码如下:

```
<input name="user" type="text" onmouseover="this.focus()"/>
```

其次是聚焦后自动选中文本框中的文本,代码如下:

```
onfocus="this.select()"
```

将两者结合起来的完整代码如下:

```
<input name="user" value="tang" type="text" onmouseover="this.focus()" onfocus="this.select()"/>
```

可以看到当鼠标指针移动到文本框上方时,文本框立即聚焦并且其中的内容被自动选中了。

如果表单中有很多文本框,不希望在每个文本框标记中都写上这些事件处理代码,则可改写成如下的通用事件处理函数。

```javascript
<script language="javascript">
function myFocus(){
    this.focus();   }
function mySelect(){
    this.select();   }
window.onload=function(){
    var elements=document.getElementsByTagName("input");
    for (var i=0; i<elements.length; i++){
        var type=elements[i].type;                //获取 input 标记的 type 属性值
        if (type=="text"){
            elements[i].onmouseover=myFocus;
            elements[i].onfocus=mySelect;
        } } }
</script>
```

3. 事件的应用举例——利用 onBlur 事件自动校验表单

过去,表单验证都是在表单提交时进行验证的,即当用户输入完表单后按提交按钮时再进行验证。随着 Ajax 技术的兴起,现在表单的输入验证一般在用户输入完一项转到下一项时,对刚输入的一项进行验证。即输完一项验证一项,也就是在前一输入项失去焦点(onBlur)时进行验证。例如,3.9 节中图 3-40 的动网论坛注册表单就是这样的。这样的好处很明显,在用户输入错误后可马上提示用户进行修改,还可防止提交表单后如果有错误要求用户重新输入所有的信息。这种效果的制作步骤如下:

(1) 写结构代码。该例的结构代码是一个包含有文本框、密码框和提交按钮的表单,考虑到失去焦点时要返回提示信息,在各个文本框后面添加一个用于显示提示信息的<span>标记。表单<form>的 HTML 代码如下:

```
<form name="register">
<table cellpadding="5" cellspacing="0" border="0">
    <tr><td>用户名:</td><td><input type="text" name="User"></td><td><span
    id="UserResult"></span></td></tr>
    <tr><td>输入密码:</td><td><input type="password" name="passwd1"></td>
  <td></td></tr>
    <tr><td>确认密码:</td><td><input type="password" name="passwd2"></td>
  <td><span id="pwdResult"></span></td></tr>
    <tr><td colspan="2" align="center">
        <input type="submit" value="注册"><input type="reset" value="重置">
        </td><td></td></tr></table>
</form>
```

(2) 当文本框或密码框获得焦点时改变其背景色,以便突出显示,失去焦点时其背景色又恢复为原来的背景色。代码如下:

```
<script language="javascript">
function myFocus(){
    this.style.backgroundColor="#fdd";   }
function myBlur(){
    this.style.backgroundColor="#fff";   }
window.onload=function(){
    var elements=document.getElementsByTagName("input");
     for (var i=0;i<elements.length;i++){
        var type=elements[i].type;
        if (type=="text" || type=="password"){
            elements[i].onfocus=myFocus;
            elements[i].onblur=myBlur;
        } } }
```

(3) 当文本框或密码框失去焦点时开始验证该文本框中的输入是否合法,在这里仅验证文本框的输入是否为空,以及两次输入的密码必须相同。

① 由于要在失去焦点时验证,所以在函数 myBlur() 中添加执行验证函数的代码,将上述代码中的 myBlur() 修改为:

```
function myBlur(){
    this.style.backgroundColor="#ffffff";
    startCheck(this);              //这一句是新增的验证表单的代码   }
```

② 然后编写验证函数 startCheck()的代码,它的代码如下:

```
function startCheck(oInput){
    if(oInput.name=="User"){                            //如果是用户名的输入框
     if(!oInput.value){                                 //如果值为空
       oInput.focus();                                  //聚焦到用户名的输入框
       document.getElementById("UserResult").innerHTML="用户名不能为空";
       return;    }
     else
       document.getElementById("UserResult").innerHTML="";   }
    if(oInput.name=="passwd2"){                          //如果是第二个密码输入框
       if (document. getElementsByName ( " passwd1") [0]. value! = document.
       getElementsByName("passwd2")[0].value)           //如果两个密码框值不相等
    document.getElementById("pwdResult").innerHTML="两次输入的密码不一致";
        else
          document.getElementById("pwdResult").innerHTML="";}}
```

这个在 onBlur 事件中验证表单输入的程序最终效果如图 7-17 所示。如果能够添加
与服务器交互的服务器端脚本,还能实现验证"用户名是否已经被注册"等功能。

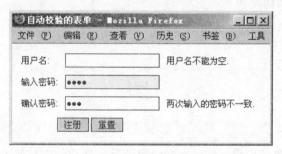

图 7-17　利用 onBlur 事件自动校验的表单

7.6.4　事件对象

1. IE 和 DOM 中的事件对象

事件在浏览器中是以对象的形式存在的,在 IE 中,事件(event)又是 window 对象的
一个属性 event,因此访问时通常采用如下方法:

```
oP.onclick=function(){
  var oEvent=window.event;  }
```

尽管它是 window 对象的属性,但 event 对象还是只能在事件发生时被访问,所有的
事件处理函数执行完之后,该对象就自动消失了。

而标准 DOM 中规定 event 对象必须作为唯一的参数传给事件处理函数,因此在类
似 Firefox 浏览器中访问事件对象通常将其作为参数,代码如下:

```
oP.onclick=function(oEvent){
 }
```

因此为了兼容这两种浏览器,通常采用下面的方法:

```
oP.onclick=function(oEvent){
    oEvent=oEvent||window.event;  }
```

浏览器在获取了事件对象后就可以通过它的一系列属性和方法来处理各种具体事件了,例如鼠标事件、键盘事件和浏览器事件等。对于鼠标事件来说,其常用的属性是它的位置信息属性。主要有以下两类:

(1) screenX/screenY:事件发生时,鼠标在计算机屏幕中的坐标。

(2) clientX/cilentY:事件发生时,鼠标在浏览器窗口中的坐标。

通过鼠标的位置属性,可以随时获取到鼠标的位置信息,例如,有些电子商务网站可以将商品用鼠标拖放到购物篮中,这就需要获取鼠标事件的位置,才能让商品跟着鼠标移动。

2. 键盘事件对象的应用举例——验证用户输入的是否为数字

如果要判断用户在文本框中输入的内容是否为数字,最简单的办法就是用键盘事件对象来检测按下键的键盘码是否是在 48~57 之间,当用户按下的不是数字键时,会发现根本无法输入。示例代码如下:

```
<script type="text/javascript">
function IsDigit()
{ return ((event.keyCode>=48) && (event.keyCode <=57));  }
</script>
请输入手机号码:
<input type="text" name="phone" onkeypress="event.returnValue=IsDigit();"/>
```

3. 鼠标事件对象的应用举例——制作跟随鼠标移动的图片放大效果

本例中,当鼠标滑动到某张图片上时,鼠标的旁边就会显示这张图片的放大图片,而且放大的图片会跟随鼠标移动,如图 7-18 所示。在整个例子中,原图和放大的图片都采用的是同一张图片,只不过对原图设置了 width 和 height 属性,使它缩小显示,而放大图片就显示图片的真实大小。制作步骤如下:

图 7-18　跟随鼠标移动的图片放大效果

（1）把几张要放大的图片放到一个 div 容器中，然后再添加一个 div 的空容器用来放置当鼠标经过时显示的放大图像。结构代码如下：

```
<div id="demo">
    <img src="pic1.jpg"/>  <img src="pic2.jpg"/>  <img src="pic3.jpg"/>
</div>
<div id="enlarge_img"></div>                      <!--用来放置放大的图片-->
```

当然，严格来说，把这几幅图片放到一个列表中结构会更清晰些。

（2）写 CSS 代码，对于 img 元素来说，只要定义它在小图时的宽和高，并给它添加一条边框以显得美观。对于 enlarge_img 元素，它应该是一个浮在网页上的绝对定位元素，在默认时不显示，并设置它的 z-index 值很大，防止被其他元素遮盖。

```
#demo img{
    width:90px; height:90px;                       /* 页面中小图的大小 */
    border:5px solid #f4f4f4; }
#enlarge_img{
position:absolute;
display:none;                                      /* 默认状态不显示 */
z-index:999;                                        /* 位于网页的最上层 */
border:5px solid #f4f4f4  }
```

（3）对鼠标在图片上移动这一事件对象进行编程。首先获取到 img 元素，当鼠标滑动到它们上面时，使 #enlarge_img 元素显示，并且通过 innerHTML 往该元素中添加一个图像元素作为大图。大图在网页上的纵向位置（即距离页面顶端的距离"top"）应该是鼠标到窗口顶端的距离（event. clientY）加上网页滚动过的距离（document. body. scrollTop）。代码如下：

```
<script type="text/javascript">
var demo=document.getElementById("demo");
var gg=demo.getElementsByTagName("img");          //获取#demo 中的 img 元素集合
var ei=document.getElementById("enlarge_img");
for(i=0; i<gg.length; i++){
    var ts=gg[i];
    ts.onmousemove=function(event){               //鼠标在某个 img 元素上移动时
        event=event || window.event;              //兼容 IE 和标准 DOM 事件
        ei.style.display="block";                 //显示装大图的盒子
        ei.innerHTML='<img src="'+this.src+'"/>';    //设置大图盒子中的图像路径
        ei.style.top=document.body.scrollTop+event.clientY+10+"px";
                                                  //大图在页面上的位置
        ei.style.left=document.body.scrollLeft+event.clientX+10+"px";
    }
    ts.onmouseout=function(){                      //鼠标离开时
        ei.innerHTML="";
        ei.style.display="none";  }
```

```
        ts.onclick=function(){  window.open(this.src);      //点击大图时在新窗口打开图片
    }}
</script>
```

这样该实例就制作好了,注意 JavaScript 代码在这里只能放在结构代码的后面,当然也可以把这些 JavaScript 代码作为一个函数放在 Window.onload 事件中。

7.6.5　DOM 和事件编程实例

1. 制作 Lightbox 效果

所谓 Lightbox 其实是现在网页上很常见的一种效果,比如点击网页上某个链接或图片,则整个网页会变暗,并在网页中间弹出一个层来,如图 7-19 所示。此时用户只能在层上进行操作,不能再点击变暗的网页。

图 7-19　Lightbox 示例

制作 Lightbox 效果步骤是:首先在网页中插入一个和整个网页一样大的 div,设置它为绝对定位,并设置它的 z-index 值仅小于弹出框,背景色为黑色,在默认情况下不显示。当点击网页上某个链接时,则显示这个 div,并设置它的透明度为 70%,这样就会有一个黑色的半透明层覆盖在网页上,使网页看起来像变暗了一样,而且这个层将挡住网页上所有的链接等元素,使用户点击不到它们。同时弹出一个较小的绝对定位的 div,放置在网页的中间作为弹出框。具体步骤如下:

(1) 写结构代码

由于需要一个层覆盖在网页上,还需要另一个层做弹出框,所以结构代码中有两个 div。

```
<h3>Lightbox 效果演示</h3>
<p>观看效果<a href="#">请点击这里</a></p>
<div id="light" class="white_content">这里是 lightbox 弹出框的内容<a href="#">
```

```
关闭</a></div>                                    <!--弹出框,在中间可以放任何内容-->
<div id="fade" class="black_overlay"></div><!--覆盖网页的div,中间没有内容-->
```

（2）设置覆盖层的 CSS 样式

覆盖层不能占据网页空间，所以应设置为绝对定位，而且必须和网页一样大，因此设置它的位置为"top:0%；left:0%"，大小为"width:100%;height:100%;"。代码如下：

```
.black_overlay{
    display: none;                        /*默认不显示*/
    position: absolute; top: 0%;          left: 0%;
    width: 100%;
    height: 100%;                /*以上四条设置覆盖层和网页一样大,并且左上角对齐*/
    background-color: black;              /*背景色为黑色*/
    z-index:1001;                         /*位于网页最上层*/
    -moz-opacity: 0.7;                    /*Firefox浏览器透明度设置*/
    opacity: .70;                         /*支持CSS3的浏览器透明度设置*/
    filter: alpha(opacity=80);            /*IE浏览器透明度设置*/   }
```

（3）设置弹出框的 CSS 样式

弹出框也是一个绝对定位元素，并且初始时不显示，它的 z-index 值应最大，这样才会在覆盖层的上方显示。代码如下：

```
.white_content{
    display: none;  position: absolute;
    top: 30%; left: 30%;
    width: 40%; height: 40%;              /*以上四条设置弹出框的位置和大小*/
    padding: 16px; border: 16px solid orange;
    background-color: white;
    z-index:1002;
    overflow: auto;                       /*当内容超出弹出框时,出现垂直滚动条*/
}
```

（4）编写打开弹出框 JavaScript 代码

当鼠标单击 a 元素时，要同时显示覆盖层和弹出框，代码如下：

```
<a onclick="document.getElementById('light').style.display='block'; document.
getElementById('fade').style.display='block'">请点击这里</a>
```

而且单击 a 元素时，不能链接到其他网页，也不能设置（href＝"＃"），那样会跳转到页面的顶端，可以设置为（href="JavaScript:void(0)"），这样点击时页面不会发生跳转。

因此 a 标记完整的代码为：

```
<a href="JavaScript:void(0)" onclick="document.getElementById('light').style.
display='block';document.getElementById('fade').style.display='block'">
```

（5）编写弹出框的关闭按钮代码

单击弹出框的关闭按钮后，应同时隐藏弹出框和覆盖层，回到初始状态，代码如下：

```
<a href="JavaScript:void(0)" onclick="document.getElementById('light').style.
display='none';document.getElementById('fade').style.display='none'">Close
</a>
```

这样一个简单的 Lightbox 效果就做好了，但是在 IE 6 中需要将网页上传到服务器中才能看到正确的效果。

2. 制作 Tab 面板

Tab 面板(选项卡面板)由于能将多个栏目框集成到一起，从而节省网页空间、给用户较好的体验，因此是 Web 2.0 网站中流行的网页高级元素。图 7-20 就是一个有两个选项卡的 Tab 面板，下面讨论它是如何制作的。

首先，一个 Tab 面板可以分解成两部分，即上方的导航条和下方的内容框。实际上，导航条中有几个 tab 项就会对应有几个内容框。只是因为当鼠标滑动到某个 tab 项的时候，才显示与其对应的一个内容框，而把其他内容框都通过 dislay:none 隐藏了，且不占据网页空间。如果不把其他内容框隐藏的话那么图 7-20 中的 Tab 面板就是图 7-21 这个样子。

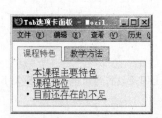

图 7-20　Tab 面板

图 7-21　显示所有内容框

图 7-20 中 Tab 面板的结构代码如下(注：class="cur"表示当前选项卡的样式)：

```
<ul id="tab">
<li><a id="tab1" class="cur" href="#">课程特色</a></li>
<li><a id="tab2" href="#">教学方法</a></li>
</ul>
<div id="info1">
    • <a href="#">本课程主要特色</a><br/>
    • <a href="#">课程地位</a><br/>
    • <a href="#">目前还存在的不足</a><br/> 
</div>
<div id="info2">
    • <a href="#">教学方法和教学手段</a><br/>
    • <a href="#">课程的历史</a><br/>
    • <a href="#">目前还存在的优势</a><br/> 
</div>
```

　　由此可见，Tab 面板的导航条一般采用无序列表来定义，而每个内容框采用 div 标记定义。实际上这些 div 容器都没有上边框，而只有左、右和下边框，为了证实这一点，只需给这些 div 容器加个上边界（margin-top:10px;）就可以发现它们确实没有上边框，效果如图 7-22 所示。

　　其实 div 的上边框是由导航条 ul♯tab 元素的下边框实现的，这是因为当鼠标滑过 tab 项时，要让 tab 的子元素的下边框变为白色，而且正好遮盖住 ul♯tab 元素的蓝色下边框，如图 7-23 所示。这样在激活的 tab 项处就看不到 tab 元素的下边框了。

图 7-22　Tab 面板的真实结构

图 7-23　tab 项的白色下边框遮盖住了 ul 元素的蓝色下边框

　　为了实现这种边框的遮盖，首先必须使两个元素的边框重合。当然，有人会说，如果给 div 容器加个上边框，再让 div 容器使用负边界法向上偏移 1 像素（margin-top:-1px;），那么它的上边框也会和 tab 项的下边框重合。但这样的话是 div 容器的上边框覆盖在 tab 项的下边框上，这样即算 tab 项的下边框变白色，也会被 div 容器的上边框覆盖而看不到效果，这就是 div 容器不能有上边框的原因。

　　所以只能使用 ul 的子元素的下边框覆盖 ul 元素的下边框，因为默认情况下子元素的盒子是覆盖在父元素盒子之上的。在这里 ul 的子元素有 li 和 a。由于当鼠标滑过时需要子元素的下边框变色，而 IE 6 只支持 a 元素的 hover 伪类，所以选择用 a 元素的下边框覆盖 ul 元素的下边框，ul♯tab 元素和 a 元素的样式如下：

```
#tab{
    margin: 0;                  /*通用设置，将列表的边界设为0*/
    padding: 0 0 24px;          /*由于li元素浮动，#tab高度为0，用填充扩展高度*/
    list-style-type: none;      /*去掉列表元素列表项前的小黑点*/
    border-bottom:1px solid #11a3ff;  /*给ul元素添加下边框*/   }
#tab a{
    float:left;
    padding: 0 10px;            /*给a元素左右加10像素填充*/
    height:23px;                /*a的高度正好等于#tab高度，从而它们的下边框重合*/
    line-height:23px;           /*以上两条使a元素文字垂直居中*/
    border: 1px solid #11a3ff;
    font-size: 14px;   color: #930;   text-decoration: none;
```

```
    background-color: #BDF;  }
```

这样 ul#tab 元素的高度是 24＋1＝25 像素，a 元素的高度是 23＋1＋1＝25 像素，而且 a 元素是浮动的，脱离了标准流，所以 a 元素不会占据 ul 元素的空间，这样 ul 元素的高就不会被 a 元素撑开。

提示：ul 元素作为浮动盒子的外围容器不能设置宽和高，否则在 IE 中浮动盒子（a 元素）将不会脱离标准流（参看第 4 章 4.7.3 节），这样 a 元素的盒子将被包含在 ul 元素的盒子中，两个盒子的下边框将无法重叠。这就是为什么对 ul#tab 元素设置下填充为 24 像素，而不设置高度为 24 像素（height:24px;）的原因。

同样，ul 元素不能设置宽度，这意味着 Tab 面板的宽度是无法由其自身控制的，但这并不构成一个问题，因为 Tab 面板总是放在网页中其他元素（如 div）中的，只要设置外围容器的宽度，就能控制 Tab 面板的宽度了。

接下来写其他元素的 CSS 代码，用来美化样式和添加交互效果。

```
#tab li{
    float:left;                    /*使 tab 项水平排列*/
margin:0 4px 0 0;                  /*设置右边界,使 tab 项之间有间距*/}
div{
    background: #fee;
    padding: 10px;
    border:1px solid #11a3ff;      /*添加边框*/
    border-top:none;               /*去掉上边框*/}
#info2{
    display: none;                 /*使#info2 暂时隐藏起来*/}
#tab a:hover,#tab a.cur{
    border-bottom: 1px solid #fee; /*鼠标滑过或是当前选项时改变下划线颜色*/
    color: #F74533;                /*改变 tab 项的文字颜色*/
    background-color: #fee;        /*改变 tab 项的背景颜色*/}
```

这样 Tab 面板的外观就全部做好了，接下来必须使用 JavaScript 使鼠标滑动到某个 tab 项时就显示与它对应的内容框，并把其他内容框隐藏。这就是当鼠标滑过某个元素时要控制其他元素的显示和隐藏，只能使用 JavaScript 而不能使用 hover 伪类，因为 hover 伪类当鼠标滑过时只能控制元素自身或其子元素的显示和隐藏。我们首先在结构代码中为两个 tab 项（a 元素）添加 onmouseover()事件，代码如下：

```
<ul id="tab">
<li><a id="tab1" onmouseover="changtab(1)" class="cur" href="#">课程特色</a>
</li>
<li><a id="tab2" onmouseover="changtab(2)" href="#">教学方法</a></li>
</ul>
```

最后写 JavaScript 代码：

```
<script type="text/JavaScript">
```

```
function changtab(n){
    for(i=1;i<=document.getElementsByTagName("li").length;i++){
        document.getElementById('info'+i).style.display='none';
                                                                //将所有面板隐藏
        document.getElementById('tab'+i).className='';
        }
    document.getElementById('info'+n).style.display='block';    //显示当前面板
    document.getElementById('tab'+n).className='cur';  }
</script>
```

这段代码是计算网页中所有 li 元素的个数作为 tab 选项的个数，然后先设置所有内容框隐藏（dislay：none），接下来再设置选中的选项内容框显示（dislay：block）。

但如果网页中除了这个 Tab 面板外其他地方也有 li 元素，那么就不能把 li 元素总数作为 tab 选项的个数了，因此可以把上述代码中的 for 语句改写成：

```
for(i=1;i<=document.getElementById("tab").getElementsByTagName("li").length;i++)
```

这样就只会计算♯tab 元素里的所有 li 元素个数了。

提示：在本例中不能用 document.getElementById("tab").childNodes.length 方法获得♯tab 元素下的 li 元素个数，因为 Firefox 会把文本节点（回车符）也当成子节点计算。

3. 制作具有隔行变色和动态变色效果的表格

网页中经常会有一些行或列特别多的数据表格，如学校员工的花名册，公司的年度收入报表等，为了防止用户浏览表格时看错行，可以制作具有隔行变色和鼠标滑过时动态变色效果的表格。它的代码如下，效果如图 7-24 所示。

```
<style type="text/css">
.datalist tr.altrow{                              /*设置隔行变色的样式*/
    background-color:#a5e5aa;  }
.datalist tr:hover, .datalist tr.overrow{         /*设置动态变色的样式*/
    background-color:#2DA0FF;  color: #fff;  }
</style>
<script type="text/JavaScript">
window.onload=function(){
var oTable=document.getElementById("datalist");    //隔行变色代码开始
    for(var i=0;i<oTable.rows.length;i++){
        if(i%2==0)                                 //偶数行时
        oTable.rows[i].className="altrow";  }      //添加"altrow"的样式
var rows=document.getElementsByTagName('tr');      //动态变色代码开始
for (var i=0;i<rows.length;i++){                   //将所有元素的事件写在一起
    rows[i].onmouseover=function(){                //鼠标在行上面的时候
        this.className +=' overrow';  }            //overrow前必须有一空格
    rows[i].onmouseout=function(){                 //鼠标离开时
        this.className=this.className.replace(/overrow/,'');  }}}
```

```
</script>
<table class="datalist" id="datalist">
    <tr>  <th>Name</th><th>Class</th>……<th>Mobile</th></tr>
……(表格代码省略)
</table>
```

图 7-24　具有隔行变色和动态变色功能的表格

7.7　jQuery 框架使用入门

随着 JavaScript、CSS、Ajax 等技术的不断进步,越来越多的开发者将一个又一个丰富多彩的程序功能进行封装,供其他人可以调用这些封装好的程序组件(框架)。这使得 Web 程序开发变得简洁,并能显著提高开发效率。

1. jQuery 框架的功能

jQuery 是一个优秀的 JavaScript 框架,它能使用户更方便地处理 HTML 文档、events 事件、动画效果、Ajax 交互等。它的主要功能包括:

(1)访问页面中的某个或某些元素,DOM 获取页面中某个节点或者某一类节点有固定的方法,而 jQuery 则大大地简化了其操作的步骤。

(2)修改页面的表现(Presentation)。CSS 的主要功能就是通过样式风格来修改页面的表现。然而由于各个浏览器对 CSS 3 标准的支持程度不同,使得很多 CSS 的特性没能很好地体现。jQuery 很好地解决了这个问题,它通过封装好的 jQuery 选择器代码,使各种浏览器都能很好地使用 CSS 3 标准,极大地丰富了 CSS 的运用。

(3)更改页面的内容。jQuery 可以很方便地修改页面的内容,包括修改文本的内容、插入新的图片、修改表单的选项,甚至修改整个页面的框架。

(4)响应事件。引入 jQuery 之后,可以更加轻松地处理事件,而且开发人员不再需要考虑复杂的浏览器兼容性问题。

(5)为页面添加动画。通常在页面中添加动画都需要开发大量的 JavaScript 代码,而 jQuery 大大简化了这个过程。jQuery 库提供了大量可自定义参数的动画效果。

(6)与服务器异步交互。jQuery 提供了一整套 Ajax 相关的操作,大大方便了异步交互的开发和使用。

2. 下载并使用 jQuery

jQuery 的官方网站(http://jquery.com)提供了最新的 jQuery 框架下载。通常只需要下载最小的 jQuery 包（Minified）即可。目前最新的版本 jquery-1.5.min.js 文件只有 29KB。

jQuery 是一个轻量级（Lightweight）的 JavaScript 框架,所谓轻量级是说它根本不需要安装,因为 jQuery 实际上就是一个外部 js 文件,使用时直接将该 js 文件用＜script＞标记链接到自己的页面中即可,代码如下:

```
<script src=" jquery.min.js" type="text/JavaScript"></script>
```

将 jQuery 框架文件导入后,就可以使用 jQuery 的选择器和各种函数功能了。

3. jQuery 中的"＄"及其作用

在 jQuery 中,最频繁使用的莫过于美元符"＄",它提供了各种各样的功能,包括选择页面中的一个或一组元素、作为功能函数的前缀、创建页面的 DOM 节点等。下面仅介绍"＄"用作选择器的功能。

4. "＄"用作选择器

在 CSS 中是通过选择器选中页面中某些元素的,在 JavaScript 中可以通过 DOM 对象来选中某些元素,而 jQuery 中的"＄"可作为选择器选中某些元素。

例如在 CSS 中,h2＞a{…}表示选中 h2 中所有直接子元素 a,而在 jQuery 中同样可以通过如下代码选中这些元素,作为一个对象数组,供 JavaScript 调用。

```
$("h2> a")                              //注意作为选择器引号不能省略
```

jQuery 支持所有 CSS 3 的选择器,也就是说可以把绝大多数 CSS 选择器都写在 ＄(" ")中,像上面的"h2＞a"这种子选择器本来 IE 6 是不支持的,但把它转变成 jQuery 的选择器 ＄("h2＞a")后,则所有浏览器都能支持。例如将如下代码插入到网页的适当位置中就能看到效果。

```
<script type="text/JavaScript" src="jquery.min.js "></script>
<script type="text/JavaScript">
    $(document).ready(function(){          //等待 DOM 文档载入后执行
            $("h2>a").css("color","red");
            $("h2>a").css("textDecoration","none");
});
</script>
```

使用 jQuery 选择器设置 CSS 样式需要注意两点:
① CSS 属性应写成 JavaScript 中的形式,如 text-decoration 写成 textDecoration。
② 如果要在一条 jQuery 选择器的 CSS 方法中同时设置多条 CSS 样式,可以写成下面的形式:

```
$("h2>a").css({color:"red",textDecoration:"none"});
```

上面仅仅展示了用 jQuery 选择器实现 CSS 选择器的功能,实际上,jQuery 选择器的主要作用是选中元素后再为它们添加行为。例如：

```
$("#buttonid").click(function(){ alert("BUTTON CLICK"); }
$("h2>a").eq(0).click(function(){ document.write(this.innerHTML); })
```

这样就通过 jQuery 的选择器选中了某个元素，接着用 jQuery 中的 click()方法为它添加单击时的行为。如果 jQuery 选择器选中了一组元素，要获得其中的一个，可以使用 eq(n)，例如上述代码中的 $("h2>a").eq(0)将返回 h2 子元素中的第一个 a 元素。

还可以通过 jQuery 选择器获取或修改元素的 HTML 属性，方法如下：

```
$("a#bot").attr("href");                    //获取元素的 href 属性值
$("a#bot").attr("href","index.html");       //设置元素的 href 属性
```

5. jQuery 对象

当使用 jQuery 选择器选中某个或某组元素后，实际上就创建了一个 jQuery 对象，jQuery 对象是通过 jQuery 包装 DOM 对象后产生的对象。但 jQuery 对象和 DOM 对象是有区别的。例如：

```
$("#qq").html();                            //获取 id 为 qq 的元素内的 html 代码
```

这条代码等价于：

```
document.getElementById("qq").innerHTML;
```

可以看出，如果一个对象是 jQuery 对象，那么它就可以使用 jQuery 里的方法，例如 html()就是 jQuery 里的一个方法，但 jQuery 对象无法使用 DOM 对象中的任何方法，同样 DOM 对象也不能使用 jQuery 里的任何方法。因此下面的写法都是错误的。

```
$("#qq").innerHTML;                         //错误写法
document.getElementById("qq").html();
```

但如果 jQuery 没有封装想要的方法，不得不使用 DOM 方法的时候，有如下两种方法将 jQuery 对象转换成 DOM 对象。

① jQuery 对象是一个数组对象，可以通过添加数组下标的方法得到对应的 DOM 对象，例如 $("#msg")[0]，就转变成了一个 DOM 对象。

② 使用 jQuery 中提供的 get()方法得到相应的 DOM 对象，例如 $("#msg").get(0)。

相应地，DOM 对象也可以转换成 jQuery 对象，只需要用 $()把 DOM 对象包装起来就可以获得一个 jQuery 对象。例如：

```
$(document.getElementById("msg"))
```

转换后就可以使用 jQuery 中的各种方法了。因此，以下几种写法都是正确的：

```
$("#msg").html();                    //jQuery 对象
$("#msg")[0].innerHTML;              //添加下标转换成 DOM 对象
$("h2>a").eq(0)[0].innerHTML;        //eq(n)方法返回的仍然是 jQuery 对象
$("h2>a").get(0).innerHTML;          //get(n)方法直接返回 DOM 对象
```

jQuery 提供了很多种选择器和方法,学习 jQuery 就是要掌握它的各种选择器和方法的作用,并能灵活运用。有兴趣的读者可参考 jQuery 方面的书籍。

习 题 7

7.1 作业题

1. 下列定义数组的方法中( )是不正确的。
    A. var x=new Array["item1", "item2", "item3", "item4"];
    B. var x=new Array("item1", "item2", "item3", "item4");
    C. var x=["item1", "item2", "item3", "item4"];
    D. var x=new Array(4);

2. 计算一个数组 x 的长度的语句是( )。
    A. var aLen=x. length();   B. var aLen=x. len ();
    C. var aLen=x. length;   D. var aLen=x. len;

3. 下列 JavaScript 语句将显示( )结果。

```
var a1=10;
ar a2=20;
alert("a1+a2="+a1+a2);
```

    A. a1+a2=30   B. a1+a2=1020
    C. .a1+a2=a1+a2   D. "a1+a2="1020

4. 产生当前日期的方法是( )。
    A. Now();   B. date();
    C. new Date();   D. new Now();

5. 下列( )可以得到文档对象中的一个元素对象。
    A. document. getElementById("元素 id 名")
    B. document. getElementByName("元素名")
    C. document. getElementByTagName("元素标签名")
    D. 以上都可以

6. 如果要制作一个图像按钮,用于提交表单,方法是( )。
    A. 不可能的
    B. <input type="button" image="image. gif">
    C. <input type="submit" image="image. gif">
    D. <img src="image. gif" onclick="document. forms[0]. submit()">

7. 如果要改变元素<div id="userInput">…</div>的背景颜色为蓝色,代码是( )。
    A. document. getElementById("userInput"). style. color="blue";
    B. document. getElementById("userInput"). style. divColor="blue";
    C. document. getElementById("userInput"). style. background-color="blue";

D. document. getElementById("userInput"). style. backgroundColor＝"blue";

8. 通过 innerHTML 的方法改变某一 div 元素中的内容,( )。

A. 只能改变元素中的文字内容

B. 只能改变元素中的图像内容

C. 只能改变元素中的文字和图像内容

D. 可以改变元素中的任何内容

9. 下列选项中,( )不是网页中的事件。

A. onclick B. onmouseover

C. onsubmit D. onmouseclick

10. JavaScript 中自定义对象时使用关键字( )。

A. Object B. Function

C. Define D. 以上三种都可以

11. _____对象表示浏览器的窗口,可用于检索关于该窗口状态的信息。

12. Navigator 对象的_____属性用于检索操作系统平台。

13. var a＝10; var b＝20; var c＝10; alert(a＝b); alert(a＝＝b); alert(a＝＝c); 结果是_____。

7.2 上机实践题

1. 试说明以下代码输出结果的顺序,并解释其原因,最后在浏览器中验证。

```
<script type="text/javascript">
    setTimeout (function(){
        alert("A");
        },0);
    alert("B");
</script>
```

2. 编写代码实现以下效果:打开一个新窗口,原始大小为 400px×300px,然后将窗口逐渐增大到 600px×450px,保持窗口的左上角位置不变。

第8章

ASP程序设计基础

本章开始学习的 ASP 属于动态网页技术，它是运行在服务器端的。有时也把针对客户端的网页设计称为 Web 前端开发，而把开发服务器端的程序称为后台编程。

8.1　静态网页和动态网页

前面几章学习的 HTML、CSS 和 JavaScript 都是运行在客户端的，这些技术能够编写静态网页。用户在浏览静态网页时，服务器找到网页并直接把网页文件发送给客户端，如图 8-1 所示。静态网页在每次浏览时，内容都不会发生变化，网页一经编写完成，其显示效果就确定了。如果要改变静态网页的内容就必须修改网页的源代码再重新上传到服务器。

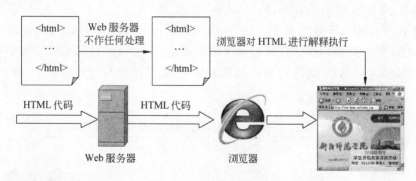

图 8-1　静态网页的执行过程

8.1.1　为什么需要动态网页

静态网页在很多时候是无法满足 Web 应用需要的。举个例子来说，假设有个电子商务网站需要展示 1000 种商品，其中每个页面展示 1 种商品。如果用静态网页来做的话，那么需要制作 1000 个静态网页，这带来的工作量是非常大的。而且如果以后要修改这些网页的外观风格，就需要一个一个网页的修改，工作量也很大。

而如果使用动态网页来做，只需要制作 1 个页面，然后把 1000 种商品的信息存储在数据库中，页面根据浏览者的需求调用数据库中的数据，动态地显示相应的商品信息。要修改网页外观时也只需修改这一个动态页的外观即可。工作量大为减少。

由此可见,动态网页是页面中内容会根据具体情况发生变化的网页,同一个网页根据每次请求的不同,可每次显示不同的内容。例如一个新闻网站中,点击不同的链接可能都是链接到同一个动态网页,只是该网页能每次显示不同的新闻。

动态网页技术还能实现诸如留言板、论坛、博客等各种交互功能,动态网页带来的好处是显而易见的。动态网页要显示不同的内容,往往需要数据库做支持,这也是动态网页的一个特点。从网页的源代码看,动态网页中含有服务器端代码,需要先由 Web 服务器对这些服务器端代码进行解释执行,生成 HTML 代码后再发送给客户端。常见的动态网页技术有 ASP、ASP. NET、PHP、JSP 等。

可以从文件的扩展名判断一个网页是动态网页还是静态网页。静态网页的文件扩展名是 htm、html、shtml、xml 等;动态网页的 URL 后缀是 asp、aspx、jsp、php、perl、cgi 等。例如 http://product. dangdang. com/product. aspx? product_id=200846 是一个动态网页,而 http://bbs. v. moka. cn/subject/cage/index. htm 是一个静态网页。

注意:很多网页上含有 GIF 格式的动画、flash 动画或滚动文字等,那些只是视觉上有"动态效果"的网页,与动态网页是两个完全不同的概念。"动态网页"的含义并不是"含有动画"的网页,静态网页也可以含有动画。

8.1.2 ASP 动态网页的工作原理

ASP(Active Server Pages,动态服务器页面)是微软推出的用于取代 CGI(Common Gateway Interface)的动态服务器网页技术,它是一种服务器端脚本编写环境,可以创建和运行动态、交互的 Web 应用程序。

所谓 Web 应用程序是指基于 B/S(Browser/Server,浏览器/服务器)架构的应用程序,一个完整 Web 应用程序的代码包含在服务器端运行的代码,和在浏览器中运行的代码(如 HTML)。以 ASP 创建的 Web 应用程序为例,它的执行过程如图 8-2 所示。

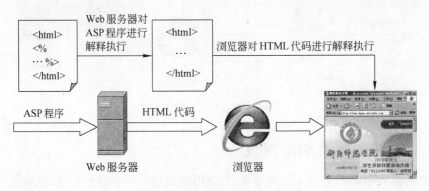

图 8-2　ASP 程序的执行过程

可以看出,ASP 程序经过 Web 服务器时,Web 服务器会对它进行解释执行,生成纯客户端的 HTML 代码再发送给浏览器。因此,保存在服务器网站目录中的 ASP 文件和浏览器端接收到的 ASP 文件的内容一般是不同的,因此无法通过在浏览器中查看源代码的方式获取 ASP 程序的代码。

图 8-2 中的 Web 服务器主要是指一种软件，它具有解释执行 ASP 代码的功能，IIS (Internet Information Services，Internet 信息服务器)就是一种 Web 服务器软件。因此，要运行 ASP 程序，必须先安装 IIS，这样才能对 ASP 程序进行解释执行。安装了 IIS 的机器就成了一台 Web 服务器。

对比一下静态网页，Web 服务器不会对它进行任何处理，直接找到客户端请求的 HTML 文件，发送给浏览器，其运行过程如图 8-1 所示。

因此，Web 服务器的作用是：对于静态网页，Web 服务器仅仅是定位到网站对应的网站目录，找到客户端请求的网页就发送给浏览器；而对于动态网页，Web 服务器找到动态网页后要先对动态网页中的服务器端代码(如 ASP 代码)进行解释执行，生成只包含静态网页的代码再发送给浏览器。

提示：ASP 文件不能通过双击文件的方式直接用浏览器打开，因为这样 ASP 代码没有经过 Web 服务器的处理，浏览器无法解释。运行 ASP 文件的具体方法将在下节介绍。

8.2 ASP 的运行环境

要想使计算机能运行 ASP 程序，一般必须在该机上安装运行 ASP 的 Web 服务器软件——IIS。IIS 有很多种版本，对应不同的 Windows 操作系统，如表 8-1 所示。

表 8-1　Windows 系统与 IIS 版本的对应关系

操作系统版本	Windows 2000	Windows XP	Windows 2003	Windows Vista	Windows 7
IIS 版本	IIS 5.0	IIS 5.1	IIS 6.0	IIS 7.0	IIS 7.5

每种版本的 Windows 只能安装相应版本的 IIS。需要说明的是，各种 Windows 系统的 Home 版(家庭版)是不带 IIS 功能的，因此无法用常规方法安装 IIS，如果要在这些操作系统上安装 IIS 则过程比较复杂，具体安装方法可在百度上搜索。

对于 ASP 的学习者来说，目前通常采用 Windows XP＋IIS5.1 或 Windows 7＋IIS 7.5 作为 ASP 的开发运行环境，下面介绍这两种平台下 IIS 的安装。

8.2.1 IIS 的安装

1. 在 Windows XP 中安装 IIS 5.1

对于 Windows XP 来说，在安装操作系统时默认是不会安装 IIS 的，需要我们手动安装，安装步骤如下：

① 依次选择"开始"→"设置"→"控制面板"→"添加/删除程序"命令。

② 在"添加/删除程序"面板中选择"添加/删除 Windows 组件"按钮，就会弹出如图 8-3 所示的"Window 组件向导"对话框。在其中选中"Internet 信息服务(IIS)"。

③ 然后单击"下一步"按钮，就会开始安装 IIS，在安装过程中会提示要插入 Windows 安装光盘，插入安装光盘或选择包含有 IIS 安装文件的文件夹即可完成安装。

提示：由于 IIS 不仅是一个 Web 服务器，它还具有 SMTP(电子邮件)服务器和 FTP

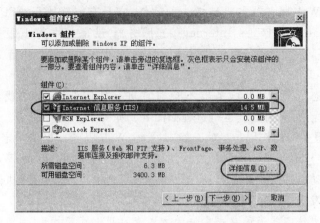

图 8-3 "Windows 组件向导"对话框

服务器的功能。如果只是用来运行 ASP 程序,只要安装 Web 服务器功能即可,可以在选中"Internet 信息服务(IIS)"后,单击图 8-3 中的"详细信息"按钮,取消选中"SMTP 服务"和"FTP 服务"。

安装完成后,IIS 并不会出现在"开始"菜单的"程序"中,要打开 IIS,有两种方法:

① 在"我的电脑"上右击并选择"管理",依次双击左侧的"服务和应用程序"→"Internet 信息服务"选项,就会出现如图 8-4 所示的"Internet 信息服务"窗口。

② 在开始菜单中选择"设置"→"控制面板"→"管理工具"→"Internet 服务管理器"命令,也会出现类似图 8-4 所示的"Internet 信息服务"窗口。

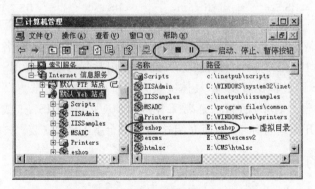

图 8-4 IIS 的管理界面

在图 8-4 中左侧依次选择"网站"和"默认网站",则右边显示的就是 IIS 默认网站主目录中的内容,该主目录默认是 C:\Inetpub\wwwroot,是 IIS 在安装过程中自动生成的。

2. 在 Windows 7 中安装 IIS 7.5

在 Windows 7 中安装 IIS 的步骤如下:在"开始"菜单中选择"控制面板",选择"程序和功能"图标。在"程序和功能"面板左侧选择"打开或关闭 Windows 功能",将弹出"Windows 功能"对话框,选中其中的"Internet 信息服务",单击"确定"按钮即可进行 IIS 的安装,在安装过程中不需要插入系统光盘。但要注意的是,在 Windows 7 中安装 IIS 默认是不会安装 ASP 开发功能的。因此还需要双击"Internet 信息服务"前的"＋"号,将显示所有可供安装的 IIS 组件,展开下面的"万维网服务",选中"应用程序开发功能"下的"ASP"选项和"常见 HTTP 功能"下的所有选项,才能保证 IIS7 可以运行 ASP 程序和设置网站属性。

3. 测试 IIS

IIS 安装完成后,可打开浏览器,在浏览器地址栏中输入"http://localhost",如果出现 IIS 的欢迎界面,就表明 IIS 安装成功了。如果要停止或启动 IIS,可以在图 8-4 中先选中"默认 Web 站点",然后单击图中的"启动"或"停止"按钮即可。

8.2.2 运行第一个 ASP 程序

1. 新建第一个 ASP 程序

ASP 文件和 HTML 文件一样,也是一种纯文本文件,因此可以用记事本来编辑,只要保存成后缀名为 .asp 的文件就可以了。我们在"记事本"中输入如图 8-5 中所示代码。

输入完成后,选择"文件"→"保存"命令,就会弹出如图 8-6 所示的"另存为"对话框,这时首先应在"保存类型"中选择"所有文件",再在文件名中输入"8-1.asp",并选择保存在 C:\Inetpub\wwwroot 文件夹中,单击"保存"按钮即新建了一个 8-1.asp 文件。

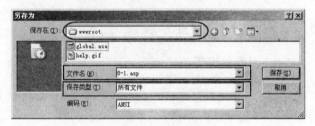

图 8-5 在记事本中新建 ASP 文件　　　　　图 8-6 "另存为"对话框

2. 运行 ASP 文件

ASP 文件要通过 IIS 服务器才能运行,因此刚才将 8-1.asp 保存在了 IIS 默认网站的主目录 C:\Inetpub\wwwroot 下。要运行 IIS 默认网站主目录下的文件,可以在浏览器地址栏中使用以下 5 种形式的 URL 访问该文件:

① http://localhost/8-1.asp

② http://127.0.0.1/8-1.asp

③ http://你的计算机的名字/8-1.asp

④ http://你的计算机的 IP 地址/8-1.asp

⑤ http://你的计算机的域名/8-1.asp

说明:

(1) http://localhost 相当于本机的域名。我们知道,当在地址栏中输入某个网站的域名后,Web 服务器就会自动到该网站对应的主目录中去找相应的文件。也就是说,域名和网站主目录是一种一一对应关系,因此 Web 服务器(这里是 IIS)会到本机默认网站的主目录(C:\Inetpub\wwwroot)中去找文件 8-1.asp。

(2)关于服务器地址:localhost 是表示本机的域名,127.0.0.1 是表示本机的 IP 地址,这两种方式一般是在本机上运行 ASP 文件使用。第③种方式可以在本机或局域网内使用;第④、⑤种方式一般是供 Internet 上其他用户访问你的机器上的 ASP 文件使用,也就是把你的机器作为网络上一台真正的 Web 服务器。

为了简便,本书都采用第一种方式访问。打开浏览器,在地址栏中输入 http://localhost/8-1.asp,按 Enter 键后,就会出现如图 8-7 所示的运行结果,显示的是服务器端的当前日期。

在图 8-7 所示窗口中右击,选择"查看源文件"菜单命令,就会出现如图 8-8 所示的源文件,与图 8-5 中的 ASP 源程序比较,可发现 ASP 代码已经转化成纯 HTML 代码了,这验证了 IIS 确实先执行了 ASP 源程序,再将生成的 HTML 代码发送给浏览器。

图 8-7　程序 8-1.asp 的运行结果

图 8-8　在浏览器端查看源文件

8.2.3　IIS 的配置

1. 主目录的设置

IIS 的主目录默认是 C:\Inetpub\wwwroot,这使得要运行 ASP 文件都必须将它保存在这个目录下,有些不方便。实际上,可以手工设置 IIS 的主目录为其他目录,方法如下:

打开如图 8-4 所示的 IIS 管理界面,在"默认 Web 站点"上右击,选择"属性"命令,将弹出如图 8-9 所示的"默认 Web 站点 属性"对话框,在这里可以对 IIS 的各种属性进行设置。选择"主目录"选项卡,在本地路径中可以输入任何一个文件夹路径作为 IIS 的主目

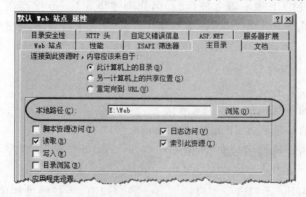

图 8-9　设置 IIS 的主目录

录(也可通过单击"浏览"按钮选择一个目录),在此我们选择 E:\Web 作为 IIS 默认网站的主目录,单击"确定"按钮后,就完成了设置。

设置完毕后,可以将 8-1. asp 从 C:\Inetpub\wwwroot 目录移动到 E:\Web 目录,输入 http://localhost/8-1. asp 仍然可以访问该文件,因为 http://localhost 此时对应 E:\Web 目录了。

2. 默认文档的设置

所谓默认文档,就是指网站的首页(主页),它的作用是这样的,如果在浏览器中只输入 http://localhost 或 http://localhost/子文件夹名,并没有输入哪个网页文件的名字,IIS 就会自动按默认文档的顺序在相应的文件夹里查找,找到后就显示。例如,如果按照图 8-10 中默认文档的设置,则 IIS 会首先去找 index. asp,如果找不到,就再去找 Default. asp。

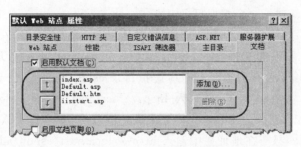

图 8-10　设置默认文档

默认文档建议设为 index. asp 或 default. asp。设置方法如下:

在图 8-9 所示的"默认 Web 站点 属性"对话框,选择"文档"选项卡,单击"添加"按钮,在其中添加 index. asp、default. asp 等文档并调整顺序后,单击"确定"按钮,如果弹出"继承覆盖"对话框,则在这里可设置该默认网站下的所有虚拟目录是否也继承该网站的默认文档设置,建议单击"全选"按钮选中所有虚拟目录,再单击"确定"按钮,使虚拟目录的默认文档和网站的默认文档一致。

3. 虚拟目录的建立和设置

有时我们可能要在一台计算机的 IIS 上部署(deploy,即建立和运行)多个网站,比如在网上下载了很多个 ASP 网站的源代码想在本机上运行。虽然可以在网站主目录 E:\Web 下建立多个文件夹,在每个文件夹下分别放置一个网站的文件。但这样就要把每个网站的文件都移动到网站根目录下的对应目录中,有些麻烦。

而且更重要的是,由于这些网站都没有放在网站根目录下,如果多个网站里都有 Global. asa 文件(该文件规定必须放在网站根目录下,并且只能有一个),则无法这样存放。另外,如果多个网站的程序中都有修改网站公共变量(如 Application 变量)的代码,则可能会发生这个网站修改了其他网站公共变量的情况,导致出现意想不到的问题。

设置虚拟目录就是为了解决上述问题的,如果要部署多个网站,可以将一个网站的目录设置为 IIS 的主目录,将其他每个网站的目录都设置为虚拟目录。这样,这些网站都真正独立了,每个网站相当于一个独立的应用程序(Application),它们可以拥有自己的一套公共变量和独立的 Global.asa 文件。设置虚拟目录的方法有如下两种:

(1)打开如图 8-4 所示的 IIS 管理界面,在"默认 Web 站点"上右击,在快捷菜单中选择"新建"→"虚拟目录"命令,将弹出"虚拟目录创建向导"对话框,单击"下一步"按钮,为虚拟目录设置别名(即虚拟目录名),如 eshop,接下来设置虚拟目录对应的文件夹,这里选择 E:\eshop(注意该文件夹在网站主目录之外),最后设置虚拟目录的访问权限,保持默认值"读取"和"运行脚本"两项选中即可。

(2)安装 IIS 后,在计算机的任意一个文件夹上右击,选择"属性"命令,就会发现文件夹的属性面板中多了一个"Web 共享"选项卡(这是判断计算机是否安装了 IIS 的一个快捷方法)。在"Web 共享"中可将该文件夹设置为虚拟目录,例如在 E:\eshop 目录的"Web 共享"选项卡中,选择"共享这个文件夹",就会弹出如图 8-11 所示的"编辑别名"对话框,在这里可设置别名(即虚拟目录名)和访问权限,默认情况下别名和文件夹名同名,单击"确定"按钮就新建了一个虚拟目录。

虚拟目录建立好后,就会发现图 8-4 中"默认 Web 站点"下多了个 eshop 的虚拟目录。要运行虚拟目录下的文件,可以使用"http://localhost/虚拟目录名/路径名/文件名"的方式访问。比如,在 E:\eshop(对应虚拟目录 eshop)下有一个 index.asp 的文件,要运行该文件,只需在地址栏中输入 http://localhost/eshop/index.asp 或 http://localhost/eshop(如果已设置 index.asp 为默认文档)。而要运行 E:\eshop\admin 目录下的 index.asp 文件,只需在地址栏中输入 http://localhost/eshop/admin/index.asp,该URL 的含义如图 8-12 所示。

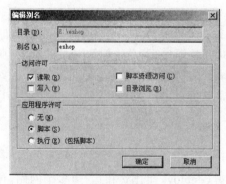

图 8-11　创建虚拟目录对话框

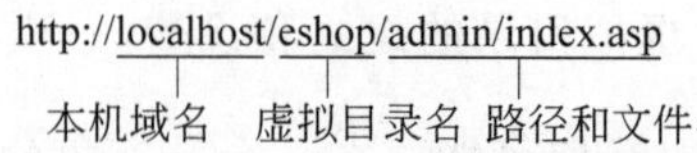

http://localhost/eshop/admin/index.asp
　　本机域名　虚拟目录名　路径和文件名

图 8-12　访问虚拟目录下文件的 URL

由此可见,访问虚拟目录下文件的 URL 分为三部分,依次是本机域名、虚拟目录名和文件相对于虚拟目录的相对路径和文件名。从 URL 的形式上来看,虚拟目录就好像是网站主目录下的一个子目录。

4. 在 Windows 7 中配置 IIS 的方法

在 Windows 7 中配置 IIS 的方法:依次选择"控制面板"→"管理工具"→"Internet 服务管理器"命令,在 IIS 面板中找到 ASP 图标,右击并选择"属性"命令,在属性面板右侧就可选择"主目录"和"默认文档"的设置选项了。

另外，在 Windows 7 系统或 Windows 2003 等服务器版本的操作系统中，其 IIS 具有建立多个网站的功能。如果在这些系统的 IIS 上要部署多个网站，可以在"默认 Web 站点"上右击，在快捷菜单中选择"新建"→"网站"命令，就能新建多个网站了。再在图 8-9 所示的"默认 Web 站点 属性"对话框的"Web 站点"选项卡中，为每个网站分配不同的 TCP 端口号就能用"http://localhost:端口号"的形式访问该端口对应的网站。

8.2.4　配置 DW 开发 ASP 程序

Dreamweaver 对开发 ASP 程序有很好地支持，包括代码提示、自动插入 ASP 代码等，是开发 ASP 程序的最佳工具，使开发人员能在同一个环境中设计静态和动态网页。

开发 ASP 程序之前要安装和配置好 IIS，为了用 DW 开发 ASP 程序，还需要在 DW 中新建动态站点，新建动态站点的过程与新建静态站点的过程有所不同。具体过程如下：

在 DW 中选择"站点"→"新建站点"命令，将弹出如图 8-13 所示的新建站点对话框，其中站点名字可以任取一个，但是访问该网站的 URL 一定必须设置正确。如果该网站所在的文件夹是 IIS 的主目录，则应该用 http://localhost 方式访问，如果该网站所在的文件夹是 IIS 的虚拟目录，则应该用"http://localhost/虚拟目录名"的方式访问，在这里我们已经把该网站目录（E:\Web）设置成了 IIS 的主目录，因此在"您的站点的 HTTP 地址"下输入 http://localhost。

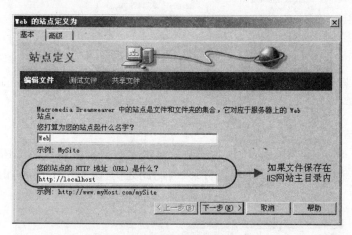

图 8-13　新建动态站点第一步

单击"下一步"按钮，将出现如图 8-14 所示的对话框，在"您是否打算使用服务器技术"中，选择"是"，在"哪种服务器技术"中，选择 ASP VBScript，因为通常都是用 VBScript 作为 ASP 编程语言的。

单击"下一步"按钮，在图 8-15 所示的对话框中先选择"在本地进行编辑和测试"。在"您将把文件存储在计算机上什么位置？"，这就是问你的网站的主目录在哪，因此必须选择网站的主目录。需要注意的是，该网站的主目录必须和 IIS 的主目录一致，因为 DW 预览文件时是打开浏览器并在文件路径前加 http://localhost，这样实际上是定位到了 IIS 的主目录，而不是 DW 中设置的主目录。如果不一致，预览时就会出现"找不到文件"的错误。

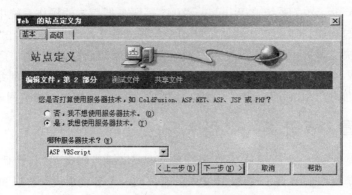

图 8-14　新建动态站点第二步

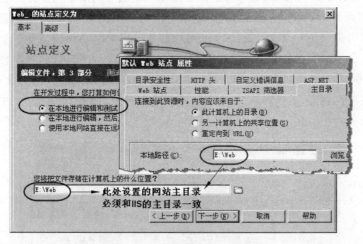

图 8-15　新建动态站点的第三步

　　单击"下一步"按钮,在图 8-16 所示的对话框中,"您应该使用什么 URL 来浏览站点的根目录?",由于网站目录是 IIS 的主目录,因此此处仍选择 http://localhost 来浏览根目录。

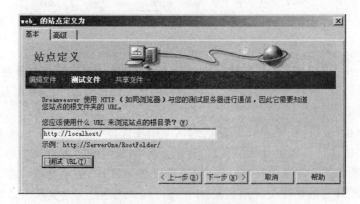

图 8-16　新建动态站点第四步

提示：如果在上一步是选择了"在本地进行编辑和测试"，则这里输入的 URL 和图 8-13 中新建动态站点第一步中的 URL 应该相同。

最后一步，"编辑完一个文件后，是否将该文件复制到另一台计算机中"，选择"否"即可，这样就完成了一个动态站点的建立。

提示：如果网站目录被设置成为 IIS 的一个虚拟目录，如 E:\eshop。则在新建站点时，图 8-13 和图 8-16 中的 URL 应输入 http://localhost/eshop，在图 8-15 中网站目录应输入 E:\eshop。

动态站点建立好后，可以在 DW"文件"菜单中选择"新建"→"动态页"→ASP VBScript 命令，就会新建一个动态 ASP 网页文件，保存时会自动保存为 .asp 的文件。并且在工具栏中会多出一个 ASP 工具栏，如图 8-17 所示，利用该工具栏可以自动插入一些常用的 ASP 代码或定界符。

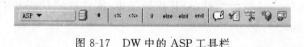

图 8-17　DW 中的 ASP 工具栏

8.3　VBScript 脚本语言基础

ASP 使用 VBScript 作为默认的脚本语言。因此我们学习 ASP 这种编程环境必须对它的编程语言 VBScript 有较全面的了解。下面首先来看 ASP 代码的基本格式。

8.3.1　ASP 代码的基本格式

1. ASP 代码的组成

一个 ASP 文件可以包含以下三部分的内容：
① HTML 和 CSS。
② 客户端脚本，位于＜script＞＜/script＞之间。
③ 服务器端脚本，通常位于＜％与％＞之间。

其中①和②是静态网页也可以具备的，它们都是通过浏览器解释执行，统称为浏览器端代码。因此，也可以认为 ASP 文件是由两部分组成的，即浏览器端代码和服务器端脚本。ASP 可以通俗地认为就是把服务器端脚本放在"＜％"和"％＞"之间。

在 ASP 文件中，浏览器端代码和服务器端脚本混杂在一起（即页面和程序没有分离），必须使用不同的定界符对这些代码进行区分。因此规定 ASP 脚本必须放在"＜％"和"％＞"之间，表示脚本的开始和结束。下面是一个 ASP 文件（8-2.asp）的代码，运行结果如图 8-18 所示。

图 8-18　一个简单的 ASP 程序 8-2.asp 的运行结果

```
<html><body>
    <%For i=3 To 6 %>
        <font size="<%=i %>">第<%=i-2 %>次 Hello World!</font><br/>
    <%Next%>
</body></html>
```

在文件 8-2. asp 中,<%=i%>中的"="是输出功能的简写,它的完整写法是<%
Response. Write i %>。可以看出,ASP 代码可以位于 HTML 等浏览器端代码的任意
位置。例如标记外:<%For i=1 To 6 %>、<% Next %>,标记内:<% =i-2 %>,甚
至是标记的属性内:<%=i%>。从结构上看,可以是 HTML 代码中包含 ASP 代码,
也可以是 ASP 代码中包含 HTML 代码。

需要注意的是,ASP 代码的定界符"<%"和"%>"不能够嵌套。如果遇到非 ASP
代码,就必须立即用"%>"把前面的 ASP 代码结束,即使这段代码并不完整(但其中每行
的语句必须是完整的)。

实际上,插入 ASP 代码还有另外一种形式如下:

```
<script language="VBScript" runat="server">
    VBScript 代码
</script>
```

即通过 runat="server"属性指定脚本在服务器端运行,但用这种方法插入 ASP 代码
显然比第一种方法麻烦,因此很少用(一般只在 Global. asa 文件中使用)。

有时候 VBScript 可能需要在客户端运行,语法如下:

```
<script language="VBScript">
    VBScript 代码
</script>
```

但这就是客户端脚本了,和我们所讨论的 ASP 没有关系。

2. ASP 程序编写的注意事项

(1) 在 ASP 中如果使用 VBScript 作为脚本语言,则代码不区分大小写。

(2) 在 ASP 中,标点符号均为英文状态下输入的标点符号,但在字符串中无所谓,这
与所有编程语言一样。

(3) 在"<%"和"%>"内必须是一行或多行完整的语句,如<%For i=1 To 4 %>
不能写成<%For i=1 %><%To 4 %>

(4) 由于 VBScript 的每条语句结尾没有";"等定界符,ASP 程序解释器以回车符作
为一条语句结束的标志,因此在 ASP 中语句必须分行书写。一条 ASP 语句就是一行,一
行也只能写一条 ASP 语句,例如下面两种写法就是错误的:

```
① <% a=3 b=5 %>        '错误写法
② <% a=                '错误写法
   22  %>
```

提示：如果一定要将多条 ASP 语句写在一行内，可以用"："将多条 ASP 语句隔开，如＜％ a＝3；b＝5 ％＞，如果一定要将一条 ASP 语句按 Enter 键写成多行，可以在分行末尾处加下划线"_"。

8.3.2　VBScript 的变量

1. 变量的定义和赋值

VBScript 的变量是一种弱类型变量，这和 JavaScript 的变量定义相似。所谓弱类型变量是指 VBScript 变量无特定类型，定义任何变量都是用 Dim 关键字，并可以将其初始化为任何数据类型，而且可以随意改变变量中所存储的数据类型。下面是一些变量定义（声明）和赋值的例子：

```
<%  Dim a                  '定义一个变量
    Dim age, school, male  '同时定义多个变量,用逗号隔开即可
    a=10+20*3              '对变量赋值,该变量赋值后为数值型的数据类型
    school="VBScript"      '该变量赋值后为字符串型的数据类型
    male=true              '该变量赋值后为布尔型的数据类型
    myDate=#2010-11-21#    '该变量赋值后为日期型的数据类型
    age=28
    c=a+age   %>
```

在上述代码中，变量也可以不定义就直接使用（如 myDate 变量），这称为隐式声明。这种方式虽然很方便，但是容易出错。如果希望强制要求所有变量必须先声明才能使用，则可以在 ASP 所有脚本语句之前添加 Option Explicit 语句，用法如下：

```
<%Option Explicit %>
```

注意：VBscript 的变量不可以在声明时同时赋值，如 Dim age＝28，这样的写法是错误的。

2. 变量的作用域和有效期

变量的作用域是指该变量可以在什么范围内被访问，对于 VBScript 来说，如果变量不是定义在过程或函数内，则它可以在整个 ASP 文件中被访问到，即该文件中的所有代码均可以使用这个变量，这样的变量称为"脚本级变量"。

提示：脚本级变量也只能在一个 ASP 文件中有效，如果要使一个变量能被网站内所有的 ASP 文件访问，则要用到第 9 章介绍的 Session 变量或 Application 变量了。

如果一个变量是定义在过程或函数内，则只有这个过程或函数内的代码才可以使用该变量，这样的变量称为"过程级变量"。

变量的有效期也称为存活期，表示该变量在什么时间范围内存在。脚本级变量的有效期是从它被定义那一刻起到整个脚本代码执行结束为止，过程级变量的有效期是从它被声明开始到该过程（或函数）运行结束为止。

8.3.3　VBScript 数组

1. 数组的定义

数组是按一定顺序排列,具有相同数据类型的一组变量的集合。数组中的每个元素都可以用数组名和唯一的下标来标识。在 VBScript 中,定义数组和定义变量都是使用 Dim 语句,唯一区别是定义数组变量时变量名后面带有括号()。例如:

```
<%Dim a(2)                        '定义数组的第一种方法
   a(0)=1
   a(2)=5
   Dim b(2)=array(10, 20, 9)      '定义数组的第二种方法
   sum=a(0)+a(2)   %>
```

VBScript 的数组索引从 0 开始,所以数组 a(2)的元素个数是 3 个,而不是 2 个。

还可以定义多维数组,方法如下:

```
<%Dim a(2, 3)                     '定义一个 3 行 4 列的二维数组
   a(0,1)=3
   a(2,3)=5   %>
```

二维数组常用来表示矩阵类型的数据结构。可以看出,多维数组的引用和赋值和一维数组是一样的,只不过要写多个维的下标。

2. 动态数组

动态数组是指在程序运行时数组长度可以发生变化的数组。定义动态数组的语法如下:

```
<%Dim a( )                        '定义动态数组,括号中不能包含数字
   Redim a(3)                     '重新定义数组长度为 4
   a(3)=100
   Redim a(5)                     '重新定义数组长度为 6,添加 Preserve 再试试
   a(5)=200                       '给 a(5)赋值,此时 a(3)的值将被清除
%>
```

Redim 数组后,数组中所有数组变量的值就全部清空了,如果希望保留原有数组元素的值,可以在 Redim 语句中添加 Preserve 参数,即:

```
<%Redim Preserve a(5) %>
```

3. 数组的常用方法

(1) Split 方法

Split 方法可以通过切分一个具有特定格式的字符串而形成一个一维数组,数组中的每个元素就是一个子字符串。例如:

```
<%str="湖南/湖北/广东/广西/河南/山东"           '定义一个含有"/"的字符串
substr=split(str,"/")                    '通过"/"将字符串分割为数组,从而生成数组 substr()
%>
```

这样就生成了一个 substr（）的数组,其中 substr(1)＝"湖北",substr(2)＝"广东"。

（2）Ubound 方法

Ubound 方法用于返回数组某个维的最大可用下标。其语法格式是：Ubound(数组名称［,维数］),如果是返回第 1 维的最大下标,则维数可以省略。

如果要返回二维数组第 2 维的最大下标,代码如下：

```
<%Dim myarray(5,10)
    Response.Write ubound(myarray, 2)              '输出结果 10  %>
```

有时候如果数组是通过切分字符串动态生成的,这时往往不能确定数组的最大下标,此时就需要用到 Ubound 函数。例如,对于上面用 Split 方法生成的数组 substr（）、ubound(substr),将返回 5。

（3）Lbound 方法

Lbound 可返回指定数组某个维的最小可用下标。例如,Lbound(substr)将返回 0。Lbound(myarray,2)将返回 0。由于数组的最小可用下标通常是 0,因此该方法用得不多。

（4）Filter 方法

Filter 方法返回数组中以特定条件为基础形成的子数组。例如,有数组 str(2)的值依次为"abc"、"efgh"、"abk",则 Filter(str, "ab")返回一个长度为 2 的数组,值依次为"abc"、"abk"。

8.3.4 VBScript 运算符和表达式

VBScript 运算符包括算术运算符、连接运算符、比较运算符和逻辑运算符等。而表达式就是由常量、变量和运算符组成的,符合语法要求的式子。VBScript 主要包括 3 种不同的表达式：数学表达式(如 3＋5＊7)、字符串表达式(如"abc"＆"gh")和条件表达式(如 i＞5)。

1. 算术运算符

算术运算符有：加（＋）、减（－）、乘（＊）、除（/）、取余（Mod）、乘方（^）、整除（\）等。算术运算符的运算结果是一个算术值。例如：A＝6/2＋4＊5－1,结果是 22;B＝7 mod 3,结果是 1;C＝7\3,结果是 2;D＝2^3,结果是 8。

2. 比较运算符

比较运算符用来比较两个表达式的数值大小或是否相等,在条件语句中经常使用。它的运算结果是一个布尔值(True 或 False)。比较运算符有：是否相等（＝）、大于（＞）、大于等于（＞＝）、小于（＜）、小于等于（＜＝）、不等于（＜＞）、两个对象是否相等(Is)。

例如，A＝6＜3，返回 False；B＝5＝8，返回 False；C＝"ab"＞"AB"，返回 True；D＝date()＞♯2010-11-6♯，返回 True(因为今天是 2011-1-27 日)。

提示：比较字符串的大小是依据字符串中每一个字符的 ASCII 码大小进行比较的。

3. 逻辑运算符

在条件表达式中，还经常会用到逻辑运算符，它的作用是对两个布尔值或两个比较表达式进行逻辑运算，再返回一个布尔值(True 或 False)。逻辑运算符有：逻辑非(Not)、逻辑与(And)、逻辑或(Or)、逻辑异或(Xor)、逻辑等价(Eqv)、逻辑隐含(Imp)。

其中，Eqv(逻辑等价)表示当两个操作数一致时(均为 True 或均为 False)，结果为 True，否则为 False。Imp(逻辑包含)表示，只有当两个操作数依次是 True 和 False 时，如 True Imp False，结果才为 False，其他时候均为 True。

逻辑运算符的优先级顺序从高到低依次是 Not、And、Or、Xor、Eqv、Imp。

例如 A＝Not 5＜3 And "b"＝"a"，返回 False；B＝ 5＜3 Eqv "b"＝"a"，返回 True。

4. 连接运算符

连接运算符可以将若干个字符串连接成一个长字符串，包括"&"和"＋"。其中"&"运算符表示强制连接，不管两边的操作数是字符串、数值型，还是日期型，"&"都会把它们转换成字符串类型，再连接到一起。例如：

```
<%
joinStr="ab"&"name"            '将两个字符串连接在一起,结果是"abname"
joinStr="欢迎"&username         '将字符串常量和字符串变量连接在一起
joinStr="Today"&#2010-12-12#   '连接字符串和日期,结果"Today2010-12-12"
joinStr="ab"&12                '连接字符串和数字,结果为"ab12"
joinStr="20"&12                '连接数值字符串和数字,结果为"2012"
%>
```

"＋"运算符也可以用于连接字符串，但只有两个操作数都是字符串时才执行连接运算；如果有一个操作数是数值、日期或者布尔值，就执行相加运算。此时，如果有一个操作数无法转换成可以相加的类型，就会出错。

```
<%
joinStr="欢迎"+username         '将字符串常量和字符串变量连接在一起
joinStr="Today"+#2010-12-12#   '执行相加运算,出错
joinStr="ab"+12                '执行相加运算,出错
joinStr="20"+12                '执行相加运算,结果为 32
joinStr="20"+"12"              '将两个字符串连接在一起,结果是"2012"
%>
```

说明：

① 为避免出错，不推荐使用"＋"作为连接运算符，作连接运算时应尽量使用"&"。

② VBScript 的"＋"运算符左右只要有一个操作数是数值，就会执行相加操作，这和

JavaScript 等其他语言的"+"运算符不同,在 JavaScript 中,"+"运算符两边如果有一个操作数是非数值,就会执行连接操作。

5. 表达式的优先级

当表达式中包含多种运算符时,首先进行算术运算,然后进行连接运算,再进行比较运算,最后进行逻辑运算。但可以利用"()"来改变这种优先级顺序。

8.4　VBScript 内置函数

VBScript 提供了大量的内置函数,用以完成对数值、字符串、日期、数组等各种处理功能。例如,前面用到的 Date() 就是一个内置函数,它可以返回计算机的系统日期。

8.4.1　字符串相关函数

在 ASP 程序开发中字符串使用得非常频繁。比如用户在注册时输入的用户名、密码以及用户留言等都是被当做字符串来处理的。很多时候要对这些字符串进行截取、过滤、大小写转换等操作,这时就需要用到表 8-2 中所示的字符串处理函数。

表 8-2　常用的字符串函数及功能

函　　数	功　　能	示　　例
Len(string)	返回字符串的字符数	Len("abc8"),返回 4
Trim(string)	去掉字符串两端的空格	Trim(" abcd * "),返回"abcd * "
Mid(string, start, [length])	从字符串的第 start 个字符开始,取长度为 Length 的子字符串。如果省略 Length,表示到字符串的结尾	Mid("2010-9-6",6),返回"9-6"
Left(string)	从字符串左边开始取长为 Length 的子字符串	left("59.51.24.45",5),返回"59.51"
Right(string)	从字符串右边开始取长为 Length 的子字符串	Right ("59.51.24.45",5),返回"24.45"
Replace (string, find, replacewith)	替换字符串中的部分字符,将 find 替换为 replacewith	Replace("ABCabc","AB"," * "),返回" * Cabc"
Instr (string1, string2)	返回 string2 字符串在 string1 字符串中第一次出现的位置,如果未出现,则返回 0	Instr("abcabc","bc"),返回 2 Instr("abcabc","gf"),返回 0
StrComp(string1, string2, [compare])	返回两个字符串比较的结果。string1 小于 string2,比较结果为 −1;string1 等于 string2,比较结果为 0;string1 大于 string2,比较结果为 1。参数 compare 为 0(默认值),表示按二进制比较,为 1 表示按文本比较	StrComp("ABC","abc",1),返回 0 StrComp("ABC","abc",0),返回 −1 StrComp("abc", "ABC"),返回 1
Asc(string)	返回字符串中第一个字符对应的 ANSI 码	ASC("ABC"),返回 65 ASC("abc"),返回 97
Chr(number)	返回与指定 ANSI 码对应的字符	Chr("13"),返回回车符 Chr("65"),返回"A"

　　在这些函数中,Instr 函数有查找字符串中是否含有某个特定子串的功能,只要检测其返回值是否大于 0 即可。Replace 函数除了可替换字符串中的字符外,如果替换后的字符串为空,则能过滤掉被替换字符串中的某些字符。下面是两个字符串函数应用的例子。

　　例 2.1　对用户输入的字符串进行检查并过滤掉非法字符。

```
<%
Patternstr="黄|黑|走私|发票|枪支|东突"              '定义要过滤的非法字符串集
Pattern=split(Patternstr,"|")                    '将字符集分割成数组
inputstr="黑色黄色枪支弹药走私物品增值发票"          '假设这是用户输入的字符串
For i=0 To Ubound(Pattern)                        '分别对数组中每个字符串进行查找
    if Instr(inputstr, Pattern(i))>0 Then        '如果找到字符集中的某个字符串
        outstr=replace(inputstr,Pattern(i),"")   '将该字符串过滤掉
        inputstr=outstr       '让输入的字符串等于该次过滤后的字符串,以便进行下次过滤
    end if
next
Response.Write outstr
%>
```

　　例 2.2　用字符串函数来判断 E-mail 或 IP 地址的格式是否正确。

```
<%  email="tangsix@163.com"                       '示例 E-mail 地址
if Instr(email, "@")>0 and Instr(email, ".")>0 Then '判断字符串中是否有"@"和"."
    Response.Write "Email 格式正确<br/>"
End if
IP="59.51.24.54"                                  '示例 IP 地址
arr=split(IP,".")
if Ubound(arr)=3 then
    Response.Write "IP 格式正确,IP 前两位为"&arr(0)&"."&arr(1)&".*.*"
end if  %>
```

8.4.2　日期和时间函数

　　在 VBScript 中,可以使用日期和时间函数来得到各种格式的日期或时间,比如在论坛中要使用 Now()函数来记录留言的日期和时间,日期和时间函数如表 8-3 所示。

表 8-3　常用的日期和时间函数

函　　数	功　　能
Now()	取得系统当前的日期和时间
Date()	取得系统当前的日期
Time()	取得系统当前的时间
Year(Date)、Month(Date)、Day(Date)	取得给定日期的年、月、日
Hour(Time)、Minute(Time)、Second(Time)	取得给定时间的时、分、秒

函　　数	功　　能
WeekDay(Date)	取得给定日期的星期几,1 表示星期日、2 表示星期一,依此类推
DateDiff("interval",date1,date2)	返回两个日期或时间之间的间隔。其中 interval 代表间隔因子,其取值见表 8-4
DateAdd("interval",number,date)	对日期或时间加上时间间隔
Timer()	计时器函数,返回 0 时后已经过去的时间,以秒为单位

表 8-4　日期或时间间隔因子

间隔因子	yyyy	q	m	d	ww	h	n	s
含义	年	季度	月	日	周	小时	分钟	秒

其中,DateDiff("interval",date1,date2)常用来实现倒计时程序,DateAdd("interval",number,date)常用来得到到期的日期。下面是一些例子:

```
<%result=DateAdd("d",7,Date())          '也可写成 result=Date()+7
    latest=DateDiff("d",#2011-10-1#,Date())   '距 2011-10-1 还有多少天
    strDate=Year(Date())&Month(Date())   %>
```

提示:如果要对日期加几天,也可以直接用"＋"运算符,如 date()＋7,但如果要加月、周等,就只能用 DateAdd()函数了。

8.4.3　转换函数

通常情况下,VBScript 会自动转换数据子类型,以满足计算的需要。但有时候,也可以通过转换函数进行数据子类型的强制转换,这样做的目的是使数据类型匹配,避免出现类型不匹配错误,常用的转换函数如表 8-5 所示。

表 8-5　常用的转换函数及功能

函　　数	功　　能	示　　例
CStr(variant)	转化为字符串子类型	CStr(88),返回"88"
CInt(variant)	转化为整数子类型	CInt("89.23"),返回 89
CDate(variant)	转化为日期子类型	CDate(2011-12-12),返回 ♯2011-12-12♯
CLng(variant)	转化为长整数子类型	CLng("38000"),返回 38000

在将数据转化为数值型或日期型时,必须保证它的内容确实是数值或日期,如 CInt("abc")就会发生类型不匹配的错误。而且整型的范围是在 $-32768 \sim 32767$ 之间,如果将超出这个范围的数字用 Cint 转化,如 CInt("32768")就会发生溢出错误。正确的做法是用 CLng("32768")将其转换为长整型。下面是一个转换函数的例子:

```
<%   a=10: b=20: C=CStr(a)+CStr(b)   %>
```

则 C 的结果是"1020"。

8.4.4 数学函数

数学函数的参数和返回值一般都是数值,常用的数学函数如表 8-6 所示。

表 8-6 常用的数学函数及其功能

函 数	功 能	示 例
Int(number)	返回小于并最接近 number 的整数	Int(10.9),返回 10 Int(−10.9),返回−11
Fix(number)	返回数的整数部分	Fix (10.9),返回 10 Fix (−10.9),返回−10
Round(number[, decimal])	返回按指定位数四舍五入的数值,如果省略参数,则返回整数	Round(3.141,2),返回 3.14 Round (10.9),返回 11
Rnd()	返回一个小于 1 但大于等于 0 的随机数	Rnd()
Abs(number)	返回数的绝对值	Abs(−10),返回 10
Sqr(number)	返回数的平方根	Sqr(16),返回 4
Log(number)	返回数的自然对数	Log(10),返回 2.3025…
Sin(number)、Cos(number) Tan(number)、Atn(number)	返回角度的正弦、余弦、正切、余切值	Sin(10),返回−.54402…
Exp(number)	返回自然对数 e 的幂次方	Exp(10),返回 22026.…

8.4.5 检验函数

检验函数常用来检验某变量是否是某种类型,常用的检验函数如表 8-7 所示。

表 8-7 检验函数的功能

函 数	功 能
VarType(Variant)	判断变量 Variant 的类型,返回 0 表示空,2 表示整数,7 表示日期,8 表示字符串,11 表示布尔型,8204 表示数组
IsArray(Variant)	判断变量是否为数组,如果是则返回 True
IsDate(Variant)	判断变量是否可以转换为日期类型
IsEmpty(Variant)	判断变量是否已经被初始化
IsNull(Variant)	判断变量是否为空
IsNumeric(Variant)	判断变量是否为数字
IsObject	判断变量是否为数字

Null 值指出变量不包含有效数据。Null 与 Empty 不同,后者指出变量未经初始化。Null 与零长度字符串("")也不同,零长度字符串往往指的是空串。例如:

```
<%  Dim tang                        '定义一个变量但不赋值
```

```
Response.Write isempty(tang)        '返回 True
Response.Write isNull(tang)         '返回 False,因为包含空值也是包含有效数据
%>
```

例如,If Request. Form("txtB")<>"",可改写为 If not IsEmpty(Request. Form("txtB"))。

8.5　过程与函数

在 8.4 节中学习了很多内置函数,利用这些函数可以方便地完成某些功能。但有时候程序中经常需要完成一些其他功能,此时没有现成的内置函数可用,就需要自己编写函数来完成这些功能。

VBScript 中的函数有两种,一种是 Sub 过程,它实际上是一种没有返回值的函数,也就是说 Sub 过程只能有输入而没有输出;另一种是 Function 函数,它可以既有输入又有输出,是功能齐全的函数。

8.5.1　Sub 过程

1. 定义 Sub 过程的语法

```
Sub 过程名(形参 1, 形参 2,…)
    …
End Sub
```

其中形参是用来接收主程序传递给 Sub 过程的数据。如果 Sub 过程无任何形参,Sub 语句中也必须包含空括号"()"。

2. 调用 Sub 过程的方法

声明了 Sub 过程后,就可以在程序中调用它了,调用 Sub 过程的方法有两种:
(1) 使用 Call 语句

```
Call 过程名(实参 1, 实参 2,…)
```

(2) 不使用 Call 语句

```
过程名 实参 1, 实参 2,…
```

注意:用 Call 语句调用 Sub 过程时其参数需要带有括号,而用 Sub 过程名直接调用时参数不能加括号。建议使用 Call 语句调用,这样更清楚些。

3. 定义和调用 Sub 过程举例

例 2.3　自定义 Sub 过程判断手机号码格式是否正确并调用它。

```
<%Sub IsTel (tel)
    if len(tel)=11 and IsNumeric(tel) then
        Response.Write "手机号码格式正确"
```

```
else
        Response.Write "格式不正确,请重新输入"
    end if
end Sub
Call IsTel("13388888888")   %>          <!-=调用 Sub 过程->
```

8.5.2 Function 函数

1. 定义 Function 函数的语法

```
Function 函数名(形参 1, 形参 2,…)
    …
    [函数名=返回值的变量]                    '返回函数值
End Function
```

Function 函数和 Sub 过程类似,也是利用实参和形参一一对应传递数据的。如果 Function 函数无参数,也必须保留空括号"()"。

2. 函数的调用方法

调用函数的语法和使用 8.4 节中 VBScript 的内置函数一样。通常如下:

```
变量名=函数名(实参 1, 实参 2,…)
```

3. 函数的应用举例

(1) 限制标题显示的内容长度的函数(8-10.asp),如果输入的字符串(tit)长度大于指定的长度(n),则返回按指定的长度截取前面部分并加省略号的字符串,如果长度小于等于指定长度,则返回原字符串。

```
<%  Function Trimtit(tit,n)
if len(tit)>n then
        trimtit=left(tit,n)&"…"              '返回函数值
    else
        Trimtit=tit                          '返回函数值
    end if
End Function
str="武广高速铁路已于 2009 年 12 月通车"   '测试字符串
tirmstr=Trimtit (str,14)                    '调用函数,返回"武广高速铁路已于 2009 年 1…"
%>
```

(2) 替换特殊字符为字符实体。

有时用户在表单中提交了一段字符串,这段字符串中可能有回车、空格等特殊字符,由于 HTML 源代码会忽略回车、空格等字符,会导致这些格式丢失,因此有必要将它们用字符实体替代,使这些格式在浏览器中能保留下来,下面是替换特殊字符的函数。

```
<%  Function myReplace(str)
    str=Replace(str,"<","&lt;")           '替换<为字符实体 &lt;
    str=Replace(str,">","&gt;")           '替换>为字符实体 &gt;
    str=Replace(str,chr(13),"<br>")       '替换回车符为换行标记<br>,chr(13)是回车符
    str=Replace(str,chr(32)," ")     '替换空格符为字符实体  ,chr(32)是空格符
        myReplace=str                     '返回函数值
End Function
str="<font color=red>abc</font>"
response.write str& "<br>"                '得到的是一个红色的"abc"
Response.write myReplace(str)             '调用函数替换字符实体,显示 HTML 代码
%>
```

从该程序可以看出,实参和形参的名字也可以相同,但建议最好不要相同,以免混淆。

8.6　VBScript 语句

8.6.1　条件语句

在 VBScript 中,有 If…Then…Else 和 Select Case 两种条件语句。其中 If…Then…Else 语句又有四种子类型。

1. If…Then…形式

这是最简单的 If 条件语句,如果 Then 后只接一条程序语句,则可以使用单行形式,格式为:

```
If 条件表达式 Then 程序语句
```

2. If…Then…End If 形式(End If 需另起一行)

如果 Then 后接了多条程序语句(程序语句块),则要使用这种形式,格式为:

```
If 条件表达式 Then
    程序语句块
End If
```

1 和 2 的本质区别是,如果 Then 后只接一条程序语句,并且将"If 条件表达式 Then 程序语句"写在一行内,则可以不要 End If。

3. If…Then…Else…End If 形式(单条件双分支)

如果 If 语句中的条件表达式为 False 也要执行相应的程序语句块,则要使用如下这种形式:

```
If 条件表达式 Then
    程序语句块 1
Else
```

```
    程序语句块 2
End If
```

提示：如果 Then 和 Else 后都只接一条程序语句，则 If…Then…Else…也可写成单行形式，不要 End If。

4. If…Then…Elseif…Then…Else…End If 形式（多条件多分支）

如果 If 语句中有多种情况要分别执行相应的语句，则可以使用如下这种形式：

```
If 条件表达式 1 Then
    程序语句块 1
Elseif 条件表达式 2 Then
    程序语句块 2
    …
Else
    程序语句块 N+1
End If
```

要注意区分这种 If 语句与多个 If 语句嵌套的情况。例如，ElseIf 关键字中是没有空格的，如果程序中出现"Else If"，就表示是在 Else 子句中又嵌套了另一个 If 语句。

注意：If 与 Then 必须写在同一行内。Elseif 与 Then 也必须写在同一行内。

5. Select Case 语句

Select Case 语句是 If…Then…Elseif…Then…Else…End If 语句的另一种形式。在要判断的条件有很多种结果的情况下，使用 Select Case 语句可以使程序更简洁清晰。

注意：VBScript 的 Select…Case 语句中不需要 break 子句，这有别于 JavaScript 的 Switch…Case 语句。表 8-8 对 VBScript 和 JavaScript 两种语言的语法进行了比较。

表 8-8　VBScript 和 JavaScript 的区别

	VBscript	JavaScript
是否区分大小写	不区分	区分
是否能同时定义变量并赋值	不能，应写成 Dim a：a＝5	可以，如 var a＝5
"＋"运算符的区别	只要两边有一个操作数为数值型就执行相加运算	只要两边有一个操作数是非数值型就执行连接运算
Case 语句的区别	不需要 break	每条 Case 语句后需要 break
函数返回值语句的区别	函数名＝变量或表达式	return 变量或表达式
内置函数 Date()的区别	只返回日期	返回日期和时间
Else if 语句的区别	Elseif（中间无空格）	Else if（中间有空格）
输出语句	response. write 后可不接括号	document. write 后必须接括号
数组长度的区别	数组元素从 a(0)到 a(n)	数组元素从 a[0]到 a[n−1]

8.6.2 循环语句

循环结构通常用于重复执行一组语句,直到满足循环结束条件时才停止。在 VBScript 中,常用的循环语句包括 For⋯Next 循环、Do⋯Loop 循环等。

1. For⋯Next 循环

For⋯Next 循环包含有一个循环变量,每执行一次循环,循环变量的值就会增加或减少,直到等于终值后就退出循环。语法如下:

```
For 循环变量=初值 To 终值 [ Step=步长 ]
    程序语句块
Next
```

其中,循环变量、初值、终值和步长都是数值型。步长可正可负,步长为 1 时,可以省略 Step=1。循环可以嵌套,在对矩阵进行操作时,通常需要双重循环嵌套,例如要用 For 循环画金字塔,有下面两种写法。

① 写法 1

```
<div align="center">
<% for i=1 to 5
for j=1 to i
response.Write(" * ")
next
response.write("<br/>")
next
%></div>
```

② 写法 2

```
<div align="center">
<%
for i=1 to 5
    a=a & " * "
    response.write (a &"<br/>")
next
%>
</div>
```

2. Do⋯Loop 循环

Do⋯Loop 是一种条件型循环,它的循环执行次数并不事先确定。当条件为 True 或变为 True 之前,一直重复执行。它的语法有以下几种形式。

(1)

```
Do While 条件表达式
    程序语句块
Loop
```

这是入口型循环,它先检查条件表达式的值是否为 True,如果为 True,才会进入循环,否则跳出循环,执行 Loop 后的语句。

(2)

```
Do
    程序语句块
Loop While 条件表达式
```

这是出口型循环。它首先无条件地执行 1 次循环体后，再判断条件表达式的值是否为 True，如果为 True，才会继续执行循环。

（3）

```
Do Until 条件表达式
    程序语句块
Loop
```

这是入口型循环。它先检查条件表达式的值是否为 False，如果为 False 才会进入循环，否则跳出循环。

（4）

```
Do
    程序语句块
Loop Until 条件表达式
```

这是出口型循环，它首先无条件地进行循环执行 1 次以后，再判断条件表达式的值是否为 False，如果为 False，才会继续执行循环。

可以看出，Do While 循环和 Do Until 循环实际上可以相互转换，如 Do While I＜＝100 就可转换为 Do Until I＞100，只是 Do While 循环更符合常人的思维，因此更加常用。

3. While…Wend 循环

While…Wend 循环和 Do While…Loop 循环很相似，甚至可以相互转换，它的语法如下：

```
While 条件表达式
    程序语句块
Wend
```

4. For Each…Next 循环

这是 For 循环的一种变形，当我们不知道一个数组或集合中元素的具体个数，又希望遍历所有的元素时，就可以用它来对数组或集合中的元素进行遍历。当遍历结束后才会退出循环。它的语法如下：

```
For each 元素 in 集合或数组
    程序语句块
Next
```

下面是使用 For Each…Next 循环展示数组中元素的一个例子。

```
<%  Dim sports(2)                                   '定义一个数组
sports (0)="网球" : sports (1)="游泳": sports (2)="短跑"   '对数组元素赋值
Response.Write "我校开展的运动项目有：<br/>"
for each i in sports
    Response.Write i & " "
next  %>
```

5. Exit 退出循环语句

通常情况下,都是满足循环结束条件后退出循环,但有时候需要强行退出循环(如通过穷举搜索求解,在找到解后需要立即退出循环)。在 For…Next 和 Do…Loop 循环中,强行退出循环的语句的是 Exit For 和 Exit Do。

例如:求 1+2+3+…,一直加到多少和会大于 1000 的程序如下:

```
<%  s=0
    for i=1 to 200
        s=s+i
        if s>1000 then exit for
    next
    Response.Write i   %>
```

8.7 Include 文件包含命令和容错语句

8.7.1 Include 文件包含命令

在 ASP 中,如果有很多文件都要使用一段相同的代码,则可将这段代码写在一个单独的文件中,然后在其他文件中使用 #include 命令调用该文件即可,这段代码就会插入到其他文件 #include 命令所在的位置。#include 命令的语法如下:

```
<!--#include file="isnum.asp"-->
```

表示将 isnum.asp 文件的内容插入到与它同目录下的当前文件中。

例如,8-10.asp 可以写成以下两个文件,其中 8-11.asp 是主程序,用来调用函数,而 8-12.asp 是专门用来保存函数的文件。

```
------------------------8-11.asp 主程序------------------------
<!--#include file="8-12.asp"-->
<%   str="武广高速铁路已于 2009 年 12 月通车"
        tirmstr=Trimtit (str,14)   %>
------------------------8-12.asp 函数程序------------------------
<%   Function Trimtit(tit,n)
if len(tit)>n then
    Trimtit=left(tit,n)&"…"                    '返回函数值
else
    Trimtit=tit                                '返回函数值
end if
end Function   %>
```

说明:

① Include 是服务器端文件包含命令,因此它只能出现在 ASP 文件中,不能用在 HTML 文件中,但是被包含文件可以是任何文件,例如 html 文件、txt 文件等。

② 必须使用定界符将"<!--"和"-->"将包含命令括起来,并且包含命令必须位于 ASP 代码"<%"和"%>"之外。

③ 如果被包含文件中有 ASP 代码,则也应将其代码写在"<%"和"%>"内,并且把被包含文件的扩展名设置为 asp。

实际上,♯ include 命令还可以使用 virtual 关键字,例如:

```
<!--#include virtual="isnum.asp"-->
```

它表示以网站根目录为路径起点(如果网站放置在 IIS 的主目录中,则以主目录为路径起点,如果网站放置在虚拟目录中,则以虚拟目录为路径起点),而不是以当前路径为参照点。

8.7.2 容错语句

一般来说,当程序发生错误时,程序会终止执行,并在页面上显示错误信息。但有时候可能希望程序遇到错误也能继续执行下去,或者不希望将出错信息暴露给浏览者。这就要用到容错语句,格式如下:

```
<%On Error Resume Next %>
```

这条语句表示,如果遇到错误,就跳过去继续执行下一句。当然,在调试程序时不要加该语句,否则就看不到错误信息了。

习 题 8

1. 如果 IIS 的主目录是 E:\eshop,并且没有建立任何虚拟目录,则在浏览器地址栏中输入 http://localhost/admin/admin.asp,将打开的文件是(   )。

    A. E:\localhost\admin\admin.asp

    B. E:\eshop\admin\admin.asp

    C. E:\eshop\ admin.asp

    D. E:\eshop\localhost\admin\admin.asp

2. 函数 Instr("xxPPppXXpx","pp")的返回值是(   )。

    A. 3   B. 5   C. 2   D. 4

3. 下列哪个变量名称是正确的?(   )

    A. 57zhao   B. S-Name   C. _sum   D. a_b

4. ASP 是_____的缩写,ASP 文件可包括_____、_____、_____三部分的代码。

5. 如果 IIS 的主目录是 E:\eshop,要运行 E:\eshop\admin\admin.asp 文件,则应在浏览器地址栏中输入_____,如果 E:\eshop 是虚拟目录,则要运行 E:\eshop\admin\admin.asp 文件,应在浏览器地址栏中输入_____。

6. 对于用 Dim a(4,5)定义的二维数组,它总共有_____个数组元素,Ubound

(a,2)将返回_____。

7. 如果字符串 a="test",b="es",对 a 进行处理得到 b 的方法是_____。

8. 假设网站目录为 E:\eshop,该网站的 admin 目录下的 index.asp 中有一条文件包含命令＜!--＃include file＝"include/conn.asp"--＞,则应保证文件 conn.asp 位于_____目录下,如果将该文件包含命令改成＜!--＃include virtual＝"include/conn.asp"--＞,则应保证文件 conn.asp 位于_____目录下。

9. 有一个 ASP 文件,存放在 C:\inetpub\wwwroot 下,请问如果在"我的电脑"中双击该 ASP 文件,该文件可以运行吗?

10. 在页面 A 中定义的变量可以在页面 B 中使用吗?

第9章

ASP 的内置对象

在 ASP 中除了可以使用 HTML 和 VBScript 脚本语言之外，还可以使用 ASP 的内置对象。ASP 之所以简单实用，主要是因为它内置了许多功能强大的服务器端对象。通过使用这些内置对象，可以很容易地获得浏览器发送的信息、响应浏览器的处理请求、存储用户信息等，从而使开发工作大大简化。对于一般的开发者来说只需使用这些内置对象，而不必了解对象内部的工作原理。

常用的 ASP 内置对象有 Request、Response、Session、Application 和 Server 等，它们的作用如表 9-1 所示。

表 9-1 ASP 的主要内置对象及功能

对　象	功　能　说　明
Request	从客户端获得数据信息
Response	将数据信息发送给客户端
Session	存储单个用户的信息
Application	存放同一个网站所有用户之间共享的信息
Server	提供服务器端的许多应用函数，如创建 COM 对象和 Scripting 组件等

9.1 Request 对象

Request 对象的主要作用是从客户端获取某些信息。例如，服务器端经常需要获取用户在浏览器中输入的信息，如用户注册、登录信息和留言等，用户把相应的信息填写在表单里，然后提交表单。这些信息就会以 HTTP 请求的形式发送给服务器，这时服务器就需要使用 Request 对象来获取这些信息。当然，Request 对象的具体工作原理我们不需要了解，只要知道 Request 对象具有的集合、属性和方法及其使用就可以了。

9.1.1 Request 对象简介

Request 对象为了获取客户端信息，主要依靠 4 种集合，如表 9-2 所示。

表 9-2 **Request 对象的集合**

集　合	说　明	示　例
QueryString	获取客户端附在 URL 地址栏后的查询字符串中的信息	id＝Request. QueryString("id")
Form	获取客户端在表单中输入的信息,并且表单的 Method 属性必须设为 Post	user＝Request. Form("user")
Cookies	获取客户端的 Cookies 信息	sex＝Request. Cookies("sex")
ServerVariables	获取客户端发出的 HTTP 请求的头信息及服务器端环境变量信息	ip ＝ Request. ServerVariables ("REMOTE_ADDR")

Request 对象使用的语法如下:

Request[.集合名](元素)

实际使用中,Request 对象可以作为变量被引用,例如:

```
user=Request.Form("user")
id=Request.QueryString("id")
```

提示:在上面的例子中,前面的 user 是自定义的一个变量名称,而后面的 user 则是 Form 集合中一个元素的名称(name 属性值),两者不是一回事。

Request 对象的集合名称也可以省略,如 id＝Request. QueryString("id") 可以写成 id＝Request ("id"),如果没有指定集合名,Request 对象将会依次在 QueryString、Form、Cookies、ServerVariables、ClientCertificate 这几个集合中查找是否有该元素,如果有,则返回信息的值。但我们为了清晰知道获取的是什么集合中的内容,建议一般不要省略集合名。

9.1.2 使用 Request. Form 获取表单中的信息

1. 表单代码和获取程序位于两个文件中

Request. Form 用来获取用户在网页的表单中输入的信息,下面是一个获取用户登录时输入的用户名和密码的例子。它使用了两张网页,其中 9-1. asp 用来显示表单,是一个纯 HTML 页面,9-2. asp 用来获取并处理表单中的数据。

```
--------------------清单 9-1 9-1.asp--------------------
<html><body>
<form method="post" action="9-2.asp">  <!--action 属性用来指定表单提交给哪个文件-->
    用户名:<input type="text" name="userName" size="12">
    密码:<input type="text" name="PS" size="10">
    <input type="submit" value="登录">
</form>
</body></html>
--------------------清单 9-2 9-2.asp--------------------
<html><body>
```

```
<%
    dim userName,PS
    userName=request.form("userName")
    PS=request.form("PS")
    response.write "你输入的用户名是:"&userName
    response.write "<br>你输入的密码是:"&PS
%>
</body></html>
```

程序的运行结果如图 9-1 和图 9-2 所示。

图 9-1 9-1.asp 的执行结果

图 9-2 9-2.asp 的执行结果

说明:

① 在 9-1.asp 中,<form>标记的 method 属性值为 Post,表示该表单提交数据时以 Post 方式提交。如果将其改为 Get,那么表单信息就会附在 URL 后面提交给服务器,此时必须用 Request.QueryString 集合才能获取信息。

② 表单 action 属性表示将信息传递给哪一个 asp 文件进行处理,它的属性值可以是相对 URL 或绝对 URL。这里因为两个文件在同一个文件夹下,直接写文件名即可。

③ 9-1.asp 中包括了 2 个文本框和 1 个提交按钮,因此 Form 集合中就包括 3 个元素,通过表单元素的 name 属性项的值可以获取该表单元素中输入的内容(即 value 属性的值),其中 Request.form("userName")会返回第一个文本框中输入的值(文本框会将用户输入的内容作为其 value 属性的值),Request.form("PS")会返回第二个文本框中输入的值。而提交按钮由于没有对其设置 name 属性,因此它的值不会发送给服务器。

④ 在 9-2.asp 中,也可以不将 request 对象赋给变量而是直接使用,例如 response.write "您输入的用户名是:"& request.form("userName"),但为了方便引用,也为了能对获取的值先进行一些检验处理(如过滤非法字符和空格,本例省略),最好先用一个变量引用它。

2. 使用一张网页

以上示例分为了表单文件和表单处理程序两个文件。实际上,也可以将这两个文件合并为一个文件,也就是说,网页可以将表单中的信息提交给自身。这样做的好处是可以减少网站文件数量。

实现的方法是,设置<form>标记的 action=""或 action="自身文件名",并且将表单代码和 ASP 代码写在同一个文件中,并判断用户提交了表单再执行 ASP 代码,代码如下:

```
-------------------清单 9-3 9-3.asp---------------------
<html><body>
<form method="post" action="">
    用户名:<input type="text" name="userName" size="12">
    密码:<input type="text" name="PS" size="10">
    <input type="submit" value="登录">
</form>
<%
If request.form("userName")<>"" and request.form("PS")<>"" then
dim userName,PS
userName=request.form("userName")
PS=request.form("PS")
response.write "您输入的用户名是:"&userName
response.write"<br>您输入的密码是:"&PS
end if
%>
</body></html>
```

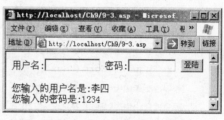

程序运行效果如图 9-3 所示。

图 9-3　9-3.asp 的执行结果

① 本例中,将 9-2.asp 中的 ASP 代码全部放在一个条件语句 if request.form("userName")<>"" and request.form("PS")<>"" then…end if 中。它表示,如果用户在用户名和密码框中都输入了内容,才执行条件语句中的内容:获取表单信息并显示。因此,当用户第一次打开页面时,还没在表单中输入任何内容,就不会执行条件语句中的内容,只会显示表单。

② 将表单提交给自身就会刷新一次网页,而刷新页面就会将页面中的代码重新执行一次。因此用户提交信息后 9-3.asp 会重新执行一遍。

想一想,当用户输入信息后,9-3.asp 同时显示了表单界面和显示的信息,如果只希望输出获取的信息,而不再显示表单,即和 9-2.asp 执行效果一模一样,该怎么修改 9-3.asp 呢?

3. 获取复杂一点的表单页面

下面是一个获取用户注册信息的例子,请认真体会获取单选框、复选框、下拉框和多行文本域等表单元素中内容的方法。

```
-------------------清单 9-4 9-4.asp---------------------
<html><body>
    <h1 align="center">新用户注册</h1>
    <form name="frmInfor" method="Post" action="4-5.asp">
    姓名:<input type="text" name="name"><br>
    性别:<input type="radio" name="Sex" value="1" checked="checked">男
        <input type="radio" name="Sex" value="0">女<br>
```

```
爱好：<input type="checkbox" name="hobby" value="太极拳">太极拳
        <input type="checkbox" name="hobby" value="音乐">音乐
        <input type="checkbox" name="hobby" value="旅游">旅游<br>
职业：<select name="career">
            <option value="教育业">教育业</option>
            <option value="医疗业">医疗业</option>
            <option value="其他">其他</option>
        </select><br>
    个性签名：<textarea name="intro" rows="2" cols="20"></textarea><br>
    <input type="submit" value=" 提 交 ">
    </form>
</body></html>
--------------------清单 9-5 9-5.asp--------------------
<html><body>
    <h3 align="center">
    <%Dim name,Sex,hobby,career,intro,hobbynum
    name=Request.Form("name")                    '获取各个表单元素的值
    Sex=Request.Form("Sex")
    hobby=Request.Form("hobby")
    career=Request.Form("career")
    intro=Request.Form("intro")
    hobbynum=Request.Form("hobby").count
    Response.Write "尊敬的"&name                   '输出各个表单元素的值
    if sex="1" then response.Write "先生</h3>"
    if sex="0" then response.Write "女士</h3>"
    Response.Write "<p>您选择了"&hobbynum&"项爱好：</p>" &hobby
    Response.Write "<br>您的职业：" & career
    Response.Write "<br>您的个性签名：" & Intro
    %>
    <p><a href="JavaScript:history.go(-1)">返回修改</a></p>
</body></html>
```

程序运行结果分别如图 9-4 和图 9-5 所示。

图 9-4　程序 9-4.asp 的运行结果

图 9-5　程序 9-5.asp 的运行结果

说明：

① 对于单选框，两个单选框的 name 属性值一样，就表示这是一组，只能选中一个。

② 对于复选框，三个复选框的 name 属性值相同，也表示是一组，但复选框可以选中多个，如果选择多个，则获取到的结果是各个值用一个逗号和一个空格隔开。

③ 对于文本域、密码域、多行文本框，Form 集合获取的就是用户输入的内容，对于单选框、复选框、下拉列表框，Form 集合获取到的就是选中的那些项的 value 值。

④ 当表单中多个元素具有相同名称（如 name＝"hobby"）时，则 Request.Form ("hobby")集合中就有多个元素，可以利用 Count 属性获得该集合中的元素总数，还可利用集合名加上一个索引值取得其中某个元素的内容值。例如，在上例中"Request.Form ("hobby")(2)"将返回"旅游"。

9.1.3　使用 Request.QueryString 获取 URL 查询字符串信息

1. 什么是查询字符串

如果你浏览网页时足够仔细，就会发现有些 URL 后面经常会跟一些以"?"号开头的字符串，这称为查询字符串。例如：

```
http://ec.hynu.cn/otype.asp?owen1=近期工作 &page=2
```

其中，"?owen1＝近期工作 &page＝2"就是一个查询字符串，它包含 2 个 URL 变量（owen1 和 page），而"近期工作"和"2"分别是这两个 URL 变量的值，变量和值之间用"＝"号连接，多个 URL 变量之间用"&"连接。

查询字符串会连同 URL 信息一起作为 HTTP 请求报文提交给服务器端的相应文件，例如上面的查询字符串信息将提交给 otype.asp。利用 Request.QueryString 集合可以获取查询字符串中变量的值。例如在 otype.asp 中编写如下代码，就能获取到这些查询变量的值了。

```
<%
    owen=Request.QueryString("owen1")      '获取变量 owen1 的值,返回"近期工作"
    page=Request.QueryString("page")       '获取变量 page 的值,返回"2"
%>
```

2. 设置查询字符串的方法

当网页通过超链接或其他方式从一张网页跳转到另一张网页时，往往需要在跳转的同时把一些数据传递到第二张网页中。我们可以把这些数据作为查询字符串附在超链接的 URL 后，在第二张网页中使用 Request.QueryString 方法来获取 URL 后的变量的值。例如：

```
<a href="search.asp?key=Web 标准 &pageNo=5">查询结果第 5 页</a>
```

则在 search.asp 中就可以获取第一张网页通过查询字符串传递来的 URL 变量的值。下面是一个设置和获取查询字符串的例子，运行结果如图 9-6 和图 9-7 所示。

图 9-6　点击 9-6.asp 中第 2 个超链接　　　　图 9-7　9-7.asp 的运行结果

（1）在超链接中设置查询字符串，示例代码如下：

```
--------------------清单 9-6 9-6.asp--------------------
<html><body>
<ul>
    <li><a href="9-7.asp?id=1">关于加强教学督导的通知</a></li>
    <li><a href="9-7.asp?id=2">关于中层干部会议的通知</a></li>
    <li><a href="9-7.asp?id=3">关于收集月工作要点的通知</a></li>
    </ul>
</body></html>
--------------------清单 9-7 9-7.asp--------------------
<%  id=cint(request.QueryString("id"))          '获取 URL 变量 id 的值
if id=1 then
    response.Write("<p>这是第一条新闻</p>")
elseif id=2 then
    response.Write("<p>这是第二条新闻</p>")
elseif id=3 then
    response.Write("<p>这是第三条新闻</p>")
else
    response.Write("<p>参数非法</p>")
end if  %>
```

说明：

① 9-6.asp 中所有的链接都是链接到同一个网页，只是设置了不同的查询字符串值，就可以使 9-7.asp 根据不同的链接显示不同的网页内容，从而实现动态新闻网页效果。

② URL 变量中的数据都是字符串类型的值，因此如果要对数值进行判断，最好先转换为数值型，这可防止用户手工在 URL 后注入非法参数。

（2）在<form>标记的 action 属性中也可以设置查询字符串。示例代码如下：

```
<html><body>
<%flag=request.QueryString("flag")
if flag=1 then
        response.write "欢迎光临 "&request.form("user")
else  %>
<form method="post" action="?flag=1">
    姓名：<input name="user" type="text" size="15"/>
    <input type="submit" value="提交"/>
```

```
</form>
<%end if  %>
</body></html>
```

说明：在<form>标记中"action＝"？flag＝1""，省略了文件名表示将该表单提交给自身，设置查询字符串 flag＝1 用来判断用户是否按了提交按钮，一旦按了则 URL 地址后会增加"？flag＝1"，因此可据此显示不同的内容。

（3）设置查询字符串的方法总结。

如果要设置查询字符串，以便将查询字符串中的信息传递给相应的网页。有以下方法：

① 直接在浏览器地址栏中的 URL 地址后手工输入查询字符串。

② 在超链接中的 URL 地址后添加查询字符串。

③ 在表单的 action 属性值中的 URL 后添加查询字符串。

显然，普通用户不会使用第一种方法设置查询字符串，因此一般情况下我们使用方法②或方法③诱导用户将 URL 变量传递给相关网页。

9.1.4 使用 Request. ServerVariables 获取环境变量信息

在客户端发送给服务器端的 HTTP 请求中通常还包含了客户端 IP 地址等客户端的各种环境信息。服务器端在接收到这个请求时也会给出服务器端 IP 地址等环境变量信息，利用 Request 对象的 ServerVariables 集合可以方便地获取到这些信息。下面的代码可以输出浏览者的 IP 地址：

```
<%  Dim IP
    IP=Request.ServerVariables("REMOTE_ADDR")
    Response.Write "您的 IP 地址是：" & IP
%>
```

在程序中，"REMOTE_ADDR"就是一个环境变量名，表示客户端的 IP 地址。比较有用的环境变量如表 9-3 所示。

表 9-3 常用的环境变量

环境变量名	功 能 说 明
ALL_HTTP	客户端发出的 HTTP 请求信息中的所有头信息
HTTP_REFERER	从哪个网页进入这个网页的(来路信息)
HTTP_USER_AGENT	客户端浏览器的类型和版本
LOCAL_ADDR	服务器的 IP 地址
REMOTE_ADDR	客户端的 IP 地址
SCRIPT_NAME	当前 ASP 文件的路径信息
SERVER_PORT	服务器端的端口号
URL	相对 URL 信息

其中，环境变量 HTTP_REFERER 可以获取用户是从哪个网页进入当前网页的。例如：如果用户是点击"百度"上的搜索结果进入当前网页的，那么 Request.ServerVariables("HTTP_REFERER")就会返回百度搜索页的 URL。因此，HTTP_REFERER 常用来获取用户的来路信息以判断网站的宣传效果。

提示：在输入"Request.ServerVariables("后，DW 的代码提示功能会列出所有的环境变量名供选择，因此，这些环境变量名只需要大概认识，不必记住如何拼写。

9.2 Response 对象

Response 对象用于向客户端浏览器发送数据，包括直接发送信息给浏览器、重定向浏览器到另一个 URL、设置 Cookies 的值等。Response 对象的方法如表 9-4 所示。

表 9-4 **Response 对象的常用方法**

方　法	功　能　说　明	方　法	功　能　说　明
Write	向客户端浏览器输出信息	Clear	清除缓冲区中的所有内容
Redirect	引导客户端到另一个页面或 Web 资源	Flush	立刻输出缓冲区中的内容
End	立即终止处理 ASP 程序		

注：Clear 和 Flush 是对缓冲区操作的方法，使用前必须保证缓冲区是开启的，即 Response.Buffer＝True。

Response 对象只有一个集合，即 Cookies。Response 对象的属性主要有 Buffer(用来设置是否开启缓冲区)和 Expires(设置浏览器端缓存页面的时间，如果在该时间内，则从浏览器的缓存中获取页面，而不从服务器端下载)。

9.2.1 使用 Response.Write 输出信息

在 Response 对象中，Response.Write 是最常用的方法，它用来将信息从服务器端发送到客户端。所发送的信息可以是字符串常量、变量、HTML 代码、JavaScript 代码等所有浏览器能解释的代码。下面是一些例子：

```
<%
Response.Write "欢迎您："                    '输出字符串常量
Response.Write i                              '输出变量
Response.Write "<p>欢迎您：" & i &"</p>"      '输出字符串常量和变量的连接表达式
Response.Write "<a href='index.asp'>返回首页</a>"        '输出 HTML 代码
Response.Write "<script>alert('留言修改成功');location.href='index.asp';
</script>"
%>
```

说明：

① Response.Write 后可接字符串常量或变量。回顾一下字符串常量和变量的写法：两边加双引号(")表示字符串常量，不加引号表示是变量。如果要输出的内容既有字符串常量又有变量，则它们之间要用连接符(&)连接起来。

② HTML 代码本质上也是服务器向浏览器输出的一段字符串,Response. Write 可将它作为字符串常量输出,因此 HTML 代码两边要加双引号。如果 HTML 代码中含有双引号,则要将代码里的双引号替换成单引号。

③ 在 ASP 中,许多方法可以加括号,也可以不加括号,如 Response. Write "欢迎" 也可以写成 Response. Write ("欢迎")。

注意:在 ASP 中,方法后面的括号有些可以省略,如 Response. Write "欢迎",但集合后面的括号一定不能够省略,如 Request. Form (" user")、Session. Contents ("user")等。

在前面已经看到,Response. write 方法还有一种省略写法,例如:

```
<%="欢迎您: "%>
<%="<p>欢迎您: " & i &"</p>" %>
```

这种方法虽然简便,但它的两端必须要有<%和%>,导致在它前面和后面的 ASP 代码也必须用%>和<%进行封闭。如果它的前面和后面都是 HTML 代码,则用这种方式比较方便。如果它的前后都还有 ASP 代码,则使用 Response. Write 方式更清晰。

9. 2. 2 使用 Response. Redirect 方法重定向网页

在 HTML 中,可以使用超链接引导用户至其他页面,但必须要用户点击超链接才行。可是有时可能需要自动引导(也称重定向)用户至另一页面(比如用户注册成功后就可以自动跳转到登录页面),或者根据程序来判断将用户引导到哪一个页面。

在 ASP 中,可以使用 Response. Redirect 方法重定向网页,例如:

```
<%Response.Redirect "http://www.baidu.com"      '重定向到绝对 URL
Response.Redirect "9-1.asp"                     '重定向到相对 URL
Response.Redirect "?flag=1"                      '重定向到本页,并增加查询字符串
Response.Redirect strURL %>                      <!--重定向到变量表示的网址-->
```

实际上,Response. Redirect 方法的功能和客户端脚本里 location. href 的功能很相似,如 Response. Redirect "9-1. asp"又可使用 Response. Write "<script> location. href = '9-1. asp';</script>"来实现。不过 Response. Redirect 方法要求在重定向之前不允许服务器向浏览器输出任何内容,因此使用该方法要么确保 Response. Buffer=True(这样在执行该方法前所有的内容都还只输出到缓存中,没有输出到浏览器),要么确保在Response. Redirect 语句之前没有任何内容输出到页面。因此下面的写法是错误的:

```
<%  Response.Buffer=false                        '该程序是错误写法
    Response.Write "<html>"                      '已输出内容到浏览器
    Response.Redirect("http://www.baidu.com")  %>
```

9. 2. 3 使用 Response. End 停止处理当前脚本

在 ASP 中,一旦遇到 Response. End 语句,则当前脚本程序将立即终止执行。不过它会将之前的页面内容发送到客户端浏览器,只是不再执行后面的语句了,就好像脚本在

Response. End 语句处被截断了一样。例如：

```
<html><body>
    这是第一句
    <%
    Response.Write "<p>这是第二句<p>"
    Response.End
    Response.Write "<p>这是第三句<p>"
    %>
</body></html>
```

运行该程序，会发现浏览器只会输出"这是第一句"和"这是第二句"两行，再在浏览器中查看该网页的源代码，会发现包括</body></html>等所有 Response. End 语句后的内容都没有输出到浏览器。

该方法通常判断用户是不是合法用户，如果用户非法或权限不够，则立即终止运行当前的程序。例如：

```
<%
if Session("Power")<3 then            'Session("Power")记录当前用户的权限
    Response.write "您没有权力进入管理页面"
    Response.End
end if
Response.write "欢迎进入管理页面!"  %>
```

提示：Response. Redirect 方法在内部调用了 Response. End 方法，因此 Response. Redirect 语句后面的代码也是不会被执行的。

9.2.4 使用 Buffer 属性、Flush 和 Clear 方法对缓冲区进行操作

Buffer 属性用来设置服务器端是否将页面先输出到缓冲区。所谓缓冲区，就是服务器端内存中的一块区域。如果 Buffer 属性值为 True，那么执行当前脚本生成的页面内容会先输出到缓冲区，等执行完毕后，再从缓冲区输出到客户端；如果为 False，就表示不经过缓冲区，边执行脚本边输出到客户端浏览器。它的语法如下：

```
Response.Buffer=True/False
```

在 IIS 5 以上版本中，Buffer 属性的默认值为 True，即缓冲区默认是开启的。

下面是一个比较关闭缓存和开启缓存情况下程序运行差异的程序：

```
<%Response.Buffer=false            '将其设置为 True 或删除该句试试
for i=1 to 20
    for j=1 to 500000              '用于延迟
    next
    Response.Write(i & ",")
next
    %>
```

说明：当 Buffer 设置为 False 时，数字会一个个地显示，而设置为 True 后，在等待一段时间后，所有数字会一起显示出来。

注意：当服务器将页面内容输出到客户端后就不能再设置 Buffer 属性，因此，Response.Buffer 属性应写在 ASP 程序的第一行。

1. Response.Buffer 属性的作用

如果很多用户都请求同一个 ASP 文件，而 Buffer 属性又设置为了 False，则 ASP 文件会直接输出到客户端，那么 IIS 要为每个用户执行一次脚本。如果 Buffer 属性设为 True，则 IIS 在一段时间内只需执行一次脚本再将生成的页面内容输出到缓冲区中，每个客户端直接从缓冲区获得数据。IIS 将不会因为访问增加而增加脚本的执行次数，因此在这种情况下，客户端打开页面的速度会快一些，IIS 的负荷也可以减小。

2. Clear 和 Flush 方法

Clear 和 Flush 方法是对缓冲区进行操作的方法。当 Buffer 的值为 True(或不设置)时，Clear 方法用于将缓冲区中的当前页面内容全部清除，Flush 方法用于将缓冲区中的内容立刻输出到客户端。例如：

```
<%Response.Write "第一条"
    Response.Flush                         '立刻输出缓冲区中的内容
    Response.Write "第二条"
    Response.Clear                         '清除缓冲区中的内容
Response.Write "第三条"  %>
```

说明：由于 Flush 会将缓冲区中的内容立刻输出，因此"第一条"会显示在页面上，然后"第二条"又被输出到缓冲区，但接下来 Clear 方法清除了缓冲区中的内容，因此"第二条"不会显示；"第三条"不受影响，也会输出到缓冲区再输出到页面。

总结：IIS 会在以下三种情况下将缓冲区中的内容发送给客户端：①遇到 Response.Flush 语句；②遇到 Response.End 语句；③程序执行完。

9.2.5　读取和输出二进制数据

如果要获取客户端上传的二进制数据，例如用户上传的图像文件，则需要使用 Request 对象的 BinaryRead 方法。语法如下：

```
Request.Binaryread data
```

而要将服务器端的数据以二进制方式输出给客户端，例如将数据以图像文件格式发送，则要使用 Response 对象的 BinaryWrite 方法。语法如下：

```
Response.Binarywrite data
```

其中 data 表示准备读取或输出的数据的字节大小，取值可以是从 0 到 Request.TotalBytes 之间的整数。其中，Request.TotalBytes 属性用来获取浏览器发出的请求数据的总字节数，因此这两个方法通常要配合 Request. TotalBytes 使用。下面的例子以二进制方式获取用户上传的图像文件到服务器，再将其以二进制的方式发送给浏览器。

```
<%if request.QueryString("query")<>"test" then      '如果没有提交表单
%>
<form action="?query=test" method="post" enctype="multipart/form-data">
    <input type="file" name="file"/>
    <input type="submit" value="提交"/>
</form>
<%else
formsize=Request.TotalBytes                          '返回传送过来的总字节数
formdata=Request.Binaryread(formsize)                '获得传送过来的二进制数据
bncrlf=chrB(13)&chrB(10)
        '传送过来的二进制数据彼此之间将用 chrB(13) & chrB(10)分隔开
    divider=leftB(formdata,clng(Iinstrb(formdata,bncrlf))-1)
        '获得分隔标志串(图片数据前后各有一个分隔标志串)
    datastart=instrb(formdata,bncrlf & bncrlf)+4
        '数据起始位置前有 2 个 bncrlf,找图片数据真正开始位置
    dataend=instrb(datastart,formdata,divider)-datastart
     '找到下一个结束的分隔符位置,减去开始位置,获取图片数据字节长度
    mydata=midB(formdata,datastart,dataend)          '取出真正的二进制图片数据
response.ContentType="image/gif"                     '设置输出二进制数据的文件类型
response.Binarywrite mydata
end if  %>
```

其中，Instrb 函数返回的是字节位置，而不是字符位置。leftB、midB、chrB 函数的功能类似于 left、mid、chr 函数，只不过它们是对字节操作的内置函数。

9.3 Cookies 集合

网站为了能够记住曾经访问过的用户，以便提供个性化的服务，一种方法就是使用 Cookie 技术。Cookie 能为站点和用户带来的好处实在太多，比如它可以让网站记录特定用户的访问次数、最后访问时间、访问者在站点内的浏览路径以及让以前登录过的用户下次自动登录等。

Cookie 实际上是一个很小的文本文件，服务器通过向用户硬盘中写入一个 Cookie 文件以标识用户，下次当用户再访问该 Web 服务器时，服务器就可以读取以前写入的 Cookie 文件中的信息，以此来识别用户。

Cookies 有两种形式：会话(Session)Cookie 和永久 Cookie。前者是临时性的，只在浏览器打开时存在；后者则永久地存放在用户的硬盘上并在有效期内一直可用。Cookie 文件默认保存在"C:\Documents and Settings\登录用户名\Cookies"文件夹中。

在 ASP 中,利用 Response 对象的 Cookies 集合可以写入和修改 Cookie 的值,利用 Request 对象的 Cookies 集合来获取 Cookie 的值。

9.3.1 使用 Response 对象设置 Cookie

使用 Response 对象的 Cookies 集合可以把信息存入到 Cookie 中,语法如下:

```
Response.Cookies(Cookiename)[(key)|.attribute]=value
```

1. 设置单值 Cookie

最简单的 Cookie 用法是设置单值 Cookie,如 Response. Cookies("CookieName")= 值,例如:

```
<%
Response.Cookies("userName")="小泥巴"    '设置 Cookie 变量 userName 的值为"小泥巴"
Response.Cookies("userName").Expires=#2012-1-1#      '设置该 Cookie 变量的有效期
Response.Cookies("age")=21
Response.Cookies("age").Expires=#2012-1-1#
%>
```

说明:设置了 Cookie 变量之后,一定要用 Expires 属性设置该 Cookie 的有效期。否则该 Cookie 并不会写入到 Cookies 文件里去,当关闭浏览器后这个 Cookie 就消失了,这就相当于一个会话 Cookie 了。

2. 设置多值 Cookie

如果要设置多个 Cookie 变量,就要为每个 Cookie 变量分别设置一条 Expires 语句。如果变量很多,就会有很多的冗余代码,而且从逻辑意义上看也显得不完整。这时可以采用设置多值 Cookie(又称 Cookie 字典)的方法来避免这个问题。例如,上面的代码如果采用多值 Cookie 的方法就可写成如下形式:

```
<%
Response.Cookies("User")("UserName")="小泥巴"
Response.Cookies("User")("age")=21
Response.Cookies("User").Expires=#2012-1-1#  %>
```

其中,第二个括号中的变量(如 age)称为"Key"。可以看到,设置多值 Cookie 后,只需要写一条 Expires 语句就可以了,简化了代码。但要注意的是,对多值 Cookie 设置任何属性(如 Expires),都不能带 Key,否则会产生错误。例如,下面的写法是错误的:

```
Response.Cookies("User")("age").Expires=#2012-1-1#   '错误写法
```

3. 修改 Cookie 的值

如果要修改某个 Cookie 的值,重新对它设置新的值即可,但一定要再次设置有效期。否则该 Cookie 会变成临时 Cookie 的。例如:

```
<%  Response.Cookies("userName")="张三"
    Response.Cookies("User").Expires=#2012-1-1#  %>
```

9.3.2　使用 Request 对象读取 Cookie

Cookie 把数据存储在客户端,需要使用时必须读取这些数据。使用 Request 对象的 Cookies 集合能获取客户端 Cookie 的值,语法如下:

```
Request.Cookies(Cookiename)[(key)|.attribute]
```

例如,要获取上节中存入的 Cookie,方法如下:

```
<%
userName=Request.Cookies("userName")        '返回"小泥巴"
age=Request.Cookies("user")("age")          '获取多值 Cookie,返回 21
%>
```

提示:如果要判断一个 Cookie 变量是单值 Cookie 还是多值 Cookie,可以利用 Haskeys 属性。它返回值为 True 表示有关键字。例如:

```
hasKey=Request.Cookies("user").Haskeys      '返回 True
```

9.3.3　Cookie 的应用举例

1. 使用 Cookie 实现自动登录并显示用户过去的登录信息

在下面的实例中,如果用户第一次访问 9-8.asp,则会显示图 9-8 所示的登录表单,如果用户登录成功并选择了保存 Cookie,则以后再次访问 9-8.asp 就不再需要登录了,自动会转到欢迎界面,并显示用户的访问次数和上次登录的时间,如图 9-9 所示。该实例包括两个文件,其中 9-8.asp 是主程序,9-9.asp 用于获取表单信息并写入 Cookie 等。代码如下:

```
--------------------清单 9-8 9-8.asp--------------------
<html><body>
<%if request.Cookies("user")("xm")<>"" then        '如果获取到了 Cookie
    Response.write"欢迎您:"&request.Cookies("user")("xm")  '输出 Cookie 变量的值
    visnum=cint(request.Cookies("user")("num"))+1
    Response.write"<br/>这是您第"&visnum&"次访问本网站"
    Response.write"<br/>您上次访问是在"&request.Cookies("user")("dt")
    expire=request.Cookies("user")("expire")
    Response.Cookies("user")("dt")=now()            '将新值再写入 Cookie
    Response.Cookies("user")("num")=visnum
    Response.Cookies("user").Expires=date()+Cint(expire)  '设置 Cookie 有效期
else    '没有 Cookie 则显示登录表单   %>
<div style="border:1px solid #06f; background:#bbdeff">
  <form method="post" action="9-9.asp" style="margin:4px;">
```

图 9-8　9-8.asp 的第一次运行结果

图 9-9　9-8.asp 登录成功后的运行结果

```
<p>帐号：<input name="xm" type="text" size="12"></p>
<p>密码：<input name="Pwd" type="password" size="12"></p>
<p>保存：<select name="Save">
    <option value="-1">不保存</option>
    <option value="7">保存 1 周</option>
    <option value="30">保存 1 月</option></select>
    <input type="submit" value="登 录"></p>
</form></div>
<%end if %>
</body></html>
```

---------------------清单 9-9 9-9.asp---------------------

```
<%  if request.Form("xm")="admin" and request.Form("pwd")="123" then
Response.Cookies("user")("xm")=Request.Form("xm")
Response.Write Request.Form("xm")&": 首次光临"
Response.Cookies("user")("dt")=now()                      '写入 Cookie
Response.Cookies("user")("num")=1
Response.Cookies("user").Expires=date()+Cint(request.form("Save"))
                                                          '设置有效期
Response.Cookies("user")("expire")=Cint(request.form("Save"))
                                                          '保存有效期到 Cookie
else
Response.Write "<script>alert('用户名或密码不对');location.href='9-8.asp ';</script>"
end if  %>
```

2. 使用 Cookie 记录用户的浏览路径

在电子商务网站中，经常需要记录用户的浏览路径，以判断用户对哪些商品特别感兴趣或哪些商品之间存在销售关联。下面的例子使用 Cookie 记录用户浏览过的页面的历史。该例网站中所有页面的标题都保存在 title 变量中，则每访问一个页面都会修改 Cookie 变量将新页面的标题附加到 Cookie 变量中保存起来。随着用户浏览的页面的增多，该 Cookie 变量中保存页面标题的字符串会越来越长。

---------------------清单 9-10 9-10.asp(商品页)---------------------

```
<%Response.Expires=0        '设置浏览器缓存立即过期
title="红楼梦"              '商品页有很多,其他商品页的 title 是水浒传、西游记等%>
```

```
<html><head>
    <title><%=title %></title>   </head>
<body>   <h3 align="center"><%=title %>商品页面</h3>
<p>同类商品：<a href="xyj.asp">西游记</a><a href="shz.asp">水浒传</a>
<a href="sg.asp">三国演义</a></p>
</body></html>
```
-----------清单 9-11 9-11.asp(商品页调用的记录浏览历史的页)----------
```
<%history=Request.Cookies("history")          '获取记录浏览历史的 Cookies
    if history="" then                        '如果浏览历史为空
        path=title                            '将当前页的标题保存到 path 变量中
    else
        path=title&"/"&history                '将当前页的标题加到浏览历史的最前面
    end if
response.Cookies("history")=path              '将 path 保存到 Cookie 变量中
response.Cookies("history").expires=date()+30 '设置过期时间为 30 天
    arrPath=split(path,"/")                   '将 path 分割成一个数组 arrPath
response.Write "您最近的浏览历史：<hr/>"
for i=0 to ubound (arrPath)
        response.write i+1&". "&arrPath(i)&"<br/>"              '输出浏览历史
next  %>
```

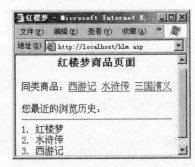

图 9-10 9-10.asp 的运行结果

说明：测试时应首先将 9-10.asp 重命名成几个文件(shz.asp、xyj.asp、sg.asp)，然后将这几个文件第2 行中的 title 变量值分别改成"水浒传"、"西游记"和"三国演义"。接下来运行其中任何一个文件，再通过点击链接转到其他文件，会发现每浏览一个页面它的标题就会记录到浏览历史中，如图 9-10 所示，而且关闭浏览器后再打开，浏览历史依然不会丢失。当然，实际电子商务网站中的记录浏览历史功能还会将用户的浏览历史保存到服务器的数据库中，那样浏览历史能更长久地保存，网站还能根据每个用户的浏览历史进行分析。

9.4 Session 对象

当用户从一张网页跳转到另一张网页时，前一张网页中以变量、常量形式存放的数据就会丢失。这是因为，HTTP 协议是一种无状态(Stateless)的协议，利用 HTTP 协议无法跟踪用户。从网站的角度看，每一个新的请求都是单独存在的。当服务器完成用户的请求后，服务器将不能再继续保持与该用户浏览器的连接。当用户在网站的多个页面间切换时，页面间无法传递用户的相关信息。

使用 Session 对象可以存储特定用户会话所需的信息。这样，当用户在网站的网页之间跳转时,存储在 Session 对象中的变量将不会丢失,而是在整个用户会话中一直存在下去。

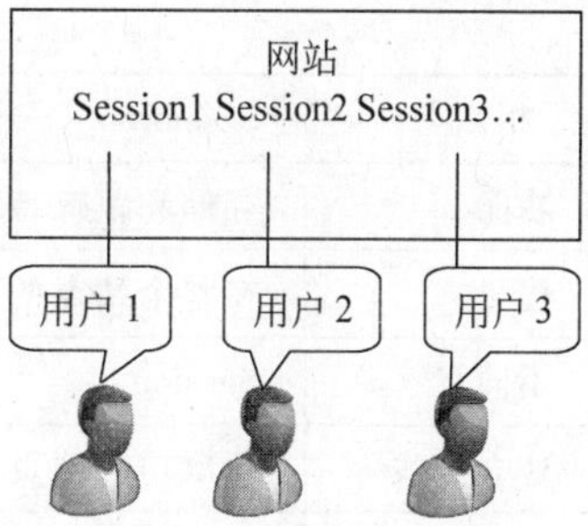

图 9-11 Session 示意图

Session 对象用来为每个来访者存储独立的数据或特定的用户信息。如果当前有若干个用户同时访问某个站点,则网站会为每个用户建立一个独立的 Session 对象,如图 9-11 所示。

1. Session 的创建过程

当用户请求网站的任意一个页面时,若用户尚未建立 Session 对象(如第一次访问),Web 服务器会自动为用户创建一个 Session 对象,并指定一个唯一的 Session ID,这个 ID 只允许此 SessionID 的拥有者使用,不同的用户的 Session 存储着各自特定的信息,这将有利于服务器对用户身份的鉴别,从而实现 Web 页面的个性化。

服务器将该 SessionID 发送到客户端浏览器,而浏览器则将该 SessionID 保存在会话 Cookies 中。当客户端再次向服务器发出 HTTP 请求时。服务器获取会话 Cookies 中的 SessionID,根据该 SessionID 找到对应的 Session 信息以识别和跟踪客户端。

2. Session 的生命期

Session 的生命期是从用户到达某个站点直到不再访问该站点为止的这段时间。因此一个 Session 开始于用户打开这个站点中的任意一个网页;结束于用户不再访问这个站点(超时或主动结束)。

注意:不再访问这个站点≠关闭浏览器。

关闭浏览器并不会使一个 Session 结束,因为服务器并不知道用户关闭了浏览器,但会使这个 Session 永远都无法访问到。因为当用户再打开一个新的浏览器窗口又会产生一个新的 Session。

3. Session 和 Cookie 的比较

为了说明 Session 和 Cookie 的区别,我们可以打个比方,假设一家奶茶店有喝 5 杯奶茶免费赠送一杯奶茶的优惠,那么奶茶店有两种办法记录用户的消费数量。

① 发给顾客一张卡片,上面记录着消费的数量,一般还有个有效期限。每次消费时,如果顾客出示这张卡片,则此次消费就会与以前或以后的消费相联系起来。这种做法就是在客户端保持状态(Cookies)。

② 发给顾客一张会员卡,除了卡号之外什么信息也不记录,每次消费时,如果顾客出示该卡片,则店员在店里的记录本上找到这个卡号对应的记录修改记事本上的消费信息。这种做法就是在服务器端保持状态(Session)。Session 和 Cookie 的比较见表 9-5。

表 9-5 Session 和 Cookie 的比较

相似点	Session	Cookie
功能	存储和跟踪特定用户的信息	
优势	在整个站点的所有页面都可以访问	
不同点	Session	Cookie
建立方式	每次访问网页时会自动建立 Session 对象	需要通过代码建立
存储位置	服务器端	客户端

9.4.1 存储和读取 Session 信息

利用 Session 存储信息和利用变量存储信息是很相似的,语法如下:

```
Session("Session 名称")=变量或字符串信息
```

下面是用 Session 存储信息的例子:

```
<%  Session("username")="张三"            '将字符串信息存入 Session
    Session("age")=21                     '将数值信息存入 Session
    Session("email")=email                '将变量信息存入 Session
%>
```

如果要读取 Session 变量,可将其赋值给一个变量,例如:

```
<%  name=Session("username")              '读取 Session 变量
    age=Session("age")                    '读取 Session 变量
%>
```

说明:

① Session 变量的赋值和引用与普通变量很类似。但两者在命名方式上有一些区别。对于 Session 变量来说,括号中的字符串才是该变量的名字。例如:

```
Session("a")=1,Session(a)=2,a="b",c=Session("b"),则 c=2。
```

② 对一个不存在的 Session 变量赋值,将自动创建该变量;给一个已经存在的 Session 变量赋值,将修改其中的值。

③ 请注意区分 Session 对象和 Session 变量,对于每个访问网站的访问者来说,网站都会为其建立一个 Session 对象,该 Session 对象中有一个 SessionID。如果程序中没有创建 Session 变量的代码,那么每个用户的 Session 对象中只含有 SessionID,否则,该 Session 对象中还包含许多个 Session 变量,如图 9-12 所示。也就是说,每个用户都有一个独立的

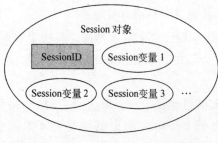

图 9-12 Session 对象和 Session 变量的
关系示意图

Session 对象,每个用户可以有 0 个到多个独立的 Session 变量。

Session 对象记载某一特定的用户信息,不同的用户用不同的 Session 对象来记载,一个用户访问网页时服务器为其所建立的 Session 变量,别人是看不到的。

提示:最好不要把大量的信息存入到 Session 变量中,或者创建很多个 Session 变量。因为 Session 对象是要保存在服务器内存中的,而且要为每一个用户单独建立一个 Session 对象,如果保存的信息太多,同时访问网站的用户数又非常多时,则如此多的 Session 对象是非常占用服务器资源的。

9.4.2 利用 Session 限制未登录用户的访问

有些网页要求用户只有登录成功后才能访问,我们可以利用 Session 变量来实现这种需求。具体方法是:在用户输入的用户名和密码验证通过后,用 Session 变量存储相关的特征信息(如用户名),然后在其他对安全性有要求的页面最前面检查这些特征值,如果这些特征值为空,表示没有经过合法认证,而是通过直接输入该网页的 URL 进入的,就不允许其访问。实现的具体代码如下:

```
--------------------清单 9-12 9-12.asp--------------------
<%if request.Form("userName")<>"" then        '判断是否输入了用户名
if request.Form("userName")="admin" then       '判断用户是否合法
    Session("user")=request.Form("userName")    '将用户名存入 Session("user")
    response.Redirect "9-13.asp"
else
    response.Write "用户名错误"
end if
else %>
<form method="post" action="">
    您的用户名:<input type="text" name="userName"/>
    <input type="submit" value="提交"/>
</form>
<%end if %>
--------------------清单 9-13 9-13.asp--------------------
<%if Session("user")<>"" then          '如果 Session("user")不为空则表明是合法用户
    Response.Write "欢迎您,"&Session("user")&"<br/><a href='9-14.asp'>注销</a>
else
    Response.Write "未登录用户不允许访问"
    Response.end
end if %>
```

说明:

①该实例必须先运行 9-12.asp,以对登录成功用户赋予 Session("user")变量,而 9-13.asp用来检查该 Session 变量是否为空,请注意 9-13.asp 中并没有采用 Request 对象获取变量,而是读取和输出 9-12.asp 中创建的 Session 变量。

② 9-12.asp 中创建的 Session("user")变量可以被网站中所有网页访问。因此可以

将 9-13.asp 中的代码放到网站中所有对安全性有要求的网页的最前面。

　　在电子商务网站中常利用 Session 实现"购物车",用户在一个商品页面选购的商品信息在下一个页面继续存在,这样用户可以在不同的页面选择不同的商品。所有商品的货号、价格等信息都保存在 Session 变量中,直到用户去收银台交款或清空购物车时 Session 变量中的数据才被清除。系统会为每个用户建立一个这样的 Session 变量,这样每个用户都有一辆"购物车"。

9.4.3　Session 对象的属性

1. SessionID 属性

　　在创建 Session 时,服务器会为每一个用户的 Session 生成一个单独的 SessionID,使用 Session 对象的 SessionID 属性可以返回当前用户的唯一会话标识 SessionID。例如:

```
<p>这个用户的 Session 编号为<%=Session.SessionID %></p>
```

　　说明:运行该代码,浏览器将显示该用户 Session 的 ID,如"这个用户的 Session 编号为 380443328",再刷新浏览器,会发现 SessionID 值不会发生变化,因为刷新页面是同一个用户继续在访问这个网站的行为。当双击浏览器程序启动一个新的浏览器窗口再去预览该网页时,会发现 SessionID 值会改变(通常是加 1),因为服务器会认为有一个新的用户在访问。

2. Timeout 属性

　　Session 对象并不是一直有效的,它有个有效期,默认为 20 分钟。如果客户端超过 20 分钟没有刷新网页或访问网站中的其他网页,则该 Session 对象就会自动结束。不过可以修改 Session 对象的默认有效期,一种方法是在 IIS 中修改系统默认值(默认 Web 站点→属性→主目录→配置→应用程序选项),更方便的方法是利用 Session 对象的 Timeout 属性更改 Session 的默认有效期,例如:

```
<%Session.Timeout=30  %>                        '将 Session 有效期设为 30 分钟
```

　　提示:①虽然增加 Session 的有效期有时能方便用户访问,但这也会导致 Web 服务器内存中保存用户 Session 信息的时间增长,如果访问的用户很多,会加重服务器的负担。②不能单独对某个用户的 Session 设置有效期。

9.4.4　Session. Abandon 方法

　　Session 对象到期后会自动清除(隐式方式),但到期前也可以用 Abandon 方法强制清除(显式方式)。例如:

```
<p>这个用户的 Session 编号为<%=Session.SessionID %></p>
<%
    Session("user_name")="布什"
    Session.Abandon                            '清除 Session
```

```
    Response.Write Session("user_name")              '会输出"布什"
%>
```

运行该程序,会发现程序仍然会输出 Session("user_name")的值(布什)。这并不是因为 Session.Abandon 没起作用,而是因为 Session.Abandon 是在整个页面执行完毕之后再清除 Session,因此在当前页面中还是可以访问该 Session,在其他页面就不能访问该 Session 了。当刷新页面后,会发现 SessionID 值会改变,说明原来的 Session 确实被清除了。

Session.Abandon 方法常用来实现用户注销功能,通常,当用户点击 9-13.asp 中的 "注销"链接时,就执行下面的程序来实现注销用户。

--------------------清单 9-14 9-14.asp---------------------

```
<%Session.Abandon                                '清除 Session,实现注销
    Response.Redirect "9-12.asp"  %>
```

9.5　Application 对象

Session 对象可以用来记录单个用户的信息,但有时需要记录所有用户共享的信息,如网站的访问次数或聊天室中的聊天内容就是所有用户需要共享的信息,这时就要用到 Application 对象。Application 对象中保存的数据可以在整个 Web 站点中被所有用户使用,并且可以在网站运行期间持久地保存数据。简而言之,不同用户只能访问自己的 Session 对象中的信息,但都可以访问 Application 对象中的信息。

9.5.1　存储和读取 Application 变量

Application 对象中保存的信息是所有用户都可以访问和修改的。它就像一个公共设施,比如超市里的寄存箱,任何人都可以使用。当两个用户同时修改一个 Application 变量的值时就可能发生意想不到的错误。为此,Application 对象提供了两个方法来避免这个问题:Lock 方法和 Unlock 方法,如果某个客户端要修改某个 Application 变量的值时,一般应先锁定这个 Application 变量,再修改,最后解除锁定。而读取时则无此要求。

下面的例子用来存储和读取 Application 变量,并和 Session 变量进行了对比。

----------清单 9-15 9-15.asp 存储 Session 和 Application 变量----------

```
<%Application.Lock                               '先锁定 Application 变量
    Application("user")="张三"                     '给 Application 变量赋值
    Application.UnLock                            '解除锁定
    Session("user")="李四"
%>
```

----------清单 9-16 9-16.asp 输出 Session 和 Application 变量----------

```
<%Response.Write Application("user")
    Response.Write "<br/>"&Session("user")
%>
```

测试方法：首先运行 9-15. asp 设置 Session 和 Application 变量信息，然后在原来的浏览器窗口再预览，则会显示两种变量的值。当双击浏览器图标启动一个新的浏览器窗口再去预览 9-16. asp 时，会发现不能输出 Session 变量的值了，但仍然能输出 Application 变量的值，原因是相当于一个新的用户在访问该网页了。

9.5.2　Application 对象的应用举例

Application 对象主要用来实现计数器和聊天室，下面是一个计数器的程序。

```
<html><body>
    <h1 align="center">我的主页</h1>
    <%  Application.Lock                                      '先锁定
    Application("visAll")=Application("visAll")+1             '给 Application 变量赋值
    Application.Unlock                                        '解除锁定
    Response.Write "<p>您是第" & Application("visAll") & "位访客。"
    %>
</body></html>
```

运行该程序后，用户刷新页面也会使计数器的值加 1。想一想，怎样修改程序才能避免刷新使计数器的值加 1 呢？（提示：利用 Session 判断是不是同一用户在访问。）

下面是一个简单的聊天室程序，它的运行效果如图 9-13 所示。

```
<html><body>
<form method="post" action="">
    昵称：<input name="nickName" type="text" size="12">
    发言：<input name="LiuYan" type="text">
    <input type="submit" value="提交">
</form>
<%Dim str                              'str 中存储留言时间、昵称、内容等信息
if request.Form("nickName")<>"" and request.Form("LiuYan")<>"" then
    str=Time()&request.Form("nickName")&"说:  "
    str=str&request.Form("LiuYan")&"<br>"
    Application.Lock
    Application("bbs")=str&Application("bbs")
    Application.Unlock
    str=Null                           '将已存储到 Application 变量中的留言清除
end if
response.write Application("bbs") %>
</body></html>
```

说明：在程序中，用 Application("bbs")来保存所有用户的发言，并且显示出来。随着留言越来越多，Application("bbs")变量保存的内容也越多，对服务器的内存占用比较大。

该程序还有一些缺陷，如果想看到别的用户的发言，必须手工刷新网页才能显示最新

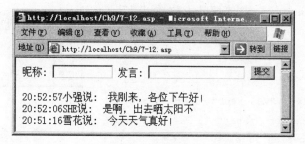

图 9-13　利用 Application 对象实现的聊天室程序的运行效果

的发言。因此可以在网页中加入<meta>标记每隔 5 秒钟自动刷新一次网页。但这样又带来了新问题,就是用户在输入留言时可能因为自动刷新使留言还未提交就丢失了,因此必须只刷新显示留言的区域,而不刷新用户发言的表单,这需要使用框架,将显示留言的部分放在一个框架页中,只刷新该框架页。

Application 对象和 Session 对象有以下区别:

(1) 应用范围不同。Application 对象是针对所有用户,可以被多个用户共享。从一个用户接收到的 Application 变量可以传递给另外的用户。而 Session 对象是针对单一用户,某个用户无法访问其他用户的 Session 变量。

(2) 存活时间不同。由于 Application 变量是多个用户共享的,因此不会因为某一个用户甚至全部用户离开而消失。一旦建立了 Application 变量,就会一直存在,直到网站关闭或这个 Application 变量被卸载(Unload)。而 Session 变量会随着用户离开网站而被自动删除。

9.5.3　Global.asa 文件

Global.asa 文件是一个可选的特殊文件,该文件只能保存在网站的根目录下,并且文件名只能是 Global.asa,相当于一个全局文件。它的作用是定义 Session 对象和 Application 对象事件中执行的程序。一旦网站目录下有 Global.asa 文件,则访问该网站任何文件之前 IIS 都会先执行 Global.asa 文件中相应事件的代码。Global.asa 中可以定义的事件有 4 个,含义如表 9-6 所示。

表 9-6　Global.asa 文件中可以具有的事件

事　　件	说　　明
Application_onStart	这个事件是当第一个用户第一次访问网站时发生
Session_onStart	当某个用户第一次访问网站的某个网页时发生
Session_onEnd	某个用户 Session 超时或关闭时发生
Application_onEnd	这个事件是在网站的 Web 服务器关闭时发生

下面是一个使用 Global.asa 文件来统计网站在线人数和网站访问总人数的例子。它包

括两个文件,其中 Global.asa 用来统计人数,而 9-17.asp 仅用来显示信息。9-17.asp 的运行结果如图 9-14 所示。

图 9-14   程序 9-17.asp 的运行结果

```
-----------清单 Global.asa-----------
<script language="VBScript" runat="server">
    Sub Application_OnStart
        Application.Lock
        Application("all")=0
        Application("online")=0
        Application.Unlock
    End Sub
    Sub Session_OnStart
        Application.Lock
        Application("all")=Application("all")+1
        Application("online")=Application("online")+1
        Application.Unlock
    End Sub
    Sub Session_OnEnd
        Application.Lock
        Application("online")=Application("online")-1
        Application.Unlock
    End Sub
</script>
```

说明:

① Application("online")用来计算当前在线人数,Application("all")用来计算访问总人数。当网站启动后第一个用户访问时,就会触发 Application_OnStart 事件,将在线人数和访问总人数都赋初值为 0。

② 当 1 个用户开始访问时,就会触发 Session_OnStart 事件,因此可将在线人数和访问总人数都加 1。但是当原来的用户刷新页面时,并没有开始一个新的会话,不会触发 Session_OnStart 事件,因此用户刷新页面不会加 1。

③ 当一个用户不再访问网站时,就会触发 Session_OnEnd 事件,因此可将在线人数减 1,而访问总人数不需要减 1。

④Global.asa 文件中只能用＜script language＝"VBScript" runat＝"server"＞…＜/script＞的形式,而不能写成＜%…%＞格式。

⑤ Global.asa 中不能包含任何输出语句,如 Response.Write。因为该文件只是被调用,根本不会显示在页面上,所以不能输出任何内容。

```
------------------------清单 9-17 9-17.asp------------------------
<%Session.Timeout=2                  '为了测试,设置 Session 过期时间为 2 分钟
    Response.Expires=0               '防止从浏览器缓存中读取过期的网页
```

```
%>
<html><body>
    当前在线人数:<%=Application("online")%><br>
    您是第<%=Application("all")%>位访问者
</body></html>
```

说明:

① 要测试该程序,需要打开多个浏览器窗口,在每个浏览器地址栏中输入 http://localhost/9-17.asp,就会发现当前在线人数和访问总人数都会加 1。然后等 2 分钟不操作,以触发 Session_OnEnd 事件,再打开一个浏览器窗口运行程序,就会发现当前在线人数已经减少,而访问总人数仍然会加 1。

② 该程序与 9-16.asp 相比,优点是用户不停地刷新页面,计数也不会加 1,因为这是同一个用户在访问网站,不会触发 Session_OnStart 事件。另一个优点是当用户访问网站内的任何网页(而不仅是 9-17.asp),都会调用 Global.asa 文件,使计数器加 1,因此对网站的访问统计更科学。

9.6　Server 对象

有时我们希望 ASP 能实现更多的特殊功能,比如访问数据库、读取和修改服务器端文本文件、将文件上传到服务器等。ASP 确实能实现这些功能,但是它自己内部并没有提供这些功能,而是利用 Server 对象来调用其他组件或程序实现这些功能的。

Server 对象除了能够创建外部对象和组件的实例来调用其他组件的功能外,它还提供了一些比较有用的属性和方法,比如转换编码格式、管理其他网页的执行等。Server 对象的方法如表 9-7 所示。

表 9-7　Server 对象的常用方法

方　法	功　能　说　明
CreateObject	Server 对象中最重要的方法,用于创建 ActiveX 组件、应用程序或脚本对象的实例
HTMLEncode	将字符串转换成 HTML 字符实体
URLEncode	将字符串转换成 URL 编码格式
MapPath	将虚拟路径转换成物理路径
Execute	转到新的网页执行,执行完毕后返回原网页,继续执行后面的语句
Transfer	转到新的网页执行,执行完毕后不返回原网页,而是停止执行

下面逐个介绍 Server 对象各种方法的用途。

1. 用 CreateObject 方法创建服务器组件实例

利用 Server 对象的 CreateObject 方法可以创建服务器端组件的实例。这样可以通过使用 ActiveX 组件扩展 ASP 的功能，实现一些仅依赖 ASP 内置对象所无法完成的功能。因此它在存取数据库、存取文件、使用第三方组件时经常会用到。语法如下：

```
Server.CreateObject(progID)
```

其中，progID 表示组件、应用程序或脚本对象的对象类型。例如下面的语句可创建一个数据库连接对象实例：

```
<%  Set conn=Server.CreateObject("ADODB.Connection") %>
```

这条语句可以读成"用 Server 对象的 CreateObject 方法创建一个 ADODB 组件的 Connection 对象的实例，实例名为 conn"。

说明：这里创建的实例 conn 是一个对象变量，给对象变量赋值必须用 Set 关键字（而给普通变量赋值时 Set 关键字则可省略）。也可以认为，在任何含有 Server.CreateObject 的语句中，必须要有 Set 关键字。

2. 用 HTMLEncode 方法输出 HTML 字符实体

我们知道，HTML 标记会被浏览器解释，不会显示在页面上。如果想在页面上显示 <、> 等 HTML 特殊字符，就需要使用字符实体。而 HTMLEncode 方法可以将字符串中的某些特殊字符（主要是<>&）自动转换为对应的字符实体。它的作用和 8.5.2 节中的 myReplace 函数很相似，下面是一个例子。它的运行结果如图 9-15 所示。

图 9-15　HTMLEncode 方法示例

```
<html><body>
    <%  Response.Write "<a href='http://www.baidu.com'>百度</a>"
    Response.Write "<br/>"
    Response.Write Server.HTMLEncode("<a href='http://www.baidu.com'>百度</a>")
    %>
</body></html>
```

该方法在需要输出 HTML 代码时非常有用，例如，在网上考试 HTML 知识时，就需要在页面上显示 HTML 语句。再如在论坛或留言板中，常希望将用户发的含有 HTML 格式的帖子按原样输出，而不是执行其中的 HTML 代码，否则可能会引起错误或安全问题。

3. 用 MapPath 方法将虚拟路径转换成物理路径

在同一个网站中，文件的链接或引用一般使用相对路径，例如<img src="img/logo.jpg"/>，这样在站点进行迁移或改变域名时会方便些。但在 ASP 中有些操作必须使用绝对路径，如访问数据库文件时就必须给出数据库文件的绝对路径。但直接写数据库文件的绝对路径又不利于网站的迁移。这时使用 Server.MapPath 方法可以将相对路径转化为绝对路径，语法如下：

```
Server.MapPath(path)
```

例如假设网站的根目录是 E：\web，下面的文件 9-18. asp 位于 E：\Web\Ch9 目录下。

```
----------------------清单 9-18 9-18.asp----------------------
<%
Response.write Server.MapPath("9-13.asp")&"<br/>"
Response.write Server.MapPath("temp/9-13.asp")&"<br/>"
Response.write Server.MapPath("../Ch6/6-1.asp")        '支持用"../"回退到上级目录
%>
```

则运行后在浏览器中输出的结果如下：

```
E:\Web\Ch9\9-13.asp
E:\Web\Ch9\temp\9-13.asp
E:\Web\Ch6\6-1.asp
```

实际上，Server. MapPath 方法还可将 IIS 的主目录的绝对路径转换为物理路径，如果路径以"/"或"\"开头则表示是 IIS 的主目录，下面的文件 9-19. asp 位于 E：\Web\Ch9 目录下。

```
----------------------清单 9-19 9-19.asp----------------------
<%
Response.write Server.MapPath("/9-13.asp")&"<br/>"
Response.write Server.MapPath("/temp/9-13.asp")&"<br/>"
Response.write Server.MapPath("/../Ch6/6-1.asp")        '不支持用"../"回退
%>
```

则运行后在浏览器中输出的结果如下：

```
E:\Web\9-13.asp
E:\Web\temp\9-13.asp
E:\Web\Ch6\6-1.asp
```

需要注意的是，如果将 E：\web 改设为虚拟目录，而设 IIS 的主目录为 E：\eshop，则 9-18. asp 的运行结果不会发生变化，而 9-19. asp 的运行结果变为：

```
E:\ eshop \9-13.asp
E:\ eshop \temp\9-13.asp
E:\ eshop \Ch6\6-1.asp
```

可看出它总是将 IIS 的主目录转化为绝对路径，而不是网站的主目录。因此，如果网站中有文件使用了将 IIS 的主目录转化为绝对路径的语句，则将该网站部署在主目录中和部署在虚拟目录中转化会得到不同的物理路径。这容易引起将网站部署在主目录中正常，而部署到虚拟目录中则出现转化后找不到文件的错误。而采用将相对路径转化为物理路径时则不存在这样的问题，因此推荐使用前一种方法。

提示:

① 凡是在路径前有"/",就把"/"替换成 IIS 主目录(注意不是虚拟目录)就可以了;凡是路径前无"/",就在路径前加该文件所在的当前路径。

② Server. MapPath 方法并不检查转换后的物理路径是否确实存在。

4. Transfer 方法

该方法用来停止执行当前网页,转到新的网页继续执行。例如:

```
<% Server.Transfer "9-5.asp" %>
```

说明:该方法与 Response. Redirect 方法有些类似。但两者有以下主要区别。

① Redirect 语句尽管是在服务器端运行,但重定向实际发生在客户端;而 Transfer 方法直接在服务器端转向新的页面,效率更高。

② Redirect 语句会使地址栏中的 URL 转到执行后的 URL,如 Response. Redirect "6-5.asp"会使地址栏显示 6-5.asp;而 Server. Transfer 语句转到新的网页时,仍然显示原来网页的 URL。

③ 由于 Server. Transfer 转到新的网页后无法改变 URL 地址,因此它在 URL 地址后带 URL 参数是无法传递给新网页的。

图 9-16 程序 9-20.asp 的运行效果

④ Redirect 语句可以转向到任何 URL 地址,包括本网站以外的页面,而 Server. Transfer 只能转向到本网站内的页面。

⑤ Redirect 语句转向后不会显示原来网页的内容,而 Transfer 会显示原来网页中已执行了的内容。

下面的例子在 9-20.asp 中使用 Server. Transfer 执行 9-21.asp,图 9-16 是 9-20.asp 的运行结果。

```
------------------------清单 9-20 9-20.asp------------------------
<html><body>
    欢迎光临网页学习网
    <%  Response.Write Request.ServerVariables("PATH_INFO")
    Server.Transfer "9-21.asp"    %>
    <p>谢谢,再见
</body></html>
------------------------清单 9-21 9-21.asp------------------------
<p>请您多多留言
    <%Response.Write Request.ServerVariables("PATH_INFO")    %></p>
```

说明:Server. Transfer 方法相当于把被调用网页嵌入到调用网页中执行,因此 9-21.asp 中环境变量显示的文件名仍然是 9-20.asp。

5. Execute 方法

Execute 方法与 Transfer 方法非常相似,唯一的区别是在执行完其他网页后,又会返回原网页继续执行剩下的代码,例如将 9-20. asp 中的 Transfer 方法替换为 Execute 方法,就会看到运行结果多了"谢谢,再见"一行。

　　Server. Execute 方法与 Include 文件包含命令也有些相似。但它们在本质上是有区别的。Server. Execute 是先执行被调用文件的代码,生成 HTML 代码后再插入到当前位置。而 Include 是将被包含文件中的代码插入到当前位置再作为一个整体来运行。例如,在被调用文件中定义了一个变量 Dim a,则用 Server. Execute 方法调用文件无法访问该变量(因为生成 HTML 代码后就没有 ASP 的变量了),而用 Include 包含文件的话,可以访问该变量。

习　题　9

1. 如果要将一个纯静态页面嵌入到一个 ASP 文件中,下面(　　)方法不行。

　　A. Server. Execute　　　　　　　　　　B. Server. Transfer

　　C. Include 命令　　　　　　　　　　　　D. <iframe>标记

2. 表单提交后处理表单数据的文件由(　　)属性决定。

　　A. method　　　　B. Post　　　　C. Action　　　　D. Name

3. Response 对象的(　　)方法可以将缓冲区中的页面内容立即输出到客户端。

　　A. Redirect　　　　B. End　　　　C. Clear　　　　D. Flush

4. 下面程序段执行完毕,页面上显示内容是(　　)。

```
<%=Server.HTMLEncode("<a href='http://www.sohu.cn'>搜狐</a>") %>
```

　　A. 搜狐

　　B. <a href='http://www. sohu. cn'>搜狐</a>

　　C. 搜狐(超链接)

　　D. 该句有错,无法正常输出

5. 对于 Response 对象,有些语句要求只有在服务器还没有向浏览器输出任何信息前才能使用,下列语句中无此要求的是(　　)。

　　A. Response. Redirect "9-1. asp"

　　B. Response. Cookies("age")=21

　　C. Response. Binarywrite mydata

　　D. Response. Buffer=false

6. 如果超链接的地址是 http://ec. hynu. cn/instr. asp? abc=3&bcd=test,要获取参数 bcd 的参数值应使用的命令是_____。

7. Session 对象默认情况下有效期是_____分钟。另外,我们可以利用 Session 的一个属性_____修改 Session 对象的有效期时长。要提前结束一个 Session,可以用_____方法。

8. 在 A 网页上创建了一个 Session 变量:session("user")="张三",在 B 网页上要输出这个 Session 变量的值,应使用_____。

9. 如果网站目录的物理路径是 E:\Web,下面的代码位于 E:\Web\Ch9\index. asp 中,则<%=Server. MapPath("data\data. mdb")%>在网页上的输出结果是_____。<%=Server. MapPath("\data\data. mdb")%>的输出结果是_____。下面的代码位于 E:\eshop\ Ch9 \ tt. asp 中,其中 E:\eshop 为虚拟目录,则<% = Server. MapPath("data\data. mdb")%>在网页上的输出结果是_____。<% = Server. MapPath("\data\data. mdb")%>在网页上的输出结果是_____。

10. 在 ASP 中有哪些常用的内置对象? 请简述它们的主要功能。

第10章

ASP 访问数据库

ASP 访问数据库是 ASP 中非常重要的内容。因为动态网站一般都需要有数据库的支持。将网站数据库化,就是使用数据库来管理整个网站。这样只要更新数据库中的内容,网站的内容就会自动被更新。将网站数据库化的好处有:

(1) 可以自动更新网页。采用数据库管理,只要更新数据库的数据,网页内容就会自动得到更新,过期的网页也可以自动不被显示。

(2) 加强搜索功能。将网站的内容储存在数据库中,可以利用数据库提供的强大搜索功能从多个方面搜索网站的数据。

(3) 可以实现各种基于 Web 数据库的应用。使用者只要使用浏览器,就可以通过 Internet 或 Intranet 内部网络,存取 Web 数据库的数据。可以使用在学校教学、医院、商业、银行、股市、运输旅游等各种应用上。例如银行余额查询、在线购书、在线查询、在线预订机票、在线医院预约挂号、在线电话费查询、在线股市买卖交易、在线学校注册选课,以及在线择友等。

因此,很多人认为动态网站就是使用了数据库技术的网站,虽然这种说法不准确,但足以说明数据库在动态网站中的重要作用。

10.1 数据库的基本知识

10.1.1 数据库的基本术语

所谓数据库就是按照一定数据模型组织、存储在一起的,能为多个用户共享的,与应用程序相对独立、相互关联的数据集合。

目前绝大多数数据库采用的数据模型都是关系数据模型,所谓“关系”,简单地说就是表。所以,数据库在逻辑上可以看成是日常使用的一些表格组成的集合。一个数据库通常包含 n 个表格($n \geqslant 0$)。图 10-1 就是一张学生基本情况表。

下面是数据库的一些基本术语:

字段:表中竖的一列叫做一个字段,图中有 5 个字段,“姓名”就是选中字段的名称。

记录:表中横的一行叫做一个记录,每条记录描述一个具体的事物。图中选择了第 2 条记录,也就是“陈小红”的相关信息。

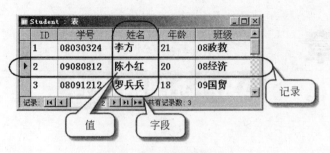

图 10-1 学生基本情况表

值：纵横交叉的地方叫做值，比如图中选择了第2条记录的"姓名"的值为"陈小红"。

表：由横行竖列垂直相交而成。可以分为表头(字段名)和表中的数据两部分。表也可以看成是若干条记录的集合，因此在数据库的表中不允许有两条完全相同的记录。

数据库：用来组织和管理表，一个数据库一般有若干张表，数据库不仅提供了存储数据的表，而且还包括规则、触发器、视图等高级功能。

10.1.2 建立 Access 数据库

在 ASP 中，一般使用 Access 或 SQL Server 数据库。Access 配置简单、移植方便，适合于小型网站使用。SQL Server 运行稳定、效率高、速度快，但配置和移植比较复杂，适合中大型网站使用。一般来说，对于网站同时在线人数小于 1000 人，又不需要使用存储过程或触发器等高级数据库功能时，使用 Access 数据库是合适的。如果网站的访问量进一步增加，将 Access 数据库转换成 SQL Server 数据库也是可行的。

Access 是 Office 办公软件的一个组成部分，安装 Office 时默认会自动安装 Access。下面以 Access 2003 为例讲解主要的操作。

1. 新建数据库

启动 Access 后，选择"文件"→"新建"命令(快捷键为 Ctrl＋N)，在右侧的"新建文件"面板中，单击"空数据库"标签，就会弹出如图 10-2 所示的"文件新建数据库"对话框。在该对话框中可以输入数据库的文件名和保存位置，Access 数据库文件的后缀名为 mdb。

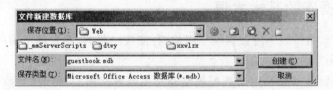

图 10-2 "文件新建数据库"对话框

单击"创建"按钮，就创建了一个名为 guestbook.mdb 的空数据库文件。此时，便会弹出如图 10-3 所示的 Access 主窗口。在这个窗口中，可以创建表和查询等数据库对象。

其中表是数据库中最基本的内容，它用来保存数据。而查询是对一个或多个表进行

图 10-3　Access 创建表的窗口

投影、选择、连接等各种操作，检索出用户所需的信息，查询得到的结果是一个虚拟的表，又称为视图。下面分别来讲述如何创建表和查询。

2. 新建和维护表

（1）新建表

在 Access 中新建表的方法有很多种，最常用的方法是在图 10-3 中双击"使用设计器创建表"，就会弹出如图 10-4 所示的新建表的设计视图，在其中可以逐个输入字段名称、选择字段数据类型。

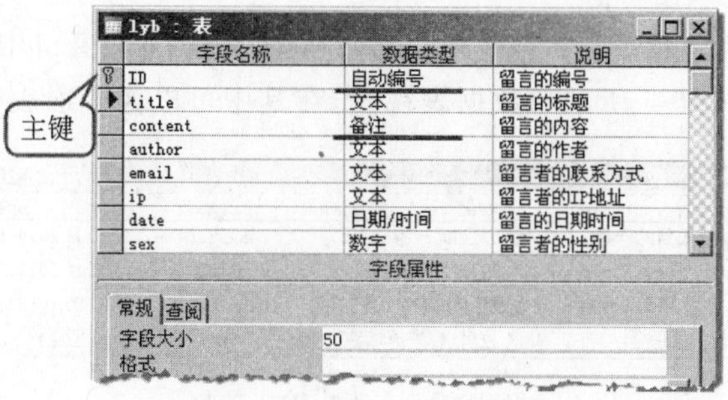

图 10-4　新建表的设计视图

在图 10-4 中，新建了一个给留言板保存用户留言的表。这张表可以保存留言的标题、内容、留言作者、留言者的联系方式、留言者的 IP、留言的日期和时间等信息。

图 10-4 中的一行就对应一个字段，也就是表中的一列，其中字段名称建议用英文命名，这样方便以后用 ASP 程序访问表中字段。说明是对字段名称的注释，也可以不填。数据类型主要有以下几种：

- 文本：用于比较短的字符串，默认为 50 个字符，最长为 255 个字符。
- 备注：用于比较长的字符串，最长可以容纳 65 535 个字符。
- 数字：用于整数、浮点数、小数等数值类型，默认值为 0。
- 是/否：即布尔型数据，它只有 True 和 False 两个值。
- 日期/时间：用于保存日期/时间的数据类型。
- 自动编号：可以自动递增或随机产生一个整数，常用来自动产生唯一编号，是 Access 特有的一种数据类型。

在图 10-4 中，我们对留言的编号（ID 字段）采用了"自动编号"数据类型，这样每条留言都会自动有一个唯一的编号，在查找或显示留言时可以依据这个编号找到某条留言。留言的内容(content 字段)必须采用"备注"数据类型,以保证它可以容纳很长的留言内容。

当选中一个数据类型后,还可以在图 10-4 的下方进行更复杂的格式设置。例如对于文本类型的字段,可以设置该字段的大小。如果字段要存储的字符串比较短,可以将其适当设得小些。例如 IP 字段、author 字段的"字段大小"设为 20 就够了,以节省存储空间。

最后可以对表设置主键,所谓主键是指能唯一标识某条记录的字段。作为主键的字段必须能满足两个条件:① 该字段中的值不能为空,② 字段中的值不能有重复的,这样该字段才能唯一标识某条记录。

本例中 ID 是自动编号字段,自然不会有重复,也不会有空值,因此可以将其当作主键唯一地标识一条记录。设置主键的方法是右击这个字段,在弹出的快捷菜单中选择"主键"命令就可以了,设置后该字段左边会有一个小钥匙标记。

(2) 保存表

输入完所有字段以后,单击图 10-4 右上角的"关闭"按钮,就会弹出询问是否保存对表的设计的更改。单击"是"按钮,就会弹出对话框要求输入"表名",这里输入表的名称"lyb",然后单击"确定"按钮,即建立了一个表名为 lyb 的表。

(3) 在表中输入数据

通过上面的步骤新建了一个表之后,就会在图 10-3 的主窗口中出现该表的名称,双击它就可以打开如图 10-5 所示的数据表视图,在其中可以像普通表格一样输入数据。

图 10-5　在表中输入数据

说明:

① 在各字段输入值时必须符合字段数据类型及该字段格式的要求,否则无法输入。

② 自动编号字段 ID 会自动输入,删除某一记录后该字段(ID)的值也不会被新记录占用。

③ 如果要删除记录,在该记录的左侧右击,选择快捷菜单中的"删除记录"命令即可。

(4) 修改数据表的设计

如果要修改数据表的结构,比如为表增加、删除字段或修改字段,可以在图 10-3 的主窗口中选择该数据表,然后右击,选择快捷菜单中的"设计视图"命令,就可以再次回到如图 10-4 所示的设计视图界面修改表的结构。

3. 新建和维护查询

有时用户希望只显示表中的部分字段或部分记录,或者希望显示的字段或记录来自多个表,就可以使用查询来实现。查询返回给用户的查询结果从形式上看也是一个表,但这个表并没有存放在数据库中,而是通过对数据表进行关系运算得出来的,因此是一张"虚表"。

在图 10-3 所示的 Access 主窗口左侧单击"查询"按钮,然后再双击右侧的"在设计视图中创建查询",就会弹出一个"显示表"对话框,单击"关闭"按钮将它关闭。再在建立查询窗口的上半部分右击,选择"SQL 视图",如图 10-6 所示。就可以使用 SQL 语言建立查询了。

在打开的 SQL 视图中输入查询语句"Select author, title from lyb",然后单击 Access 主窗口工具栏中的"运行"按钮 ，就可以执行查询得到如图 10-7 所示的查询结果。

图 10-6　打开 SQL 视图创建查询

图 10-7　查询结果

执行查询后,如果要返回到 SQL 视图窗口进行修改,可在主窗口中选择"视图"→"SQL 视图"命令。

当关闭查询窗口时,会提示是否保存查询,为该查询输入一个名称后即可将查询保存下来。再次说明,保存查询并不会将查询得到的数据表保存到数据库中,它只是保存了创建查询的 SQL 语句而已。

4. 打开 Access 数据库文件

当计算机安装了 Access 后,双击任何 Access 数据库文件(.mdb)就会自动用 Access 打开,但在打开前 Access 出于安全考虑会弹出两个对话框,在第一个对话框的"是否阻止不安全表达式"中选择"否",在第二个对话框"安全警告"中选择"打开"即可打开数据库文件。

10.1.3　SQL 语言简介

SQL(Structured Query Language)语言,即结构化查询语言,是操作各种数据库的通用语言。在 ASP 中,无论要访问哪种数据库,都要使用 SQL 语言。SQL 语言本身是比较庞大复杂的,但制作普通的动态网站只需要掌握一些最常用的 SQL 语句就够用了。常用的 SQL 语句有以下 4 种。

(1) Select 语句——查询数据。

(2) Insert 语句——添加记录。

(3) Delete 语句——删除记录。

(4) Update 语句——更新记录。

1. Select 语句

Select 语句用来实现对数据库的查询。简单地说,就是可以从数据库的相关表中查询符合特定条件的记录(行)或字段(列)。语法如下:

Select [Top 数值] 字段列表 From 表 [Where 条件] [Order By 字段] [Group By 字段]

说明：

① Top 数值：表示只选取前多少条记录。如选取前 6 条记录，就是 Top 6。

② 字段列表：即要显示的字段，可以是表中一个或多个字段，多个字段中间用逗号隔开。用＊表示全部字段。

③ 表：指要查询的数据表的名称，如果有多个表，则中间用逗号隔开。

④ Where 条件：就是查询只返回满足这些条件的记录。

⑤ Order By 字段：表示将查询得到的所有记录按某个字段进行排序。

⑥ Group By 字段：表示按字段对记录进行分组。

下面举一些常用的 Select 语句的例子。

（1）选取数据表 lyb 中的全部数据

```
Select * from lyb
```

（2）选取指定字段的数据（即选取表中的某几列）

```
Select author, title from lyb
```

（3）只选取前 5 条记录

```
Select Top 5 * from lyb
```

（4）选取满足条件的记录

```
Select * from lyb where ID>5
Select author, title from lyb where ID Between 2 And 5     //如果条件是连续值
Select * from lyb where ID in (1, 3, 5)                    //如果条件是枚举值
```

由此可见，Select 子句用于从表中选择列（字段），Where 子句用来选择行（记录）。

（5）选取满足模糊条件的记录

```
Select * From lyb Where author like '%四%'
Select * From lyb Where author like '唐%'
Select * From lyb Where author like '唐_'
```

其中，"％"表示与任何 0 个或多个字符匹配，"_"表示与任何单个字符匹配。需要注意的是，在 Access 中直接写查询语句时，"％"需换成"＊"，"_"需换成"？"。

提示：在 SQL 中用到字符串数据时，字符串两边必须加上单引号，日期或时间型数据两边必须加#号。所有标点符号必须为半角符号。SQL 语句不区分大小写。

（6）对查询结果进行排序

利用 Order By 子句可以将查询结果按照某种顺序排序出来。例如，下面的语句将按作者名的拼音字母的升序排列。

```
Select * From lyb order by author ASC
```

下面的语句将把记录按 ID 字段的降序排列。

```
Select * From lyb order by id DESC
```

如果要按多个字段排序,则字段间用逗号隔开。排序时,首先参考第一字段的值,当第一字段值相同时,再参考第二字段的值,依此类推。如:

```
Select * From lyb order by date DESC, author
```

说明:ASC 表示按升序排列,DESC 表示按降序排列。如果省略,默认值为 ASC。

(7) 汇总查询

有时需要对全部或多条记录进行统计。比如对一个学生成绩表来说,可能希望求某门课程所有学生的平均分。对一张学生信息表来说,可能需要求每个专业的学生人数。Select 语句中提供了 Count、Avg、Sum、Max 和 Min 共 5 个聚合函数,分别用来求记录总数、平均值、和、最大值和最小值。

例如,下面的语句将查询表中总共有多少条记录:

```
Select count(*) From lyb
```

下面的语句将查询所有记录的 ID 值的平均值、之和和最大的 ID 号。

```
Select avg(id),sum(id),max(id) From lyb
```

说明:

① 以上例子返回的查询结果都只有一条记录,即汇总值。

② Count (*)表示对所有记录计数。如果将 * 换成某个字段名,则只对该字段中非空值的记录计数。

③ 如果在以上例子中加上 Where 子句,将只返回符合条件的记录的汇总值。

聚合函数还可以与 Group By 子句结合使用,以便实现分类统计。比如要统计每个系的男生人数和女生人数的 Select 语句如下:

```
Select 系别, sex, count(*) From students Group By 系别, sex
```

(8) 多表查询

如果要查询的内容来自多个表,就需要对多个表进行连接后再进行查询。比如有两个表,一个是保存了用户基本信息的 User 表(ID,姓名,性别,年龄),另一个是用户账号表 Admin(ID, 账号,密码)。如果要查询用户的姓名、性别、账号、密码信息,就需要对这两张表进行连接,可以按照 ID 字段建立联系。SQL 语句如下:

```
Select 姓名,性别,账号,密码 From User, Admin where User.ID=Admin.ID
```

(9) 其他查询

① 使用 Distinct 关键字可以去掉重复的记录。如:

```
Select Distinct author From lyb
```

② 使用 As 关键字可以为字段名指定别名,如:

```
Select author As 作者, title As 标题 From lyb
```

2. Insert 语句

在动态网站程序中,经常需要向数据库中插入记录。例如用户发表一条留言时,就需要将该条留言作为一条新记录插入到表 lyb 中。使用 Insert 语句可以实现该功能,语法如下:

```
Insert Into 表 (字段 1, 字段 2,…) Values (字段 1 的值, 字段 2 的值,…)
```

说明:

① 利用 Insert 语句可以给表中部分或全部字段赋值。Value 括号中的字段值的顺序必须和前面括号中的字段一一对应。各字段之间、字段值之间用逗号隔开。

② 在插入时要注意字段的数据类型,若为文本或备注型,则该字段的值两边要加单引号;若为日期/时间型应在值两边加#号(加单引号也可以);若为布尔型值应为 True 或 False;自动编号字段不需要插入值。

③ 可以只给部分字段赋值,但主键字段必须赋值,不能为空且不能重复。

下面是一些插入记录的例子:

```
Insert Into lyb (author ) Values('芬芬')
Insert Into lyb (author, title, [date]) VALUES ('芬芬','大家好!',#2010-12-12#)
```

说明:由于 date 是 SQL 语言中的一个关键字,如果表中的字段名与 SQL 中的关键字相同时,就必须把该字段名写在中括号内,如[date],否则 SQL 语句会出错。因此有时在执行 Insert 语句出现不明原因的错误时,不妨把所有字段名都写在中括号内。

3. Delete 语句

使用 Delete 语句可以一次性删除表中的一条或多条记录。语法如下:

```
Delete From 表 [Where 条件]
```

说明:"Where 条件"与 Select 语句中的 Where 子句作用是一样的,都用来筛选记录。在 Delete 语句中,凡是符合条件的记录都会被删除,如果没有符合条件的记录则不删除,如果省略条件,则会将表中所有的记录全部删除。

下面是一些删除记录的例子:

```
Delete from lyb where id=17
Delete from lyb where author='芬芬'
Delete from lyb where date<#2010-9-1#
```

提示:Delete 语句以删除一整条记录为单位,它不能删除记录中某个或多个字段的值,因此 Delete 与 from 之间没有 * 或字段名。如果要删除某些字段的值,可以用下面的 Update 语句将这些字段的值设置为空。

4. Update 语句

在实际生活中,经常需要修改信息。在 SQL 中,可以使用 Update 语句来修改更新表中的记录。语法如下：

```
Update 数据表名 Set 字段 1=字段值 1,字段 2=字段值 2,…[Where 条件]
```

说明：Update 语句可以更新全部或部分记录。其中 Where 条件用来指定更新数据的范围，其用法同 Delete 语句。凡是符合条件的记录都会被更新，如果省略条件，则将更新表中所有的记录。

下面是一些常见的例子：

```
Update lyb set email='fengf@163.com' where author='芬芬'
Update lyb set title='此留言已被删除', content=Null where id=16
```

更新记录时，也可以采取先删除再添加。不过，这样的话会使自动编号的值改变，而有时是需要通过自动编号的值查找该记录的，而且采取先删除再添加需要执行两条 SQL 语句，有时可能发生第 1 条执行成功，而第 2 条执行失败的情况，从而对数据产生破坏。

10.2　ADO 概述

ASP 程序不能直接访问数据库，必须通过 ADO(ActiveX Data Object)组件，ASP 才可以访问 Access、SQL Server、Oracle 等各种支持 ODBC 或 OLE DB 的数据库。这就好比操作系统要通过驱动程序才能访问各种硬件一样。ASP、ADO、OLE DB 及各种数据库之间的关系如图 10-8 所示。

我们必须了解 ADO 才能顺利地使用 ASP 访问数据库。ADO 包括了很多对象和子对象，这些对象之间的关系如图 10-9 所示。每个对象又有很多的集合、方法和属性。总的来看，ADO 有三个主要对象，即 Connection、Command 和 RecordSet。三个对象的功能如表 10-1 所示。

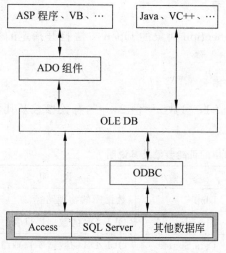

图 10-8　ADO 与 OLE DB 的关系

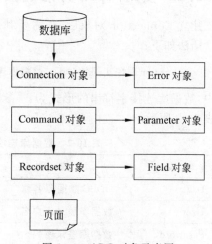

图 10-9　ADO 对象示意图

表 10-1　ADO 的 3 个主要对象及其功能

对　　象	功　能　说　明
Connection	用来创建 ASP 脚本与指定数据库的连接
Command	对数据库执行命令,如查询、添加、修改和删除等命令
RecordSet	用来得到从数据库中的表返回的记录集

图 10-9 是 ADO 对象的示意图,其中 Error 对象是 Connection 对象的子对象; Parameter 对象是 Command 对象的子对象;Field 对象是 RecordSet 对象的子对象。

从图 10-9 中可以看出,要在 ASP 页面中使用数据库中的数据,必须依次建立 ADO 的三个对象。但是在实际中,Command 对象可以不显式地建立。在页面上显示数据库中数据的步骤通常分为三步:

(1) 用 Connection 对象连接数据库。

(2) 创建记录集,即通过查询将指定表中需要的数据读取到内存中。

(3) 绑定数据到页面,即输出记录集中一条记录某个字段或多个字段的值。

10.3　Connection 对象

使用 Connection 对象之前先要建立该对象,语法如下:

```
Set 对象实例名=Server.CreateObject("ADODB.Connection")
```

说明:

① 对象实例名可以是任意一个变量名,但通常这个实例名都约定命名为 conn。

② 因为 ADO 中的对象都不是 ASP 的内置对象,因此不能直接使用它们,必须用 Server. CreateObject 方法先建立该对象的实例。

10.3.1　使用 Open 方法连接数据库

建立 Connection 对象后,还需要利用 Connection 对象的 Open 方法打开指定的数据库。语法如下:

```
Connection 对象实例名.Open 数据库连接字符串
```

其中,数据库连接字符串的形式为:"参数 1=值 1;参数 2=值 2;…",有关参数及其含义如表 10-2 所示。

表 10-2　数据库连接字符串中的可能参数及其说明

参　　数	说　　明	参　　数	说　　明
Dsn	ODBC 数据源名称	Dbq	数据库的物理路径
User	数据库登录用户名	Provider	OLE DB 的数据提供者
Password	数据库登录密码	Data Source	OLE DB 的数据库物理路径
Driver	数据库的驱动程序类型		

注: 表中提供了很多参数,但每次并不会都用到。采用不同的连接方式,使用的参数一般也不同。

数据库连接字符串一般分为三类,即基于 DSN 的 ODBC 方式、无 DSN 的 ODBC 方式和基于 OLE DB 的方式。下面分别来介绍。

(1) 基于 DSN 的 ODBC 方式

这种数据库连接方式要求先在服务器端创建一个 ODBC 数据源,就可以用如下方法连接数据库:

```
conn.open "Dsn=lyb2"          '前提是已经创建了一个名为 lyb2 的 ODBC 数据源
```

它也可以省略“Dsn＝”,直接写数据源名。即:

```
conn.open "lyb2"
```

(2) 无 DSN(DSN-less)的 ODBC 方式

第一种方式的连接字符串虽然简单,但要求能够在服务器端设置 ODBC 数据源,对于租用服务器空间的用户来说通常无法在服务器上进行这些设置。而且如果把程序从一台服务器移植到另一台服务器后,又必须在另一台服务器上重新设置,比较麻烦。无 DSN(DSN-less)的 ODBC 方式则不需要设置数据源。例如:

```
conn.open "Driver={Microsoft Access Driver (*.mdb)};Dbq=E:\Web\lyb.mdb"
```

说明:这种方式的数据库连接字符串较长,但实际上它只包括两项,第一项 Driver 表示数据库驱动程序的类型,第二项 Dbq 表示数据库文件的物理路径。要特别注意在 Driver 和(＊.mdb)之间有且仅有一个空格,多了少了空格都将连接不上。

对于这种方式,通常可以利用 Server 对象的 Mappth 方法将数据库的相对路径转换为物理路径,即:

```
conn.open "Driver={Microsoft Access Driver (*.mdb)}; Dbq=" & Server.Mappath
("lyb.mdb")
```

这样改写后,将网站目录迁移到任何其他目录后,都不需要修改数据库的路径了。

(3) 基于 OLE DB 的连接方式

OLE DB 是一种比 ODBC 效率更高的连接数据库的方式,也是微软目前推荐的连接方式。连接代码如下:

```
conn.open "Provider=Microsoft.Jet.OLEDB.4.0;Data Source=E:\Web\lyb.mdb "
```

自然,这种方式也可以使用 Server.MapPath 将数据库的相对路径转换为物理路径:

```
conn.open "Provider=Microsoft.Jet.OLEDB.4.0;Data Source=" & Server.MapPath("
lyb.mdb")
```

下面是一个完整的利用 Connection 对象连接数据库的程序代码,它主要分为两步,即创建 Connection 对象实例 conn 和用 Open 方法打开数据库连接字符串。由于应用了数据库技术的网站中几乎所有的网页都需要连接数据库,因此我们通常将该段代码保存成一个文件(一般命名为 conn.asp),在需要连接数据库的网页中使用 Include 命令包含它即可。

```
--------------------清单 10-1 conn.asp--------------------
<%Dim conn
Set conn=Server.CreateObject("ADODB.Connection")
conn.open "Provider=Microsoft.Jet.OLEDB.4.0;Data Source=" & Server.MapPath
("lyb.mdb")
%>
```

使所有网页能共享数据库连接代码的另一种方法是将数据库连接对象保存在一个Application变量中,由于Application变量能被网站中所有网页共享,因此该数据库连接对象能被所有网页使用,为了使数据库连接对象能够在用户访问任何网页之前就已存在,应该在Global.asa文件中建立它,代码如下:

```
<script language="VBScript" runat="server">
    Sub Application_OnStart
    Set Application("conn")=Server.CreateObject("ADODB.Connection")
Application("conn").open "Provider=Microsoft.Jet.OLEDB.4.0; Data Source=" &
Server.MapPath("lyb.mdb")
    End Sub
</script>
```

这样在其他网页的开头就不需要写＜!--＃include file="conn.asp"--＞了,只要增加一句 conn＝Application("conn")即可。但该方法建立的数据库连接对象不能为每个用户单独关闭,因此实际中用得很少,在此介绍仅作为对比。

10.3.2   使用 Execute 方法创建记录集

连接了数据库以后,ASP程序只是和指定的数据库建立了连接,但数据库中通常有多个表,数据库中的数据都是存放在表中的。为了在页面上显示数据必须读取指定的表(全部或部分数据)到内存中来,这称为创建记录集(RecordSet)。记录集可以看成是内存中的一个虚表,由若干行和若干列组成。记录集还带有一个记录指针,在刚打开记录集时该指针通常指向记录集中的第一条记录(如果记录集不为空),如图 10-10 所示。

图 10-10   记录集示意图

创建记录集有几种方法,一种方法是使用 Connection 对象的 Execute 方法执行一个查询来创建记录集。例如:

```
Set rs=conn.Execute("Select * From lyb Order By ID Desc")
```

说明:

① conn. Execute 方法后的括号有时可以省略,但如果它前面有"Set rs=",则括号不能省略。因此,此处的括号是一定不能省略的。

② 利用 Connection 对象的 Execute 方法执行一条 Select 语句,就会返回一个记录集对象,如 rs。

提示:可以简单认为连接数据库是和指定的数据库建立联系,而创建记录集是和该数据库中指定的表建立联系。因此在网页上显示数据库中的数据都必须先进行这两步。

10.3.3 在页面上输出数据

创建了记录集后,数据表中的相关数据就已经读取到内存中。这时只要使用 rs("字段名")就可以输出记录集指针当前指向的记录的字段值到页面上。例如:

```
<%=rs("title")%><%=rs("author")%>
```

就表示输出记录集中第一条记录中 title 字段和 author 字段的值。

如果要输出记录集中的第二条记录,可以利用 rs. MoveNext 方法先将记录集指针指向下一条记录,然后再输出该条记录的值。例如:

```
<%rs.MoveNext
    Response.Write rs("title")&" "& rs("author")  %>
```

如果要输出记录集中所有的记录,可以利用循环语句每输出一条记录后,就将记录集指针移动到下一条记录,再输出这条记录,直到记录集指针指向了记录集的末尾(rs. Eof)才停止循环。但是这样只能输出每条记录的内容(每个单元格中的内容)。如果要以表格的形式输出记录集,则必须用 HTML 标记定义表格,再将记录集中的内容输出到每个单元格<td>中。下面是一个将数据库(lyb. mdb)中表 lyb 中数据显示在页面上的完整程序。程序运行结果如图 10-11 所示。

```
---------------清单 10-2 10-2.asp 显示数据库中的记录---------------
<%'---------------------连接数据库---------------------
Dim conn
Set conn=Server.CreateObject("ADODB.Connection")
conn.open "Provider=Microsoft.Jet.OLEDB.4.0;Data Source=" & Server.MapPath
("lyb.mdb")
'---------------------创建记录集---------------------
Set rs=conn.Execute("Select * From lyb Order By ID DESC")
%>
<!---------------在页面上显示数据库中的记录---------------
<table border="1" width="95%">
<tr bgcolor="#e0e0e0">
    <th>标题</th><th width="100">内容</th><th width="60">作者</th>
    <th>email</th><th width="80">来自</th>
</tr>
```

```
<%do while not rs.eof %>
<tr>
    <td><%=rs("title") %></td>
    <td><%=rs("content") %></td>
    <td><%=rs("author") %></td>
    <td><%=rs("email") %></td>
    <td><%=rs("ip") %></td>
</tr>
<%   rs.movenext
loop    %>
</table>
```

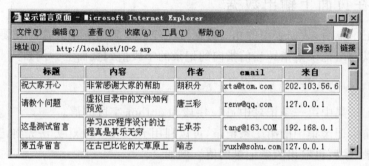

图 10-11 程序 10-2.asp 的运行结果

说明：

① 本程序分为三部分，第一部分是连接数据库；第二部分是利用 Connection 对象的 Execute 方法创建记录集；第三部分是用 Do…Loop 循环读取记录集中的所有记录。

② 刚打开记录集时，记录指针指向第 1 条记录，而利用 MoveNext 方法和循环就可以依次指向后面的每一条记录。

③ 由于每次循环显示一条记录，而每条记录显示在一行中，并且每显示一条记录要将记录指针向下移一条，因此 Do…Loop 循环的循环体是一对 ＜tr＞…＜/tr＞ 标记和一条 rs.MoveNext 语句。

提示：从该程序可以看出，ASP 程序无法用一条语句将记录集整个表按原样输出，而只能利用循环和 rs.MoveNext 方法一条一条记录地输出。

如果不想输出所有记录，只想输出记录集中的前 n 条记录，那么至少有两种方法，一种是使用 for 循环，限定循环次数为 n；第二种方法是修改 SQL 语句为 Select Top n * From lyb Order By ID DESC，这样记录集中就只有 n 条记录。推荐用第二种方法，因为前一种方法虽然只在页面上输出 n 条记录，但实际上已经把所有的记录都读取到了记录集中，占用了内存。

说明：如果程序 10-2.asp 执行出错，有很多种原因，一种原因是在 Access 中打开了 lyb 这个表，这时只要在 Access 中关闭这个表就可以了。

10.3.4　使用 Execute 方法操纵数据库

除了将数据表中的数据显示在页面上以外,有时还希望通过网页对数据库执行添加、删除或修改操作。比如在网页上发表留言就是向数据表中添加一条记录。

1. 利用 Insert 语句添加记录

利用 SQL 语言的 Insert 语句可以执行添加操作,而使用 Connection 对象的 Execute 方法实际上可以执行任何 SQL 语句,因此利用 Execute 方法执行一条 Insert 语句,就可以在数据表中添加一条记录。下面是一个例子:

```
----------------清单 10-3 10-3.asp 向数据库中添加记录----------------
<!--#include file="conn.asp"-->
<%
conn.execute "Insert into lyb (author, title, [date],content) Values ('芬芬', '大
家好', #2010-12-12#, '一起讨论' )" %>
```

说明:

① 本程序分为两部分,第一部分是连接数据库,由于连接数据库的代码已写在 conn. asp 文件中,因此在这里直接利用 Include 命令调用该文件。第二部分是利用 Connection 对象的 Execute 方法添加记录。

② 由于只有执行查询语句才会返回记录集,添加记录不会产生记录集,因此在 conn. execute 前不必写"Set rs=",conn. execute 方法后的括号也就可以省略了。

③ 用 Insert 语句一次只能添加一条记录,如果要添加多条,可以逐条添加或用循环语句。

2. 利用 Delete 语句删除记录

当管理员希望删除某些留言时,就需要在数据库中删除记录,可以利用 Connection 对象的 Execute 方法执行一条 Delete 语句来删除记录。下面是一个例子。

```
----------------清单 10-4 10-4.asp 删除数据库中的记录----------------
<!--#include file="conn.asp"-->
<%
conn.execute " Delete from lyb where ID in(28,26,23,25)", number
%>
本次操作共有<%=number %>条记录被删除!
```

说明:由于删除语句可一次删除多条记录,因此在这里使用了 Execute 方法的 number 参数,它将返回此次操作所影响的记录总数。如果这次有 4 条记录被删除,那么 number 将返回 4。

提示:本例中使用了 Execute 方法的 number 参数。实际上,使用 Execute 方法执行 Insert、Delete、Update 语句,都可以带 number 参数返回影响的记录数,但如果用 Execute 方法执行 Select 语句,则 number 参数返回的值始终为－1,因为查询语句不会影响表中的记录数。

3. 利用 Update 语句更新记录

当需要修改某条留言时,就需要用 Execute 方法执行 Update 语句更新记录。例如:

---------------清单 10-5 10-5.asp 更新数据库中的记录---------------

```
<!--#include file="conn.asp"-->
<%
conn.execute "Update lyb set email='rong@163.com',author='蓉蓉' where id=21"
%>
```

该方法可用来记录新闻页面的点击次数,只要在显示某条新闻的页面的适当位置加入如下这条语句就可以了。

```
conn.execute "update news set hits=hits+1 where id="&cstr(Request("id"))
```

这样每打开一次这个新闻页面,都会执行这条 SQL 语句,使点击次数(hits 字段)加 1。

提示:如果对数据库可以执行查询操作,但执行添加、删除、修改等操作出错。通常是数据库权限问题,找到数据库文件所在的文件夹,右击,在"属性"面板中的"安全"选项卡中给予 EveryOne 读写权限即可。

10.4 使用 conn.execute 方法操纵数据库的综合实例

下面是一个综合实例,它能够对数据表中的数据进行添加、删除和修改。该程序主要包括管理主界面,添加记录模块、删除记录模块和更新记录模块。

10.4.1 数据管理主界面的设计

我们可以对 10-2.asp 稍做修改,使其在显示记录的基础上增加添加、删除和修改记录的链接,分别链接到添加、删除、更新记录的 ASP 文件上。因为这个网页要作为管理留言的首页,在此命名为 index.asp。

------------清单 10-6 index.asp 操纵数据库中记录的主界面------------

```
<!--#include file="conn.asp"-->          <!--连接数据库-->
'---------------------创建记录集---------------------
<%Set rs=conn.Execute("Select * From lyb Order By ID DESC")
%>
<!--------------------在页面上输出数据-------------------->
<a href="addform.asp">添加记录</a>
<table border="1" width="95%">
<tr bgcolor="#e0e0e0">
    <th>标题</th><th>内容</th><th>作者</th><th>email</th>
    <th>来自</th><th>删除</th><th>更新</th>
</tr>
```

```
<%do while not rs.eof %>
<tr>
    <td><%=rs("title") %></td><td><%=rs("content") %></td>
    <td><%=rs("author") %></td><td><%=rs("email") %></td>
    <td><%=rs("ip") %></td>
    <td><a href="delete.asp?id=<%=rs("id")%>">删除</a></td>
    <td><a href="editform.asp?id=<%=rs("id")%>">更新</a></td>
</tr>
<%      rs.movenext
loop    %>
</table>
```

程序的运行结果如图 10-12 所示。

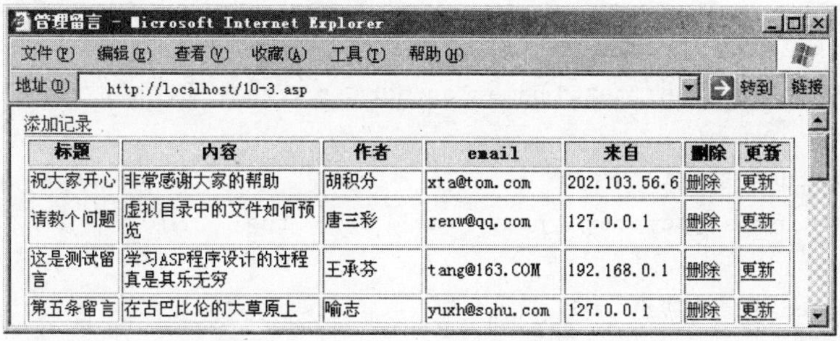

图 10-12　程序 index.asp 的运行结果

说明：请注意"删除"超链接：

```
<a href="delete.asp?id=<%=rs("id")%>">删除</a>
```

其中，<%=rs("id")%>会输出这条记录 id 字段的值,而每条记录的 id 字段值都不相同,因此,所有记录后的"删除"超链接虽然都是链接到同一页面(delete.asp),但带的 id 参数值不同,这样就可以将这条记录的 ID 参数值传递给 delete.asp。例如,如果这条记录的 id 字段值为 4,则这个超链接实际上为：

```
<a href="delete.asp?id=4">删除</a>
```

在 delete.asp 中,就可以用 Request 对象的 QueryString 获取这个 id 值。再根据该 id 值删除对应的记录。对于更新记录的超链接也是同样的道理。

技巧：在有些程序中,删除和更新不是使用的超链接,而是使用表单中的按钮,如果要使用按钮,只要将<a href="editform.asp? id=<%=rs("id")%>">更新</a>替换成:

```
<form action="editform.asp?id=<%=rs("id") %>" method="get">
    <input type="submit" value="更新">
</form>
```

说明：该方法的作用仅仅是利用 action 属性来传递 URL 参数,表单并没有向处理页提交任何内容。(注意：method 属性不能省略,想一想把 method 属性设置为 Post 还可以吗?)

10.4.2 添加记录的实现

当用户点击 index. asp 中的添加记录超链接时,就会链接到 addform. asp,该网页实际上是个纯静态网页,它含有一个表单,用户可在该表单中输入留言内容。其主要代码如下:

```
------------清单 10-7 addform.asp 操纵数据库中记录的主界面------------
<h2 align="center">请您在下面填写留言</h2>
<form name="form1" method="post" action="insert.asp">
<table width="400" border="1" align="center" cellpadding="2">
    <tr><td width="125">留言标题: </td>
     <td width="275"><input type="text" name="title"> * </td>
    </tr>
    <tr><td>留言人: </td>
     <td><input type="text" name="author"> * </td>
    </tr>
    <tr><td>联系方式: </td>
     <td><input type="text" name="email"> * </td>
    </tr>
    <tr><td>留言内容: </td>
     <td><textarea name="content" cols="30" rows="2"></textarea></td>
    </tr>
    <tr><td> </td><td><input type="submit" value="提 交"></td>
    </tr>
</table></form>
```

在浏览器中的显示结果如图 10-13 所示。

图 10-13　添加留言 addform. asp 的主界面

当用户单击"提交"按钮后,要将用户输入的数据作为一条记录中的各个字段插入到数据表中,下面的程序先获取表单中的数据,然后用 Execute 方法执行 Insert 语句将用户的留言保存到数据库中。

```
---------------清单 10-8 insert.asp 添加记录的主程序---------------
<!--#include file="conn.asp"-->
<%
title=request.Form("title")
author=request.Form("author")
email=request.Form("email")
content=request.Form("content")
ip=request.ServerVariables("REMOTE_ADDR")
sql="Insert into lyb(title,author,email,content,ip,[date]) values('"&title&"',
'"&author& "','" & email & "','" &content& "','"&ip&"',#"& Date() &"#)"
response.Write sql                  '输出 SQL 语句,用于调试
conn.execute sql
response.Redirect("index.asp")      '插入成功后,自动转到首页
%>
```

说明：该程序中的 insert 语句较长，因此将其放在一个变量(sql)中。这样做的另一个好处是，如果 SQL 语句有错误，则可以先输出该 insert 语句，便于调试。

10.4.3　删除记录的实现

当用户在 index.asp 中点击"删除"超链接时，就会执行 delete.asp 文件，该文件先获取超链接传递过来的记录 id 参数，然后用 delete 语句删除该 id 对应的记录。

```
--------------清单 10-9 delete.asp 删除记录的主程序--------------
<!--#include file="conn.asp"-->
<%id=Cint(Request.QueryString("id"))
conn.execute "delete from lyb where id="&id
Response.Redirect("index.asp")
%>
```

说明：在第二行中使用了 cint 函数将获取到的 id 参数强制转化为整型，虽然在一般情况下不使用 Cint 函数也可以，但这样做的好处是可以防止非法用户在浏览器地址栏中手工输入一些非数值型的 id 参数，如"id="破坏系统。

10.4.4　同时删除多条记录的实现

在有些电子邮件系统中，允许用户选中多封邮件然后将它们一并删除，这就是同时删除多条记录的一个例子。我们可以把程序 10-6.asp 稍作修改，修改后的程序如下：

```
------------清单 10-10 delall.asp 操纵数据库中记录的主界面------------
<!--#include file="conn.asp"-->
<%
if request.QueryString("del")=1 then       '如果用户按了"删除"按钮
    selectid=request.Form("selected")      '获取所有选中多选框的值
  if selectid <>"" then                    '防止 selectid 值为空时执行 SQL 语句出错
    conn.execute "Delete From lyb where id in ("&selectid&")"
```

```
        response.Redirect "delall.asp"                '删除完毕,刷新页面
    end if
end if
    Set rs=conn.Execute("Select * From lyb Order By ID DESC")      '创建记录集
    %>
<form name="form1" method="post" action="?del=1">
<table border="1" width="95%">
<tr bgcolor="#e0e0e0">
    <th>标题</th><th>内容</th><th>作者</th><th>email</th>
    <th>来自</th><th>删除</th><th>更新</th>
</tr>
<%do while not rs.eof %>
<tr>
    <td><%=rs("title") %></td><td><%=rs("content") %></td>
    <td><%=rs("author") %></td><td><%=rs("email") %></td>
    <td><%=rs("ip") %></td>
    <td align="center">
<input type="checkbox" name="selected" value="<%=rs("id")%>"></td>
    <td><a href="editform.asp?id=<%=rs("id")%>">更新</a></td>
    </tr>
<%rs.movenext
loop          %>
<tr bgcolor="#E0E0E0">
    <td></td><td></td><td></td><td></td><td></td>
    <td align="center"><input type="submit" value="删 除"></td>
    <td></td></tr>
</table></form>
```

程序的运行结果如图 10-14 所示。

图 10-14　程序 dedall.asp 的运行结果

说明:

① 本程序和 index.asp 相比,主要就是将每条记录后的"删除"超链接换成了一个多选框,请注意,该多选框的 name 属性值是静态的 selected,因此循环以后所有记录多选框

的 name 属性值都是 selected,而多选框的 value 属性值是动态数据<%=rs("id")%>,则循环后每条记录多选框的 value 属性值都是其 id 字段值。我们知道,如果有多个多选框的 name 属性值相同,那么提交的数据就是(name=value1,value2,…)的形式。因此,在该程序中,如果用户选中多条记录(比如选中 2,3,5,7 条记录),则提交的数据就是(selected=2,3,5,7),那么最终执行的 SQL 语句就是 Delete From lyb where id in (2, 3, 5, 7)。

② 本程序将表单界面和删除记录的程序写在了同一个文件中,方法是通过 action 属性将表单提交给自身而不是其他文件,但增加了一个查询字符串,处理程序据此判断是否提交了表单。

10.4.5　更新记录的实现

更新记录的实现思想是:首先提供一个表单界面,该表单显示待更新记录的各字段值,以供用户更新该记录中的信息。当用户提交更新数据的表单后,将执行更新记录的处理程序。下面是更新记录的操作界面程序 editform.asp 的代码。运行结果如图 10-15 所示。

```
----------清单 10-11 editform.asp 操纵数据库中记录的主界面----------
<!--#include file="conn.asp"-->
<%id=request.QueryString("id")
set rs=conn.execute ("Select * from lyb where id="&id)        '显示待更新的记录
%>
<h2 align="center">更新留言</h2>
<form name="form1" method="post" action="edit.asp?id=<%=rs("id") %>">
<table width="400" border="1" align="center" cellpadding="2">
    <tr><td width="125">留言标题: </td>
    <td width="275"><input type="text" name="title" value="<%=rs("title") %>"> *
</td>
    </tr>
    <tr><td>留言人: </td>
    <td><input type="text" name="author" value="<%=rs("author") %>"> * </td>
    </tr>
    <tr><td>联系方式: </td>
    <td><input type="text" name="email" value="<%=rs("email") %>"> * </td>
    </tr>
    <tr><td>留言内容: </td>
    <td><textarea name="content" cols="30" rows="2"><%=rs("content") %>
</textarea>
    </td>
    </tr>
    <tr><td> </td><td><input type="submit" value="确 定"></td>
    </tr>
</table></form>
```

图 10-15   程序 editform.asp 的运行结果

说明：

① 该程序界面和 addform.asp 的界面很相似，但区别是表单中可显示一条记录的信息。它首先根据首页传过来的 id 值，执行查询找到这条记录，然后将其显示在表单中，由于只有一条记录，所以不需要用到循环语句。

② 请注意将动态数据显示在表单中的方法。对于单行文本框，它在初始时会显示 value 属性中的值，因此只要给其 value 属性赋值就可以了，如 value＝"＜%＝ rs("title") %＞"；对于多行文本域，它在初始时会显示标记中的内容，因此将动态数据写在标记中即可，如＜textarea name＝"content" cols＝"30" rows＝"2"＞＜%＝ rs("content") %＞ ＜/textarea＞。

而更新执行程序（edit.asp）的代码如下：

```
----------------清单 10-12 edit.asp 删除记录的主程序----------------
<!--#include file="conn.asp"-->
<%
id=request.QueryString("id")              '根据 id 找到要修改的留言
title=request.Form("title")
author=request.Form("author")
email=request.Form("email")
content=request.Form("content")
sql="Update lyb Set title='" & title & "',author='" & author & "',email='" & email
& "',content='" &content & "' Where ID=" & id
conn.execute sql                          '执行更新语句
Response.Write "<script>alert ('留言修改成功!');location.href = 'index.asp';
</script>"
%>
```

说明：

① Update 语句根据传过来的 id 找到要修改的留言。

② 更新完成后本程序采用输出客户端脚本的方法（location.href）转向首页，用来替代 Response.Redirect 语句，这样做的好处是可以在返回之前弹出一个警告框提示用户"留言修改成功"，而 Response.Redirect 方法则无法在转向之前输出任何警告框之类的

JavaScript 的脚本,想一想为什么。因此前面几个程序的 Response. Redirect 语句都可以换成这句,以增加弹出警告框提示用户的功能。

10.5　Recordset 对象

我们知道在页面上显示数据的前两步是连接数据库和创建记录集,用 Connection 对象可以连接数据库,用它的 Execute 方法也可以隐式地创建记录集,并执行对数据库的各种操作。但有时如果要实现某些特殊的功能(如分页显示记录)或要使用 Recordset 对象的某些属性(如 Recordcount、Absoluteposition 等),就必须使用本节的方法明确建立 RecordSet 对象。

建立 Recordset 对象的语法如下:

```
Set 对象实例名=Server.CreateObject("ADODB.Recordset")
```

说明:

① 其中对象实例名可以是任意一个变量名,但通常这个实例名都约定命名为"rs"。

② 因为 Recordset 也是 ADO 组件中的一个对象,所以 Recordset 对象名前也必须有 "ADODB."。

10.5.1　使用 open 方法创建记录集对象

定义了 Recordset 对象实例后,还需要用 Open 方法创建记录集,语法如下:

```
Recordset 对象.Open [Source], [ActiveConnection], [CursorType], [LockType],
[Options]
```

例如:

```
<%rs.open "select * from lyb",conn,1,3 %>
```

提示:rs. open 方法最多可带 5 个参数,其中前 2 个是必须要的,后 3 个有时可以省略。不过如果要省略中间的参数,则必须用逗号给中间的参数留出位置,例如,如果省略第 3 个和第 5 个参数,则应写成如下形式:

```
<%rs.open "select * from lyb",conn,,3 %>
```

下面我们来看每个参数的具体含义和作用。

1. Source

该属性用来设置数据库查询信息,可以是 SQL 语句、表名或 Command 对象名,还可以是查询名或存储过程名。如果读取表中全部数据到记录集且不作任何排序,则可将 Source 属性设置为表名,例如<% rs. open "lyb",conn %>。

提示:虽然 Source 参数可以是任何 SQL 语句,包括 Insert、Delete、Update 语句,但强烈建议不要用 rs. open 执行这些非查询语句,那样并不会返回记录集,如果再执行 rs.

close(关闭记录集)语句就会出错,这些非查询语句一般用上节中的 conn. execute 方法来执行。

2. ActiveConnection

该属性用来指定数据库连接信息,通常为 Connection 对象的实例名(如 conn),也可以是数据库连接字符串。

3. CursorType

该属性用来设置记录集的指针类型,取值见表 10-3。

表 10-3　CursorType 的参数取值

常　量	数值	含　义
AdOpenForwardOnly	0	向前指针,只能用 MoveNext 或 Getrows 方法向前移动记录指针,默认值
AdOpenKeyset	1	键盘指针,指针在记录集中可以向前向后移动,当某用户做了修改后(除了增加新数据),其他用户都可以立即显示
AdOpenDynamic	2	动态指针,指针在记录集中可以向前向后移动,所有修改都会立即在其他客户端显示
AdOpenStatic	3	静态指针,指针在记录集中可以向前向后移动,所有更新的数据都不会显示在其他客户端

该参数默认值为 0。如果只需要用 MoveNext 方法依次读取显示全部记录,可不设置该参数,但如果希望分页显示数据或要能前后移动指针,则必须令该参数为 1 或 3。

说明:表 10-3 中 CursorType 的常量就代表数值,因此,rs. open "select * from lyb",conn,1,3 也可以写成 rs. open "select * from lyb",conn,AdOpenKeyset,3,但这样写显然就麻烦些,因此一般都是写数值。

4. LockType

该属性用来设置记录集的锁定类型(只读还是可写),取值见表 10-4。

表 10-4　LockType 的参数取值

常　量	数值	含　义
AdLockReadOnly	1	只读,不允许修改记录集,默认值
AdLockPessimistic	2	只能同时被一个用户修改,修改时锁定,修改完毕后释放
AdLockOptimistic	3	可以同时被多个用户修改,只有修改的瞬间才锁定
AdLockBatchOptimistic	4	数据可以修改,但不锁定其他用户

该参数默认值为 1(只读)。因此,如果只需要读取数据库中的数据到页面上,而不需要修改,可不设置这个参数。而如果要修改记录集中的数据(包括添加、删除、更新),一般都将该参数设置为 3。

5. Options

该参数用来说明 Source 属性中字符串的含义,为 1 表示该 Source 参数是一个 SQL 语句,为 2 表示是一个表名,为 3 表示该参数是一个查询或存储过程名。不设置则由系统自动确定,因此该参数一般没必要设置,除非数据库中某个表名与某个查询或存储过程名相同。

rs. Open 语句也能写成多行的形式,即在每行里分别设置 rs. Open 方法的参数。如:

```
<%rs.open "select * from lyb",conn,,3 %>
```

可写成:

```
<%rs.Source="select * from lyb"
rs.ActiveConneciton=conn
rs.LockType=3
rs.Open %>
```

下面是通过使用 rs. Open 方法创建记录集来改写程序 10-2. asp,代码如下:

```
<!--#include file="conn.asp"-->  <!-----------连接数据库---------->
<%  '----------------显式创建记录集----------------
    Set rs=Server.CreateObject("ADODB.Recordset")
    rs.open "select * from lyb Order By id desc", conn
%><!---------显示数据库中记录的代码,同 10-2.asp,因此省略---------->
```

可看到只要把 Set rs＝conn. Execute("Select * From lyb Order By id desc")换成上面显式创建记录集的两句就可以了。

10.5.2 RecordSet 对象的属性

1. RecordSet 属性的分类

Recordset 对象的属性大致上可归为三类,第一类就是上节中作为 rs. open 方法参数的 Source、ActiveConnection、CursorType、LockType、Options 等属性。

第二类是 RecordCount、Bof、Eof 三个属性,这三个属性都是只读属性,即只能在打开记录集后读取它的值,而不能设置它的值。它们的含义如下:

① RecordCount:返回记录集中的记录总数。

② Bof:当记录指针指向记录集开头时(第一条记录之前),返回 True,否则返回 False。

③ Eof:当记录指针指向记录集结尾时(最后一条记录之后),返回 True,否则返回 False。

④ AbsolutePosition:该属性用来返回或设置当前记录指针所指向的记录位置,可读写。

第三类是用来对记录集分页的属性,包括 Pagesize、Pagecount、Absolutepage 等。

2．Recordset 属性的应用

（1）输出记录集中的记录总数（RecordCount 属性）

```
<%
Set rs=Server.CreateObject("ADODB.Recordset")
rs.open "select * from lyb order by id desc", conn,1    '必须设置指针类型为 1 或 3
Response.Write "共有"& rs.recordcount &"条记录"
%>
```

（2）判断记录集是否为空

判断记录集为空有两种方法，一种是判断记录集的指针是否既指向开头也指向结尾，即：

```
if rs.bof and rs.eof then Response.Write "<p>目前还没有任何记录</p>"
```

第二种方法是判断记录集中记录总数是否为 0，即：

```
if rs.recordcount=0 then Response.Write "<p>目前还没有任何记录</p>"
```

虽然第二种方法看起来简单些，但 recordcount 的执行效率要比 Eof 差，而且必须显式地创建记录集并且设置 CursorType 属性为 1 或 3 才能使用，因此能用 Eof 解决的问题就不要用 Recordcount 属性。

（3）判断是否为最后一条记录

如果该记录在记录集中的绝对位置等于记录总数，即 if rs. AbsolutePosition＝rs. RecordCount then…，则可判断它是最后一条记录。但实际上，使用 rs. AbsolutePosition 属性要在打开记录集前添加一条语句 rs. cursorlocation＝3，否则，rs. AbsolutePosition 的值总是－1。至于为什么要这样设置，读者可参考某些资料，也可当作一个小技巧记下来。

10.5.3 Recordset 对象的属性应用实例

1．在一行中显示多条记录

有时如果想在表格的一行中显示多条记录（如一行显示 3 条），则可以利用 rs. absoluteposition 属性判断当前记录在记录集中的位置是不是 3 的倍数，如果是，则输出"</tr><tr>"标记使下一条记录从下一行开始显示。主要代码如下，效果如图 10-16 所示。

图 10-16 在一行中显示多条记录

```
<h2 align="center">网络导航</h2>
    <%  Set rs＝Server.CreateObject("Adodb.
    Recordset")
    rs.cursorlocation=3       '在打开记录集之前设置 cursorlocation 属性为 3
    rs.open "Select * From link Order By id Desc",conn    %>
    <table border="1" width="100%">    <!--以下显示数据库记录-->
```

```
          <tr>
      <%   Do While not rs.Eof      %>
      <td><a href="http://<%=rs("URL")%>"><%=rs("name")%></a></td>
      <%
      if rs.Absoluteposition mod 3=0 then Response.Write "</tr><tr>"
      rs.movenext
      Loop %>
</tr></table>
```

当然,如果将每条记录分别放在一个<div>标记中,设置这些div浮动,并让这些div外围容器宽度是div宽度的3倍,则每显示三个div会自动换行,这样实现更简单些。

2. 查找记录的实现

查找记录实现的思想是:首先提供一个文本框供用户输入要查找的关键字,然后将用户提交的关键字作为条件利用SQL语句进行查找,最后将查找的结果(返回的记录集)提交给用户。下面,我们对10-2.asp文件添加查找功能,首先在该文件的<table>标记前加入如下表单代码,修改后的页面显示效果如图10-17所示。

```
<form method="get" action="search.asp">
<div style="border:1px solid gray; background:#eee;padding:4px;">
查找留言:请输入关键字 <input name="keyword" type="text">
<select name="sel">
    <option value="title">文章标题</option>
    <option value="content">文章内容</option>
</select>
<input type="submit" value="查询">
</div></form>
```

图 10-17　查找留言的界面

处理查询的程序search.asp的主要代码如下:

```
<!--#include file="conn.asp"-->
<h3 align="center">查询结果</h3>
<%
keyword=Trim(Request("keyword"))              '获取输入的关键字
sel=Request("sel")                            '获取选择的查询方式
```

```
Set rs=Server.CreateObject("ADODB.Recordset")
sql="select * from lyb"
If keyword <>"" Then sql=sql & " where "&sel&" like '%"&keyword&"%'"
rs.open sql,conn,1                    '要使用 recordcount 属性,必须将游标设置为 1 或 3
if not(rs.bof and rs.eof) then Response.Write "<p>关键字为""&keyword&"",
共找到"&rs.recordcount&"条留言</p>" %>
<table border="1">
<tr bgcolor="#e0e0e0">
    <th>标题</th><th width="100">内容</th><th width="60">作者</th>
    <th>email</th><th width="80">来自</th>
</tr>
<%do while not rs.eof %>
<tr>
    <td width="100"><%=rs("title") %></td><td><%=rs("content") %></td>
    <td><%=rs("author") %></td><td width="80"><%=rs("email") %></td>
    <td><%=rs("ip") %></td></tr>
<%rs.movenext
loop
else     Response.Write "没有搜索到任何留言"
end if     %>
</table>
```

在图 10-17 的查询框中输入"大家",则该程序的运行结果如图 10-18 所示。

图 10-18　Search.asp 的运行结果

说明:该程序可以根据 title 字段或 content 字段进行查询,只要在下拉框中进行选择。查询记录也可以用 conn.Execute 方法执行查询语句实现,但用那种方法无法输出 rs.recordcount 的值,因此要统计查找到多少条留言会有些麻烦。

10.5.4　RecordSet 对象的方法

和其他对象一样,Recordset 对象也有许多方法,总的来说,它的方法可分成三组:

1. 第一组,用来打开和关闭 RecordSet 对象

第一组是关于 Recordset 对象的打开和关闭的,包括 Open、Close 和 Requery。Open 方法用来打开记录集,而 Close 方法用来关闭记录集。有时,如果在一个页面上要显示多

个记录集的内容,就必须将已显示的记录集关闭再打开新记录集,这样就不必创建多个记录集对象了。示例代码如下:

```
<%     …
rs.close
rs.open "select top 7 * from news where Bigclassname='学生工作' order by id desc",conn
…    %>
```

Requery 方法用于将一个记录集先关闭再打开,由于它只能再打开原来的记录集,所以在实际中用得并不多。

2. 第二组,主要用来移动记录指针

RecordSet 对象用来移动记录指针的方法如表 10-5 所示。

表 10-5　RecordSet 对象移动记录指针的方法

方　法	说　明
MoveFirst	使记录指针指向第一行记录
MoveLast	使记录指针指向最后一条记录
MovePrevious	使记录指针上移一行
MoveNext	使记录指针下移一行
Move	使记录指针指向指定的记录
GetRows	从 Recordset 对象读取一行或多行记录到一个数组中

例如,假设当前记录指针指向第 3 条记录,则执行一次＜％ rs. movenext ％＞会使指针指向第 4 条记录,在此基础上,再执行一次＜％ rs. moveprevious ％＞又会使指针指向第 3 条记录。而 Move 方法用于将指针移动到指定的记录,其语法为:

```
rs.Move number, start
```

其中,number 参数表示从 start 位置向前或向后移动 number 条记录,如果 number 为正整数,表示向下移动;如果 number 为负整数,表示向上移动。而 start 用于设置指针移动的开始位置,如省略则默认为当前指针位置。例如,假设当前指针指向第 2 条记录,则执行一次＜％ rs. move 3,1 ％＞会使指针指向第 4 条记录。如果指针移动后超出了记录集的范围,则程序会报错。

3. 第三组,用于更新记录

RecordSet 对象更新记录的方法有 Addnew、Delete、Update、CancelUpdate、Updatebatch。

10.5.5　使用 RecordSet 对象的方法添加、删除、更新记录

在 10.4 节中,我们使用 conn. Execute 方法执行 SQL 语句已经可以对数据库中数据进行添加、删除和更新操作,但这种方法要执行的 SQL 语句通常比较复杂,容易出错。实

际上,在 RecordSet 对象中提供了一组专门用来添加、删除和更新记录的方法,使用它们可以使程序更加清晰。

1. 使用 Addnew 方法和 Update 方法添加记录

添加记录要同时用到 Addnew 方法和 Update 方法,记录真正被添加到数据表中是在执行了 rs.Update 方法后。下面我们用这种方法改写程序 10-8 insert.asp。改写后的代码如下:

```
<!--#include file="conn.asp"-->
<%
title=request.Form("title")
author=request.Form("author")
email=request.Form("email")
content=request.Form("content")
Set rs=Server.CreateObject("ADODB.Recordset")
rs.open "select * from lyb",conn,1,3     '创建记录集,并设置记录集可写
rs.addnew                                '添加一条新记录,如果漏掉,将会改写原来的记录
rs("author")=author
rs("title")=title
rs("content")=content
rs("email")=email
rs("time")=date()
rs("ip")=request.servervariables("REMOTE_addr")
rs.update                                '更新记录集,将记录写入数据表中
Response.Redirect("index.asp")  %>
```

说明:这种方法的优点是:如果要添加的内容中有单引号等特殊字符或添加的记录不完整,则用 Insert 语句不好添加。而且,这种方法添加记录比用 Insert 语句添加记录要快。

2. 使用 Delete 方法和 Update 方法删除记录

删除记录的方法是:首先将指针移动到要删除的记录,然后利用 Delete 方法就可以删除当前记录,再用 Update 方法更新数据表。下面用这种方法改写程序 10-9 delete.asp。改写后的代码如下:

```
<!--#include file="conn.asp"-->
<%id=cint(request.QueryString("id"))
Set rs=Server.CreateObject("ADODB.Recordset")
rs.open "select * from lyb where id="&id,conn,1,3     '找到要删除的记录
rs.delete                                            '删除当前记录
rs.update                                            '更新记录集
Response.Redirect("index.asp")
%>
```

说明:程序首先通过 id 找到要删除的记录,这样创建的记录集 rs 中就只有一条记

录。如果记录集中有多条记录,则执行删除时会删除记录集中的第一条记录,因为指针在初始时指向第一条记录。

3. 使用 Update 方法更新记录

更新记录的方法是:首先将指针移动到要更新的记录,然后利用 Update 方法更新数据表即可。下面用这种方法来改写程序 10-11 edit.asp。改写后的代码如下:

```
<!--#include file="conn.asp"-->
<%id=cint(request.QueryString("id"))          '根据 id 找到要修改的留言
title=request.Form("title")
author=request.Form("author")
email=request.Form("email")
content=request.Form("content")
set rs=Server.CreateObject("ADODB.Recordset")
rs.open "select * from lyb where id="&id,conn,1,3 '找到要更新的记录
rs("title")=title
rs("author")=author
rs("content")=content
rs("email")=email
rs.update                                       '更新记录集,将记录写入数据表中
Response.Write "< script>alert('留言修改成功!'); location.href='index.asp';
</script>"
%>
```

提示:使用 Addnew、Delete、Update 方法前都必须用 rs.Open 方法显式地创建记录集。

10.5.6 分页显示数据

大多数留言板、论坛程序都具有分页显示记录的功能。当记录很多时,能自动将记录集分页显示,用户可以一页一页地浏览,如图 10-19 所示。记录集中共有 14 条记录,每页显示 4 条,这样就共分成了 4 页。

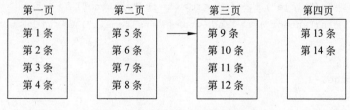

图 10-19 分页显示记录示意图

要分页显示,就要用到 Recordset 对象的分页属性,包括 Pagesize、Pagecount、Absolutepage。

1. 实现只显示某一页的记录

首先用 PageSize 属性设置每页显示多少条记录。这里设置 rs. PageSize＝4，设置了 PageSize 属性后，内存中的记录集就会自动分成多页，但页面上仍然会显示整个记录集中的所有记录，并不会自动分页。

接下来，需要设置 rs. Absolutepage 属性，如设置 rs. Absolutepage＝3，设置这条属性后，会使记录集的记录指针从一开始就指向第 3 页的第 1 条记录（即图 10-19 中的第 9 条记录）。这样，页面上就只会显示第 9 到第 14 条记录，而不会显示第 1 到第 8 条记录了。

最后，我们需要设置循环终止条件使其只显示一页的记录，比如从第 9 条显示到第 12 条，方法是设置循环输出记录只循环 4 次即可，也就是循环 rs. PageSize 次就终止。但另外还需要考虑末页的情况，如果末页的记录不足 rs. PageSize 条，则末页并不能循环 rs. PageSize 次，而是到了记录集结尾就应该终止循环。因此，与显示所有记录的循环相比，分页显示记录的循环条件应改为：do while not rs. eof and pageS＞0（pageS＝rs. PageSize），然后每循环一次让 pageS 减 1。也就是说只要输出了一页的记录或者到了记录集的结尾都终止循环。具体代码如下：

```
<!--#include file="conn.asp"-->
<%  Set rs=Server.CreateObject("ADODB.Recordset")
rs.open "select * from lyb order by id desc", conn, 1
rs.pagesize=4                          '设置每页显示 4 条记录
pageS=rs.pagesize                      '用 pageS 保存 rs.pagesize
rs.AbsolutePage=3                      '从第 3 页开始显示
%>
<table border="1" width="95%">
<tr bgcolor="#e0e0e0">
    <th>标题</th><th width="100">内容</th><th width="60">作者</th>
    <th>email</th><th width="80">来自</th>
</tr>
<%do while not rs.eof and pageS>0 %>
<tr>
    <td><%=rs("title") %></td><td><%=rs("content") %></td>
    <td><%=rs("author") %></td><td><%=rs("email") %></td><td><%=rs("ip")
%></td>
</tr>
<%pageS=pageS-1
rs.movenext
loop  %>
</table>
```

说明：

① 由于每页只输出 rs. pagesize 条记录，因此在循环中每输出一条记录要使 rs. pagesize 的值减 1，但不能直接对 rs. pagesize 的值减 1，否则 rs. AbsolutePage 指针所指

向的记录会随着它的值发生变化,因此只能将 rs. pagesize 的值保存到变量 pageS 中,在每次循环后令 pageS 的值减 1,这样 rs. pagesize 的值就不会在循环中发生变化了。

② 实际上在处理末页时循环多少次还有另一种方法,就是计算出末页会有多少条记录,如果不是末页,就循环 rs. pagesize 次,是末页就循环 rs. recordcount-(rs. pagecount-1) * rs. pagesize 次,主要代码如下:

```
<%rs.PageSize=4                              '设置每页显示 4 条记录
rs.AbsolutePage=pageNo                       '设置当前显示第几页
if pageNo=rs.pagecount then                  '如果是最后一页
pageS=rs.recordcount-(rs.pagecount-1)*rs.pagesize     '计算最后一页有多少条记录
else
pageS=rs.PageSize
end if
for i=1 to pageS       %>
<tr><td><%=rs("title") %></td>
    …… <!--显示记录-->
</tr>
<%rs.movenext
next    %>
```

2. 添加超链接页码和翻页链接,实现分页导航

另一方面,分页程序必须能让用户自己选择要显示的页,因此应将 rs. AbsolutePage ＝3 改成 rs. AbsolutePage＝ pageNo(用户选择的页码)。然后制作几个不同页码的超链接供用户点击,而每个超链接中都带了一个查询字符串(？pageNo＝n),这样,用户点击了某个页码的超链接后,程序就可以获取 pageNo 参数的值 n 并将其赋给 pageNo 变量,而第一次打开页面时不会有这个查询字符串,就让它显示第 1 页。因此,完整的分页显示记录的程序如下,运行结果如图 10-20 所示。

```
<!--#include file="conn.asp"-->
<%pageNo=Request("pageNo")
if not IsNumeric(pageNo) or pageNo="" Then     '如果 pageNo 为空或非法则显示第一页
    pageNo=1
Else
    pageNo=cInt(pageNo)                'pageNo 一定要转换为数值型,因为要进行数值比较
End if
Set rs=Server.CreateObject("ADODB.Recordset")
rs.open "select * from lyb order by id desc",conn,1
rs.pagesize=4                         '设置每页显示 4 条记录
pageS=rs.pagesize                     '用 pageS 保存 rs.pagesize
rs.AbsolutePage=pageNo                '从第 pageNo 页开始显示
%>
<table border="1" width="95%">
<tr bgcolor="#e0e0e0"><th>标题</th><th width="100">内容</th>
```

```asp
<th width="60">作者</th><th>email</th><th width="80">来自</th></tr>
<%do while not rs.eof and pageS>0 %>
<tr><td><%=rs("title") %></td><td><%=rs("content") %></td>
    <td><%=rs("author") %></td><td><%=rs("email") %></td>
    <td><%=rs("ip") %></td>
</tr>
<%      pageS=pageS-1
rs.movenext
loop  %>
</table>
<p><%if pageNo<>1 then                    '设置超链接页码或翻页链接,实现分页导航
    response.write "<a href='?pageNo=1'>首页</a>"
    response.write "<a href='?pageNo="&pageNo-1&"'>上一页</a>"
else
    response.write "首页 "
    response.write "上一页 "
end if
For i=1 to rs.PageCount
    if i=pageNo then
        response.write i&" "               '分页,如果是当前页,则不存在链接
    else
        response.write "<a href='?pageNo="&i&"'>"&i&"</a> "
    end if
Next
if pageNo<rs.PageCount then
    response.write "<a href='?pageNo="&pageNo+1&"'>下一页</a> "
    response.write "<a href='?pageNo="&PageCount&"'>末页</a> "
else
    response.write "下一页 "
    response.write "末页 "
end if
    response.write "共"&rs.RecordCount&"条记录  "          '共多少条记录
    response.write pageNo&"/"&rs.PageCount&"页"              '当前页的位置
%></p>
```

图 10-20　分页显示记录示例

上述只是最基本的分页程序。假设要对图 10-18 中查找留言得到的结果进行分页,则上述分页程序只能正确显示第 1 页,用户单击第 2 页后又会显示所有记录,而不是查询找到的记录。这是因为单击"下一页"链接后没有将用户输入的查询值传递给第 2 页。为此我们可以在获取了用户输入的查询值后,一方面将它传递给 SQL 语句进行查询,另一方面将其保存在分页链接的 URL 参数中。具体来说,可以给分页链接增加一个 URL 参数,将该 URL 参数的值设置为查询关键字以传递给其他页。关键代码如下:

```
<%key=Trim(Request("keyword"))          '接收表单或查询字符串中的查询关键字
    ……                                  '根据该关键字创建查询语句……
response.write "<a href='?key="&key&"&pageNo="&pageNo+1&"'>下一页</a>"
        '并将该关键字保存在 URL 参数中,使其他页可以再次获得该关键字
response.write "<a href='?key="&key&"&pageNo="&PageCount&"'>末页</a>" %>
```

这样每次点击分页链接时,都会将关键字重新传给 SQL 语句,因此点击分页链接后创建的记录集仍然是查询结果的记录集。

另一个问题是,如果记录集中有几万条记录,上述分页程序也会将所有记录一次性读入到记录集中,这样效率就很低。如果能每次只读取一页的记录到记录集中那样效率就会大大提高,这对于记录很多的系统有重要的实用价值。

10.5.7　Recordset 对象的 Fields 集合

1. Fields 集合和 Field 对象

Recordset 对象有一个集合,即 Fields 集合(字段集合),Recordset 对象有一个子对象,即 Field 对象,所有 Field 对象组合起来就是 Fields 集合,这就是它们两者的关系。

在前面,我们经常用 rs("title") 来输出当前记录的 title 字段值,现在想想,为什么可以这样输出某个字段值呢? 其实这是省略了 Fields 集合,它的完整写法是 rs.Fields("title"),它表示记录集的字段集合中的 title 字段。由于 Fields 集合是 Recordset 对象的默认集合,因此通常省略它。实际上,要输出当前记录中的 title 字段值,总共有以下 8 种方法:

① rs("title")　　　　　　　　　⑤ rs(1)

② rs.Fields("title")　　　　　　⑥ rs.Fields(1)

③ rs.Fields("title").Value　　　⑦ rs.Fields(1).Value

④ rs.Fields.Item("title").Value　⑧ rs.Fields.Item(1).Value

说明:这里的 1 是 title 字段在记录集 rs 中的索引值(索引值从 0 开始),可以通过 Select 语句在创建记录集时改变该索引值,例如,如果创建记录集的语句是 rs.open "select id,author, title,ip from lyb order by id desc",conn,则此时 title 字段在记录集中的索引值就变成 2 了。

2. Field 对象及其属性

通过 Fields 集合接字段名或索引值可以返回一个 Field 对象,如前面的 rs.Fields

("title")、rs("title")、rs(1)、rs.Fields(1)都将返回一个 Field 对象。

Field 对象主要有两个属性：Name 和 Value，Name 属性表示字段名，Value 属性表示字段值，因此 rs.Fields("title").Value 会返回当前记录 title 字段的值。由于 Value 是 Field 对象的默认属性，所以通常省略不写。而 rs.Fields("title").Name 将返回当前记录 title 字段的字段名，即 title。

3. Fields 集合的属性 Count

如果想知道当前记录集中共有多少个字段，可使用 rs.Fields.count，它将返回记录集中字段的个数。

4. Fields 集合的方法 Item

Item 方法可以获得字段集合中的某一字段，它通常可以省略，因此很少用。如：

```
set Fld=rs.Fields.Item("title")
set Fld=rs("title")
Fld=rs("title")
```

这三种方式都可建立一个 Field 对象的实例 Fld。

10.6　新闻网站综合实例

在本实例中，我们将把 6.2 节实例中的静态网页转化为动态网站。由于制作一个完整的动态网站要经过数据库设计、制作前台页面、制作后台管理程序等步骤，工作量相当大。因此在实际中，我们一般是借用别人的数据库和后台管理程序，用于添加、删除和修改网站新闻内容，这样的后台管理系统称为 CMS(内容管理系统)或新闻管理系统。自己只制作前台页面(主要包括首页、栏目首页和内页三个页面)，然后在这些页面中绑定数据(即显示数据库中的有关数据)。

10.6.1　为网站引用后台程序和数据库

这里以风诺新闻系统为例，介绍在制作网站时如何利用它的数据库和后台程序。首先在百度上搜索"风诺新闻系统"，下载下来后将其所有文件解压到一个目录内，如 E:\Web，设置 E:\Web 为该新闻系统的网站主目录(该目录下有 admin 目录和 data 目录)，如图 10-21 所示。

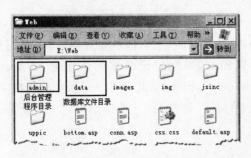

图 10-21　风诺新闻系统网站主目录下的内容

其中 data 子目录下有一个 funonews.mdb 的 Access 数据库文件为该网站的数据库。为了安全起见最好将其改名，在这里改名为 #data.mdb，网站目录下的 conn.asp 是连接数据库的文件，将其数据库连接字符串中的数据库文件名也作相应的更改。

网站目录下的其他文件是用该 CMS 制作的一个示例网站,其中 default. asp 为该网站的首页,otype. asp 为该网站的栏目首页,funonews. asp 为该网站的内页。css. css 为该网站的样式表文件。top. asp、bottom. asp 和 left. asp 为该网站各页面调用的头部、尾部和左侧文件。可以将这些文件都删除,只保留 admin、data 和 uppic 三个子目录和conn. asp 文件,也可以不删除。以后如果新建同名文件时直接选择将其覆盖即可。

下面打开♯data. mdb,可发现该数据库中共有 4 个表,分别是 Admin、Bigclass、News 和 SmallClass,其中 News 表存放了网站中的全部新闻,News 表中所有字段及含义如表 10-6 所示。

表 10-6　♯data. mdb 中 News 表的结构

字 段 名	字 段 含 义	数据类型
ID	新闻的编号	自动编号
title	新闻标题	文本
content	新闻内容	备注
BigClassName	新闻所属的大类名	文本
SmallClassName	新闻所属的小类名(可不指定)	文本
imagenum	该条新闻中含的图片数	数字
firstImageName	新闻中第一张图片的文件名	文本
user	新闻发布者	文本
infotime	该新闻的发布日期	日期/时间
hits	记录该条新闻的点击次数	数字
ok	是否将该新闻作为图片新闻显示(该新闻中必须含有图片)	是/否

如果不喜欢这些字段的名称,可以在数据库的设计视图中对字段名进行修改。

接下来,进入风诺新闻系统的后台创建我们网站的栏目,并在每个栏目中添加几条新闻。后台登录的网址是 http://localhost/admin/adminlogin. asp,使用默认用户名"funo"和密码"funo"即可登录进入如图 10-22 所示的新闻后台管理界面。

在这里,首先选择"管理新闻类别"创建网站应具有的栏目,如"通知公告"、"系部动态"、"学生园地"等,还可以在这些栏目下再选择"添加二级分类"来创建小栏目。将网站栏目创建好之后,就可以选择左侧的"添加新闻内容"为每个栏目添加几条测试新闻,只要在添加新闻时将这些新闻的"新闻类别"选择为不同的栏目即可。这样这些新闻就保存到了 News 表中。

10.6.2　在首页显示数据表中的新闻

在首页的各个栏目中显示这个栏目的新闻是通过显示记录集中的记录实现的。比如,要显示"通知公告"栏目中的最新 7 条新闻,只要执行下面的查询来创建记录集。

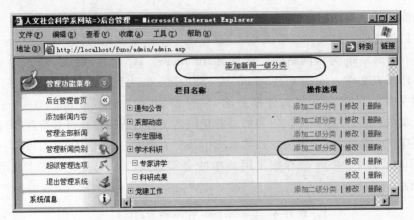

图 10-22　网站后台管理界面

```
rs.open "select top 7 * from news where Bigclassname='通知公告' order by id desc", conn
```

接下来就可以循环输出该记录集中的 7 条新闻到页面。而要显示"学生工作"栏目的新闻,就必须执行不同的查询,因此需要一个新的记录集来实现。为了得到一个新记录集,有两种方法,一种是创建一个新的记录集对象如 rs2;另一种方法是将原来的记录集关闭,再用原来的记录集对象 rs 打开一个新记录集。例如:

```
rs.close
rs.open "select top 7 * from news where Bigclassname='学生工作' order by id desc", conn
```

使用第二种方法内存中只需保存一个记录集对象,更节约资源,因此一般情况下都是用这种方法。那么首页显示新闻的过程是:打开为第一个栏目创建的记录集,然后循环输出记录到该栏目框内,再关闭记录集,打开为第二个栏目创建的记录集,再输出记录到第二个栏目框,如此循环。首页显示新闻的代码如下,运行结果如图 10-23 所示。

```
<div id="main">
<div id="pic"><!--#include file="flashad.asp"--></div>
<div id="xbdt">                    <!--系部动态栏目-->
<h2 class="lanmu"><a href="otype.asp?owen1=近期工作"></a>系部动态</h2>
<%
Set rs=Server.CreateObject("ADODB.RecordSet")
sql="select top 6 * from News where bigclassname in('学生工作','德育园地','科研成
果','近期工作','图片新闻') order by id desc"
rs.Open sql,conn,1                     '为近期工作栏目创建记录集
strcon=NoHtml(rs("content"))           '调用函数,去除 HTML 代码
strcon=replace(strcon," ","")
%>
<h3 align="center"><%=trimtit(rs("title"),12)%></h3>   <!--显示首条新闻的标题-->
<p><a href="ONEWS.asp?id=<%=rs("id")%>"><%=left(strcon,42)&"…</a>
["&noyear(rs("infotime"))&"]" %></p>   <!--首条新闻的内容-->
<ul>
```

```
<%rs.movenext                           '第一条记录已作为首条显示,因此下面从第2条开始显示
for i=0 to 4   %>                       '显示5条新闻
<li class="xinwen"><b><%=noyear(rs("infotime")) %></b>'新闻的日期
<a href="ONEWS.asp?id=<%=rs("id")%>"><%=trimtit(rs("title"),20)%></a></li>
<%rs.movenext
next
rs:close                                '关闭该记录集,下面再创建第2个栏目的记录集
rs.open ("select top 7 * from news where Bigclassname='近期工作' order by id
desc"),conn  %>
</ul></div>
<div id="tzgg">                <!--通知公告栏目-->
<h2 class="lanmu"><a href="otype.asp?owen1=近期工作"></a>通知公告</h2>
<ul>
<%for i=0 to 6  %>
<li class="xinwen"><b><%=noyear(rs("infotime")) %></b>
<a href="ONEWS.asp?id=<%=rs("id")%>"><%=trimtit(rs("title"),20)%></a></li>
<%rs.movenext
next
rs.close
rs.open ("select top 7 * from news where Bigclassname='学生工作' order by id
desc"),conn   %>
</ul></div>
<div id="xsyd">                <!--学生工作栏目-->
    <!--与通知公告栏目中的代码类似,因此省略--></div>
</div>
```

图 10-23　新闻版块最终效果图

将上述代码与6.2节中的代码相比,可看出6.2节中显示静态文字的地方被替换成了输出动态数据,这称为绑定数据到页面。由于每条新闻位于一个<li>标记内,因此循

环输出新闻的循环体是<li>…</li>和 rs. movenext。

上述代码中还调用了三个函数，即裁剪字符串长度的 Trimtit(tit,n)（代码见 8.5.2节）、去除日期前年份的 NoYear(str)和过滤 HTML 标记的 NoHtml(str)，代码如下：

```
<%Function NoYear(str)          '去除日期前年份
    a=Instr(str, "-")
    NoYear=Mid(str, a+1)        '函数的输出
End Function
Function NoHtml(str)            '去除 HTML 源代码
    Do while instr(str,"<")>0 or instr(str,">")>0   '如果字符串中有"<"或">"
    begin=instr(str,"<")        '找到"<"符的位置
    en=instr(str,">")
    length=len(str)-en
    filterstr=left(str,begin-1)&right(str,length)
                                '将"<"符左边的内容和">"符右边的内容接在一起
    str=filterstr               '令输入的字符串等于过滤后的字符串,以便进行下次过滤
    Loop
    NoHtml=str                  '函数的输出
End Function %>
```

提示：过滤 HTML 标记的函数还可以使用正则表达式来书写，那样不需要使用循环，效率更高，有兴趣的读者可参考有关正则表达式的资料。

上述代码调用的 CSS 代码如下，主要是设置 4 个栏目框浮动和设置标题栏背景图片。

```
<style type="text/css">
#pic,#xbdt,#tzgg,#xsyd{                     /*4 个栏目框*/
    border:1px solid #CC6600;  background:white;
    width:335px;
    padding:2px 6px 10px;  margin:4px;
    float:left;                             /*使 4 个栏目框都浮动*/}
#main{
    background:#e8eadd;  padding:4px;}
#main .lanmu{
    background:url(images/title-bg3.jpg) no-repeat 2px 2px;
                                            /*设置栏目标题背景图案*/
    padding:8px 0px 0px 40px;
    font-size:14px;     color:white;
    margin:0;  height:32px;  }
#main .lanmu a{
    background:url(images/more2.gif) no-repeat;
                                            /*设置超链接的背景为 more 图标*/
    float:right;                            /*设置 more 图标右浮动*/
    width:37px;  height:13px;
```

```
         margin-right:4px;   }
      #main #xbdt h3{
         font: 24px "黑体";    color:#900;      /*设置首条新闻的标题样式*/
         margin:0px 4px 4px;   }
      #main #xbdt p{
         margin:4px;
         font: 13px/1.6 "宋体";  color:#06C;  text-indent:2em;
         border-bottom: 1px dashed #900;      /*设置首条新闻与下面新闻的虚线*/}
      #main .xinwen{
         height:24px;  line-height:24px;
         background:url(images/article_common.gif) no-repeat 6px 4px;
                                          /*新闻前的小图标*/

         font-size:12px;
         padding:0 6px 0 22px;}
      ul{ margin:0;       padding:0;      list-style:none;   }
      a{   color: #333;    text-decoration: none;   }
      a:hover{  color: #900;   }
      </style>
```

10.6.3　制作动态图片轮显效果

1. Pixviewer.swf 文件的原理

在图 10-23 中第一个栏目框中的图片轮显效果是通过包含一个 flashad.asp 的文件实现的。该文件需调用一个 pixviewer.swf 的文件，pixviewer.swf 是个特殊的 Flash 文件，用来实现图片轮显框。它可以接受两组参数，第一组参数包括 pics、links 和 texts，用于设置轮显图片的 URL 地址、图片的链接地址及图片下的说明文字。例如：

```
var pics="uppic/1.gif|uppic/2.gif|uppic/3.gif|uppic/4.gif|uppic/5.gif"
var links=" onews. asp? id=88 | onews. asp? id=87 | onews. asp? id=86 | onews. asp?
id=8|onews.asp?id=7"
var texts="爱我雁城、爱我师院 |国培计划|青春舞动|长春花志愿者协会|朝花夕拾,似水流年"
```

这三个参数的值都是字符串，其中 pics 参数指定了欲载入图片的 URL，这里使用了相对 URL，共设置了 5 个图片文件的路径（最多可设置 6 个）。各图片路径之间必须用“|”号隔开（最后一幅图片后不能有“|”）。links 参数和 texts 参数分别定义了图片的链接地址和图片下的说明文字，其格式要求和 pics 参数相同。上述代码载入了 5 幅图片轮显并定义了它们的链接地址和说明文字。

2. 轮显动态图片的方法

上述将 5 张图片 URL 地址直接写在 pics 变量中的做法只能固定地显示这 5 张图片。而在新闻网站中，要能自动显示最新的 5 条新闻中的图片。因此，必须能从 News 表中读取最新的 5 条具有图片的新闻记录，将记录的相关字段值填充到这三个参数中去。

因为 News 表中的 firstImageName 字段保存了新闻中第一张图片的文件名,而这些新闻中的图片都保存在 uppic 目录中,因此可以采用如下语句为 pics 添加每幅图片的 URL 路径。

```
pics+="uppic/<%=rs("firstImageName")%>"
```

而本新闻系统中所有的新闻都是链接到同一页面 onews.asp,只是所带的参数为该条新闻的 id 字段。因此设置 links 参数的语句如下:

```
links+="onews.asp?id=<%=rs("id")%>"
```

texts 参数只要装载每条新闻的标题即可,但要把标题长度限制在 16 个字符以内。

```
texts+="<%=trimtit(rs("title"),16)%>"
```

下面是从数据库中读取 5 条具有图片的记录,并设置 pics、links、texts 参数,实现轮显动态图片的代码:

```
<script language="JavaScript">
var pics="", links="", texts=""        //定义三个变量为空字符串
<%  Set rs=Server.CreateObject("ADODB.RecordSet")
sql="select top 5 * from NEWS where firstImageName<>'' and ok=true order by id
desc"
rs.cursorlocation=3                     '为了使用 AbsolutePosition 属性必须设置该属性
rs.Open sql,conn,1,1
Do while not rs.Eof                     '循环输出记录集中的所有 5 条记录
    %>
    pics+="uppic/<%=rs("firstImageName")%>"            '依次添加每幅图片的 URL 地址
    links+="onews.asp?id=<%=rs("id")%>"
    texts+="<%=trimtit(rs("title"),16)%>"
    <%
    If rs.AbsolutePosition <rs.RecordCount then %> //如果不是最后一条记录
    pics+="|";     links+="|"; texts+="|";            //添加分隔符"|"
<%   end if
rs.MoveNext
Loop
rs.close
set rs=nothing %>
……
</script>
```

说明:创建记录集时选择了图片不为空且允许作为图片新闻显示的 5 条记录。在输出记录时,如果不是最后一条记录(if rs.AbsolutePosition < rs.RecordCount),就需要在其后面添加分隔符"|",而最后一条记录不能添加。

3. 设置图片轮显框的大小

第二组参数用来定义该图片轮显框及其说明文字的大小。它有 4 个参数,例如:

```
var focus_width=336                           //定义图片轮显框的宽
var focus_height=224                          //定义图片轮显框的高
var text_height=14                            //定义下面文字区域的高
var swf_height=focus_height+text_height       //定义整个 FLash 的高
```

只要修改这些参数,就能使图片轮显框改变成任意大小显示。

4. 其他设置

下面还有一些代码,是用来插入 Pixviewer.swf 这个 Flash 文件到网页中,并对其设置参数的代码。这段代码不需要做多少修改,只要保证引用 Pixviewer.swf 文件的 URL 路径正确,还可以设定文字部分的背景颜色。找到第 2 个 document.write,粗体字为设置的地方。

document.write('<param name="allowScriptAccess" value="sameDomain"><param name="movie" value="**images/pixviewer.swf**"><param name="quality" value="high"> <param name="bgcolor" value="**#ffffff**">');

该图片轮显框默认会有 1 像素灰色的边框,如果要去掉边框,可以找到第 4 个 document.write,作如下修改就可以了。

document.write('<param name="FlashVars" value="pics='+pics+'&links='+links+ '&texts='+texts+'&borderwidth='+(**focus_width+2**)+'&borderheight='+(**focus_height+2**)+'&textheight='+text_height+'">');

10.6.4　制作显示新闻详细页面

新闻详细页面实际上就是显示一条记录的页面,它首先获取前一页面传过来的新闻的 id,找到该条新闻后将需要的字段用不同的样式显示在页面的不同位置上。例如图 10-24 中标题字段以 24px 大字体显示在页面上方,而内容部分以正常字体显示在页面中央。

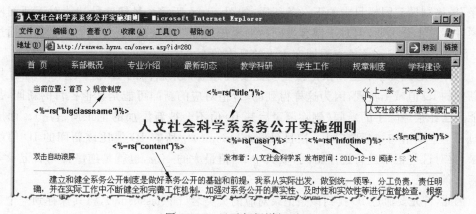

图 10-24　显示新闻详细页面

1. 显示新闻的制作

新闻详细页面首先应根据其他页传过来的记录 ID 值找到该条记录。因此其开头是获取 ID 值的代码。再根据 ID 值用 Select 语句查找该条记录。代码如下：

```
<%id=cint(request.QueryString("id"))
Set rs=Server.CreateObject("ADODB.RecordSet")
rs.open "Select * From news where id=" & id, conn,1,1 %>
```

接下来，就可以将该条记录的各个字段输出到页面的相应位置，主要代码如下：

```
<title><%=rs("title") %></title>       <!--将 title 字段显示在页面标题中-->
……<h2><%=rs("title") %></h2>
当前位置：<a href="index.asp">首页</a>&gt; <a href="otype.asp?owen1=<%=rs
("bigclassname")%>"><%=rs("bigclassname") %></a>
发布者：<%=rs("user") %>发布时间：<%=rs("infotime") %>阅读：<font color=
"#ffcc00"><%=rs("hits") %></font>次
<div style='font-size:10.5pt'>
<hr width="700" size="1" color=CCCC99>
<%=rs("content") %></div>
```

显示完记录集后，必须将记录集和数据库连接关闭，否则可能会影响网站内其他页面的打开速度，关闭记录集和数据库连接的代码如下：

```
<%rs.close              '先关闭记录集
set rs=nothing          '再清除记录集对象
conn.close
set conn=nothing  %>
```

2. "上一条"、"下一条"新闻链接的制作

在显示新闻页面中，"上一条"链接可以链接到该新闻所属栏目中的上一条新闻，"下一条"链接则转到同栏目中的下一条新闻，如图 10-24 所示。虽然这种功能对于新闻网站来说并不是十分必要，但对于博客类网站来说却是不可或缺的，因为我们通常都是通过点击"下一条"链接来一条条查看博客主人的日志的。

制作的思路如下：上一条链接主要是要找到上一条新闻的 ID 值。这不能通过将本条新闻的 ID 值减 1 实现，因为这样得到的 ID 值对应的新闻可能是其他栏目的新闻，甚至可能是已经被删除了的新闻（删除记录后其 ID 值不会被新添加的记录所占用）。而应该通过一个查询语句，找到在同一栏目（bigclassname）中所有 ID 值比该新闻的 ID 值小的记录，再对这些记录进行逆序排列，取其中 ID 值最大的一条，也就是逆序排列后记录集中的第一条记录。

因此，首先要通过 ID 找到该条记录对应的大类名（bigclassname），将其保存到一个变量中，然后关闭该记录集，再新开一个查询上一条新闻 ID 和 title 的记录集。代码如下：

```
<%sql="select bigclassname from news where id=" & id        '通过 id 找到该记录的大类名
```

```
rs.open sql,conn,0,1
bcn=cstr(rs("bigclassname"))          '将其保存在变量 bcn 中,因为等下要关闭该记录集
if bcn="" then Response.End            '如果该新闻无大类名,则结束
rs.close
sql="select top 1 id,title from news where id<" & id &"and Bigclassname='"&bcn &"
' order by id desc"                     '找上一条记录
rs.open sql,conn,1,1
    if rs.eof then                      '如果找不到,表明该记录已经是第一条记录
    pret=0                              '做一个标记给变量 pret 赋值为 0
    else
        pret=rs("id")
        pretit=rs("title")
        end if
rs.close
sql="select top 1 id,title from news where id>" & id &"and Bigclassname='"&bcn &"
' order by id"                          '找下一条记录
rs.open sql,conn,1,1
If rs.eof then                          '如果找不到,表明该记录已经是最后一条记录
    nextt=0                             '做一个标记给变量 nextt,赋值为 0
else
    nextt=rs("id")
    nexttit=rs("title")
end if
rs.close  %>
```

接下来,在页面上输出"上一条"和"下一条"的链接,代码如下:

```
<%  if nextt<>0 then %>              <!--如果有下一条记录-->
<a title="<%=nexttit %>" href="onews.asp?id=<%=nextt %>">下一条 &gt;&gt;</a>
<%end if
if pret<>0 then %>                   <!--如果有上一条记录-->
<a title="<%=pretit %>" href="onews.asp?id=<%=pret %>">&lt;&lt; 上一条 </a>
<%  end if  %>
```

3. 记录新闻的点击次数

只要将下面的语句放在页面的适当位置,用户每打开一次该页面,就会使 hits 值加 1。

```
<%sql="update news set hits=hits+1 where id="&cstr(request("id"))
conn.execute sql%>
```

10.6.5　制作分栏目首页

分栏目首页用来只显示一个栏目的新闻,如图 10-25 所示。当用户点击导航条上的某个导航项或点击栏目框上的 more 图标时,都将链接到分栏目首页,并将栏目名以 URL

参数的形式传递给该页。因此,分栏目首页首先要获取栏目名,再根据栏目名执行查询得到相应的记录集。关键代码如下:

```
<%  owen1=request.QueryString ("owen1")
sql="select * from news where BigClassName='"&owen1&"' order by id desc"
rs.Open sql,conn,1,1  %>
```

接下来就是循环输出该记录集所有记录的标题和日期等字段到页面上。

由于每个栏目的记录可能有很多,因此图 10-25 中的分栏目首页还具有分页的功能,分页功能的实现请读者仿照 10.5.6 节中介绍的方法实现。

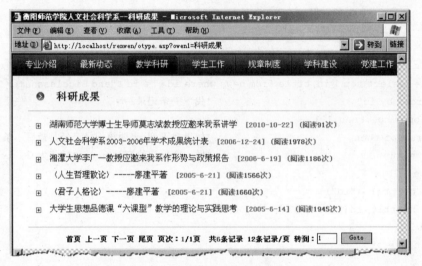

图 10-25　分栏目首页

至此,一个新闻网站的前台所有页面就制作完成了,只使用了 Connection 对象和 Recordset 对象就可以实现网页访问数据库的所有功能。但是,如果数据表中的记录非常多的话,建议使用 ADO 中的 Command 对象。这时可以在 Access 中创建查询(甚至是带有参数的查询),利用 Command 对象的 Execute 方法执行查询,由于这些查询是位于数据库文件中的,在记录非常多的情况下,这比用前面的方法执行写在 ASP 代码中的查询速度要快得多。Command 对象的具体用法读者可参阅相关的书籍。

另外,很多新闻系统还具有生成静态网页的功能,即浏览者看到的网页是 html 后缀名的静态网页,但这些网页实际上是通过 ASP 程序动态生成的,这时就需要用到 ASP 中的文件存取组件来创建文件和对文件进行操作了。

10.7　留言板综合实例

留言板是目前网站使用较广泛的一种与用户交流的方式,用户通过留言板可以方便地与网站主办者进行交流和沟通。从功能上看,留言板程序分为三部分,即留言的书写与保存(添加记录)、留言的显示(显示记录)及对留言的管理(更新和删除记录),都是通过对数据表的操作来完成的。

在程序 10-2.asp 中,实际上已经实现了一个留言板的原型,只是每条留言都显示在表格的一行,显得不专业。为此,可以将每一条留言放置在一个单独的 div(或 table)中,并设置样式,将得到如图 10-26 所示的效果,这样看起来就像一个留言板了。

图 10-26　留言板的效果

1. 显示留言页面的主要代码

程序 10-2.asp 已经可以将留言显示在表格中了,只要将 10-2.asp 中循环输出＜tr＞标记改成循环输出＜div＞标记就可以得到图 10-26 中的留言板效果,代码如下:

```
<% if not(rs.bof and rs.eof) then
do while not rs.eof %>
<div id="main"><img src="images/<%=rs("sex")%>.gif" style="float:left;"/>
<h3><%=rs("title") %></h3><p>作者:<%=rs("author")%></p>
    <p>内容:<%=rs("content")%></p>
    <p align="right">发表时间:<%=rs("date") %>来自:<%=rs("ip")%></p>
</div>
<% rs.movenext
loop
else response.Write("<p>目前还没有用户留言</p>")
end if %>
```

说明:在数据表 lyb 中添加了一个字段 sex,该字段只有两个值,1 和 2。同时在 images 目录下放置了两张图片 1.gif 和 2.gif。

该留言板中 div 的边框和边界等是通过 CSS 代码实现的,调用的全部代码如下:

```
<style type="text/css">
```

```
#main{
    margin:8px auto;  width:480px;
    border:1px solid red;  padding:8px;}
#main h3{
    text-align:center;
    border-bottom:1px dashed gray;  background:#9FF;}
#main p{
    font:12px/1.6 "宋体";  margin:2px;  }
</style>
```

2. 验证用户登录的主要代码

在管理留言前,必须要验证用户的用户名和密码,以确定是不是真实的管理员,因此管理登录将链接到 login.asp,它的代码如下:

```
<h1 align="center">用户登录</h1>
<form method="post" action="chklogin.asp">
<table width="200" border="1" align="center" cellpadding="0" cellspacing="0">
    <tr><td align="center">用户名: </td>
        <td height="28"><input name="admin" type="text" size="12"/></td></tr>
    <tr><td height="28" align="center">密 码 : </td>
<td><input name="password" type="password" value="" size="12"/></td></tr>
                <tr><td height="32"> </td>
<td> <input type="submit" name="Submit" value="提交"/></td></tr>
</table>
</form>
```

验证用户登录程序的方法是将用户输入的用户名和密码在 admin 表中进行查找,如果查找得到的记录集不为空,就表明有匹配的用户名和密码。验证用户登录信息的程序 chklogin.asp 的代码如下:

```
<!--#include file="conn.asp"-->
<%
admin=request.Form("admin")
password=request.Form("password")
rs.open "select * from admin where user='" & admin & "' and password='"&password&"
'",conn,1
if rs.eof and rs.bof then                '如果记录集为空,表明没有匹配的用户名和密码
session("admin")=""
response.write"<script>alert('您输入的用户名或密码不正确!');history.go(-1)
</script>"
response.end
else
    session("admin")=rs("user")          '登录成功则写入 session
    response.redirect "admin.asp"        '并转到留言管理页面
```

```
end if
        '此处省略关闭记录集和数据库连接代码
%>
```

而在 admin. asp 文件的开头可以验证用户的 Session("admin")变量是否为空,如果为空,就表明没有登录,而是通过直接输入 admin. asp 的 URL 进入的,此时必须将其引导至登录页。

```
<%if session("admin")="" then response.redirect "login.asp"  %>
```

由此可见 Session("admin")变量相当于系统给登录成功用户发的一张"票",而其他后台管理页面都要先验票才能决定是否允许用户访问,有了这张票就能访问所有后台管理页面。

这样就完成了一个最简单的留言板程序,该留言板不具有回复留言功能,如果要能回复留言则数据表 lyb 中至少要增加一个字段,以区分该条留言是普通留言还是回复的留言,如果是回复的留言,可以设置该字段的值是某条普通留言的 ID 值,以表明是对该条留言的回复信息。

习　题　10

10.1　作业题

1. 如果一个记录集的 Bof 属性值为 True,而 Eof 属性值为 False,则可以判断(　　)。

  A. 记录集一定为空　　　　　　　　B. 记录集一定不为空

  C. 记录集可能为空　　　　　　　　D. 记录集指针指向记录集的结尾

2. 设定义了记录集 rs,如果希望打开的记录集可以前后移动指针,并且可读可写,则下面语句可行的是(　　)。

  A. rs. Open Sql,conn　　　　　　　B. rs. Open Sql,conn,1,3

  C. rs. Open Sql, conn,,3　　　　　　D. rs. Open Sql, conn,3,1

3. 在 Connection 对象中,可以用于执行任何 SQL 语句的方法是(　　)。

  A. Run　　　　　　　　　　　　　B. Open

  C. Command　　　　　　　　　　　D. Execute

4. Recordset 对象的(　　)集合包含的是记录集中的全部字段。

  A. Fields　　　　　B. Field　　　　　C. Item　　　　　D. Count

5. 记录集分页显示时,RecordSet 对象的_____属性确定当前显示的记录行在记录集中的绝对位置,_____属性确定当前记录位于哪一页上,_____属性用于设置每页显示的记录数。

6. 建立 Connection 对象是采用 Server 对象的_____方法进行的。

7. 记录集对象向数据库添加记录时,应先调用_____方法,然后再给各字段赋值,最后再调用_____方法,来更新数据库记录。

8. 若要获得记录集中第 3 个字段的名称,则实现的语句为_____。

10.2 上机实践题

请开发一个用户注册的功能模块,要求用户能注册,能检查用户注册名是否重复,保存用户注册的信息到数据库和用户的 Cookie 中,下一次访问时可以用该用户名和密码登录,登录后就可以查看有关网页的内容了,如果没有注册,则能重定向到注册页面。

参 考 文 献

1. 温谦,等.网页制作综合技术教程.北京:人民邮电出版社,2009.

2. 温谦.CSS 网页设计标准教程.北京:人民邮电出版社,2009.

3. 曾顺.精通 JavaScript+jQuery.北京:人民邮电出版社,2008.

4. 李林,施伟伟.JavaScript 程序设计教程.北京:人民邮电出版社,2008.

5. Jennifer Niederst Robbins. Learning Web Design, Third Edition. Sebastopol(USA):O' Reilly Media, Inc., 2007.

6. 李烨.别具光芒——DIV+CSS 网页布局与美化.北京:人民邮电出版社,2006.

7. Andy Budd.精通 CSS:高级 Web 标准解决方案.陈剑瓯,译.北京:人民邮电出版社,2006.

8. 黎芳.网页设计与配色实例分析.北京:兵器工业出版社,2006.

9. 唐四薪.基于 Web 标准的网页设计与制作.北京:清华大学出版社,2009.

10. 尚俊杰.网络程序设计——ASP.3 版.北京:清华大学出版社,2009.

11. Eric A. Meyer.CSS 权威指南.许勇,齐宁,译.北京:中国电力出版社,2001.

12. 陈长念,陈勤意.精通 XHTML 程序设计高级教程.北京:中国青年出版社,2001.

13. 单东林,张晓菲,魏然.锋利的 jQuery.北京:人民邮电出版社,2009.

14. 吴以欣,陈小宁.动态网页设计与制作——CSS+JavaScript.北京:人民邮电出版社,2009.

15. 潘晓南.动态网页设计基础.2 版.北京:中国铁道出版社,2008.